专家书评

如今，很多企业都面临着一个挑战——如何为自己的 SaaS 产品建立一个现代化运营机制。本书为此提供了一个行之有效的实操教程，详细说明了如何使用谷歌 SRE 来全面达成这个目标。从得到组织的认可、为 SRE 实施做好前期铺垫、建立事故响应机制，到最终实现组织结构的优化，本书针对开发、运营和管理提供了丰富的建议！

——彼得·沙特博士，西门子医疗首席技术官

一本很好的入门指南，适合刚开始接触并在组织中实现站点可靠性工程（SRE）的读者。作者为希望了解 SRE 的人提供了一个坚实的理解平台，旨在帮助他们交付稳定可靠的软件服务。除了实现 SLI 和 SLO 等技术的实用建议，作者还根据自己在大型组织中的工作经验详细介绍了如何让组织接纳 SRE 以及如何修改组织的配置，这是当前各种 SRE 文献中普遍比较缺乏的内容。如果有人问起怎么了解 SRE，我会向他们强烈推荐这本优秀的参考书。

——史蒂夫·史密斯，代表作有《度量持续交付》（2020 年）

我非常喜欢这本书，甚至完整阅读了之前发布的在线抢先体验版。作者非常详细地阐述了 SRE，读者可以从中了解其他人在实施 SRE 过程中遇到的问题并找到切实可行的解决方案。此外，本书还提供了一个可操作的解决方案。如果想要开始 SRE 转型，这本书将是一本重要的案头参考。

——尼尔·墨菲，代表作有《站点可靠性工程》（2016 年）和《Google SRE 工作手册》（2018 年）

尽管 SRE 工具链和技术选择的细节广泛见于博客、书籍和播客，但深入分析 SRE 转型失败案例后，我们发现主要的问题还是在于组织结构，而非技术本身。通过本书，乌基斯博士基于自己的亲身经历提供了一份详细的、可操作的 SRE 组织结构和实践蓝图。这本书很好，可以帮助你在复杂的环境中规模化实施 SRE，我要向大家诚意推荐。

——本 • 西格曼，Lightstep 联合创始人

在我看来，本书提供的路线图最清晰，最全面，最接地气，它可以帮助我们在软件工程组织中推动、普及和继续完善 SRE，我要为这本书代言！

——兰迪 • 舒普，eBay 首席架构师和前谷歌工程部总监

本书是一份全面的指南，适合希望提升软件运维效能的人。初学者可以通过本书了解 SRE 如何提升运维效能、面临的挑战、如何在组织中达成 SRE 共识、为 SRE 落地奠定团队基础以及推动其持续改进的方法。有经验的从业者可以从本书中学习如何建立错误预算策略，并基于此做出决策，从而可能提升组织结构的效率。这本书的内容非常精彩，我要向大家强烈推荐！

——维托 • 多雷斯，Delivery Hero 软件工程总监

作者针对 SRE 转型提供了一个详细而全面的概述。书中涵盖评估、组织结构、技术实现、沟通和延续对于刚开始或正在进行 SRE 转型的组织，本书提供的路线图可以帮助大家了解如何找对问题、有哪些可用的选项和实际的案例。如果你在考虑 SRE 转型却无从下手，或者正在想办法取得更大的成功，那么这本书将是你的不二之选。

——多克 • 诺顿，OnBelay 咨询公司变革顾问

SRE 实践手册

软件组织如何规模化实施站点可靠性工程

[德] 弗拉迪斯拉夫·乌基斯（Vladyslav Ukis）/著

周靖/译

清華大學出版社

北 京

内容简介

本书基于作者在西门子医疗的 SRE 转型经历，为读者提供了 SRE 落地实践过程，主题涉及如何从基础设施、组织文化和流程等层面，从全景的角度实际导入和实施 SRE 工程过程。全书共 15 章，实用性强，可操作性强，指导性强，适合想要启动 SRE 实践的组织和团队阅读与参考。

北京市版权局著作权合同登记号　图字：01-2023-0307

图书在版编目（CIP）数据

SRE 实践手册 : 软件组织如何规模化实施站点可靠性工程 / (德) 弗拉迪斯拉夫 · 乌基斯 (Vladyslav Ukis) 著; 周靖译. -- 北京 : 清华大学出版社, 2024.9
书名原文: Establishing SRE Foundations : A Step-by-Step Guide to Introducing Site Reliability Engineering in Software Delivery Organizations

ISBN 978-7-302-63308-2

I. ①S… II. ①弗… ②周… III. ①网站 - 开发 -可靠性工程 - 手册 IV. ①TP393.092.1-62

中国国家版本馆 CIP 数据核字 (2023) 第 062740 号

责任编辑：文开琪
封面设计：李　坤
责任校对：方　婷
责任印制：杨　艳
出版发行：清华大学出版社
网　　址：https://www.tup.com.cn，https://www.wqxuetang.com
地　　址：北京清华大学学研大厦 A 座　　邮　　编：100084
社 总 机：010-83470000　　邮　　购：010-62786544
投稿与读者服务：010-62776969，c-service@tup.tsinghua.edu.cn
质量反馈：010-62772015，zhiliang@tup.tsinghua.edu.cn
印 装 者：涿州汇美亿浓印刷有限公司
经　　销：全国新华书店
开　　本：178mm×230mm　　印　　张：28.75　　字　　数：637 千字
版　　次：2024 年 9 月第 1 版　　印　　次：2024 年 9 月第 1 次印刷
定　　价：128.00 元

产品编号：100550-01

推荐序

我和乌基斯相识于几年前在伦敦举办的某次 QCon 大会。他邀请我担任顾问，为西门子医疗内部的团队提供建议。在接下来一年多的时间里，我与他领导的西门子医疗 Teamplay 数字健康平台团队展开了密切的合作。在此期间，我们俩成了好朋友。

他的工作非常出色，帮助 Teamplay 团队以及整个西门子医疗取得了显著的进展。他和团队所获得的经验和教训来之不易，这些都充分体现在本书中。Teamplay 团队采用了一种先进的、以工程为主导的敏捷开发方法，该方法依托持续交付、DevOps 和 SRE，取得了显著的优势。他们的成功证明了这些理念的广泛适用性，超越了仅适用于谷歌等大型互联网公司的普遍认知。

我经常遇到一些组织否定大型互联网公司提出的重要理念，他们常说："是的，但我们不是谷歌、亚马逊或奈飞呀！"大型互联网公司面临的问题并非总是独特的。实际上，规模的限制往往使它们更容易遇到常见问题很快发展成为瓶颈。这意味着对大公司来说，解决这些常见的问题就变得至关重要。大公司并不因为持续交付（CD）和 SRE 的流行就着急忙慌地落实这些理念。

作为这些理念的早期采用者和推动者，我观察到它们已经进入新的发展阶段，在广泛的软件开发组织中取得了显著的成效。汽车、航空航天、电信和医疗部门都有它们的身影。本书通过一个真实的复杂软件开发案例阐述了这一点，使人们不再认为"SRE 虽好，但我们又不是谷歌。"但除此以外，这样的例子还有更深远的意义。

在我看来，持续交付和 SRE 的持续发展有充分的理由和依据。两者都致力于通过度量和严谨、科学的推理方法解决当前的实际问题，不受软件开发的规模或问题性质的限制。我认为，持续交付之所以取得进步，就是因为我们采用了一种实验性方法来处理软件开发问题。SRE 同样在这方面发挥了重要的作用。

我写过如何将工程思维应用于软件开发的文章。我认为，深入学习和发展我们学科的这一方向至关重要。那么，为什么这本书特别强调这一点呢？重要的是要记住，SRE 中的 E 是指"工程"。对于软件工程，我最喜欢的是下面这个定义：

软件工程应用经验性和科学的方法，为软件中的实际问题找到高效和经济的解决方案。

Software engineering is the application of an empirical, scientific approach to finding efficient,economic solutions to practical problems in software.

SRE 的思想深深地扎根于这个定义的核心。此外，SRE 还采纳了实际工程中的一个基本原则：一开始就要假设自己可能会犯错。

是的，这个世界并不完美。软件的运行并不总是像我们希望的那样。大多数系统都有失败的时候。SRE 把这种考虑放在前面，迫使我们作为团队和组织去思考应该如何对待系统，比如，多长停机时间才算长？逼近这些极限时，又该怎么做？

本书主要完成了两项重要工作，而且执行得非常出色。

首先，本书重点阐述了 SRE 工程方法如何促进三个关键群体之间清晰和有效的合作：产品团队、产品开发团队以及产品运营团队。SRE 为他们提供了黏合剂，以一种合作的方式使其将精力集中在真正重要的事情上。与此同时，也为每个团队留下了足够的余地，允许他们在合适的范围内做出一些独立决策。本书不仅清晰定义了 SRE 的技术和原则，还以一种可持续的方式解释了它们背后的原则。这些定义并不晦涩难懂，是实际、可用而且容易理解的。

其次，本书详细介绍了如何实施变革才能将 SRE 的思考和技术应用于现实世界中复杂的开发组织。仅仅理论上的理解还不足以支撑写出如此深入和实用的内容。显然，书中提到的所有内容均来自行业内真正的践行者。

Teamplay 团队开发的软件并非简单的应用程序。他们开发的不是简单的网站或网店。他们构建的是真正重要到关系到人命的软件。它将医院内的先进医疗设备与云端信息系统整合，提供了新的洞察力，从而以新的方式来提供医疗方面的服务。他们采用这些领先的技术，并不是因为它们很时髦，而是因为它们比我们已知的其他任何方法都更有效。

本书可以帮助读者深入理解服务水平指标（SLI）、服务水平目标（SLO）和错误预算等关键概念、它们之间的联系以及如何有效地应用它们。本书详细探讨了组织如何对事故做出有效的响应以及如何在事故发生后进行良好的事后回顾以加强学习。本书阐述了何种组织结构是有效的。这本书的内容很全面。然而，它的价值远不止于此。

我是一个长期主义者，我的理念与本书高度一致。我花了好几年的时间研究 SRE，自认为对这个主题有比较深入的理解。但现在，我更加明白并打算将 SRE 理念应用到我的个人工作以及沟通和阐释方式上。为此，我要向弗拉迪表示感谢。

书中包含了许多深刻的见解，它们启发我思考如何将工程思维真正应用于软件开发中。我们都知道，工程实践离不开“权衡”或“取舍”。弗拉迪通过 SRE 实践案例对此进行了清晰的阐述并探讨了常见的权衡问题。

读到这句话“如果将 SLO 设为 100%，则意味着功能永远是次要的”的时候，我忍不住笑了。尽管我很早以前就理解这句话，但现在有更深刻的领悟，因为我有更精确的语言和模型来表达它。

我很高兴并且也很荣幸受邀为本书写序。我必须向大家推荐这本书。弗拉迪聪明，很有想法，他在 SRE 领域取得了卓越的成就。此外，他还是我的好朋友。当然，我之所以写这篇推荐序，并不只是因为他是我的好友。在这里，我要真心诚意地向大家推荐这本书，不带任何私心。

这本书深入浅出地探讨了 SRE 这个重要的主题，对推动该学科的发展具有重要的意义。希望大家能够像我一样喜欢这本书。

——大卫·法利

独立软件开发咨询师，Continuous Delivery 公司创始人兼 CEO

前言

本书基于真实的案例，回顾了西门子医疗作为软件交付组织所进行的 SRE（Site Reliability Engineering，站点可靠性工程）转型之旅。该组织运行的云平台主要服务于医疗应用和服务。云平台部署在多个数据中心，平台上的应用全球各地的医院都在用，其中一些应用涉及危重病患，因而平台的可靠性尤为重要。

但什么是可靠性？如何度量呢？如何营造一个环境，使开发团队有动力投入可靠性工程？我多年来一直在努力解决这些问题。为了向应用和用户提供一个高可靠性的平台，我们组织可谓操碎了心。一方面，我们需要开发新的功能。另一方面，我们又要保障平台的可靠性。至于哪项工作优先级更高，人们的看法不一样。一方面，运营团队煞费苦心，要确保产品/服务能够正常运行。另一方面，开发团队又兴致勃勃，想要实现新的功能，很少关注现有功能在生产环境中的实际运行情况。项目管理计划因为部署大量非预期的热补丁而受到严重的影响。大量涉及客诉升级的工单纷至沓来，要求恢复服务或交付缺失的功能。大家都在发表高见，指出应该如何改善现状。然而，一旦再次出现故障，他们可能又有新的想法。

我曾经连续几年参加 QCon 伦敦大会。通过这个会议，我了解了软件开发和运行的新趋势。SRE 是大会的主题之一。我虽然知道 SRE，但并没有真正理解。在一次 QCon 大会上，有个分论坛的主题是 SRE。我花了相当多的时间参加了相关的会议。在会议结束时，我清楚地认识到了 SRE 的行业发展势头。

大会结束后，我在回公司的路上翻看自己做的笔记，意识到是时候尝试在组织内应用 SRE 来改善服务运行了。我没有见过其他结构化的运行方式。在没有采用 SRE 的情况下，我们自己的尝试并没有带来明显的改善。在大会上，许多人在做报告的时候，都说自己公司成功应用了 SRE 服务运营方式——无论这些成功具体是指什么。开始的时候似乎都很容易，只需要设定几个基本的指标（比如可用性和延迟），为每个服务定义可接受的目标，并在违反目标时发出警报。

回到工作岗位后，我开始思考如何在组织内推动 SRE。通过深入思考，我发现这需要整个组织的参与。我首先想到下面几个问题。

- 如何争取组织内部对 SRE 的支持？
- 如何让领导团队参与进来？
- 如何让运营团队参与进来？
- 如何让开发团队参与进来？这些团队的数量越来越多，很快就会达到 20 个甚至更多。如果是这样，如何在一个不断增长的组织中推动 SRE 并以一种能够随着团队数量增加而扩展的方式？
- SRE 发展到更高层次会怎样？
- 为什么它能发挥作用？
- 我怎样才能学到更多关于 SRE 的知识？
- 我怎样才能学到足够多的 SRE 知识，以便快速、轻松地向别人解释它？
- 是否有可以替代 SRE 的方法？
- 怎样才能与那些已经在其组织中引入 SRE 的人接触？
- 在组织中引入 SRE 的常见陷阱是什么，如何避免？

带着这些问题，我进行了深入的思考，最终成功地将 SRE 融入组织的开发团队和运营团队，并使其成为两个部门的核心学科，以可度量的方式极大地提高了我们运营全球化云平台的能力。

此外，组织与许多云端应用开发的团队保持联系。如何有效运行这些应用是这些团队共同面对的问题。我们现在将 SRE 选作首选运行方法。团队了解了之后，就导入 SRE 并使用我们提供的 SRE 基础设施。

在 SRE 转型期间，我们有机会拜访了柏林的 Delivery Hero 公司。他们的运营算得上是世界级水平。通过向他们学习，我们获得很大的启发。后来，看到我们自己的团队也逐渐接近世界级水平时，我们备受鼓舞。

回顾往事，我们学到很多经验。为了将 SRE 规模化导入从未做过运营的开发组织和一个从未让别人做过运营的运营组织，我们需要做许多事情。它要求开发团队长期深度参与并辅导团队，使其在运营能力方面越来越成熟。同时，它要求与运营团队长期接触并辅导他们成为 SRE 基础设施框架供应商，使开发团队也能参与运营。为了完成转型，需要在开发和运营两个方面，以独特的方式对技术、人员、文化和流程等领域发生的变革进行融合。

我们开始在 InfoQ 上发布系列文章（主题为数据驱动决策），分享我们在 SRE 方面的经验，后来又以电子杂志的形式发布。该系列文章中的 SRE 文章受到广泛的关注，有人找到我，邀请我写一本介绍 SRE 转型的书。至于剩下的事情，大家都知道了。

对我来说，与 Addison-Wesley 合作是一种莫大的荣幸。在大学学习计算机科学时，我读了他们出版的很多专业书，以至于我在图书馆里老远就能认出来哪些书是他们出版的。因此，一旦有机会成为他们的作者，我肯定是毫不犹豫地接受邀约。

在一个节奏非常快、经验并不总是特别宝贵的行业中，拥有一些可能值得通过书籍来分享的知识，也是一种荣幸。当然，由于这个行业的节奏和对新事物的偏爱，我有些担心自己的知识不够完整，没准儿很快会过时。另外，我似乎是为数不多的且从未与谷歌合作却敢于写书来谈 SRE 的人。

不过，我的写作动机在广泛的阅读和丰富的专业实践中愈发强烈。我激励自己，这不仅是对软件工程社区的回馈，更是致敬过去十几年那些通过无数好书和讲座来影响我的作者和讲师。在这个数字干扰无处不在的世界，能够全心投入一个需要高度专注的项目，无疑是一种难得的特权。写书正是这样的过程。它教会我如何抵御数字干扰，让我迅速集中注意力，使我的专注力仿佛回到了互联网诞生之前。

我写这本书的目的是支持那些准备导入 SRE（Site Reliability Engineering）理念的组织。这个旅程虽然有极大的价值，但同样充满挑战，需要长期坚持，才能填平过程中遇到的很多坑。导入 SRE 意味着产品/服务运行在文化、组织结构、责任分配、实践方法和技术应用上需要进行变革。对于用户和客户，产品运行至关重要，因为他们接触到的只有实际运行的产品。因此，优化生产流程直接关系到用户体验和客户满意度的提升。本书将探讨如何以可度量的方式改善用户体验和客户满意度、如何建立 SRE 基础设施来实现目标以及如何推动组织的 SRE 转型之旅。

本书分为三个核心部分。第 I 部分中，大致介绍 SRE 的概念、作用及其在软件运行领域中的地位。同时，我还要概述组织刚接触 SRE 时所面临的挑战，解释如何从运行和 SRE 转型准备的角度评估组织的现状。

第 II 部分中，介绍如何着手启动并推进转型。要想确保 SRE 转型成功，一开始就需要获得组织上下广泛的认同。在这部分中，将解释如何实现这种认同、如何在团队中启动转型活动并确保组织能够建立警报系统、轮班制度和有效的事故响应流程。完成这些步骤，意味着组织已经为导入 SRE 做好了准备。

随后，继续探讨如何实施更高级的 SRE 实践，包括错误预算策略和基于错误预算的决策。完成这些实践后，便建成了一个成熟的 SRE 组织结构。在这部分的结尾，组织不仅建立了基础和高级的 SRE 实践，还建立了长期可持续的组织结构。

第 III 部分中，将讨论如何度量 SRE 转型的成功以及如何保持 SRE 实践。在本书的最后一章，我将展望 SRE 转型的未来之路。

本书的结构如下表所示。

元素	说明
要点	由书中的讨论所划出的重点，和别人闲聊 SRE 时要记住这些要点
SRE 误区	书中揭穿了行业中一些普遍存在的关于 SRE 的误区
SRE 参考	对一些 SRE 主题的简短解释，方便快速参考
实战经验	一些故事或见解，基于在 SRE 转型和实践过程中得到的经验和教训。描述了一个组织在特定情况下真正发生的事情

如果在阅读本书的过程中遇到任何问题，欢迎随时通过领英（LinkedIn）与我联系，我期待收到您的反馈和宝贵意见！

致谢

首先，我要感谢我的家人，是他们撑起了我的小宇宙，在情感、理智和精神上给予我坚定的支持。当然，我的妻子丽娜是这个小宇宙的中心。作为一名 UI/UX 设计师，她总是认真地听我谈论 SRE 这样的技术性话题，有时甚至还笑着提醒我："我知道啦，你不用解释得这么详细！"正是因为她的热情、鼓励和耐心，才使得本书的写作成为可能。此外，还有我们俩的孩子，六岁的安妮卡和两岁的乔纳斯，我们很享受这种儿女承欢膝下的场景。乔纳斯已经习惯了翻阅家中那些封面或黑或白的 SRE 相关书籍。他很有可能已经从中学到一些关于可靠性的知识并能在他这个年龄段尝试应用。家里这种安宁使得本书的写作成为可能。此外，我的父母及兄弟姐妹、102 岁的外公、叔叔一家、姐夫一家、姻亲、妻子的叔叔一家以及远房亲戚和朋友们，都为本书的完成提供了宝贵的支持。

时间是一种宝贵的资源，我要特别感谢各位读者花时间阅读本书。我希望本书能够帮助大家重新思考软件运营，尤其是 SRE。我的目的是帮助大家顺利、迅速地实现 SRE 转型。请与我联系，我很想知道大家是如何实施 SRE 转型的。

西门子医疗是我个人职业生涯发展的重心。西门子医疗内部的 Teamplay 数字健康平台是我个人职业生涯的转折点。它为引入新的工作方式提供了一个必要的实验环境。在这里，新的工作方式得到尝试并被采纳，富有成效，甚至超过了最初引入 SRE 的团队。最后，整个公司都受益于 SRE。

特别感谢 Teamplay 的各位领导：前任主管托马斯·弗里斯博士和现任主管卡斯滕·斯皮斯。得知我在写书，他们非常支持我并以开放的态度对待我的写作。本书是对 Teamplay 团队实施 SRE 过程的全面复盘。

伦敦 QCon 大会为我个人的职业生涯留下了深刻的印记。事实上，Teamplay 团队在组织级别的重大技术变革都来源于那次伦敦 QCon 大会期间的交谈、对话、分论坛和回忆。那次大会是我深入理解持续交付和 SRE 转型的起点。

对我来说，一个重要的职业里程碑是我在伦敦 QCon 大会上认识了大卫·法利。他帮助我理解了持续交付对我个人和团队的价值、基本原理、战略和战术。他对持续交付的思考植根于科学的方法。所谓科学的方法，是指通过假设来回答问题，再通过验证来进行检验。在软件开发背景下应用科学的方法是持续交付取得成功的原因。有趣的是，当科学的方法应用于软件运营场景时，SRE 取得了成功。为此，我要感谢大卫，不仅只是持续交付，还因为他把我介绍给了培生。

我要感谢本书执行编辑海茨·亨伯特，感谢她对我个人写作能力的信任。从我们建立联系到本书的出版，她的表现一直非常专业，我们的合作很愉快。此外，审稿人尼尔·墨菲为本书提供了很有价值的见解、发现了不少瑕疵并及时给出了改进意见。采纳这些意见之后，本书变得更完美。最后要感谢培生的团队，包括开发编辑马克·泰伯、文稿编辑奥黛丽·道尔、制作编辑朱丽叶·纳西尔及项目经理阿斯维尼·库马尔和其他许多人，这个高效的团队将我的初稿变成了一本高质量的书。在这里，我要向他们表达我诚挚的谢意！

至于 SRE，我要特别感谢 Teamplay 团队的运营工程师菲利普·冈底斯感谢他的热情执着以及在 Teamplay 搭建的 SRE 基础设施。Teamplay 的 SRE 基础设施不仅非常可靠，使用体验也相当好。这一切离不开他的聪明才智。在搭建 SRE 基础设施的过程中，很多实习生为菲利普提供支持，在此，我也要向他们表示感谢。

当然，我还要感谢谷歌，因为它率先提出 SRE 的概念并将其变成一门新的计算机科学和软件工程学科。谷歌内部有些人说，在写第一本谷歌 SRE 书籍的时候，谷歌 SRE 部门甚至没有团队和其他团队采用相同的工作方式。也就是说，将不同的工作方式编为一套连贯一致的 SRE 原则和实践，这样的任务极为复杂和琐碎。然而，为了推动 SRE 的发展，使其超越谷歌而惠及更多组织，这样做绝对有必要。因而在某种程度上，他们的努力传到我这里，于是就有了西门子医疗的 Teamplay 数字健康平台。剩下的事情大家都知道，我就不再赘述了。

通过与谷歌 SRE 先行者尼尔·墨菲以及 Equal Experts 的运营思想领袖史蒂夫·史密斯讨论 SRE，我对 SRE 的思考日渐成型。感谢两位的宝贵时间！

有趣的是，在我早期的个人成长和职业生涯中，我注意到有几个人特别重视个人工作流程的建立。比如我的祖父，他在一家化工厂担任过首席技术员。他花了很多时间向我解释这家工厂引进的新工艺，后者使工厂的运作随着时间的推移变得越来越高效。虽然我不明白底层的化学原理，但工艺改进的成果是显著和令人振奋的。

学生时代，在朋友推动下，我对计算机科学从星星之火发展为燎原之势。我们把计算器和个人电脑接到录音机和电视上，早期这些编程尝试点燃了我深入挖掘计算机学科的火花。

还有我的物理老师弗拉基米布·雅各布，他教全班同学公开讨论学习过程。学习过程的分享和改进是物理课的重点。这一点颇不寻常，但对学生的学习成果有非常积极的影响。它很早就让我明白一个道理：做对事情的过程和做对事情同等重要。

在我早期的职业生涯中，西门子医疗的卡尔海因茨·多恩让我认识到软件架构背景下一个严密的过程所具有的价值。

这里，我还要特别感谢斯特凡·雅布隆斯基教授，在他的指导下，我在德国埃尔朗根-纽伦堡大学大学完成了学士论文。我还要感谢吉拉德·哈罗德，在他的指导下，我在西门子医疗完成了我的硕士论文。这些重要的项目给我提供了独特的机会，使我在技术、人际和组织方面得到专业上的成长。论文写作让我认识到思路清晰的技术写作所具有的价值和影响。此外，非常感谢我在英国曼彻斯特大学的博士生导师刘公乔。他非常有耐心。在他的指导下，我的论文写作能力得到了很大的提升。我记得当时经常在他的办公室开会，讨论我们的联名学术论文。我有些抓狂："怎样才能向一个计算机科学零基础的人解释这个问题呢？"在这样的会议上，这个问题出现的频次相当高。公乔老师始终坚持原则，直到零背景的人也能理解我们的学术论文。就这样，我的论文写作能力和速度也随着时间的推移得到提高。

为了完成本书的写作，我自然需要在繁忙的职业和家庭生活中引入严格的写作时间表，在心理上需要准备好这样的工作日常并长期坚持。只有这样，才能真正按出版社提出的要求完成写作。

关于写作，埃德加·劳伦斯·多克托罗说过一句有趣的话："写作犹如夜间在迷雾中开车，眼前所见取决于雾灯，但即便如此，也能走完整个旅程。"我对此深有感触。令人惊讶的是，大脑中一个主题可以包含大量的信息，这些信息以一种高度浓缩的结构解压到几百页的篇幅内，最后以一种可供其他人学习的形式呈现出来。

在我开始攻读博士学位之前，许多人都说，做研究是一个独特的机会，可以专注于单一的主题，然而在未来的职业生涯中或许用不上这样的主题。我想，这个观点也不全对。写这本书当然可以让我专注于软件运营这个主题，就像我读研究生的时候专注于软件架构一样。但现在，我变得更熟练了，因为我已经掌握了具体的方式方法。

说到这里，还有一件趣事。我是在谷歌文档中写作的，在写作的时候，我觉得可能会在写作时违反谷歌文档的 SLO。但考虑到谷歌对 SRE 过程的严格程度，我又感到安心，因为即便违反谷歌文档的 SLO，谷歌文档的服务也会很快回到 SLO 范围。使用发明和实践 SRE 的公司以 SRE 方式来运营的字处理程序，就是为了写一本介绍 SRE 的书，或许这就是"吃自己的狗粮"之典型范例。

最后，这本书是对我女儿安妮卡开始写作的激励。她 2021 年开始上学。同年，我完成本书初稿。同样，这本书应该可以激励我的儿子乔纳斯，他同年开始学习字母，把字母组合成音节、单词、句子、段落、故事，最后成书。我很享受这本书的写作过程。写完这本书，我觉得意犹未尽，说不定将来还能再写一本。

前面提到的各位以及组织或团队在很大程度上影响了我。拥有如此创新、专业且温暖的环境，我感到非常幸运。千言万语化为一句话，感谢各位陪伴我走到现在！

简明目录

I 基础知识

II 启动转型

III 度量和维持转型

附录

详细目录

第I部分　基础知识

第Ⅲ部分 度量和维持转型

第 I 部分

基础知识

以软件交付为中心的组织从三个方面来构建和维护软件产品：产品管理、产品开发和产品运营，其中，产品管理决定构建什么产品，产品开发决定如何构建产品，产品运营决定如何运营产品。

在软件开发的早期，产品管理、产品开发和产品运营往往各自为战。随着敏捷交付的兴起，三者开始以一种协同的方式开展工作。如此一来，软件交付组织在创建产品的时候更注重用户并以渐进、迭代和快速的方式交付产品。

到目前为止，相比产品管理和开发之间的合作，开发和运营之间的合作还不够深入。事实上，在整个软件行业中，开发和运营依然各自为战，还有很大的改进空间。

一些新兴的软件交付理念，如 DevOps，正在推动产品开发和产品运营之间的深度合作。维基百科的词条指出，DevOps 是结合软件开发（Dev）和 IT 运营（Ops）*的一整套工程实践，其目的是缩短系统的开发生命周期并提供具有高质量的持续软件交付。[1] DevOps 只是一个哲学理念，并没有具体规定产品开发和产品运营如何展开合作。也就是说，具体如何实现，需要由从业人员来决定。

站点可靠性工程（Site Reliability Engineering，SRE）则不然，它是实现 DevOps 理念的具象框架。事实上，正如谷歌在《Google SRE 工作手册》中说的那样："SRE 实现了 DevOps。"[2]

DORA 的 State of DevOps 2021 报告指出："SRE 和 DevOps 是相互补益的哲学。"[3] SRE 是谷歌开发的新兴软件工程实践，以规模化[4]、可靠的方式运行生产系统，有了 SRE，谷歌才得以实现可靠、低成本的运营。值得庆幸的是，谷歌最初出版的 SRE 丛书中对具体实践过程进行了精彩的阐述。[5]

受到谷歌的启发，很多公司开始采用 SRE 并从谷歌最初出版的 SRE 丛书中学习它们的具体实践。

---

* 译注：Ops 全称为 Oprations，即运维，主要负责机房管理、装机、网络、监控报警和故障应急等。传统运维的大部分工作与物理机器和设备相关，引入软件或一些定制化脚本之后，实现了自动化。云服务普及之后，传统运维的职能发生了很大变化，SRE 作为升级版的运维应运而生，是具有研发能力的运维。在本书中，为便于读者理解，在强调组织层面的工作方式时，采用了"运营"的译法，在涉及团队层面的工作方式和适当的上下文中，也采用了"运行"或"运维"的译法。

实践证明，在一个习惯于不同运行方式的组织中，要想顺利落地 SRE，需要在组织结构、技术和流程上进行重大的转变。具体怎么变，本书给出了详细的解释和说明。

本书第 I 部分主要介绍为 SRE 转型奠定基础。首先阐明产品运营为什么要做 SRE 转型。除了 SRE，运行方式还有其他选择吗？

有了这样的认识后，我们将讨论实现 SRE 的过程中会面临哪些挑战，具体从技术、人员、团队、文化、流程和组织结构展开讨论。

接下来，我们要定义一个大方向来应对这些挑战。如何让人们支持 SRE？需要哪些技术？如何推动文化变革？如何改革软件交付过程？

随后，我们要说明如何基于 SRE 活动和数据来改进业务。推动 SRE 是否有望减少故障的数量？如果是，这将如何降低因故障修复而产生的成本，并减少因故障导致的收入损失？SRE 有望减少故障修复过程中的沉没成本和故障所带来的收入减少。SRE 是否能够改善决策过程，特别是在决定何时投资于可靠性提升或新功能开发方面？这是否有助于优化资本分配，从而获得更高的投资回报？SRE 显然可以优化资本配置而获得更好的投资回报。

最后，我们要从一个新的视角审视 SRE 基础设施的建立——将其视为公司内部产品投资组合中的一个新产品，采用产品思维来进行开发。

注释

扫码可查看全书各章及附录的注释详情。

第1章

SRE 概述

本章将对 SRE 转型进行概述。首先解释为什么选择 SRE，接着探讨 SRE 转型会面临哪些挑战，最后对如何推动 SRE 转型进行展望。

1.1 为什么要选择 SRE

在考虑 SRE 转型时，需要认真思考一个关键的问题："我们为什么要选择 SRE？"

事实上，现在的产品交付组织通常都有其既定的运行方式，只不过这些方式可能因为没有产生预期效果而催生了改进的需求。在这样的背景下，需要考虑所有可行的改进选项。除了 SRE，还可以考虑其他方法，比如 DevOps。DevOps 是一种产品开发与运维相结合的哲学理念，SRE 是 DevOps 理念的具体实践框架。DevOps 还有其他实现框架吗？业内是否还有其他方法可以用来规模化且可靠地运行生产系统？我们先来审视一下现有的选项。

1.1.1 ITIL

除了 DevOps 和 SRE，还有 Axelos 提出的服务管理框架 ITIL——目前最新版本是 ITIL 4[1]。ITIL 最初的全称为 Information Technology Infrastructure Library，但现在这个名称已经和它没有什么关系了。维基百科如此定义 ITIL："一套详细的 IT 服务管理实践，其目的是使 IT 服务与业务需求保持一致。"[2]

ITIL 描述的是 IT 过程、程序、任务和检查清单，用于证明合规性并度量改进效果，它起源于 20 世纪 80 年代。当时，越来越多的 IT 组织开始采用多样化的实践，针对这些实践，英国中央计算机和电信局制定了一套标准。[3]

最新版本 ITIL 4 定义了 7 大指导原则：[4]

1. 注重价值;
2. 始于足下;

3. 持续反馈稳步向前；

4. 合作并提高可见性；

5. 全盘思考和工作；

6. 保持简单实用；

7. 优化和自动化。

在 ITIL 4 中，服务管理的整体方法从以下 4 个方面展开：

1. 组织和人，员工队伍和组织文化、能力和胜任力；

2. 信息和技术，用于服务管理的信息、知识和技术；

3. 合作伙伴和供应商，与参与服务的设计、部署、交付、支持和持续改进的其他企业的关系；

4. 价值流和过程，组织单位的整合与协同。

ITIL 是一个用于设计企业 IT 职能的通用框架，在业界得到了广泛的应用。

1.1.2 COBIT

另一个 IT 治理方法是 COBIT。根据维基百科的解释，[5] COBIT 是 ISACA 创建的框架，ISACA 是专注于 IT 治理的国际专业协会。[6] COBIT 的全称是 Control Objectives for Information and Related Technologies。[7]它是“一个信息技术管理和治理的框架，定义了一套信息技术管理的常规过程，每个过程都定义了输入和输出、关键过程活动、过程目标、绩效度量和基本的成熟度模型。”

COBIT 的核心原则是业务目标与 IT 目标须保持一致，基于以下 5 大原则：[8]

1. 满足利益相关者的需求；

2. 从端到端覆盖整个企业；

3. 应用单一的集成框架；

4. 启用一个整体的方法；

5. 将治理与管理分开。

ISACA 在 1996 年发布了 COBIT。最新版本 COBIT 2019 定义了 6 个系统治理原则：[9]

1. 为利益相关者提供价值；

2. 整体性的方法；

3. 动态治理系统；

4. 治理有别于管理；

5. 为企业需求量身定制；

6. 端到端的治理系统。

COBIT 和 ITIL 一样，是一个用于设计企业 IT 职能的总体治理框架。

1.1.3 建模

另一个方法是建模。至于具体如何做，可以参考软件安全。在安全领域，人们通过建模来寻找威胁。威胁建模（threat modeling）是一种基于风险的安全系统设计方法，基于系统架构、实现和部署分析来寻找安全威胁。一旦发现威胁，就定义和实现缓解措施。

与安全领域的威胁建模相似，建模技术也可以用来寻找运营上的漏洞。可以分析系统架构、实现和部署，找出可能妨碍系统在生产中良好运行的薄弱点。基于这些薄弱点来定义缓解措施。然后，在架构、设计、实现、部署、操作程序和组织过程等方面实现这些缓解措施。

以这种方式创建的模型需要定期更新，以适应新功能的开发、基础设施的变化以及从生产故障中获得的经验。总的来说，作为一种方式方法，建模植根于从运营角度对系统架构、设计、实现、部署等进行定期分析。

虽然建模方法似乎可行，适用面也很广，但它并没有被业内广泛采用。

1.1.4 DevOps

前面大致描述了 DevOps 是什么，现在让我们进行更深入的探讨。这有利于我们对 DevOps 和刚才描述的各种方法进行比较。

DevOps 定义了成功的 5 个支柱：[10]

1. 减少组织筒仓；

2. 接受失败是正常的；

3. 实施渐进式变革；

4. 充分利用工具和自动化；

5.一切皆可度量。

这种通用哲学理念将开发和运营相结合。自 2013 年以来，DevOps 哲学已经在软件行业的各个领域被广泛采用。具体实现方式差别很大，其中之一便是 SRE 方法的应用。企业的 DevOps 成熟度可以用 CALMS 框架来评估。CALMS 的全称是 Culture, Automation, Lean, Measurement, and Sharing。这个框架由杰斯·亨布尔创建，他写过几本关于 DevOps、持续交付以及其他主题的畅销书。

在文化方面，DevOps 要求责任共担，拆掉了开发（Dev）和运行（Ops）之间的部门墙。DevOps 中的“自动化”是指围绕持续交付（Continuous Delivery，CD）的技术实践，在构建、基础设施调配、部署、测试和监视等方面尽可能地实现自动化。精益指消除浪费和价值流优化的原则，其具体实践包括在制品最小化、批大小限制、减少交接复杂性、队列长度管理和减少等待时间。

在度量方面，DevOps 组织需要收集其过程、构建、部署、失败、功能使用等方面的数据。这些数据被系统地应用于了解当前的能力并推动可度量的改进。最后，DevOps 中的共享指开发团队和运营团队的共同目标、开放性和信息共享。

CALMS 有时也可以用来消除 DevOps 与 ITIL 之间的差异。

1.1.5 关于 SRE

SRE 是一种最新的运行方法。[11] 维基百科如此定义：“SRE 是一门学科，包含软件工程的各个方面，并将其应用于基础设施和运行问题。其主要目标是创建可扩展和高度可靠的软件系统。”按照谷歌站点可靠性团队的创始人本杰明·特瑞诺尔·斯洛斯的说法：“当软件工程师不得不按要求设计运行团队时，自然就有了 SRE。”[12]

SRE 的原则由谷歌在《Google SRE 工作手册》[13] 中提出，总结如表 1.1 所示。

表 1.1 SRE 原则

#	SRE 原则	说明
1	运行是软件问题	SRE 使用软件工程方法来做运行
2	通过服务水平目标（SLO）进行管理	就服务的适当可用性目标达成一致
3	工作要尽量减少	如果一台机器可以执行所需的操作，就该由一台机器执行
4	工作自动化	确定在什么情况下，以什么方式对什么进行自动化
5	通过减少故障的成本来快速行动	减少常见故障的平均修复时间（MTTR）来加快产品开发的速度
6	与开发人员共享所有权	开发人员和 SRE 对整个栈有一个总体视图：前端、后端、库、存储等
7	使用相同的工具，不分职能或职称	管理服务的团队应该使用相同的工具，无论他们在组织中的角色如何

在实践 SRE 的过程中，还有另外三个原则：

1. SRE 需要有后果的 SLO；
2. SRE 必须有时间使明天比今天更好；
3. SRE 团队有能力调节他们的工作负荷。

因此，SRE 的原则是相当具象的，通常会直接规定需要做什么来实现可靠的运营。在最小化劳作、自动化和与开发人员责任共担方面，SRE 的原则与软件工程非常接近。

自 2014 年以来，SRE 在业界越来越受欢迎。它被认为是运营云原生系统[14]的首选。在全球范围内运行的云原生系统不断增加，这可能是 SRE 越来越受欢迎的原因之一。一般来说，SRE 可用于运营所有类型的系统，而不只限于云原生系统。

1.1.6 比较不同的方法

从 2014 年起，DevOps、SRE、ITIL 和 COBIT 的搜索热度逐渐上升。搜索趋势显示，DevOps 和 SRE 是大家更为关注的运营方法，ITIL 和 COBIT 的搜索相对较少。

此外，业内采用的运营方法也有显著的差异。ITIL 和 COBIT 提供用于设计企业 IT 职能的治理框架。建模方法则是基于对系统工件的分析来得到优秀的运营实践。SRE 扎根于软件工程，专门从这个角度来处理运营问题。DevOps 作为一种哲学理念，用于指导运营实践。

这几个方法各有千秋，可能互不排斥。然而，它们实际满足的是不同的需求。这意味着公司可能需要考虑从这几个方法中按需选用。例如，在处理客诉时，可能需要制定符合监管要求的 ITIL 程序。同时，为了确保开发人员和运营工程师能够有效地参与运营，可能需要采用 SRE 方法。作为 SRE 活动的一部分，在系统构建的初期阶段，建模方法中某些方面可能同样有用。

这些方法各不相同，所以直接对它们进行比较就显得比较困难。然而，从设想的 SRE 转型角度来看，这种比较又是必要的。为了推动 SRE 转型，我们需要说服组织内所有相关人员，使其相信 SRE 对整个组织是正确的选择。这里的“相关人员”是指产品交付所涉及的每个人。为了说服这么多不同的受众，我们需要明确并阐述选择 SRE 的第一性原理，而不能只是因为谷歌在做 SRE 就据此来说服人们转向 SRE。在这种情况下，我们需要比较所有可用的运营方法，然后找到 SRE 的切入点。

以谷歌为例来推广 SRE 可能适得其反。当组织出于本能抵制其他组织创造的方法时，就会表现出“非我所创”综合征。[15]根据维基百科的解释，研究表明，组织对来自外部的理念有强烈的偏见。[16]在 SRE 转型过程中，为了克服这种偏见，我们需要找出选择 SRE 的明确且根本性的原因。

下文尝试对各种运营方法进行比较，以便更好地了解它们在总体运营活动中的定位。我们最开始使用的比较标准如下：

- 是否代表了用于设计企业 IT 职能的治理框架；
- 是否明确支持 IT 监管合规；
- 是否植根于 IT。

基于以上三个比较标准，我们对所有方法的考察结果如表 1.2 所示。

表 1.2 运营方法论的第一次比较

方法论	是不是用于设计企业 IT 职能的一种治理框架	是否支持 IT 监管合规	是否植根于 IT
ITIL	是	是	是
COBIT	是	是	是
建模	否	否	否
DevOps	否	否	否
SRE	否	否	否

ITIL 是用于设计企业 IT 职能的一种治理框架。它支持 IT 监管合规，并植根于 IT。COBIT 同样如此。

建模则恰恰相反。它不是设计企业 IT 职能的 IT 框架，不支持 IT 监管合规，也并没有植根于 IT。DevOps 和 SRE 同样如此，前者是一种哲学，而后者只是实现了 DevOps 哲学。从这个比较中可以推断出，ITIL 和 COBIT 能很好地服务于首席信息官（CIO）。CIO 通常负责管理企业的总体 IT 职能。然而，其他直接有助于产品交付的企业职能（例如产品管理和产品开发）并不是 ITIL 和 COBIT 的重点。因此，ITIL 和 COBIT 不能很好地服务于首席技术官（CTO）和首席产品官（CPO）。

但是，它们应该很好地服务于 CTO 和 CPO 吗？我们的重点毕竟是运营。谁需要参与到运营中？在产品交付组织中，为了在生产中进行产品规模化的、可靠的运营，需要哪些人的参与？是产品运营吗？是产品开发吗？是产品管理吗？还是所有人都要参与？如何参与？以何种方式？如果只是基于 ITIL 和 COBIT，那么产品管理和产品开发需要做什么来促进可靠的、规模化的产品运营呢？这些还不够清楚。

考虑到这些问题，我们可以建立下一组标准，根据各种运营方法论在产品交付组织中对哪些人有吸引力来进一步比较它们。因此，可以选择以下 4 个比较标准：

- 一种方法论是否对 CIO 和运营工程师有吸引力；
- 一种方法论是否对 CTO 和软件开发人员有吸引力；
- 一种方法论是否对 CPO 和产品负责人有吸引力；
- 一种方法论是否作为软件产品交付的核心学科而植根于软件工程。

表 1.3 根据这些标准对运行方法论进行了比较。

表 1.3　运行方法论的第二次比较

方法论	对 CIO 和运行工程师有吸引力	对 CTO 和软件开发人员有吸引力	对 CPO 和产品负责人有吸引力	植根于软件工程
ITIL	是	否	否	否
COBIT	是	否	否	否
建模	否	是	否	否
DevOps	是	是	是	否
SRE	是	是	是	是

ITIL 框架对 CIO 和运营工程师有吸引力。植根于 IT 的它自带 IT 背景，因此对 CTO、软件开发人员、CPO 和产品负责人没有什么吸引力。它也不植根于软件工程。COBIT 框架与 ITIL 表现出相同的特点。

至于建模，ITIL 对 CIO 和运营工程师没有多大的吸引力，因为它只涉及 IT 领域的一小部分。建模对 CTO 和软件工程师有吸引力，因为它是一种借鉴于安全领域并应用于运营的分析方法。CPO 和产品负责人不会被建模吸引，因为它分析的是技术工件，例如架构、实现和部署，产品人员通常并不具备这方面的专业知识。许多时候，只有具有技术背景的人才能理解这些工件。最后，建模不是植根于软件工程，而是植根于产品安全。它代表产品安全领域的“安全威胁建模”。

所有涉及产品交付的人员都对 DevOps 哲学感兴趣：手下管理着运营工程师的 CIO、手下管理着软件开发人员的 CTO 以及手下管理着产品负责人的 CPO。手下管理着产品负责人的 CPO 认为，DevOps 能使软件发布更快。每个人都希望更快地获得新功能。DevOps 支持更快的功能交付。根据定义，对于手下管理着软件开发人员的 CTO 和手下管理着运营工程师的 CIO 来说，DevOps 是一套结合开发与运营的实践。这对两个群体很有吸引力，因为它试图弥合开发和运营之间的鸿沟，而这种鸿沟在业界是非常典型的。处于哲学高度的 DevOps 并没有植根于软件工程。作为一套结合了开发与运营的实践，它并没有明显包含产品管理，而产品管理却是软件工程的一个重要组成部分。

最后，当我们研究 SRE 时，会发现它对产品交付中涉及的所有人员都有吸引力。CIO 和运营工程师可以通过 SRE 来确保软件开发人员适当参与产品的运营。此外，有了 SRE，运营问题将在最初的产品架构和设计阶段得到解决。此外，运营问题甚至会上升到产品负责人都要关注的程度。对运营的考虑会影响到产品定义，而且或许最重要的是，会影响到开发团队的能力分配。

CTO 和软件工程师会对 SRE 感兴趣，因为它属于软件工程，主旨是软件工程师如何处理运行问题。事实上，SRE 是“软件工程师不得不按要求设计运行团队时应运而生的”。它涉及自动化、开发、度量、经验性证据、迭代以及根据生产中的度量结果分配工程时间。

CPO 和产品负责人会对 SRE 感兴趣，因为有了 SRE，他们能坐在指挥的位置，根据生产中的真实数据——而非技术人员的念叨——来决定工程能力分配。众所周知，工程能力分配（engineering capacity allocation）容易引起争议。在产品交付组织中，工程能力永远不够——与产品是否成功无关。在产品交付组织中，对于工程时间应该用在哪里，每个人都有自己独特的看法。同样，如果进一步问具体的原因，每个人都能说得头头是道。

运营工程师会收到很多来自客户的投诉。因此，从他们的角度看，大量由客户发起的售后支持工单必须首先由工程师来清零，因为它关系到客户的留存。客户一旦不满意，最终会掀桌子，停止使用，不再买账。

软件开发人员在产品的许多方面都有大量技术债务。因此，从他们的角度来看，在开发新功能之前，必须先偿还这些债务。因为生产中的系统可能在某些方面已经在“苟延残喘”，而且系统某些部分的维护可能需要付出非常多的努力。在技术上有基础缺陷的系统上增加功能，可能会成为压垮骆驼的最后一根稻草，造成客户完全无法使用该系统，从而进一步增加维护工作，技术债务会因此而暴涨，造成更高的利息，其表现是以后需要付出更多的努力来偿还债务。如此一来，明智的做法便是在向系统添加新功能之前清除技术债务。产品负责人与客户、用户、合作伙伴、利益相关者和公司管理层进行大量对话。每一方，包括产品负责人自己，都有很多关于新功能的想法。高级客户可能尤其苛刻。另外，高级客户的数量可能正在增长，但他们的要求可能需要更多的时间来实现——至少技术人员是这么认为的。一些来自客户的功能要求与公司管理层想在产品中增加的功能是冲突的。

合作伙伴也有不同的看法。他们中的一些人也许会和高级客户一样苛刻。在某种意义上，他们可能是对的。一些合作伙伴带来的收入比一些高级客户还要多。由于更接近产品，产品负责人自己也会产生许多想法，他们希望这些想法得以实现。这些想法有帮助但不一定可以反映客户、合作伙伴和管理层的意见。

总而言之，产品需要开发更多的功能。否则，高级客户可能会停止向同行推荐，甚至可能在某个时候停止付费。高级客户数量的增长可能会放缓。如果管理层没有得到他们认为对公司发展至关重要的功能，可能会缩减产品交付组织的预算。这可能导致合作伙伴开始寻找其他合作伙伴，从而导致公司来自合作伙伴业务的收入大幅减少。

在这种情况下，产品负责人应该听取谁的意见？自己的判断？还是客户、管理层、合作伙伴或技术团队的建议？如何解决这个难题？如何打破僵局？这恰好是 SRE 的优势所在。SRE 要求产品交付组织根据真实的生产数据进行调整。最终，根据这些数据来确定何时投资于可靠性，何时投资于功能。如果应用得当，SRE 将成为产品负责人的强大后盾。

他们可以忽略噪声污染，不会再出现“会哭的孩子有奶吃”的情况，甚至可以确保任何时间段都能在可靠性与功能的投入上取得合理的平衡。

基于这个理念，可以用以下标准来比较前述各种运营方法：

- 是否适用于整个产品交付组织——包括产品管理、产品开发和产品运营等所有层面？
- 是否为运营工程师提供明确的指导——即规定他们的具体职责？
- 是否为软件开发人员提供明确的指导——即规定他们的具体职责？
- 是否为产品负责人提供明确的指导——即规定他们的具体职责？

根据这些标准对各种运行方法进行比较，如表 1.4 所示。

表 1.4　运行方法的第三次比较

方法	与产品交付组织相一致	运行工程师容易理解	软件开发人员容易理解	产品负责人容易理解
ITIL	否	是	否	否
COBIT	否	是	否	否
建模	否	否	是	否
DevOps	是	否	否	否
SRE	是	是	是	是

作为企业 IT 职能的管理框架，ITIL 不能与产品交付组织完全保持一致。对运营工程师而言，ITIL 是具体的，因为它明确指出了他们应采取的措施以确保服务的无故障运行。然而，对于软件开发人员和产品负责人，ITIL 就不是那么具体了。同样，作为企业 IT 职能的管理框架，COBIT 在给定的比较标准下与 ITIL 不相上下。

建模技术本身与产品交付组织并不完全一致。然而，对于软件开发人员，建模是具体的，因为它详细规定了分析运行风险所需要的技术工件和流程，如架构、软件设计和部署。

DevOps 虽然旨在促进产品交付组织中的协作，但并没有为运营工程师、软件开发人员和产品负责人提供具体的指导。

同样，SRE 能够协同整个产品交付组织并以具体的方式为所有相关方提供协作的框架。SRE 以一种具体的方式来实现 DevOps，要求运营工程师、软件开发人员和产品负责人在服务目标上保持一致。服务目标的定义需要能够体现用户对服务的满意程度。如果目标得到满足，用户的满意度就越高。如果没有达到目标，用户就会不满意。这些目标可以作为衡量用户满意度的代理指标。

SRE 实践的核心原则是为目标设定具体的后果，即所谓的“有后果的 SLO”（SLOs with consequences）。基于此，产品交付组织还需要就未达成目标的后果达成共识。运行工程师、软件开发人员和产品负责人需要事先商定，如果服务达不到之前定义的目标，他们应该怎么做？

如果达不到定义的目标，运营工程师会看到用户受到严重影响而导致其肾上腺素水平飙升。他们想要尽快解决问题，恢复服务。软件开发人员能立即看清楚潜在的用户影响，明白自己的行为对用户造成了严重影响而获得立即修复问题的动力。最后，如果达不到商定的目标，产品负责人就要准备好面对客户投诉。在这种情况下，他们会积极调配工程时间来恢复正常的服务，因为他们明白事故的重要性。不需要像以前那样，许多人花费大量无谓的时间来重新确定团队待办事项的优先顺序。各方达成共识：只有服务得到修复并达到之前定义的目标，才能继续处理待办事项。

1.2　使用 SRE 进行协同

SRE 从三个方面对产品交付组织的运营进行协同，如表 1.5 所示。

表 1.5　SRE 用于实现产品交付组织的协同

1. 共同定义服务目标	2. 共同定义达不到之前定义的服务目标时的后果	3. 在达不到之前定义的服务目标时，共同承担后果

首先，SRE 要求共同定义服务目标。其次，它要求明确达不到服务目标时的应对措施以及各方采取的具体行动。最后，它要求各方共同承担预先定义的后果。

换言之，有了 SRE，整个产品交付组织共同参与并就各方对产品的可靠性期望以及他们愿意为此付出的代价达成一致。

这是 SRE 的真正强大之处。产品交付组织在这种意义上的协同是其他运营方法做不到的。这正是实现 DevOps 所需要的协同，以确保正确的服务运营，最终带来积极的体验。每一方——产品运营、产品开发和产品管理——都必须各司其职。每个人都需要参与运营活动。对运营工程师而言，这是常规操作；对软件开发人员来说，这是一个新的领域；而对产品负责人来说，可能会感到意外。

SRE 的价值在于，它以一种具象的方式将三方聚在一起，追求可持续的产品运营，进而提升用户的满意度。自从谷歌推出 SRE 以来，其服务受到人们的广泛欢迎。Statcounter 的数据显示，[17] 2009 年至 2020 年期间，谷歌占有超过 92%的搜索市场份额。虽然有许多因素促成了这种市场统治地位，但在确保用户搜索体验方面，谷歌 SRE 发挥着重要的作用。

为了达到并保持 DevOps，还需要通过 SRE 来实现产品交付组织在运营上的协同。如果产品交付组织没有就各种运营问题达成一致，很难赢得速度。如果仅由运营工程师负责生产运营，他们可能很难在客户报告问题之前发现生产中的问题，因为警报参数的设置不同于产品开发和产品管理的目标。运营工程师需要对常规的 IT 资源设置警报，例如内存消耗、CPU 使用率、队列填充水平、存储消耗等。虽然这些警报有时很有帮助，但它们不一定能反映用户使用系统时的满意度。因此，可能出现用户虽然不满意但也不至于触发警报的情况，或者用户满意却触发了警报的情况。这是因为警报定义程序并没有以用户为中心，没有包括所有必要的利益相关者，如运营工程师、软件开发人员和产品负责人。

一旦运营工程师遇到无法解决的问题，就需要软件开发人员介入。这是一个持续的斗争。为什么呢？因为软件开发人员的工作是由产品负责人排好优先级的待办事项。

一旦运营工程师发现自己无法解决的问题，就需要软件开发人员介入。这是一个持续的挑战，因为软件开发人员的工作是由产品负责人根据优先级安排的。他们专注于处理这些待办事项，并希望工作过程中不被打断。当运营工程师要求他们解决生产中的问题时，开发人员可能会表现出不悦。首先，开发人员通常专注于开发环境，而非生产环境。其次，解决生产问题可能导致对产品负责人承诺的待办事项延期。第三，这可能会打破对产品负责人的承诺。然而，是否应将解决生产问题优先于待办事项，这一点并不明确。更重要的是，我们需要决定是立即解决生产问题以满足当前用户的需求，还是继续实现新功能以兑现销售和市场的承诺。

为了打破僵局，产品负责人需要提供意见来决定优先级。为了做出这个决定，产品负责人需要首先了解生产问题的具体情况：有多少数据中心受到影响？有多少用户受到影响？这个问题是否阻碍了产品中经常使用的工作流？是否有任何临时方案？对收入、成本、商誉、客户支持有什么影响？提供修复的紧迫性如何？实施修复需要多少努力？部署修复方案又需要多少努力？监测修复方案的部署呢？为了决定正确的优先顺序，这些问题只是一个开始。另一方面，如果优先解决生产问题，可能会影响待办事项的交付时间，这会带来机会成本。如果待办事项延迟交付，那么对销售承诺、营销承诺、合作伙伴和管理层利益相关者会产生什么影响？考虑到待办事项延迟交付的连锁反应，能否以合理的方式重新确定待办事项的优先顺序？如果因为修复生产问题而延迟交付，那么待办事项是否应该缩减交付规模？[18]

在运营工程师、开发人员和产品负责人之间，确定正确优先级的过程是艰难且漫长的，这影响了生产中的用户体验。如果其中一方因休假而缺席，是否会延误确定正确优先级的过程？整个过程是否实现了 DevOps 承诺的速度？

如果谷歌的每个生产问题都与此类似，谷歌搜索还能有如此高的市场占有率吗？显然不会。

图 1.1 展示了在功能开发和运营生命周期中，组织内的运营工程师、软件开发人员和产品负责人在运营问题上缺乏协同和一致性。在功能开发期间，大家各自为战。而在生产运营期间，一旦出问题，运营工程师、软件开发人员和产品负责人得以作为一个团队方式展开协作。

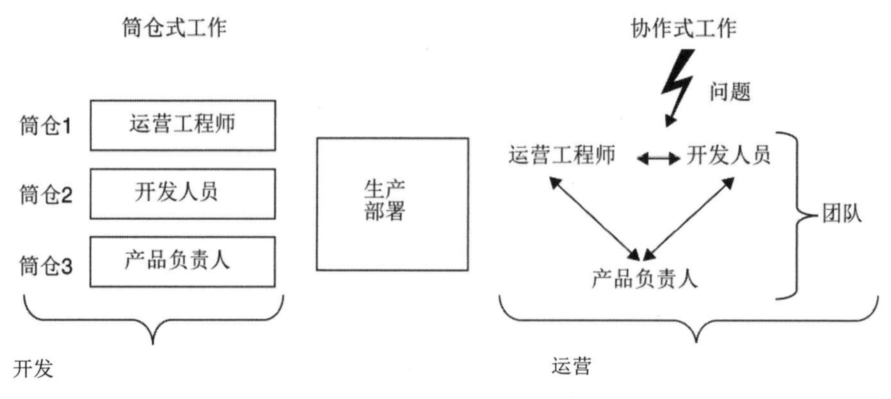

图 1.1　开发阶段和运营阶段的筒仓式工作与协作式工作

图中左侧展示的是功能开发期。运营工程师为生产做准备，但不参与功能开发过程。开发人员专注于功能开发，他们与产品负责人互动以澄清功能需求。产品负责人忙于细化功能需求，回答开发人员的问题，协调利益相关者，引导设计师参与，以及做一些用户研究。在运营方面，三方的工作通常是相互隔离的。运营工程师全力确保已部署功能的顺利运营。虽然开发人员在功能开发过程中会考虑生产问题，但这通常不是他们需要优先解决的最重要的问题。产品负责人的思考和行动通常不涉及运营。

在部署到生产环境之后，功能就进入运营阶段。运营工程师把注意力放在功能上，因为刚进入生产环境，所以他们会尽量多了解。突然间，客户开始报告问题。运营工程师发现，最近部署的功能出现了问题。他们与开发人员取得联系，开发人员又与产品负责人取得联系。三方碰头并共同商定下一步的工作计划。他们作为一个团队，以一种非常协作的方式开展工作，这很好。但是，他们必须针对每个生产问题重复这个过程，因为他们缺乏应对功能运营问题所需要的共同理解和一致性。

综上所述，组织在运营问题上缺乏共识和真正的协同。在没有 SRE 的情况下，产品运营、产品开发和产品管理不能在整个产品生命周期中就运营问题进行有效的合作，以确保良好的用户体验。SRE 的作用是在产品生命周期中促成三方在运营上达成共识。这种一致性是产品交付组织中交付速度的重要推动力。通过适当的协同，我们可以同时充分关注运营和开发，避免频繁且繁琐的上下文切换（图 1.2），从而满足双方的需求。SRE 规定了产品生命周期每个阶段需要达成的协同，以确保产品运营、产品开发和产品管理能够以高度一致和松散耦合的方式协作，从而确保产品运营能够提供积极的用户体验。

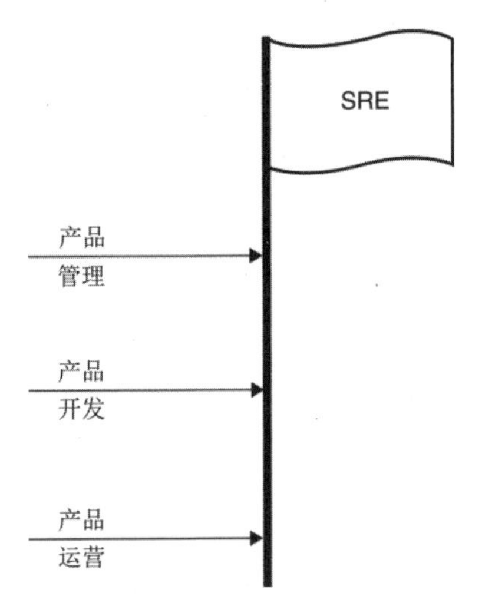

图 1.2　通过 SRE 实现真正的协同

尽管 SRE 可以显著促进产品交付组织实现运行协同，但它无法直接支持 IT 监管合规。正如 1.1.5 节所述，谷歌 SRE 创始人本杰明 • 特雷诺 • 斯洛斯如此描述："当软件工程师不得不按要求设计运营团队时，自然就有了 SRE。"由于 SRE 不提供 IT 监管合规支持，所以不足以全面管理企业的 IT 职能， SRE 经常被整合到 ITIL 或 COBIT 的框架中。这样一来，总体的 IT 监管合规可以通过 ITIL 或 COBIT 来实现，而产品运营、产品开发和产品管理在运营方面的一致性可以依赖于 SRE。换句话说，不要认为 SRE 与 ITIL 或 COBIT 是互斥的。

前面的比较表明，SRE 是支持产品交付组织三个部门——产品运营、产品开发和产品管理——在运营问题上达成一致的最佳方法。理解这一点后，在推动 SRE 转型时，你就有了有力的论据。基于这个论点，多方可以取得共识，选择 SRE 作为核心运营方法。

要点 SRE 使产品运营、产品开发和产品管理三方在运营上达成一致，实现真正意义上的协同。

接下来，我们将探讨 SRE 为何有效、其核心原理是什么以及它为何同样适用于谷歌之外的其他组织。

1.3　SRE 为什么有用

为了理解 SRE 为什么有用，我们首先需要更详细地探讨 SRE 是如何工作的。以下过程是 SRE 的核心：

- 从用户角度为服务定义所谓的"服务水平目标"（SLO）；

- 在生产中度量 SLO 的实现情况；
- 如果 SLO 在生产中被违反，就努力使服务回到 SLO 的范围或者调整 SLO 本身。

例如，假设一个负责验证用户身份凭据的服务。该服务公开了一些端点，用户通过这些端点来验证身份凭据。在这种情况下，服务端点的可用性至关重要，因为如果无法验证身份凭据，所有用户都无法登录。基于这一点，服务的可用性 SLO 就需要设置得相当高。例如，所有用于验证用户身份凭据的端点都可能被设置为 99.99%。这意味着在限定时间内，对端点 99.99%的调用必须成功，才能保证服务在其可用性 SLO 内。

在服务被部署到生产之前，完成对可用性 SLO 的定义。在服务被部署到生产之后，就可以着手度量 SLO 的实现情况。具体如何度量，需要由 SRE 基础设施提供支持。该基础设施必须保证可用。除了完成度量，SRE 基础设施还要在发现 SLO 违反时发出警报。收到警报后，需要对 SLO 违反情况进行分析。如果发现违反 SLO 会对用户造成真正负面的影响，就表明用户验证服务需要在技术上进行改进，确保其端点在定义的可用性 SLO 内运行。另外，还可能需要制定更严格的可用性 SLO，从而在未来能更早地发现违反 SLO 的情况。另一方面，如果 SLO 违反仅表明技术上的不足而并未对用户体验造成显著影响，这可能意味着需要设定更为宽松的可用性 SLO。

上述过程本质上涉及创建假设、测试假设、从测试结果中学习，然后根据所学采取行动。这一过程反映了科学家们用了几个世纪的科学发现方法。科学发现方法在所有工程行业中得到应用。正如“站点可靠性工程”这一名称所暗示的，SRE 也是一门工程学科。和其他所有工程学科一样，SRE 的核心也是科学发现方法。事实上，在运营中应用发现科学方法是 SRE 能够真正发挥作用的根本原因。

这个过程反映了科学家沿用了几个世纪的科学发现方法。维基百科将此描述为一种经验性的知识获取方法，自 17 世纪以来，这一直是科学发展的核心特征。具体包括仔细观察，并对所观察到的事物采取严格的怀疑态度，因为认知假设可能会扭曲人们对观察的解释。该方法基于观察，通过归纳法提出假设；对假设中得出的推论进行实验和基于度量的测试；根据实验结果完善（或消除）假设。这些都是科学方法的原则，有别于适用于所有科学企业的一系列明确的步骤。[19]

科学方法之所以有效，部分原因是它模仿了自然界通过食物链自动调节物种种群的反馈机制。这种方法久经考验。所有工程学科都以独特的方式应用科学方法。[20]

和其他所有工程学科一样，SRE 的核心也是科学方法。在运营中应用科学方法是 SRE 能够真正发挥作用的根本原因。

要点 SRE 之所以独特，原因在于它在软件产品运营中应用了科学方法。

1.4 小结

SRE 是在运营问题上实现产品交付组织一致性的最佳方法。它促进了产品运营、产品开发和产品管理在生产运营中的适当参与。SRE 可以使产品交付组织在运营问题上达成一致，可以嵌入到对企业进行 IT 总体治理的 ITIL 或 COBIT 实现中。

正如 SRE（站点可靠性工程）名称所暗示的，SRE 也是一门工程学科。SRE 将科学方法应用于软件产品的运营。这是 SRE 有效的原因，而不只是因为它在谷歌得到了成功。这是要记住的另一个要点。为了在整个组织内引入 SRE，必须基于这个要点来说服所有人。

在澄清了 SRE 为什么确实能发挥作用之后，接下来的话题是 SRE 转型过程中哪些地方会有哪些挑战。这就是下一章的主题。

注释

扫码可查看全书各章及附录的注释详情。

第2章

面临的挑战

1.2 节举例说明了产品交付组织在没有就运营进行协同的情况下如何运作的。结果显示，没有协同会导致运营问题在生产出现问题后才能得到解决，通常是在产品运营、产品开发和产品管理部门召开的临时紧急会议中。这显然不是以产品为中心的思维方式。

缺乏运营上的协同意味着在整个产品周期中，产品交付组织不能持续和一致地整合运营的各个方面。由于产品运营是产品管理、产品开发和运营流程的最后一环，人们往往将其视为最后要处理的事项。这不是一种以产品为中心的思维方式。用户接触的是生产中的产品。因此，这个接触点需要以产品创造生命周期中的所有活动为中心。事实上，产品运营的重要性需要提升，要与用户研究、用户故事地图、用户体验设计、架构和开发处于同等的地位。

可以通过杂货店的例子来说明在整个产品生命周期中不考虑生产后果的情况。设想一下，一家连锁杂货店在全国各地拥有设计精美的店铺，铺面中陈列着各种产品，唯独忽视了销售点的收银台。顾客可能无法快速完成付款以至于结账的队伍越来越长。POS 设备由运营团队提供支持，该团队收到了大量支持请求。危机发生时，开发人员正忙于为 POS 设备开发新功能。运营工程师联系开发人员，但开发人员不确定是该优先满足运营工程师的要求还是继续开发新功能。开发人员联系产品负责人，要后者来决定优先级。最终，运营工程师、开发人员和产品负责人共同决定优先修复最紧迫的产品问题。

2.1 种种不协同

图 2.1 展示了在未就运营进行协同的前提下产品交付组织的运作方式。

图中左边是产品开发团队，后者根据产品管理排定的优先级来完成待办事项中的任务。总体而言，产品开发团队通常会忽略生产环境中的实时动态。他们对系统在生产中的表现没有持续的可见性，也未设置警报系统来及时接收异常情况的通知。产品开发的重点完全放在新功能的开发上，没有把产品运营并未列入他们的待办事项清单。

图中右边是产品运营团队。该团队致力于维护产品在生产中的稳定运行。然而，他们缺乏对产品内部运作的深入了解，这种知识与产品开发紧密相关。随着新版本频繁部署到生产中，这些知识也在迅速发生变化。由于缺乏对运营产品的深入了解，运营团队就只是对外部可见的技术资源设置警报，如内存消耗、CPU 占用率、队列填充水平、磁盘存储填充水平以及网络监控等。一旦这些参数超过预设的阈值，就触发警报。此时，运营团队会尝试了解系统是不是出了什么问题，通常需要咨询产品开发团队，分析潜在的问题。随着积压的问题增多，产品运营团队会有挫折感。他们不理解产品开发团队对解决生产中产品问题是怎样的态度。既然生产是客户真正使用产品的地方，为什么它们的重要性那么低呢？

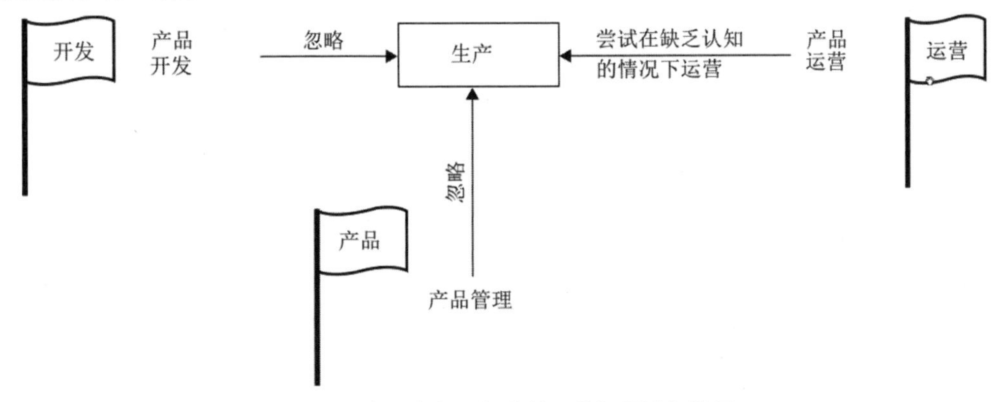

图 2.1　产品交付组织未就运营问题进行协同

这种挫折感暴露了不擅长运营的产品交付组织的核心问题。在这样的组织中，“以产品和用户为中心”对不同的人意义不同。从产品运营的角度来看，这意味着生产问题会得到最优先的处理。从产品开发的角度来看，这意味着产品负责人要求的功能会被尽快开发出来。从产品管理的角度来看，这意味着客户要求的用户故事会尽快转化为生产中的功能。在产品过程中，这种以产品和用户为中心的严重错位是导致产品难以在生产中满足客户需求的原因之一。在对产品交付组织的各方进行协同上，SRE 能发挥巨大的作用。

图 2.1 底部是产品管理团队。产品管理团队通常与生产思维保持距离。他们忙于与管理层、利益相关者、客户、合作伙伴和用户对话，试图弄清楚产品在市场中的定位，确定遗漏的用户旅程，指出优化工作流的方法等。产品管理部门维护着一个包含待实现功能的待办事项清单。尽管待办事项有优先级，但它并没有考虑到产品运营的要求。产品管理团队期望产品开发团队负责开发，产品运营团队负责运营。这正反映了这些部门名称所暗示的职责划分。

实际上，这种设置导致没有人真正对生产运营承担责任或拥有所有权。那么，究竟由谁负责呢？是产品运营团队吗？不是，因为他们缺乏必要的知识来真正负责生产运营。从产品开发和产品管理到产品运营，没有适当的持续知识迁移，反之亦然。是产品开发负责吗？肯定不是。他们的重点是搞定待办事项。待办事项中是没有产品运营的。偶尔在产品运营升级后交付必要的生产热修复补丁，并不表示他们真的就在“负责”生产运营。那么，是产品管理负责吗？肯定不是。他们的重点是定义产品。他们的期望是，产品开发实现产品，产品运营在生产中运营它。虽然其职位描述中有“负责人”（owner）一词，但产品负责人并不全权负责或拥有产品，包括生产。

在这种情况下，难怪产品最终在生产中被忽视。没有“所有权”的地方就不会有“承诺”。这就需要产品交付组织中的所有各方做出承诺，为生产中的产品运营做出贡献。但具体怎么做呢？谁需要承诺什么才能为产品运营确立有意义的部分所有权？那么，产品运营的所有权是一种集体所有权吗？接下来让我们详细探讨这些问题。

2.2 集体所有权

根据维基百科的解释，集体所有权是指一个集体的所有成员为其共同利益而拥有对生产资料的所有权。[1]这个定义表明，每个人都需要从所有权中获益。在产品运营的背景下，这意味着如果要在产品交付组织中建立集体所有权，那么所有权需要使所有相关者从中获益。具体来说，如果要在产品运营、产品开发和产品管理之间建立生产运营的集体所有权，各方都需要从中获益。这是一个值得深入研究的问题。

在产品运营团队看来，他们负责或拥有产品运营。然而，很难让产品开发和产品管理团队参与其运营活动。因此，如果产品开发和产品管理团队能对生产运营拥有部分所有权，产品运营团队绝对会拍手称快。

在产品开发团队看来，他们是功能的开发者。将新功能快速交付到生产中是其活动的核心。如果能够部分负责或拥有生产运营，他们将获得哪些好处？待办事项是否包含与运营相关的用户故事？然而，由于运营工作相较于功能开发更加不可预测，所以将运营用户故事纳入待办事项可能不太实际。但如果部分拥有生产运营的权益能够提升开发人员对运营的洞察力而改善开发过程并改善整个运营环境，则是有益的。此外，如果改进的开发过程能够减少那些频繁干扰功能开发的生产问题，同样有益。

在产品管理团队看来，他们是定义产品的人。功能应该由产品开发团队来开发，由产品运营团队来运营。如果产品管理部门部分负责或拥有生产运营，会有什么好处？为了回答这个问题，需要研究一下客户投诉升级[2]的问题。产品管理部门尤其不喜欢客户投诉升级。每次客诉升级都与生产中的问题有关。这种投诉升级扰乱了他们的工作，需要立即关注。尽管客户不满意，产品管理部门仍需花费大量时间向各利益相关者解释产品的合理性，这可能会损害他们的信任。利益相关者的信任度降低，可能导致产品的预算减少。这是每一个产品负责人都要努力避免的困境。如果部分拥有生产运营的权益能够减少客诉升级，对产品管理来说将是一个巨大的优势。

表 2.1 总结了在产品交付组织中建立产品运营集体所有权可以为各方带来的好处。

在明确生产运营的集体所有权可能为产品运营、产品开发和产品管理带来的好处后，接下来要探讨的问题是如何获得这些好处。一个相关的问题是参与各方都可以获益的话需要投入多少成本。换言之，在 SRE 转型的背景下，如何使用 SRE 来实现生产运营的集体所有权并有一个可观极的投资回报率？

表 2.1　产品运营的集体所有权所带来的好处

	学科	好处
产品运营的集体所有权	产品运营	产品开发和产品管理根据需要适当参与运营活动。不用再追着产品开发团队和产品管理团队问生产中的每个问题应该如何处理
	产品开发	对产品运营有了适当的洞察，进而改善开发过程，并通过一个完整的运营环境来加强这个过程。开发功能时，若能充分了解使功能在生产中获得技术上的成功所需的前提条件，则可以减少客户投诉升级。这进而使开发团队免受干扰，有了更多不间断的时间进行新功能的开发
	产品管理	减少客诉升级和处理这些状况的时间投入

2.3　SRE 应用场景下的所有权

SRE 应用场景下生产运营的部分所有权是什么意思呢？这个问题需要针对产品交付组织中的各方进行具体解答。

2.3.1　产品开发

产品开发团队负责或拥有生产运营的好处在于，可以借此了解系统在实际用户、数据和基础设施负载下的生产行为。为了对生产中的系统有一个持续的了解，最有效的方法就是在生产中观察它。这可以通过实施轮流值班制度[3]来实现。传统上，产品运营负责生产中的服务值班。这样的话，来自生产的洞察就不会直接传递给产品开发团队。因此，产品开发需要参与生产中服务的轮流值班。每个开发团队都应对一些服务负有责任或所有权。对于这些服务，相关开发人员应参与轮流值班，以便从实际运营中获得宝贵的见解。

这些见解可以促成产品开发和运营做出以下改进。

- 由具有产品实现知识的开发人员开展产品故障调查。
- 从问题发生到修复的链条中，步骤可以简化到一个。问题可以直接交给实现服务的开发人员，他们能以最快的速度修复问题——只要警报的目标足够明确，并与产品负责人达成立即修复生产问题的协议。开发人员可以将从故障本身、故障分析和修复中获得的经验带到新功能的开发过程、支持基础设施以及调试工具中。这将提高产品的未来‘可运营性’，并减少其投入运营所需要的时间。这可以进一步确保开发人员有更多的连续时间专注于功能开发。

- 开发人员在生产现场进行测试，可以在现实世界中体验到产品的质量。一个系统的内部测试很少像在生产中那样密集。看到真实世界的场景为自动化测试套件的开发提供参考，并有助于缩小内部测试和生产场景之间的差距。因此，一旦看到内部测试套件的测试结果是绿色的，就会增强将产品部署到生产中的信心。这应有助于减少因内部未测试的场景而导致的生产失败。此外，这也有助于缩短修复生产问题的时间，从而为功能开发留出更多时间。
- 开发人员可以掌握运营产品和排除故障所需的必要知识。这为开发过程提供了见解，至少能有更好的运营工具。此外，它还有助于减少花在诊断生产问题上的时间，留出更多时间来进行功能开发。
- 开发人员在开发新功能时可以利用来自产品运营的知识。例如，可以了解到可扩展性和性能要求，这往往会导致架构的变更。虽然进行这样的变更需要做大量工作，但确实有必要根据生产中观察到的负载情况来实现架构的弹性。只有这样，系统的运行负担（也称为繁琐工作）才能减少，留出更多时间来进行功能开发。
- 开发人员对提供良好运营的产品所需的测试和工具会有一个更好的理解。需要设计测试场景、测试级别、测试运行和测试环境，使所有测试活动有机地结合起来，解决系统在生产中遇到的重要情况。可以肯定的是，生产本身也能成为测试环境之一，只不过这种测试是以24/7全天候的方式运行的。洞察产品在生产环境中的运行情况，可以为整个测试管理过程提供大量信息。这会导致测试套件和测试在运行时更贴近生产环境，避免浪费时间去测试或捕捉生产环境中不容易重现的错误，同时避免浪费时间对这种测试进行返工和维护。理顺测试管理之后，就有更多的时间来进行功能开发。
- 开发人员更有动力去实现可靠性功能和工具，以获得良好的产品运营体验。这是因为，如果开发人员负责值班，实际上是希望花尽可能少的时间来处理生产问题。在这种情况下，他们可以完全掌控局面。他们有能力在实现产品时就考虑到生产运营的问题。这样一来，在生产问题上花的时间更少，多留些时间来开发新功能。这对客户和产品管理都有好处。客户也不希望在生产中处理产品的故障。相反，他们希望现有的功能可以在生产中发挥作用，并迅速为产品添加新功能。在客户要求的驱动下，产品管理团队希望能够专心开发新的功能。

有产品运营经验的开发人员在行业中更受欢迎。通过值班，他们可以掌握更多技能来提高薪资。

让开发人员来值班，会引发下面这些问题。

- 开发人员是否总是需要值班？不需要。
- 开发人员能否只在办公时间值班？是的。
- 负责产品运营的人员可以参与值班吗？可以。

- 对于一个特定的组织，什么是最好的设置？这要视情况而定。
- 开发团队的设置是否需要进行调整以进行值班？是的。
- 团队中的开发人员可以轮流值班吗？可以。
- 尽管有值班任务，重点功能的开发仍然可以完成吗？是的。
- 具体如何实现呢？这要视情况而定。
- 开发人员都去值班了，他们还是开发人员吗？是的。他们会成为更好的开发人员。他们的技能将在就业市场中获得更高的评价。

这些问题及其他相关问题将在本书中适时深入探讨，此处不再赘述。现在，我只想概述一下 SRE 转型所带来的挑战。目前最重要的是理解产品开发团队的人员需要适当参与值班，这具体取决于为 SRE 导入所选择的组织设置。如果没有开发人员适当参与值班，产品开发将无法充分利用生产运营的集体所有权带来的好处。没有生产和开发团队之间的实时反馈循环，功能开发就很难从运营的角度进行改进。如果功能开发团队不能很好地利用实现功能的人所经历的、来自生产的实时反馈循环，就不能持续改善生产中的故障。换言之，如果没有开发人员进行某种程度的值班，无论运营出了什么问题，产品开发团队中的事情都不会有太大变化。

要点 开发人员必须要适当参与值班，从很少的时间到几乎全部的时间都可以。

图 2.2 中，左端展示了这一要点。

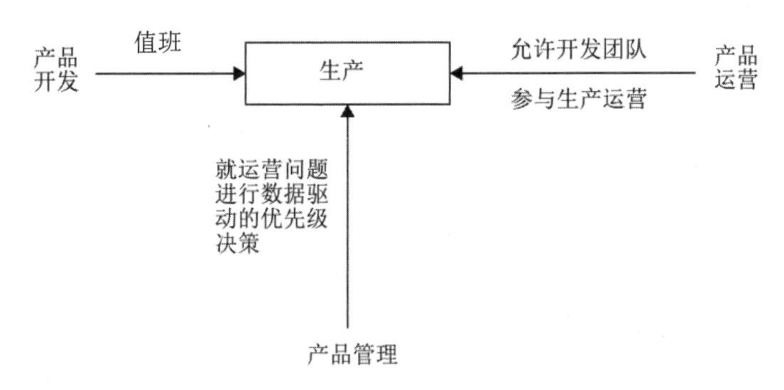

图 2.2　使用 SRE 的产品运营的集体所有权

2.3.2　产品运营

图 2.2 中，右端展示了产品运营。在开发人员参与值班的情况下，产品运营团队需要提供必要的支持，以确保开发人员能够顺利参与运营活动。

那么，开发人员需要哪些支持呢？他们可能从未涉足运营，所以这一领域对他们来说可能相当陌生。是否有这方面的培训？运营团队是否需要提供一些培训？在产品运营中，“好”是如何定义的？是否有任何现成的文档？这些都是开发人员首次值班时要考虑的问题。

产品运营团队掌握所有关于产品运营的知识。这些知识包括哪些方面呢？基本上，就是将产品作为一个黑盒子，把它放到生产环境中，激活对IT资源的监控，并对一些超出阈值的行为发出警报。开发人员可以学习和理解这些知识。凭借对产品内幕知识的了解，他们还能找到更多可以监测和报警的场景。开发人员对产品架构、实现、配置和部署的了解，是提升生产监控能力的宝贵资产。如何实现DevOps所倡导的开发与运营的有效沟通呢？

开发人员和架构师不仅了解架构的优势，还清楚其劣势。他们知道架构的局限性在哪里导致了性能和可扩展性问题。他们知道在什么情况下性能和可扩展性问题可能会表现出来并可能影响到客户。他们知道系统在架构上存在的债务，以及其中的哪一部分计划在不久的将来偿还。他们知道任何必须进行的重大的架构重构，这些重构原本因为牵扯的精力太大而未被纳入计划。

开发人员还掌握了许多其他知识。他们了解运行产品所使用的基础设施的限制。他们知道每个服务是如何影响其他服务的；例如，他们知道如果服务网络中的某个服务在基础设施的特定区域内消耗了大部分的内存会怎样。他们可能知道运行服务的容器集群的一些参数，并会根据不断变化的数据和用户负载情况来预测可能发生哪些问题。

换言之，开发人员对系统内部的运作了如指掌。然而，如何帮助他们运用这些知识来提升产品运营的效率呢？为了解决这些问题，需要稍微转移一下注意力，关注开发人员如何让外界了解系统内部正在发生的事情。这是通过日志记录来实现的。开发期间，开发人员决定在什么情况下记录什么。这样一来，一旦产品在生产中运行，就会不断生成包含日志信息的日志条目。然后，分析存储在日志文件或其他存储系统中的日志条目，了解系统运行时发生了什么。这就是开发人员向外界公开系统运行过程的基本过程。该过程得到了工具的支持，这些工具提供了各种开箱即用的运行时功能。也就是说，开发人员关于产品的知识可以编码在日志中，可以在系统外进行分析。

接下来需要考虑的问题是，为了改善产品运营，应该记录哪些信息？假设这些问题都能得到妥善解决。一旦问题得到回答，就要考虑如何以统一的方式记录相关信息。日志的格式如何？哪种日志格式适合自动化日志处理？运营的不同方面是否需要不同的日志格式？例如，是否需要用一种日志格式计算服务的可用性，另一种计算服务的延迟？异步操作又该怎么办？怎么记录它们？在哪里存储日志？日志应该存储在区域数据中心，还是应该集中存储？日志应该存储多长时间？我们假定所有这些问题都会得到解答。

有了这些问题的答案，接着考虑如何检测异常情况。什么应该被视为可用性违反（broken availability，也称为“违反可用性”，即“拒绝服务”）？什么应该被认为是违反时延（broken latency）？什么应该被认为是吞吐量不足（insufficient throughput）？除了可用性、延迟和吞吐量，还有哪些方面需要考虑？同样，我们假定所有这些问题都会得到解答。

接着，想知道在异常情况下如何报警。警报应该在检测到异常情况后立即生成，还是稍后生成？警报应该进行采样吗？如何避免警报疲劳（即那些收到警报的人被太多的警报所淹没，并停止对它们做出反应）？在频繁提醒人们以至于造成警报疲劳和很少提醒以至于造成事故不被注意到之间，如何平衡？警报中需要包括什么样的信息？即使这些问题也都不是问题，也还有更多的问题。

接下来的问题是向谁发出警报——具体地说，哪些开发人员会收到警报？如何提醒开发人员，使其不至于从当前的功能开发工作中分心？在不会导致警报疲劳的前提下，如何提醒开发人员并使其真正对警报做出反应？是不是任何开发人员都能接收警报？开发人员需要具备什么样的知识，才能在合理的时间范围内，付出合理的精力对警报做出反应？

问题清单还可以继续。它表明，需要一个全面的框架使开发人员能参与产品运营。但什么是框架呢？维基百科上的词条如此定义："软件框架是一种抽象，可以通过额外的、由用户编写的代码，选择性地改变提供了通用功能的软件，将其转化为特定于应用的软件。"因此，在运营框架的背景下，需要一些可以选择性改变的通用功能。在 SRE 的背景下，这样的框架可以称为 SRE 基础设施（SRE infrastructure）。它需要提供通用的功能，以支持前面示范的各种用例，并在 SRE 的背景下实现。通用功能要求能选择性地改变，使基础设施适应与整个 SRE 活动中的特定用途相匹配。

要点 运营工程师需要提供一个框架使开发人员能参与运营。在 SRE 背景下，这样的框架可以称为 SRE 基础设施。

本书写作时，已经有一些现成的商用工具可以支持 SRE 基础设施，但还不够全面，缺的部分还需要进行定制开发。因此，为了建立 SRE 基础设施，十有八九还是需要一些定制的软件开发与现成的工具相结合。这意味着产品运营也需要学习软件开发。

产品运营团队面临的挑战是，缺少提供一个框架以便其他团队参与运营的经验。产品运营一直都在使用现成的工具，以动手实践方式开展运营工作。现在，产品运营还要支持产品开发对服务运营的参与。这个支持是通过设想中的 SRE 基础设施来实现的。SRE 基础设施需要使用一流的软件开发技术来构建。

这与 SRE 创始人本杰明·特雷诺·斯洛斯的观点相一致，他说："当软件工程师须按要求设计运营团队时，便有了 SRE。"基于此，为了使产品开发团队能参与运营，需要软件开发团队建立一个合适的 SRE 基础设施。这不奇怪，构建框架在软件开发中很常见。使用框架对软件开发人员来说也不陌生。但对于来自产品运营学科的运营工程师来说，无论构建框架还是使用框架，都是他们不熟悉的领域。

以下是目前我们所理解的 SRE 转型挑战：

- 软件开发人员需要学习如何通过值班来参与产品运营；

- 运营工程师需要学习如何使软件开发人员将SRE基础设施作为框架来开发，使其能参与运营。

如图2.3所示，两个箭头交叉在一起，类似于击剑。虽然有些讽刺，但这正是SRE转型的现状。

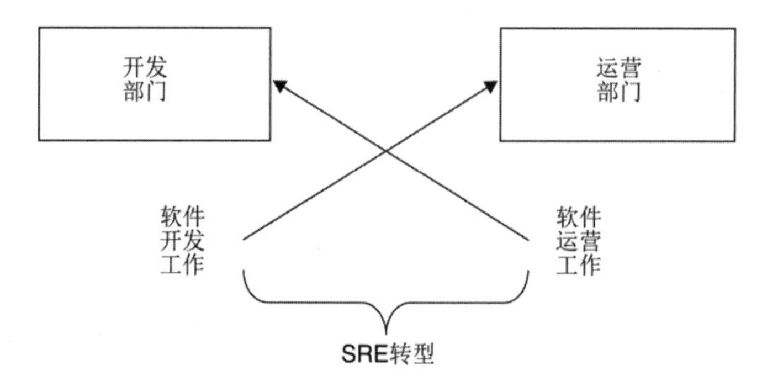

图2.3 关键的SRE转型挑战

两个箭头所对应的职能都不容易实现。然而，正如世界各地越来越多软件交付组织所证明的那样，这是完全可能的，本书将对此进行详细探讨。

图2.3展示实现DevOps的真正含义及其要求。它是指开发人员做运营工作，而运营工程师做开发工作。它涉及产品开发和产品运营这两个长期存在的学科的核心，动摇了它们的基本职责。为了真正实现DevOps，要求的远不限于实现产品开发和产品运营之间的紧密合作。

在传统软件交付组织中，困难尤其大。那些从未涉足过运营的开发团队，以及从未让其他团队参与运营的运营团队，都缺乏建立SRE的基础。开发人员不理解自己为何要做运营，运营工程师没有提供可以让开发人员来参与运营的框架。管理者不倡导这样的努力，更别说提供经费了。

虽然存在这些困难，但着手进行SRE转型的努力是非常值得的。使用SRE来实现DevOps的好处在于，一方面能为开发人员留出最多的时间来开发功能，同时产品能在生产中很好地服务于客户。如果没有SRE，虽然开发人员能最大限度地增加时间开发新的功能，但生产被忽视了。

此外，依托SRE来实现DevOps理念，运营工程师能向开发人员提供SRE基础设施，使其可以参与生产运营，从而获得良好的可扩展性。没有SRE，运营工程师会成为瓶颈，纯粹靠自己进行生产运营，无暇顾及产品质量和产品开发的内幕。

2.3.3 产品管理

在阐述了生产运营的集体所有权对产品开发和产品运营的重要性之后，还需要在产品管理的背景下进行澄清。产品管理团队如何参与才算得上是部分负责或拥有产品运营？

传统上，产品管理与产品运营之间的联系并不紧密。如 2.2 节所述，产品管理参与生产运营的主要好处是减少客诉升级。如果客诉均涉及技术问题，产品管理应如何减少投诉升级？产品负责人并非技术专家，他们不懂产品的实现和部署。

为了解决这一问题，需要考虑导致客诉升级的因素。在客户拿起电话向客户支持部门投诉之前，会发生一系列事件。客户在使用产品时，可能遇到一些令人不悦的情况，如数据显示迟缓、完成任务的步骤繁琐、操作无预期结果或产品直接崩溃并导致数据丢失。无论原因是什么，都直接关系到客户损失了大量时间或金钱，促使他们联系客户支持以表达不满并寻求帮助。

技术专家——产品开发团队和产品运营团队——能否发现并提前解决产品中的任何问题？他们是否已建立了相应的机制来检测和解决此类事故？再次强调，这些都属于技术问题的话，与产品管理有何关联呢？

让我们做一个更进一步的探讨，假设产品开发和产品运营希望建立事故检测和解决机制，以便在客诉升级之前发现并修复问题。开发人员掌握了大量产品技术方面的知识，而运营工程师在客诉升级方面有丰富的经验。他们能够汇总以往的投诉事件并预测产品的薄弱环节。产品开发和产品运营知识紧密结合，产品开发团队带来技术实现方面的知识，而产品运营团队带来生产实际问题的知识。结合这些知识，可以创建一个植根于技术实现和客户历史投诉升级的事故检测与解决过程。这是基于临时的、非系统化的事故响应的一个巨大飞跃，能有效减少客诉升级。

但我们的目标更为远大，即建立一个事故响应和解决流程，能够及早发现每个现有功能和新功能的异常，使产品开发团队能够及时修复，并在客诉升级前部署这些修复。此时，产品管理在产品运营集体所有权中的作用开始明确。需要强调的是，该过程应适用于所有现有的和新功能，而不仅仅适用于产品运营部门根据过去客诉升级的经验而了解到的功能。此外，开发人员开始以这种方式分配时间：在客户愤怒到投诉升级之前修复已经发现的问题，并将其部署到生产中。这意味着，开发人员不再只是完成产品负责人制定好的优先级待办事项。现在，我们有了另一个优先级驱动因素，即事故响应过程中发现的产品可靠性问题。

就这样，产品管理对产品运营集体所有权的贡献开始明确下来。

- 产品负责人需要将用户旅程的知识贡献给事故检测过程。碎片化的用户旅程应该是事故检测的核心。哪些是进行事故检测时最重要的用户旅程？在一个给定的用户旅程中，使用户旅程保持意义的最重要的、必须有用的步骤是什么？反过来说，用户旅程的哪些步骤可以失败以及失败的程度如何而不会造成整个用户旅程的崩溃？总的来说，事故检测过程的有效性应与其定义的事故检测能力相匹配。为了很好地定义可检测的事故，需要结合产品负责人的用户旅程知识、开发人员的实现知识和运营工程师的运营知识。

- 产品负责人还需要理解并同意建立一个待办事项管理程序的重要性。在这个程序中，开发人员可以灵活地分配时间来修复事故检测过程中发现的生产问题。传统上，是由产品负责人对用户故事的待办事项进行优先级排序，他们希望开发人员能够专注于待办事项。为了减少客诉升级，产品负责人希望开发人员立即对事故监测到的问题采取行动。

现在，我们清楚了这一切对产品负责人的意义。他们有责任参与定义事故检测。他们知道事故检测要检测什么。要检测真正的中断用户旅程，而不仅仅是一些技术上的偏差。现在，产品负责人更容易接受花时间在解决事故上。为什么？因为花这些时间能直接减少客诉升级。如果开发人员没有在合理期限内修复生产事故，即使尽早发现了正确的事故，客诉也会升级。

也就是说，为了减少客诉的升级，需要满足以下标准：

- 事故检测可以检测到由运营工程师、开发人员和产品负责人共同定义的碎片化、割裂的用户旅程；
- 开发人员在检测到碎片化、割裂的用户旅程时，优先修复它们，而不必每次都与产品负责人协商工程时间的分配；
- 开发人员在规定期限内，在客户生气和沮丧到客诉升级之前，修复生产中碎片化、割裂的用户旅程。

这个过程如图 2.4 所示。图 2.4 中，左上方展示了事故检测的定义过程。它将开发人员的实现知识、运营工程师的运营知识以及产品负责人的用户旅程知识作为输入。事故检测定义过程的结果是理解了生产中要检测的事故。它检测的是几个方面的不健康的模式：从运营关键性的角度看用户旅程、实现用户旅程的关键服务依赖项、实现用户旅程的关键基础设施组件及其可扩展性。

定义了生产中待检测的事故后，即可开始进行事故检测。图 2.4 中，产品在生产环境中运行时，会对真实用户旅程的实现情况进行监控，而不再只是监测技术参数是否达标。监测真实用户旅程的实现情况更有针对性，有助于减少客诉升级，这是产品管理参与产品运营的优势之一。

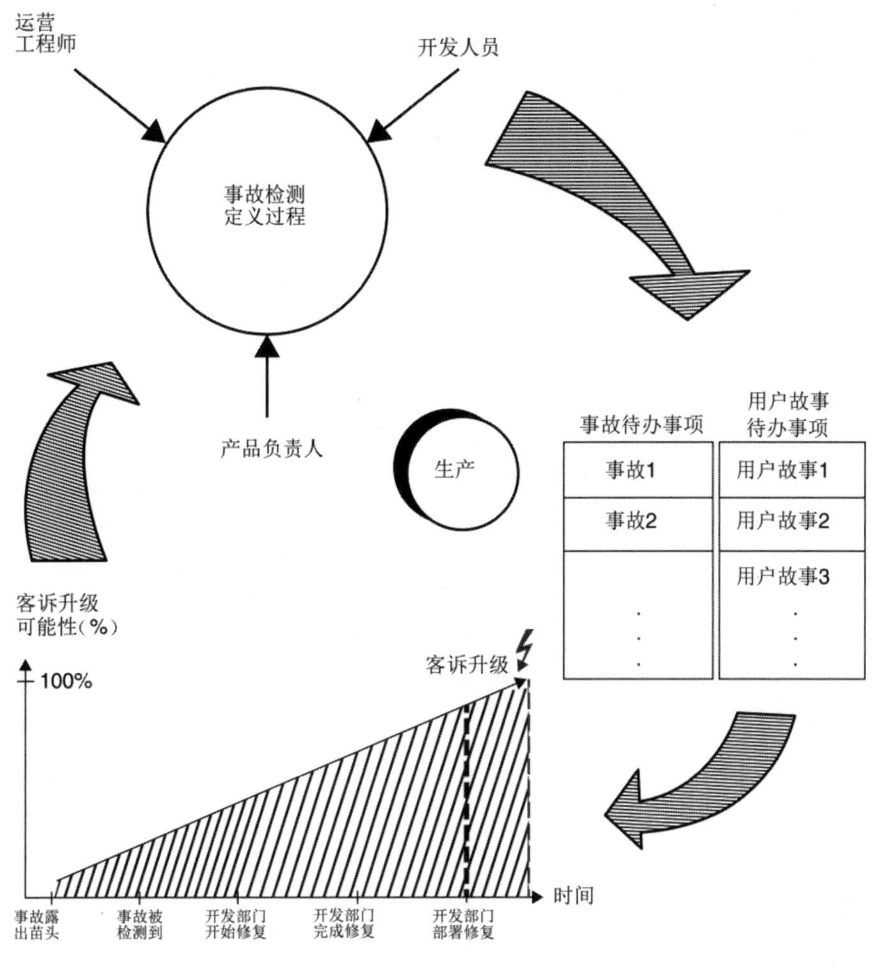

图 2.4　减少客诉升级的过程

事故检测过程一旦识别到事故，就会将它们纳入待办事项清单，如图 2.4 右侧所示。事故待办事项将与用户故事待办事项并列。用户故事待办事项已经由产品负责人确定优先级。事故待办事项同样需要进行优先级排序。确定优先级的工作应在检测到事故后立即开始并迅速完成。运营工程师、开发人员和产品负责人之间不要通过长时间进行冗长的协商来确定待办事项的优先级。这意味着三方需要事先达成共识。最佳地点是在哪里就事故优先级达成共识呢？最好是在事故检测定义的过程中。作为该过程的一部分，不仅要定义事故本身，还要就其相对优先级达成共识。这些共识应该能使所有值班人员——尤其是开发人员——自主决定大多数事故的优先级。

由于事故待办事项清单中的事故需要及时处理，所以处理事故的开发人员无法同时处理用户故事待办事项清单中的用户故事。此外，频繁在事故待办事项和用户故事待办事项之间切换，会产生大量的上下文切换成本。这不仅效率低下，还会给开发人员带来沉重的心理负担。为了解决这一问题，我们可以通过实施策略来构建开发团队，以在事故待办事项清单中的持续值班和用户故事待办事项清单中的关键用户故事之间实现良好的平衡。我们将在后面具体讨论这些策略。

图 2.4 底部展示了事故处理的时间轴。时间轴从事故初现端倪开始（最左侧）。在事故刚刚发生时，客诉升级的可能性非常低。随着时间的推移，这种可能性最终可能增长到100%，需要避免这种情况。我们的目标是在客户变得非常愤怒和沮丧且不得不联系客户支持进行投诉之前，解决这个事故。

事故初现时，可以通过事故检测来识别。在时间轴上，接下来的步骤是开发人员开始修复的时间点。问题一旦修复，就需要部署到生产环境。部署完成后，需要监控修复效果，确保事故得到彻底解决。我们的目标是在客户投诉升级的红线之前完成修复部署并进行监控，确认事故已得到解决。

可能未能及时留意事故的苗头，或者事故检测可能过早或过晚发现它们。这些事故可能是误报——即报告的事故并未实际导致用户体验下降。所有这些情况都应作为后续调整事故检测定义的依据。这个反馈回路是基于数据的。这使得产品运营、产品开发和产品管理三方能够基于数据中立地决定事故的定义。

在 SRE 应用场景下，这样的事故检测和响应过程是使用特定的机制和术语来设置的，例如服务水平指标（SLI）、服务水平目标（SLO）和错误预算策略。我们很快就要开始探究这些概念。但在开始探索之前，先总结一下使用 SRE 的集体生产运营所有权的效益和成本。

2.3.4 效益和成本

经过分析，我们知道产品运营、产品开发和产品管理如何以团队方式实施 SRE。使用 SRE 实现 DevOps 时，三方需要进行深度整合，而非只是三方密切合作。表 2.2 显示了效益和成本。

表 2.2 使用 SRE 进行产品运营时，集体所有权的效益与成本

	学科	效益	成本
使用 SRE 的产品运营的集体所有权	产品运营	产品开发和产品管理根据需要适当参与运营活动。不必每遇到一个生产问题，都要追着产品开发团队和产品管理团队问应该如何处理	将 SRE 基础设施作为一个框架来实现，使其他人也能参与运营
	产品开发	对生产运营有了适当的洞察，以达到改善功能开发过程的目的，并通过完整的运营环境来加强这个过程。开发功能时，若能充分了解使功能在生产中获得技术上的成功所需的前提条件，那么可以减少客户投诉升级。这进而使开发团队免受干扰，有更多不间断的时间进行新功能的开发。另外，这还升级了开发人员的技能，使其在就业市场更占优势	要在规定时间内值班以参与产品运营
	产品管理	减少客户投诉升级和处理这些投诉的时间投入。对众多生产问题的临时参与也减少了。另外，现在还能以数据驱动的方式对工程能力在功能与运营问题上的分配做出权衡	参与对事故检测的定义和基于生产数据的、数据驱动的优先级决策

现在，使用 SRE 的生产运营的集体所有权的效益和成本已经清楚了，让我们看看 SRE 试图达成怎样的总体目标，如图 2.5 所示。

SRE 使产品交付组织在其运营问题上保持协同。产品开发对生产运营的贡献在于，通过值班获得产品如何在生产中满足客户需求的第一手经验。这样，既确保了产品在生产中满足客户需求，又最大限度地延长了功能开发的时间。

产品运营的贡献在于使开发人员能够独立进行生产运营。这需要开发一个 SRE 基础设施框架，供开发人员使用。

产品管理的贡献在于，他们现在可以基于数据，对需要进行事故检测的关键用户旅程做出优先级决策。此外，他们还与值班人员就事故待办事项的自主优先级排序达成了共识。最终，借助数据驱动的优先级决策，现在可以准确地确定哪些事项应纳入用户故事待办事项中，以确保可靠性。

SRE 转型并非没有成本。产品交付组织必须投入时间、金钱和精力，通过 SRE 协同解决运营问题。这就是管理层也需要参与的原因。管理层可以在 SRE 转型中发挥两方面的作用。首先，他们需要从态度上表示支持。这可以在全体员工会议、小型会议或通过其他沟通渠道来实现。其次，管理层需要确保为 SRE 转型提供必要的资源和支持，包括资金、人员和工具等。

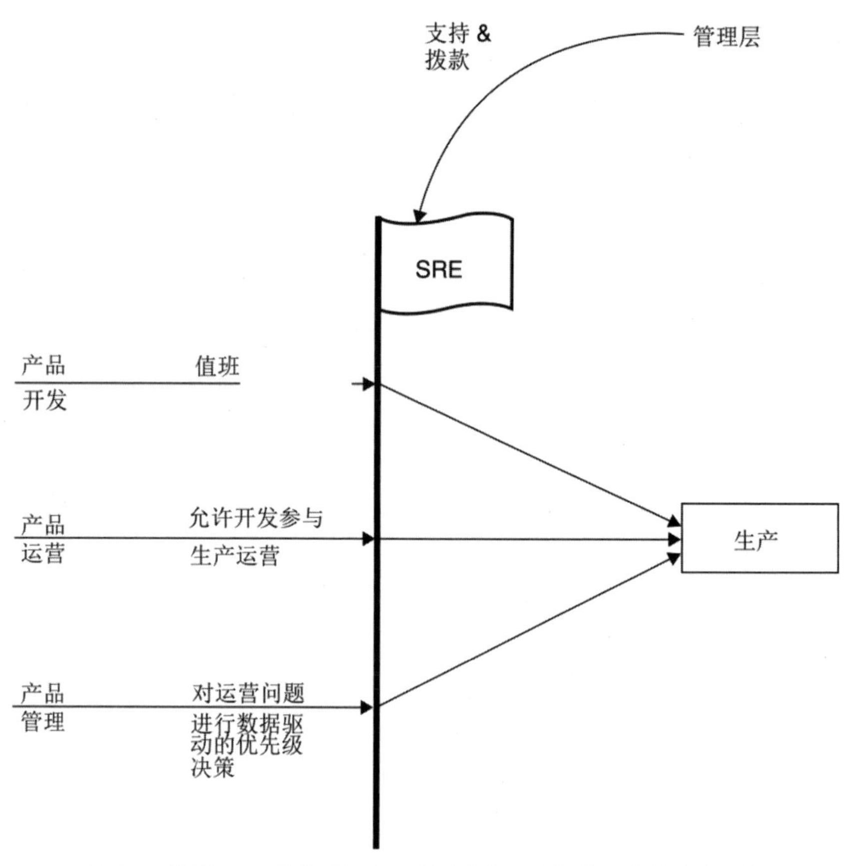

图 2.5 使用 SRE 做产品运营，通过集体所有权将三方整合在一起

通过这些措施，产品交付组织可以确保 SRE 转型的成功，从而提高产品的可靠性和客户满意度，同时也提升整个组织对运营问题的处理能力。在大企业，由于供应商的选择和数据保护过程，可能需要花较多时间来下单。不过，这是值得的，用钱来投票是一个强烈的信号，表明管理层支持 SRE 转型。

深入了解 SRE 转型过程中需要争取什么之后，可以简要提炼出挑战说明。下面描述所面临的挑战。

2.4 挑战声明

SRE 是一种运营方法，旨在帮助产品交付组织实现运营协同。传统软件交付组织面临的主要挑战是生产运营上的错位。在这样的组织中，出现以下情况是正常的：

- 开发人员不知道自己为什么要参与运营；
- 运营工程师不知道开发人员为什么对运营不感兴趣；
- 产品经理认为运营工作是由运营工程师完成的；
- 管理层不倡导这样的努力，也不会为此提供经费。

在这样的软件交付组织中，缺乏基础设施来建立将 SRE 实践，所以需要先打好基础。这将是 SRE 转型的主要部分。转型需要通过以下方式改变利益相关者的思维方式：

- 开发人员应希望参与值班过程，以获得足够的最新运营知识，开发能在生产中发挥良好作用的功能；
- 运营工程师应希望提供 SRE 基础设施作为框架，以便开发人员能在该框架上参与服务运营，从而在整个产品交付组织中以最佳方式分配运营工作；
- 产品经理应希望参与运营，基于生产数据来做出决策，以帮助减少客诉升级。要对待检测的故事排优先级、决定事故待办事项如何处理以及涉及可靠性的功能如何排优先级；
- 高管希望通过促进 SRE 并及时拨款来实现有效和高效的产品运营。

软件交付组织中的各方都从 SRE 中受益。这些好处使它值得经历 SRE 转型。这些好处可以成为人们向往的灯塔，并在 SRE 转型过程中为人们带来乐趣。本书将带领你把软件交付组织转型为以 SRE 方式进行运营，并真正乐在其中。为了开始逐步 SRE 转型之旅，下一节先来看 SRE 转型的一般方式。

2.5 教练

产品交付组织由多个人组成，这些人属于不同的团队。SRE 转型过程有一个明确的目标，即在团队中将 SRE 作为生产运营的核心方法。然而，和运行项目不同，SRE 转型没有预定义的里程碑需要跟踪。相反，SRE 转型过程是一个诱导变革和反馈变革的网络，变革在不同团队和个人之间平行推进。许多团队将在同一时间转型，但变革和反馈回路对每个团队和个人来说都是独特的。图 2.6 对此进行了展示。

如何以图 2.6 所示的方式建立 SRE 转型过程呢？

SRE 转型由 SRE 教练来完成。根据维基百科的定义，教练（coaching）是指有经验的教练（名词）通过培训和辅导的方式来帮助学习者或客户实现特定的个人或职业目标。[4] 由此可见，教练是在个人的基础上与教练对象（人和团队）进行合作。转型需要教练，要求他们有同理心以及有特定的结构。

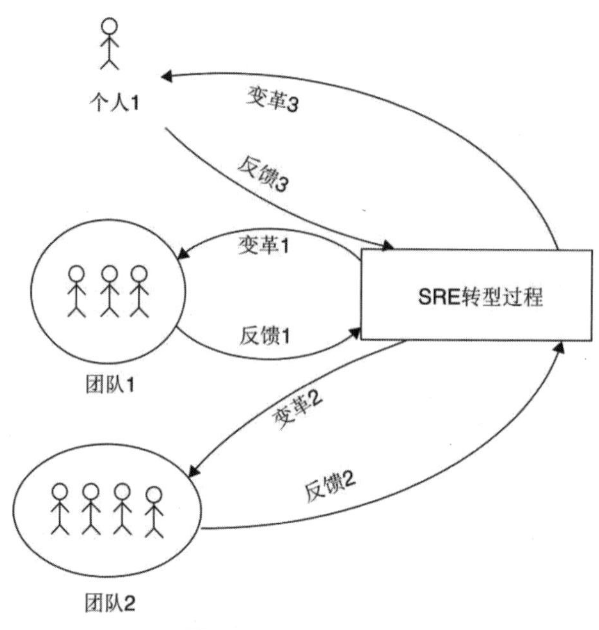

图 2.6 SRE 转型过程

在 SRE 转型的背景下，使教练这种方式特别有趣的地方在于，它已经作为一门学科存在于组织和团队层面。根据教练协会的说法，组织教练的目标是促进组织内部积极的、系统化的转型。[5] 在教练这一大的主题下，组织教练（为组织提供的教练服务）是较为成熟的。

另一方面，团队教练或团队辅导相对较新，其结构化程度相对较低。过去 10 年，该学科逐渐受到重视。根据 TPC 领导力的定义，团队教练是一门技艺，旨在推动和挑战团队在追求组织重要目标的过程中尽可能提升绩效。[6]

教练学科明确区分了组织教练和团队教练两个细分领域。在进行 SRE 转型时，团队教练更合适。这两种教练方法应同步实施，并采取连贯的工作流程。然而，在选择组织和团队教练作为 SRE 转型策略时，关键在于教练的人选。刚开始接触 SRE 的组织，适合选择怎样的教练？是聘请外部教练？还是培养内部教练？如果可行，又由谁来负责培养这些内部教练？

外部教练能够为组织带来丰富经验的 SRE 视角，并有助于组织快速全面理解 SRE 基础知识。然而，业内很难找到 SRE 成功转型经验丰富的教练。这在一定程度上是因为谷歌 2016 年出版的《SRE：谷歌运维揭秘》[7]。考虑到 SRE 转型在大型组织中通常需要数年时间才能完成，因此可用的教练资源相对有限。

鉴于 SRE 转型在大型组织中通常需要好多年的时间，因此在转型期间长期聘请外部教练在经济上可能不可行。因此，寻找并培养内部的 SRE 转型教练变得至关重要。

对于教练来说，要想学习 SRE 并达到能够指导他人的水平，有多种途径。谷歌的《SRE：谷歌运维揭秘》[8] 和《站点可靠性手册：实施 SRE 的实用性》为潜在的教练提供了宝贵的起点，这两本书展示了实现复杂和规模化 SRE 需要哪些步骤。此外，前谷歌员工的《实施服务水平目标：SLI、SIO 和错误预算实用指南》[9] 和《SRE 生存指南：系统中断响应与正常运行时间最大化》[10] 提供了更深入的 SRE 实践观点。

我们这本书旨在向潜在的教练展示如何在未曾采用 SRE 的组织中实施 SRE。此外，教练可以参与相关会议和行业活动来建立联系。USENIX 的 SRECon[11] 和 IT Revolution 的 DevOps[12] 企业峰会值得关注。这两个大会汇聚了从事 SRE 工作或负责 SRE 转型的专业人士。通过这些联系，可能有机会参观在 SRE 转型中取得进展的其他公司。亲眼见证其他公司熟练运作 SRE 流程，可以显著促进自身的转型。

最后，教练可以在组织内部进行 SRE 转型的同时积累学习经验。在大型组织中，不同团队可能以不同的速度采纳 SRE。从领导 SRE 转型的团队中吸取经验，并将这些经验传递给正在迎头赶上的团队，这是教练过程中极具价值的一部分。这不仅能够帮助团队的教练积累经验，还能促进不同团队间的相互学习。

如果在团队层面进行 SRE 转型，最有效的方法是实施长期的、基于团队的教练计划，确保所有团队成员——包括产品负责人、架构师、开发人员、运营工程师以及设计师——参与其中，共同积累实战经验。这种经验可以确保团队成员能够全面理解并实施 SRE 的原则和实践。

2.6 小结

导入 SRE 时，需要对产品运营、产品开发和产品管理这三个方面进行变革。产品运营最大的变化在于采用 SRE 基础设施作为开发框架，使开发人员能够在此基础上参与值班，在生产环境中运营服务。产品开发的主要变化在于实际参与值班，并在真实的生产环境中运营自己开发的服务。开发人员和运营人员参与值班的程度根据组织的具体情况而有所不同。

SRE 转型的挑战在于，传统软件交付组织中的产品运营团队从未提供过让其他人员参与运营的框架。同样，产品开发团队也不曾涉足运营工作。因此，它们缺乏建立 SRE 的基础。开发人员不理解为何需要参与运营，运营工程师未能提供框架让开发人员参与运营，而管理人员也没有提倡这一议题，更遑论必要的资金支持。为了推动整个组织的 SRE 转型，培养和发展 SRE 教练至关重要。

本书后续章节将详细介绍软件交付组织的 SRE 转型之旅，并在下一章中探讨 SRE 的基本概念。

注释

扫码可查看全书各章及附录的注释详情。

第 3 章

SRE 基本概念

SRE 的基本概念较为有限而且容易理解，可以为我们的 SRE 转型之旅提供一个好的开端。这些基本概念包括服务水平指标（Service Level Indicator，SLI）、服务水平目标（Service Level Objective，SLO）、错误预算（Error Budget）[1] 和错误预算策略。第 1 章和第 2 章简要提及了这些概念。在本章中，我们将更详细地探讨它们。

3.1 服务水平指标

服务水平指标（Service Level Indicator，SLI）是 SRE 领域的基本概念，其他相关概念均以它为基础。《SRE：Google 运维解密》[2] 一书对 SLI 给出了一个简洁的定义："针对服务水平特定方面精心定义的度量。"

服务相关的 SLI 需要明确界定。典型的 SLI 包括可用性、延迟和吞吐量。为服务制定一套相关的 SLI 是一个经验性的过程，依据前文提及书籍作者的观点，SLI 的定义基于"直觉、经验以及对用户需求的深入理解"。在微软技术社区的一次演讲中，杰森·汉德提出了一个 SLI 层次结构，由多个相互依赖的 SLI 共同构成服务的整体可靠性。如图 3.1 所示，最基本的可靠性层次涵盖可用性和延迟。换言之，服务可靠性的首要指标是其可用性。在确保可用性的基础上，服务的响应速度（即低延迟），成为度量其可靠性的另一个关键指标。

并非每个服务都需要吞吐量 SLI，但对某些服务来说却必不可少。覆盖率 SLI 也只适合某些服务，它度量服务所处理的数据集是否被完整处理。接下来的 SLI 包括正确性和保真度，它们的适用性取决于服务所涉及的业务和技术领域。正确性是指验证处理过程是否做了它该做的事。保真度指向用户提供功能的真实程度：所有功能是否都像预期的那样提供给用户或者有的功能是否因为系统侧的故障而关闭了一段时间？换言之，服务或许仍然可用，但提供给客户的功能集在一段时间内可能被降级。

新鲜度 SLI 和持久性 SLI 主要适用于某些服务，并非所有服务都需要这两个指标。新鲜度指所处理的数据的新旧程度。如果存在延迟，所提供的数据可能就不是数据源中的最新数据。持久性 SLI 度量的是数据存储中的数据后期是否能被检索。

《SRE：Google 运维解密》一书依据相关 SLI 对服务进行了分类，具体分类见表 3.1。我们的目标是将 SLI 作为客户体验到的对可靠性的一种代理度量。处于压力状态下的系统的技术体验不是 SLI 要度量的。相反，客户使用系统时的体验才是 SLI 能体现出来的。

表 3.1　系统分类和相关的 SLI

系统类型	相关的一套 SLI	SLI 所回答的问题
面向用户的服务系统	• 可用性 • 延迟 • 吞吐量	• 我们可以响应请求吗？ • 多久响应？ • 能处理多少请求？
存储系统	• 延迟 • 可用性 • 持久性	• 花多长时间读取或写入数据？ • 我们能按需访问数据吗？ • 数据在需要时可用吗？
大数据系统	• 吞吐量 • 端到端延迟	• 处理多少数据？ • 数据从输入到完成需要多久？

3.2　服务水平目标

SLI 关注客户的期望，SLO 则关注如何满足这些期望。《SRE：Google 运维揭秘》如此定义 SLO：“由 SLI 度量的服务水平的目标值或值范围。”换言之，SLO 是根据 SLI 来定义的。

例如，对于可用性 SLI，可以如下设定：

- 特定某个端点在 4 个日历周内 98%的可用性；
- 另一个端点在 4 个日历周内 99.99%的可用性。

对于延迟 SLI，可以如下设定：

- 95%的端点在 4 个日历周内的请求延迟为 400 毫秒；
- 90%的端点在 4 个日历周内的请求延迟为 250 毫秒。

图 3.2 描述了 SLI 和 SLO 之间的关系[3]。

SLI 代表要度量的目标，如可用性或延迟。SLO 定义服务的最低阈值。如图 3.2 所示，SLO 界定服务水平的可接受范围——最小值 0%和最大值 100%。SLO 基于客户的角度来设定与其相关的 SLI。

此外，为了确保 SLO 反映客户的需求，还必须对目标客户群体进行明确的定义。如果缺乏清晰的客户定义，SLO 将无法准确反映特定客户群体的期望。因此，如果 SLO 未与客户体验紧密关联，则本质上就只是一个技术度量，不能充分反映客户群体的实际体验。

如果 SLO 设定不当，就不能准确反映客户体验受影响的程度。在这种情况下，工程团队可能会犹豫，拿不准该不该投入时间修复服务以便确保其性能恢复到 SLO 规定范围内。

例如，图 3.3 中，SLI 为可用性，SLO 规定服务端点的可用性应达到 98%。换言之，在给定时间范围内，服务端点的可用性不应低于 98%。这可以通过确定在该时间范围对端点请求的成功率来度量。成功率至少为 98%。这意味着，在给定时间范围内，实施和运营团队需要确保端点的可用性不低于 98%。团队需要主动监控端点并采取措施，确保其可用性不会下降到 98% SLO 以下。

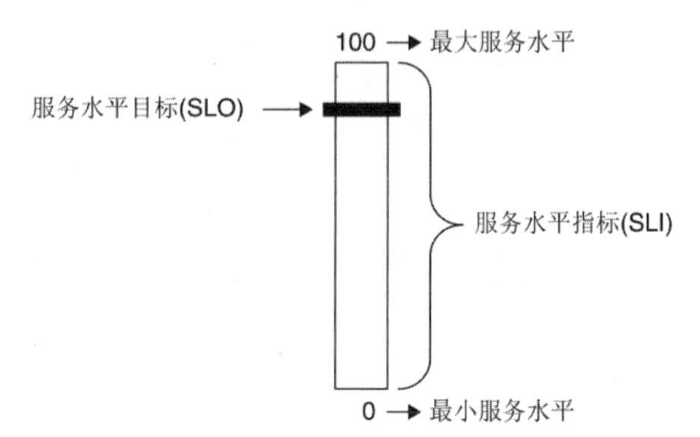

图 3.2　SLI 与 SLO 的关系

图 3.4 展示了另一个例子，其中的 SLI 是延迟。该服务端点的 SLO 要求 95%的端点请求须在 400 毫秒内返回。在这个例子中，实现和运营团队需要确保在给定时间范围内，端点 95%以上的请求都在 400 毫秒内返回。团队需要主动监控端点并采取措施，确保 95%的端点访问延迟都在 400 毫秒以内。

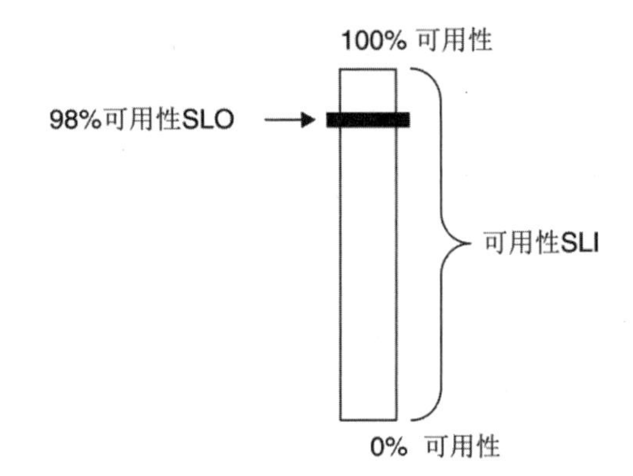

图 3.3　98%可用性 SLO

SLO 应根据客户的需求来设定。若 SLO 没有充分考虑客户视角，将无法准确反映客户的期望，从而导致客户体验降级。违反 SLO 时，可能难以判断客户是否受到影响及其受影响的程度。这导致难以确定应投入多少工程资源以及紧迫程度如何（使其恢复到 SLO 规定的标准）。

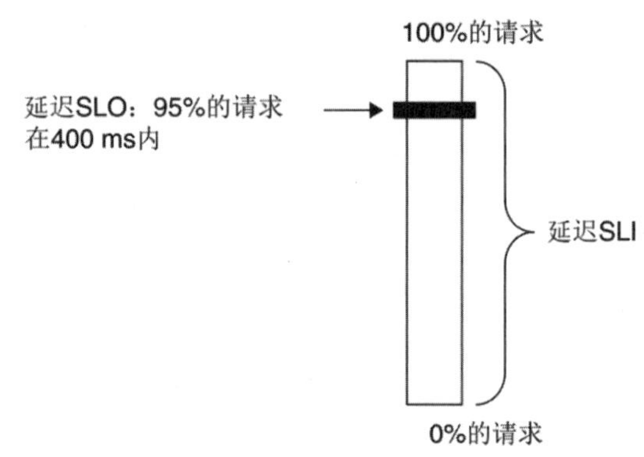

图 3.4　95%延迟 SLO

要将 SLO 的违反情况与客户体验相关联，首要步骤是对客户群体进行明确界定，并基于客户视角设定 SLO。最好是所有相关方——运营工程师、开发人员和产品负责人——可以初步达成 SLO 共识。SLO 的度量应从这一步开始。

如果 SRE 基础设施报告违反 SLO 的情况，而客户仍然满意且无投诉，这可能意味着 SLO 设定过于严格，需要适当放宽。相反，如果客户有投诉而 SRE 基础设施未报告违反 SLO，可能表明 SLO 设定过于宽松，需要收紧。

3.3 错误预算

错误预算（error budget）是一个颇具争议的概念。软件开发通常须避免错误，一旦发现错误或 bug，便需要修复。然而，错误预算似乎与此相悖，它为开发人员设定了一个可以容忍错误的限额，这在直觉上似乎有悖于避免错误的常规目标。为了进一步阐明，我们可以回顾第 3.2 节中对 SLO 的讨论。根据 SLI 设定的 SLO 用于定义能够反映客户满意度的服务水平。

要点 错误预算等于最大服务水平与 SLO 阈值之间的差值。SLO 是基于 SLI 设定的阈值，位于最小服务水平 0%和最大服务水平 100%之间。图 3.5 展示了这一概念。

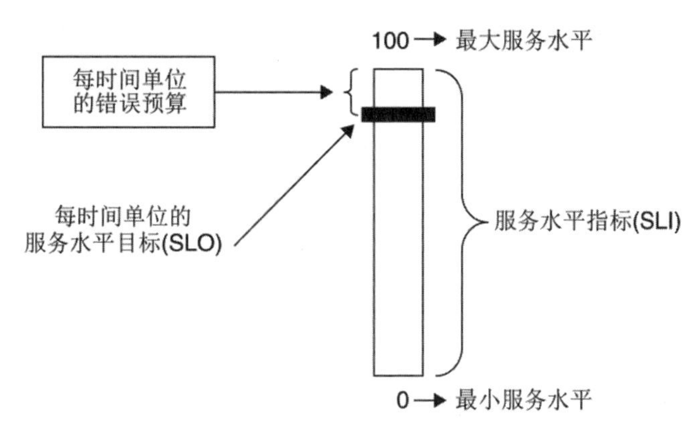

图 3.5 每时间单位的错误预算

错误预算是最大服务水平（例如 100%）与 SLO 阈值之差。与货币预算类似，错误预算是按照时间单位来分配的。这意味着服务端点在时间单位内可以消耗错误预算，但应避免在时间单位结束之前完全耗尽。换句话说，“保持在错误预算内”指的是在指定时间单位内不完全使用完错误预算。

在时间单位结束时，错误预算会得到补足，类似于电脑游戏中的机制，玩家升级后，其虚拟货币（如生命、精力等）会完全恢复。图 3.6 提供了错误预算补足过程的示意图。

无论一个时间单位内的错误预算消耗率（error budget depletion rate）如何，错误预算在每个时间单位的开始都会得到补足。服务端点的目标是在当前时间单位结束前不要过早耗尽给定的错误预算。

时间单位本身可以是一个固定的跳跃性日历窗口，例如，从一年的第一个日历周开始的 4 个日历周的期限。也可以是一个连续的滑动窗口，例如，从当前日期向后的 28 天窗口。

SRE 基础设施应负责跟踪并记录所选时间单位内的错误预算消耗情况。这些数据将用于基于错误预算消耗率做出数据决策。

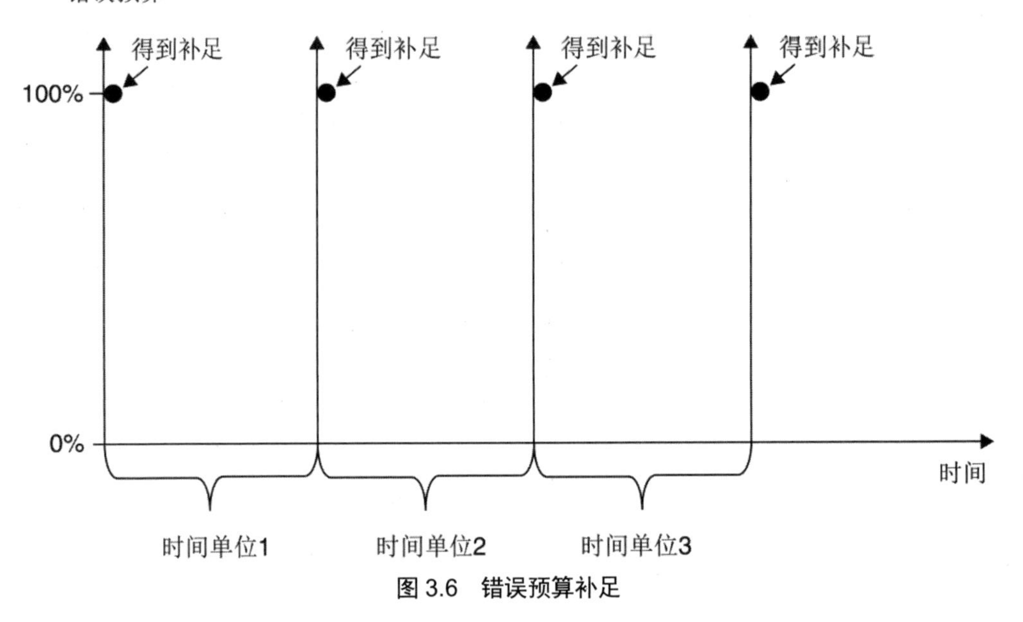

图 3.6　错误预算补足

3.3.1　可用性错误预算的例子

下面举例说明可用性 SLO。在图 3.7 中，可用性 SLO 被定为 98%。因此，错误预算的计算方法如下：

可用性错误预算= 100%可用性 – 98%可用性 SLO = 2%错误预算

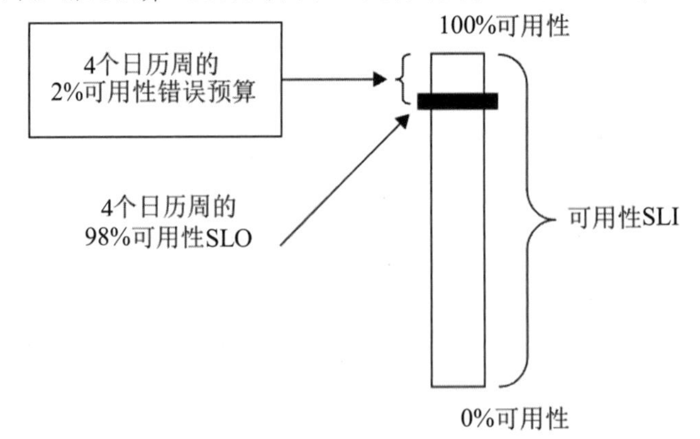

图 3.7　2%可用性错误预算

在本例中，服务端点在 4 个日历周的时间单位内被分配 2%的可用性错误预算。这意味着对于具有该错误预算的服务端点，在 4 个日历周内收到的所有请求中，最多允许 2%请求发生“端点不可用”的情况。

如果服务端点作为公共 API 对外开放，那么错误预算信息就对客户至关重要。基于错误预算，客户应采取适当的技术措施，在服务间预留余量（即建立适应能力），以准备应对潜在的端点不可用极端场景。此外，客户在设定自己的 SLO 时，依赖的服务端点的 SLO 起着重要的作用。这是因为高度依赖的情况下，客户的服务 SLO 通常不能比其依赖服务 SLO 更严格（尽管这有时也是可能的），就像史蒂夫・麦吉尔所说的那样，在可靠性较低的基础之上，仍然可以建立更可靠的系统。[4]

3.3.2 错误预算为零

借此机会，让我们回顾本小节开始所提出的问题：是否应将错误预算设为零以实现服务的持续可用性？如果将错误预算设为零，则相当于将 SLO 设为 100%。在前面的例子中，可用性 SLO 被设为 100%。对服务客户而言，100%的可用性 SLO 是否理想呢？乍一看，似乎如此。

然而，即便达到 100%的可用性 SLO，是否真正意味着服务客户会始终感受到服务的可用性？遗憾的是，并非如此。服务部署在某个地方，服务的客户却部署在别的地方。在服务和服务的客户之间，是一个由许多网络设备和电缆组成的网络，而且，数据包的路由是动态进行的。这些网络组件中的任何一个都可能发生故障。在网络故障的情况下，即使服务本身在其部署的地方实现了 100%可用性，服务客户也无法体验到同等水平的服务可用性。

如果我们暂时忽略网络因素，仅考虑服务的部署点，是否能够实现 100%的可用性 SLO 呢？如果可以，又需要满足哪些条件？100%的可用性 SLO 意味着对应的错误预算为 0%，即不允许有任何出错的余地。对于设定 100%可用性 SLO 的服务端点，在规定的时间内，所有对其发出的请求都是要成功响应的。这要求负责开发和运营服务的团队必须竭尽全力满足 SLO 和错误预算的要求。表 3.2 总结了团队为实现 100%可用性 SLO 可能采取的措施及其目的和潜在的后果。

第一个团队目标是最大化投资于系统的弹性（可伸缩性），确保系统在压力条件下也不至于消耗完错误预算。众所周知，工程师总是致力于技术改进。因此，在追求 100%可用性 SLO 的情况下，他们会投入大量时间来增强系统的弹性（可伸缩性）。根据服务目标，增加工程投入以提升服务对客户的效用可能是合理的。在定义 SLO 时，团队必须在客户实际体验到的服务可用性与团队在部署点上实现的服务可用性之间找到平衡。100%的可用性 SLO 很可能不能为客户增值（以证明为此目标所增加的工程投入是合理的）。

第二个团队目标是增加服务值班人员的数量，以便更快从事故中恢复。更快地从事故中恢复，意味着因为事故而造成的错误预算消耗更少。由于错误预算设为零，因此没有可供消耗的余地。团队需要提供额外的值班人员。同样，根据服务的目的，增加运营投入来提升服务对客户的效用可能是合理的。团队在协商值班设置时，必须在可能减少的事故恢复时间和可用于功能开发的工程时间之间找到另一种平衡。

表 3.2　为了保证零错误预算，团队的目标和行动

#	团队目标	为了满足 100%可用性 SLO 所采取的团队行动	对行动的评估
1	增大系统的弹性，使系统有足够的适应能力来满足 SLO 的要求	实现冗余、分布式系统的稳定模式、自动健康检查、快速故障切换、零停机部署、基础设施的防御性（过度）配置等	客户体验与工程上付出的努力的比例是否合适？客户感受到的服务效用的增强，能否证明服务工程成本的增加合理？
2	增加专门处理事故的人手，通过减少事故恢复的时间来减少错误预算的消耗	实现轮流值班，几个人同时值班，以减少恢复时间	客户感受到的服务效用的增强，能否证明运营服务成本的增加是合理的？
3	减少因生产部署期间或之后的故障而导致的错误预算消耗的可能性	避免在生产中更新服务；避免部署新功能、错误修复和安全补丁	虽然向生产推送更新是故障的一个主要原因，但为了使得服务随着时间的推移一直对客户有用，还是有必要的。一潭死水的服务会失去客户

因此，第一个团队目标和第二个团队目标要求团队（尤其是产品负责人）深入考虑他们期望服务的可靠性水平以及为此愿意承担的成本。第三个团队目标是减少生产环境中的服务更新，以降低故障发生的风险。尽管听起来可能不切实际，但当可用性 SLO 设为 100%时，团队至少会在形式上采取这种做法。确实，致力于开发创新功能的开发团队可能避免将这些功能部署到生产环境中，以维持零错误预算。这表明，在实践中零错误预算没有意义。如果预留错误预算，开发团队将开始采取传统运营团队那样的做法。“千万不要去碰正在运行的系统”，在软件行业，此言不虚也！然而，避免对系统的任何变更可能导致系统逐渐远离客户。设定 100%可用性 SLO 而不预留任何错误预算，显然有悖于产品成功的目的。

要点　设为 100%的 SLO，意味着理论上不允许服务中断，但这并不会直接使得错误预算为零。当错误预算为零时，开发人员不会在生产中更新服务，以免出故障。每次故障都会减少错误预算——错误预算设置为零，意味着根本没有错误预算。不更新服务会导致服务停顿并影响到服务体验。也就是说，错误预算为零有悖于成功交付产品或者服务。

这并不意味着服务端点无法在给定时间单位内运行而不耗尽错误预算。这表明，在实践中，零错误预算是没有意义的。出色的服务往往能够在不耗尽错误预算的情况下持续运行并满足客户的需求。如果没有预留错误预算，开发团队可能无法达成两个目标：

- 实现客户实际经常使用的功能；
- 在不过早耗尽错误预算的情况下推出新的功能并使其服务于客户。

为了成功交付服务，这两个目标必须同时实现。为了激励团队实现这些目标，一开始就要设置错误预算。这是通过将 SLO 设置为一个低于 100%的值来实现的。这个适度的错误预算能让团队更自信地进行频繁且可靠的生产发布。

3.3.3 延迟错误预算的例子

再来看另一个错误预算的例子，即延迟 SLI，如图 3.8 所示。在这里，延迟 SLO 被设定为在 4 个日历周内，对一个端点的 95%的请求在 400 毫秒内返回。

因此，错误预算的计算方法如下：

延迟错误预算 = 100%的请求 – 95%的请求在 400 ms 内= 5%的请求没有 400 毫秒返回时间的上限

错误预算设了 4 个日历周的时间。因此，开发和运营服务的团队目标是不要在 4 个日历周结束前过早用完错误预算。

在充分理解错误预算后，接下来探讨错误预算策略。

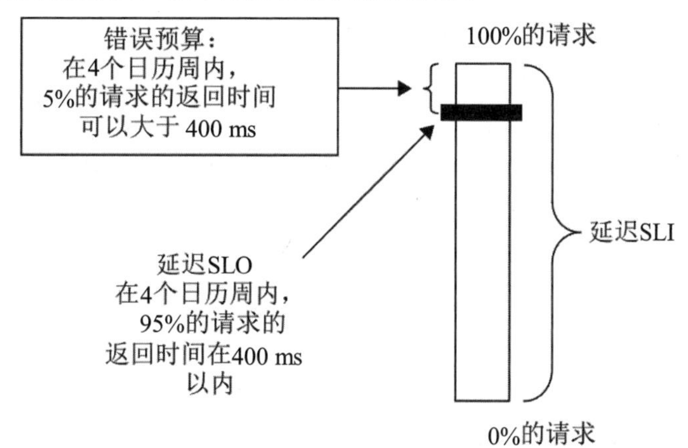

图 3.8　5%延迟错误预算

3.4 错误预算策略

简单地说，错误预算策略（error budget policy）描述了服务过早耗尽其错误预算时服务开发团队和运营团队会采取哪些措施来提高可靠性。在这里，“过早”是指发生于指定时间单位结束之前。服务的计划内事故或计划外事故导致错误预算被大量消耗以至于当前时间单位结束之前已经没有错误预算——换言之，错误预算被过早耗尽了。图 3.9 说明了这种情况。

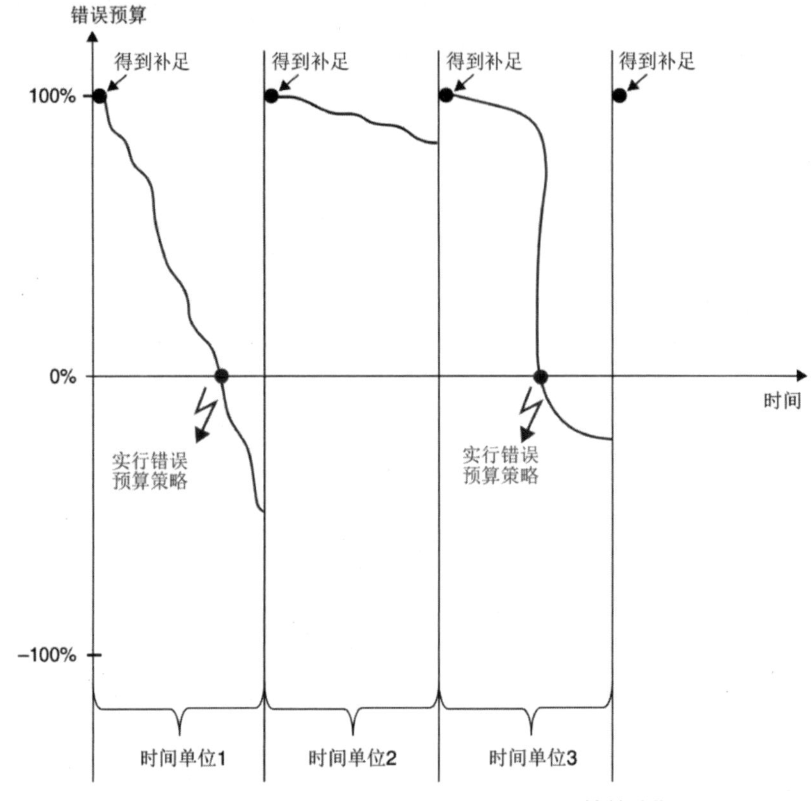

图 3.9　针对错误预算过早耗尽的“错误预算策略”

纵轴代表错误预算。错误预算的范围可以从 100%的全额预算到-100%的预算透支。确实，错误预算透支很常见，尤其是在生产环境中服务可靠性较低的情况下。错误预算透支并不限于-100%，实际上可能超出这一数值，导致更严重的后果。为了不产生错误预算透支，应当在错误预算策略中明确列出团队将采取哪些具体措施来提高服务可靠性。

横轴代表时间轴，划分为三个等长的时间段：时间单位 1、时间单位 2 和时间单位 3。在时间单位 1 中，错误预算消耗得非常快。这意味着有事故不断发生，服务正在消耗错误预算。每次对应的 SLO 被违反，错误预算的一小部分都会被消耗。违反 SLO 的频率越高，错误预算的消耗频率越高。在时间单位 1 的中间位置，大约消耗了 50%的错误预算。在时间单位 1 的末尾，错误预算继续迅速减少。它消耗得如此之快，以至于在时间单元 1 的 80%时错误预算就已经趋于零。此时，相应的服务端点已经没有任何错误预算了。这时，团队需要采取错误预算策略。策略中应包含具体的措施以便于团队确保错误预算未来不至于被过早耗尽。

在时间单位 2 开始时，SRE 基础设施会自动重新补足错误预算。在整个时间单位 2 中，只有大约 20%的给定错误预算被消耗。这意味着服务中有一些小事故，但它们不会导致错误预算过早耗尽。在时间单位 1 的错误预算消耗率非常陡峭之后，时间单位 2 的错误预算消耗率比较稳定，表明团队根据错误预算策略采取的措施产生了积极的效果。换句话说，实行错误预算策略得当的话，可以提高服务的可靠性。

然而，在时间单位 3 中，错误预算消耗率再次上升。一开始，错误预算消耗率是温和的。然而，在时间单位 3 的 60%左右，错误预算消耗曲线断崖式下跌，在很短时间内从 80%掉到 0。这是典型的重大事故，其中一些大量使用的主要功能突然停止工作。一旦错误预算达到零，就会进入负值区域。团队必须想方设法显著减缓消耗的速度。在时间单位 3 的 90%左右，错误预算的消耗得到控制。时间单位 3 结束时，错误预算的透支约为-20%。

SRE 基础设施应能够生成图表并针对错误预算消耗率发出警报，以便监控和预警。来自 SRE 基础设施的警报应该说明违反 SLO 的原因以及给定时间单位内剩余的错误预算。基于这些信息，接收警报的值班人员可以快速评估分配给警报的优先级。

与金钱债务不同，错误预算透支不会累积，而是在每个时间单位开始时被重置。然而，错误预算透支会对服务的客户产生影响而可能导致客户体验下降，甚至造成财务上的损失。客户可能会“用脚投票”，放弃这样不靠谱的服务。

这就是错误预算策略的意义所在。它以最简单的方式描述运营工程师、开发人员和产品负责人之间的协议——当错误预算过早耗尽时，团队应该做哪些事情。错误预算策略可能包含以下描述：

- 团队将进行无责事后回顾，了解错误预算被过早消耗甚至耗尽的原因；
- 团队将停止向生产部署新的功能，只部署技术可靠性改进措施，直到服务在一段时间内稳定地回到其 SLO 内；
- 团队将审查服务的实现、架构和依赖项，确定应采取哪些可靠性增强措施；
- 团队评估是否需要向监管实体提交监管通知，报告服务的可靠程度及其后果；
- 除非服务在一段时间内稳定在其 SLO 内，否则团队将停止执行生产部署，覆盖部署工具对仍然可用的低水平错误预算的警告。

错误预算策略由团队成员达成的团队协议，适用于团队负责或拥有的所有服务。《Google SRE 工作手册》以案例方式给出了谷歌的错误预算策略。[5]

3.5 SRE 概念金字塔

图 3.10 用一个金字塔模型概括了前面几个小节所讨论的 SRE 概念。在这个金字塔中，每一个较低的层级都必须在到达顶部的层级之前实现。

金字塔中三个较低的级别在《实现服务水平目标》(*Implementing Service Level Objectives*) 一书中被称为可靠性堆栈 (reliability stack)。[6]《SRE 运维之道》一书描述了若干个公司的 SRE 实现。[7]有的公司（如谷歌）能一直升到 SRE 概念金字塔的顶端。其他公司则停留在较低的级别上。以金字塔的形式说明 SRE 概念，体现了每上升一个级别，采用者的数量就会相应减少。在金字塔中的位置越高，说明行业中的应用越少。

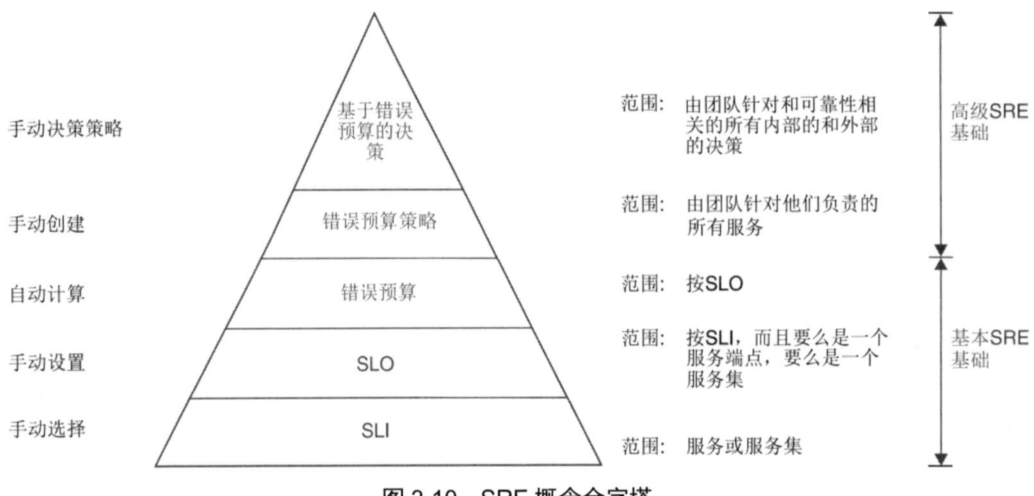

图 3.10　SRE 概念金字塔

这便是推动 SRE 转型的有效方法，自下而上，登上 SRE 概念金字塔并在此过程中稳步进行改进。要想充分体验 SRE 的好处，显然需要全面理解和应用金字塔中的所有概念。

为了方便大家深入理解 SRE 概念金字塔，金字塔左侧给出了指示，用来标明各个概念是依赖手动设定还是自动计算。与此同时，金字塔右侧也提供了对范围的详细说明。

金字塔的基础是服务水平指标（SLI），它们根据服务选择，从客户的角度反映服务可靠性的重点。例如，可用性和延迟普遍适用于所有服务领域，但 3.1 节讨论的其他 SLI，如吞吐量和正确性，则需要根据服务的具体领域进行选择性应用。SLI 需要手动选择，并适用于单个的服务或一成套的服务。

SLI 之上是服务水平目标（SLO），它们在所有 SRE 对话中占据核心地位。SLO 根据 SLI 从客户的角度设定，它确定了运营服务所需要的阈值。服务表现一旦低于或等于 SLO 阈值，客户通常会感到满意；如果超过阈值，客户可能会开始投诉。因此，SLO 作为客户满意度的一个代理度量。根据为服务设定的 SLO，开发和运营团队分配相应的开发和运营资源。SLO 越严格，为达到规定服务可靠性水平分配的技术时间就越多；SLO 越宽松，分配给新功能开发和推向生产的时间就越多。

SLO 需要手动设置，根据 SLI 被应用于服务端点、单项服务或成套的服务。在某些情况下，可以为单个服务端点、单项服务或服务集设置多个 SLO。例如，对于延迟 SLI，为一个服务端点设置两个不同的延迟 SLO，这样做可能是有意义的。一个 SLO 可能设为较高的延迟阈值，要求大多数请求在此阈值内返回（例如，95%的请求在 700 毫秒内返回）；而另一个 SLO 则设为较低的延迟阈值，要求一部分请求在此阈值内返回（例如，75%的请求在 350 毫秒内返回）。

在 SRE 概念金字塔中，错误预算位于 SLO 之上。错误预算根据 SLO 自动计算，是服务最大可靠性（100%）减去 SLO 阈值的结果。如果为服务端点设定了 SLO，那么错误预算就是该端点在一个单位时间内允许的错误数量。

错误预算的范围取决于 SLO。这意味着，如果一个服务端点设了多个 SLO，那么在该端点的一个单位时间内就有相应数量可以消耗的错误预算。虽然每个错误预算都是独立管理的，但某些故障可能导致多个错误预算同时减少。SRE 基础设施需要对所有错误预算及其消耗水平、速度以及在当前时间单位结束前剩余的水平进行精确跟踪。这些信息应实时提供给值班人员，以便他们迅速确定事故的优先级。所有错误预算都使用统一的单位时间来度量。

SLI、SLO 和错误预算代表 SRE 的基本要素。若缺少这些基本要素，就说明组织并没有真正在做 SRE。在这些基础要素之上，是更高级的 SRE 要素。下面详细讨论这些高级要素。

SRE 概念金字塔的次顶层是错误预算策略。策略由服务的开发团队和运营团队制定，描述错误预算被过早耗尽的时候应该如何响应。错误预算是按单位时间授予的，以免在单位时间结束前耗尽错误预算。如果错误预算被过早消耗或耗尽，团队就会执行错误预算策略，采取措施来提高服务的可靠性。随着服务可靠性的提升，服务未来应保持在错误预算之内。错误预算策略至关重要，因为没有它的指导和实施，其他概念将无法在组织中落地。错误预算策略由团队制定，适用于团队负责或拥有的所有服务。

位于 SRE 概念金字塔最顶端的是基于错误预算的决策（error budget - based decision - making）。这个概念超越了错误预算策略（描述团队在服务过早消耗或耗尽错误预算时所采取的措施）。它高屋建瓴，是一种全面的可靠性决策。所有与可靠性有关的内部团队和外部团队都基于团队达到 SRE 成熟度水平之后的错误预算来制定决策。例如，在使用 API 之前，团队要用历史 SRE 数据来了解该 API 的 SLO 并检查它在目标环境中是否能一直保持在其 SLO 之内，然后再用这些数据来实现服务，缓解 API 不可用或响应慢等情况。服务部署完成后，团队还需要验证服务是否满足 API 的 SLO。如果不满足，团队就要核实 API 的 SLO 是否需要收紧。如果需要，就要找到负责或拥有 API 的团队，解释基于错误预算数据的新应用场景并要求他们收紧 SLO。

其他基于错误预算来决策的场景有根据预测的错误预算消耗（error budget depletion）来决定要实现哪些技术功能。例如，团队需要考虑是替换缓存还是交换数据库以及这些操作对错误预算的影响。哪个会减少错误预算的消耗？在部署这两个功能时，还剩下多少错误预算？这两个功能的部署方式是否可以使错误预算不至于过早耗尽？这些问题都很好，可以纳入基于错误预算的决策考量中。

实际上，对错误预算消耗的预测也可以应用到功能部署中。团队需要评估功能部署的停机时间、错误预算消耗量以及部署前后的错误预算余额，以确定最佳部署时机。此外，基于错误预算的决策还包括通过混沌工程实验对不同环境下的错误预算消耗做出假设。一旦团队到达 SRE 概念金字塔的最顶端，不仅可以使用错误预算策略来指导行动，还可以根据自己和其他团队的错误预算做出所有与可靠性相关的决策。错误预算成为一种普遍的优先级工具，广泛适用于与可靠性相关的所有场景。这样的组织已将其错误预算制度化，在组织的很多层面都基于错误预算来做出优先级决策。

在 SRE 概念金字塔中，各种概念通过特定的“基数”[7] 相互关联。如图 3.11 所示。

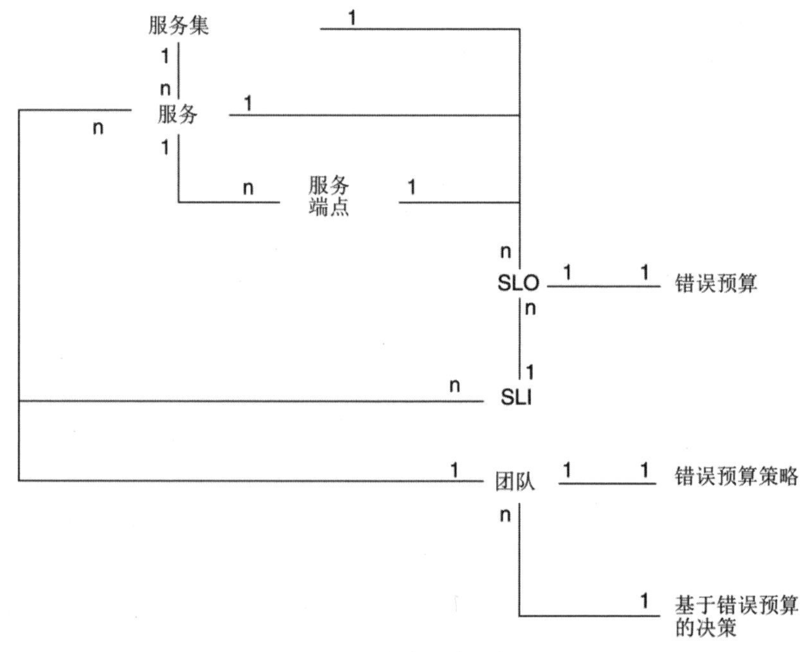

图 3.11　SRE 各个概念之间的关系

图的顶部是几个服务的一个集合。每个服务都可以有几个服务端点。每个服务端点、服务或服务集都可以定义几个 SLO。每个 SLO 是为一个 SLI 定义的。反过来说，一个 SLI 可以定义几个 SLO。另外，几个 SLI 可以应用于一个服务。SLO 和错误预算之间是 1 比 1 的关系。这是因为错误预算根据 SLO 来自动计算。最后，错误预算策略是团队形成的单一协议。一个团队可以实践一种基于错误预算的决策方式，并“负责”或“拥有”几个服务。当然，“基于错误预算的决策”可由几个团队来实践。

深入理解 SRE 概念金字塔之后，2.3.4 节所讨论的组织协同就可以用 SRE 概念来解释。这是下一节的主题。

3.6 使用 SRE 概念金字塔进行协同

SRE 概念如何协同工作以确保产品交付组织与精益产品运营达成一致？这些概念使组织能够在实际生产部署前建立起协同关系。组织在生产部署前达成协同，是高效产品运营的关键。在生产部署之前，需要达成哪些共识，需要哪些人参与？

图 3.12 展示了在生产部署前需要达成的共识。顶部并排列出 4 个协同点——即要取得共识的目标。第一个协同点是定义与服务相关的 SLI，以客户的视角来度量服务的可靠性。第二个协同点是为每个 SLI 设定符合客户期望的 SLO 以明确可靠性目标。第三个协同点是制定错误预算策略，明确错误预算过早消耗或耗尽时需要采取的应对措施。最后，第四个协同点是建立轮流值班制度，确保服务有持续有效的运营支持。

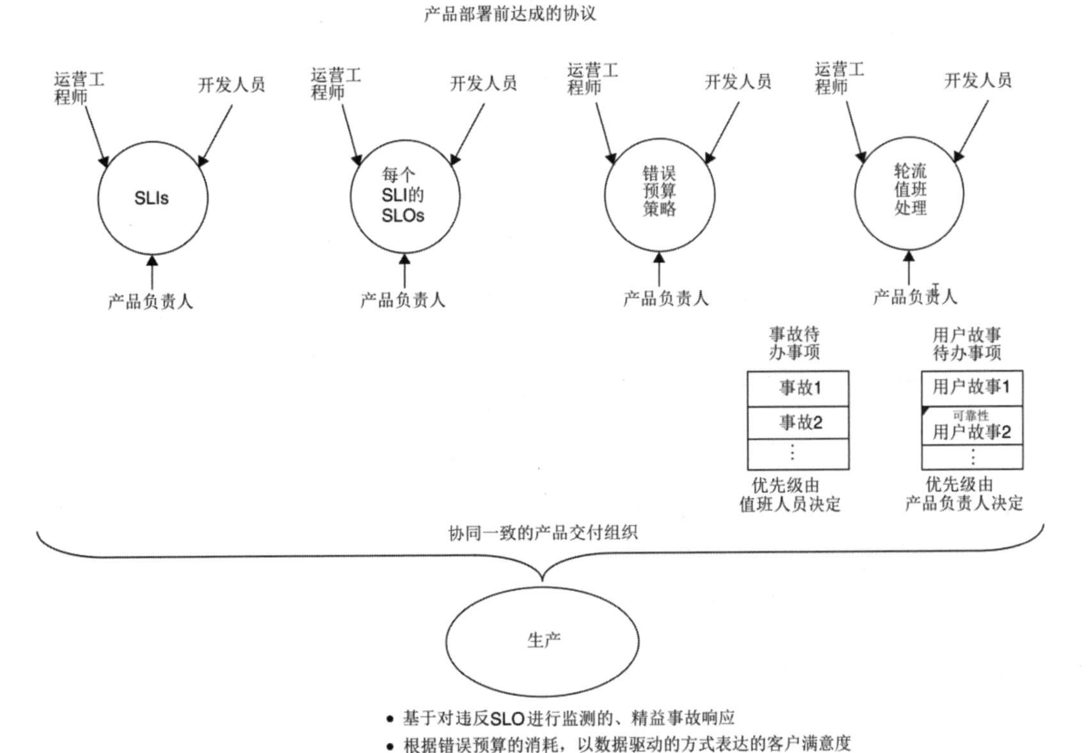

图 3.12　使用了 SRE 概念金字塔的 4 个协同点

这 4 个协同点需要由相关的运营工程师、开发人员与产品负责人达成共识和执行。虽然这看似耗时，但其实不然。也就是说，团队初步达成共识后，对于后续的增量式变革，可以很快达成一致。无论投入时间多少，如果没有组织协同就贸然进入生产部署，极有可能出现 2.1 节描述的那种乱象。所以，在生产部署之前，合理投入时间就运营问题建立组织协同，对团队来说是最好的一项投资，能确保客户有愉快、可靠的产品使用体验。

接下来探讨如何通过 SLI、SLO、错误预算策略以及轮流值班等概念来实现团队协同。

如前所述，运营工程师、开发人员和产品负责人需要共同商议并就 SLI 和 SLO 达成共识。

在讨论过程中，开发人员分享他们在服务与基础设施实现、日志记录、系统追踪和错误处理方面的经验与知识。运营工程师提供他们在生产环境中基础设施的可伸缩性、处理客户投诉、历史事故分析、值班轮换制度以及 SRE 基础设施能力的专业知识。产品负责人则分享他们对用户体验、关键利益相关者的需求、销售与营销的承诺、销售管道、用户最期望的功能、客户反馈处理以及整体产品战略的深入见解。

SLI 和 SLO 的优势在于，能够将各类知识以结构化的方式应用于解决可靠性问题。要想为 SLI 设定合适的 SLO，就必须采取这种方法，恰当地平衡客户满意度与达成这一目标所需要的工程资源。具体过程可参考图 3.13。

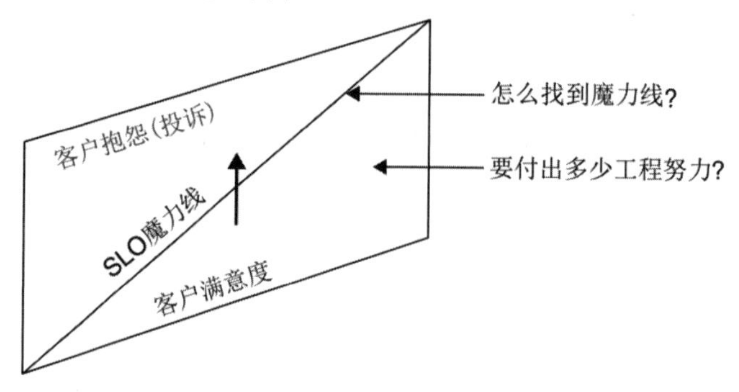

图 3.13　客户满意度和客户投诉之间的魔力线

SLO 魔力线介于客户满意度和客诉之间。当服务表现达到或超过 SLO 标准时，客户满意度通常比较高。相反，如果服务未能满足 SLO，客户可能就会开始抱怨或投诉。在初始阶段，尤其是在数据不够充分的情况下，确定这条 SLO 魔力线的位置需要开发人员、运营工程师和产品负责人共同运用各自的专业知识和集体智慧，通过限定时间的方式进行设定。

至于 SLO 的定义，需要大家进行充分的讨论，尤其是所有人都需要清楚 SLO 设定可能的后果。SLO 的设定对以下几个方面有决定性作用：

- 作为服务或服务端点之客户满意度的代理指标；
- 每个时间单位内可用的错误预算；

- 开发人员为实现服务弹性和可靠性而分配的工程资源和时间；
- 开发人员和运营工程师在轮流值班期间为服务投入的工程资源和时间。

综上所述，设定 SLO 对团队的时间分配有着深远的影响。如图 3.14 所示，SLO 设定越严格，工程投入就越大。

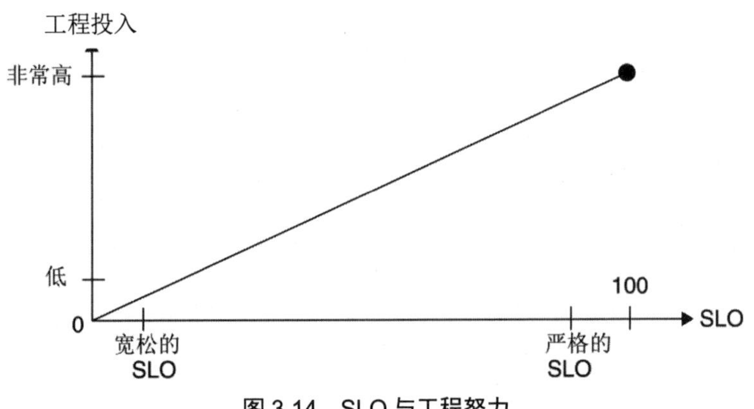

图 3.14 SLO 与工程努力

尽管设定 SLO 对团队的时间分配会产生深远的影响，但团队仍然应该达成共识——SLO 的设定并非不可以更改。最初设定的 SLO 应在生产环境中进行测试，以便发现并解决实际的客户体验问题。对 SLO 的设定应形成以生产为基础的强大反馈循环——从中验证决策的有效性。具体可参见图 3.15。

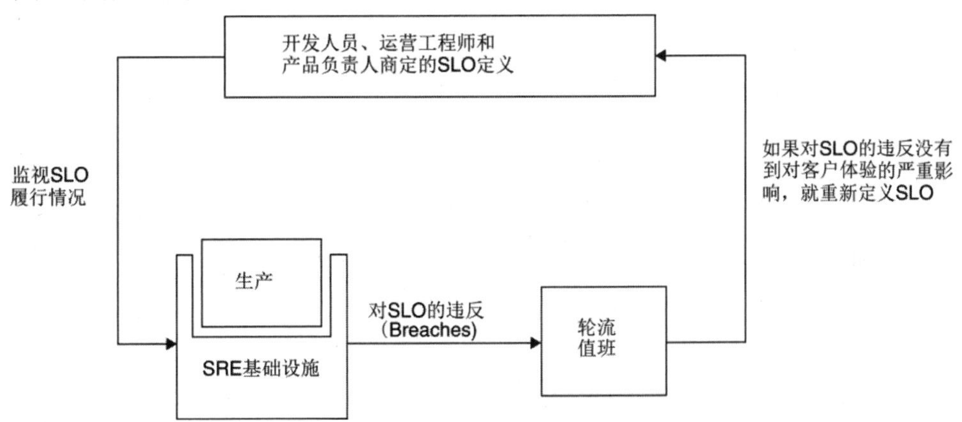

图 3.15 利用来自生产的反馈来测试 SLO 定义决策

由开发人员、运营工程师和产品负责人共同商定的 SLO 定义属于集体智慧，目的是找到那条能够平衡客户满意度与实现这种满意度所需工程努力的 SLO 魔力线。因此，刚开始的时候，我们只能初步假设一条 SLO 魔力线。

接下来是验证假设。这需要 SRE 基础设施在生产环境中监控 SLO 的实现。如果 SLO 被违反，SRE 基础设施就会通知值班人员，由后者来分析具体情况并调查这些情况是否真正严重影响到客户体验。如果 SLO 被违反但并没有对客户体验造成严重的影响，就需要重新定义 SLO 并依据生产中的真实数据和见解来做出相应的调整。重新定义 SLO 继续由运营工程师、开发人员和产品负责人共同进行，并达成共识。

回到前面的图 3.12，值班轮换制度的确立需要三方达成共识，具体的细节可以参见表 3.4。

表 3.4 三方就轮流值班达成共识

要协商的主题	说明
分配人员进行轮流值班的一般策略	一般情况下，谁可以值班？为哪项服务值班？在什么时候值班以及值班多长时间？
事故待办事项的优先级规则	值班人员如何自主对事故进行优先排序？应该使用什么标准来确定事故的优先级？
用户故事待办事项可靠性方面的优先级规则	如何做出基于错误预算的决策，将可靠性工作与客户功能开发工作进行优先排序？错误预算过早耗尽是否会导致可靠性工作的优先级高于客户功能开发？

最后，错误预算策略也需要得到开发人员、运营工程师和产品负责人的三方认可。它需要说明服务过早消耗或耗尽其错误预算的场景下团队会采取哪些措施来提高服务的可靠性，而且该策略适用于服务可能有的所有错误预算。

在生产部署之前，如果已经就 SLI、SLO、错误预算策略和值班达成共识，组织中各个部门就可以齐心协力，为持续提供高满意度的客户体验打下良好的基础。将服务部署到生产中之后，SRE 基础设施会持续检测是否由违反 SLO 的情况。相关信息会被转发给值班人员，由值班人员及时进行优先排序和分析并尽快修复事故。如果发现违反 SLO 却不至于影响到客户体验，值班人员就与运营工程师、开发人员和产品负责人开会，重新定义 SLO。

另外，错误预算消耗由 SRE 基础设施持续监控。当错误预算被过早消耗甚至耗尽时，值班人员会实行错误预算策略，其中包含为提高服务可靠性而采取的措施。在这些措施中，提升可靠性的优先级高于为客户开发新的功能。

与 2.1 节中描述的乱象相比，缺乏 SRE 基础设施和相应的系统知识，不建立违反 SLO 的监控机制、错误预算、策略以及事故和用户故事待办事项的优先级规则，情况可能更糟——场面失控、困惑、重大事故等一连串问题，甚至可能同时发生。

在这样的组织中，如何有效实施 SRE 才能为其赋能呢？这是本书要探讨的核心问题。

3.7 小结

本章探讨了 SLI、SLO、错误预算、错误预算策略以及基于错误预算的决策等 SRE 基本概念。这些概念按金字塔结构排列，引领我们在 SRE 转型过程中持续前行。在接下来的章节中，将正式启动软件交付组织的 SRE 转型之旅。

对于如何引入 SRE、如何组织 SRE、如何运维 SRE，业内尚未取得共识。本书旨在抛砖引玉，探讨我是怎么实施 SRE 的。我期待并欢迎大家提出不同的看法。本书展示了如何系统地实施 SRE 导入项目以推动软件行业实施 SRE。本书的目标帮助大家顺利导入 SRE，尽量少去试错，同时全面概述 SRE 导入项目需要避免哪些坑。

本书的主题是从头构建 SRE 基础设施，因而聚焦于基础，并不涉及太高级的 SRE 实践，其他书有这方面的介绍。“守破离”（Shu Ha Ri）是源自日本剑道的一种哲学，阐述了通过学习来逐步精通技艺的不同阶段。本书主要关注“守”这个阶段并在一定程度上探讨“破”，但肯定不涉及“离”阶段。

大致了解 SRE 各个学习阶段之后，我们要从软件交付组织现状评估开始启程 SRE 转型之旅了。

注释

扫码可查看全书各章及附录的注释详情。

第 4 章

评估现状

假设有这么一家产品交付组织，其场景就像 2.1 节描述的那样。在这样的组织中，开发人员可能并不理解自己为什么要参与运营工作。运营工程师可能不会为开发人员提供框架来支持他们参与运营。管理者不会倡导运营和开发协作，更不会为此提供必要的经费。然而，共同的目标——减少客诉升级——可能是让组织团结在一起的关键。

组织中有一些人可能知道 SRE 是掌控生产运营的关键，因而可能有一个非常小的群体想要实现 SRE。他们可能会在某个时候成为 SRE 教练。组织 SRE 转型的第一步是准确评估组织的基本面。为此，有几个重要的维度需要分析，其中包括组织机构及其人员、技术、文化和过程。接下来依次讨论每个维度。

4.1 组织现状

就组织而言，需要考虑以下几个方面：

- 组织结构；
- 组织协同；
- 正式领导和非正式领导。

4.1.1 组织结构

要看清组织现状，首先需要明确产品运营是如何根据组织结构图中代表各部门和团队的方框来组织的。可以通过以下问题来指导进行组织现状分析：

- 组织结构图中哪些方框中的人有生产运营的责任并为生产运营中出现的问题承担管理责任？组织结构图是否清楚描述了这一责任？
- 图中是否包括实线和虚线来显示组织中的报告层级？
- 领导团队是否与实线和（如果有）虚线报告保持一致？领导团队还有其他人员吗？

- 组织结构图中的哪些方框实际负责产品的运营？
- 哪些方框参与热修复补丁的交付？
- 哪些方框负责决定热修复和可靠性工作的优先级？

SRE 教练首先需要了解组织现状。组织当前是如何应对生产运营的？基于这种理解和 SRE 引领组织走向协同的愿景（参见 1.2 节），组织的 SRE 转型路径将逐渐明朗起来。

通过分析可能发现，生产运营的责任在组织并没有明确的定义。然而，更常见的情况是，生产运营的工作职责与管理层的责任分配不一致。这些负责人可能缺乏足够的控制力来有效执行工作。

在传统的软件交付组织中，通常会成立产品开发、产品运营和产品管理部门，产品运营部门要承担生产运营的正式责任和管理责任。然而，由于组织的筒仓式结构，这样的责任很难得到落实。图 4.1 描述了这种情况。

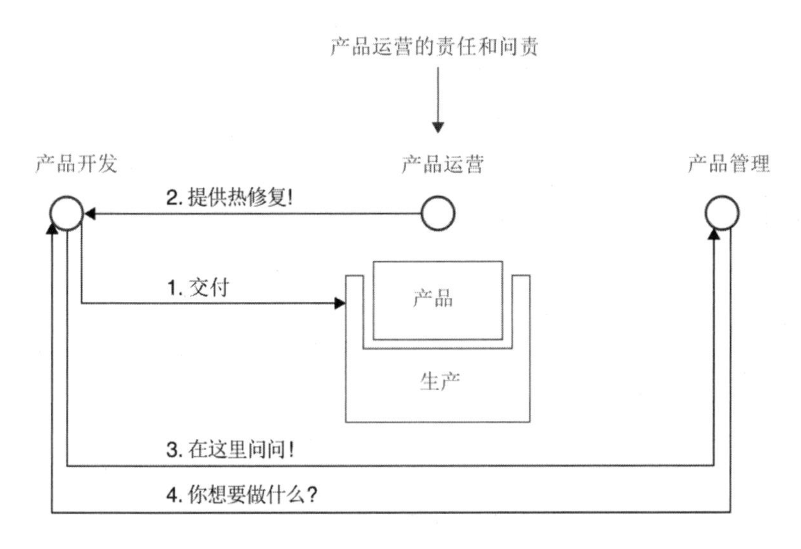

图 4.1　未就运营问题协同的组织

产品运营团队负责运营，是生产的责任人。产品开发团队负责把产品交付到生产。对产品运营来说，因为缺乏产品实现的细节，就只能用一些可以反映 IT 资源的参数来监控产品。一旦生产出现严重问题，产品运营团队就要求产品开发团队提供热修复补丁，此时开发团队如果正在完成产品负责人制定的高优先级用户故事待办事项，就需要重新确定优先级，必须先完成热修复补丁。优先级由产品负责人确定，所以开发团队就会回复运营团队，称自己需要先问产品管理部门如何调整待办事项的优先级。然而，产品管理部门并不在这个反馈回路中，所以他们的首要任务是摸清现状，然后再商讨如何设置待办事项的优先级。

由此可见，产品运营团队并不能完全掌控生产运营，以至于基本上无法履行自己的职责。如 2.2 节所述，生产运营的责任由产品开发、产品运营和产品管理部门共同承担，三方各司其职并从中受益。

4.1.2 组织协同

接下来，深入了解组织协同。无论正式的组织结构如何规定，都要先探究组织当前究竟是如何执行生产运营的？尽管生产运营可能交接不畅，但仍然需要明确当前的运营方式和状态。可以借助于以下问题来展开分析：

- 客户支持是如何进行的？
- 如果有的话，组织中谁来提供一级支持？
- 如果有的话，组织中谁来提供二级支持？
- 如果有的话，组织中谁来提供三级支持？
- 是否存在三个以上的支持级别？有多少？谁负责提供每一级的支持？
- 客户支持请求通过各种支持级别的典型路径是什么？
- 在过去 12 个月里，客户支持请求数量的趋势是什么？
- 在过去 12 个月里，客户支持请求的平均处理时间是多少？
- 版本发布和全面推出过程是如何进行的？
- 推出热修复补丁的决策是如何做出的，由谁做？
- 推出功能发布的决策是如何做出的，由谁做？
- 在热修复或功能发布中，是否涉及监管合规？
- 谁负责制定发布计划和推出计划？
- 进行生产推出需要进行怎样的协调？
- 是否有发布经理来协调生产推出工作？
- 日常是否有团队或个人能在开始走客户支持流程前检测到生产中的问题？

在这里，目标是了解组织内各方目前处理运营问题时如何协作。这包括客户支持、发布、热补丁推出、功能推出和主动生产监控等。需要了解这些流程和活动是如何相互作用的，暂时不考虑它们的效果和效率。

基于这样的理解，可以开始思考如何推进 SRE 转型。如何解决组织当前运营中各个问题以便为 SRE 转型奠定基础。

通过分析组织现状，我们可能注意到过多的客户支持级别可能导致客户支持请求的处理时间变长。此外，支持级别越多，开发团队越不可能基于极致用户体验来实现全部功能，因为他们基本上不参与运营而不可能将相关认知纳入功能开发的考量中。另外，支持级别越多，消息在传递给开发团队的过程中越有可能衰减或者丢失。在极端情况下，开发团队如果不值班的话，基本上没有意愿在产品实现过程中兼顾运营团队的问题，因为他们更注重开发客户所看重的功能。为此，SRE 转型要想取得成功，必须鼓励开发团队适当参与值班，以便在服务实现过程中兼顾运营问题。

SRE 转型的关键在于确定开发团队参与值班的合理程度，以最大限度地学习和激励，使其能在服务开发过程中兼顾运营问题。具体参与程度在每个组织中是不同的。

分析可能还表明，热补丁和功能的发布和推出涉及多个团队与人员的协作。从运营角度来看，快速发布和推出热补丁尤为重要。对当前过程有更好的了解后，才可能确定 SRE 转型期间需要怎么做以加快热修复补丁的发布和推出。特别是受监管的行业，任何生产发布和推出都必须合规。在 SRE 转型过程中，可能需要利用自动化技术来确保监管合规并加快发布和推出服务。

4.1.3 正式和非正式领导

在评估组织的运营现状时，领导层的作用不可忽视。领导可以分为正式和非正式。正式领导由 4.1.1 节讨论的组织结构来确定，因此，看看组织结构图，就明白正式领导是谁。

与此同时，非正式领导也在组织中扮演着重要角色。他们虽然没有正式的权力，但对组织成员有较大的影响。一些非正式领导甚至可能比正式领导影响力更大，特别是从第一性原理[1]来解释采取某种行动的理由时。他们通常是出色的沟通者，而且之所以影响力大，并非依靠权力，而是通过逻辑和情感来赢得同事的信任。这种做法增强了他们的真实性和可信度。人们选择跟随非正式领导，因为他们真的相信他们提出的行动方案。

以下问题有助于分析组织中的正式领导和非正式领导：

- 组织中哪些人是正式的领导？
- 组织中哪些人是非正式的领导？他们的影响力发挥在哪些领域？
- 组织中哪些人是公认的专家？他们擅长哪些领域？
- 哪些正式领导在组织中被认为是优秀的？
- 总的来说，组织中人们听从哪些人？不信服哪些人？
- 在处理所有生产事故中发挥关键作用的是哪些人？他们是化腐朽为神奇的英雄。

这些问题的回答对 SRE 转型至关重要，因为所有的正式领导和非正式领导都需要适当参与转型。在非正式领导中，有些人可能适合担任教练以推动 SRE 实践。正如 2.5 节所述，SRE 教练要在组织内部进行培养。因此，要想推动 SRE 转型成功，务必利用一切机会物色合格的 SRE 教练。

通过对组织结构、协同和领导的深入了解，我们能够清晰地认识到组织如何执行生产运营。此外，这个过程还能帮助我们思考如何以 SRE 为核心来改进生产运营。

4.2 人员现状

接下来，探索组织中人员的知识、心态和态度。对于运营现状以及应该如何执行运营，大家有哪些看法？可以借助于下面这些问题来摸清人员的现状。

针对运营工程师和运营经理：

- 日常工作有哪些？
- 产品的总体质量如何？
- 如何决定设置哪些警报？
- 知道这些警报是否报告了实际存在的用户体验问题？
- 一般值班吗？如果是，又会是什么时候？
- 团队是否有轮流值班制度？
- 如果需要发布热修复补丁并在生产环境中推出，又会怎么做？
- 开发人员如何参与生产运营？
- 产品负责人如何参与生产运营？
- 是否提供了一种手段，使其他人能够自己参与生产运营？
- 组织中有哪些客户支持级别？
- 组织中谁在负责哪个支持级别？
- 生产中的危机是如何管理的？
- 客诉数量在一段时间内的趋势如何？

针对开发人员、架构师和开发经理：

- 如何度量产品的可靠性？
- 如何决定在产品中实现哪些针对可靠性的功能？
- 如何确定可靠性功能的优先级？
- 谁来确定可靠性功能的优先级？
- 如果需要推出热修复补丁，会怎样？
- 团队自己做生产部署吗？
- 是否有过值班？如果有，又是什么时候？
- 团队是否有轮流值班的制度？

针对产品负责人和产品经理：

- 产品愿景是什么？
- 产品在实现这个愿景方面目前处于什么位置？
- 谁是产品的用户？
- 谁是产品的客户？
- 对于用户和客户来说，最重要的用户旅程是什么？
- 产品的可靠性对用户和客户的重要性如何？
- 客户投诉数量在一段时间内的趋势如何？
- 如何进行待办事项的优先级排序？
- 如何进行可靠性功能的优先级排序？
- 是否参与了生产运营？

针对副总裁和管理层（高管）：

- 针对产品的可靠性，客户是如何报告的？
- 组织如何管理生产运营？
- 组织是否为良好的生产运营进行了协同？
- 是否有可能为团队分配一些时间进行 SRE 转型？
- 产品交付组织的经费情况能否支持实现所需的产品可靠性？
- 是否分配了一些预算给额外的工具以改善生产运营？

可以肯定的是，要想摸清人员现状，只需要对组织中极少数人进行采访。在 SRE 转型的这个阶段，我们不鼓励大型研讨会和冗长的会议，因为这样做可能使项目看似艰难而导致人们不愿意支持 SRE。

回答完这些问题，基本上就有了足够多的背景知识，了解不同岗位对生产运营的感受。基于这种理解，思考 SRE 转型过程中需要如何转变心态。

4.3 技术现状

为了充分了解组织的现状，还要评估技术，从技术层面检视生产运营所涉及的所有技术。评估依据是米奇・迪克森在《SRE：Google 运维解密》[2]一书中提出的“服务可靠性层次结构”。如图 4.2 所示，该层次结构描述了实现服务可靠性需要具备的条件及其采用的顺序。

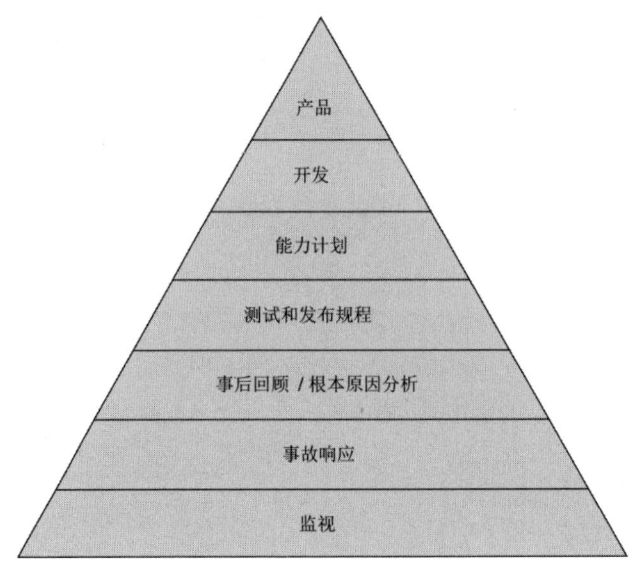

图 4.2　服务可靠性层次结构

在服务可靠性层次结构中，技术方面包括监视、测试和发布程序、能力计划和开发。进行技术评估时，要留意以下问题并逐一进行检视。最好以团队形式进行技术评估，因为团队往往以一种独特的方式来管理技术。不过，在 SRE 转型的这个阶段，只需要采访少数团队中的少数人。对每个团队单独进行教练留到以后进行。目前，有一个总体的理解即可。这种理解旨在评估 SRE 转型的复杂性、持续时间和成本。在对技术进行评估时，可以考虑以下问题。

1. 日志和监视问题

- 服务是否有日志记录？
- 日志是否以统一的方式进行吗？
- 所有服务是否使用相同的日志基础设施进行日志记录？
- 服务是否通过生产部署将日志记录到日志基础设施的单一实例中？
- 日志基础设施提供了哪些开箱即用的工具（例如，运行时依赖关系图、调用持续时间等）？
- 日志基础设施是否提供了一种查询语言来程序化的方式查询日志并将查询结果制成图表？
- 日志有人看吗？在哪些情况下看？
- 是否有任何关于日志的指标？
- 是否基于日志和指标生成一些警报？
- 异步操作如何进行日志记录？
- 根据日志来分析异步操作有多容易？
- 是否用到了分布式跟踪？

2. 测试问题

- 有没有针对服务的测试？
- 哪些测试是手动的？
- 对于自动化测试，对服务进行测试有哪些级别？
- 测试套件的自动测试执行的触发器或节奏是什么？
- 自动测试套件的测试执行时间是多少？
- 手动测试套件的测试执行时间是多少？
- 哪个部署环境执行了哪个测试套件？
- 在功能发布前执行了哪些测试？
- 在热补丁发布前执行了哪些测试？
- 在部署完成后，是否会运行自动部署检查来验证部署程序？
- 自动化测试是否在生产中全天候运行？
- 测试和测试的执行是否值得信赖？

3. 发布问题

- 开发团队是否负责或拥有部署管道？
- 部署管道的范围是什么？通常使用一个部署管道部署多少个服务？
- 开发团队是自己进行生产推出还是由运营团队集中进行？
- 进行生产发布的时候，需要哪些手动步骤？
- 哪些手动步骤可以确保生产发布的监管合规（文档创建、审查和签名、审批等）？
- 每个团队平均多久进行一次生产发布？
- 是否有金丝雀发布过程[3]？
- 向所有生产环境推出一项服务需要多长时间（包括金丝雀发布）？
- 是否有标准作业程序（Standard Operating Procedure，SOP）来描述如何在生产中完成标准化工作（例如，如何手动扩充内存等资源）？

4. 能力计划问题

- 服务是否在组织拥有的服务器上运行？是基础设施即服务（IaaS）还是平台即服务（PaaS）解决方案？
- 是否有几个服务在一个共享的基础设施单元中运行而只能将该单元作为整体进行扩展？
- 运行在容器中的服务是否部署在集群中，如 Kubernetes 集群，使基础设施的扩展可以由容器按需完成？
- 基础设施的扩展是手动、自动还是半自动的？

5.开发问题

- HTTP 状态码的使用是否恰当？例如，500 错误码是否真的意味着内部服务器出错了？
- 日志基础设施是否提供了一种日志查询语言？如果是的话，开发人员是否经常使用该日志查询语言？
- 服务是否建立在 12 要素应用[4]的原则之上？开发人员是否基本了解这些原则？
- 服务是否实现了《发布！》[5]一书所描述的分布式系统的任何稳定性模式？开发人员是否大体了解这些模式？

有趣的是，上述问题与团队使用的技术本身并没有密切的联系。分析团队的技术现状时，应更多关注概念性因素而非具体的技术细节。例如，使用哪种日志基础设施并不重要。重要的是，团队是否以一致的方式使用所有日志基础设施。如果是，就可以建立一个统一的 SRE 基础设施，让所有团队从中受益。如果不一致，就必须先取得一致（实施 SRE 转型的前提）。

另外，还需要知道所用的日志基础设施是否支持程序化查询。具体使用的查询语言并不重要。关键是得有日志查询语言，因为它可以使 SRE 基础设施的某些部分更容易建立。如果值班人员能快速以程序化的方式查询日志，就能以更快的速度对事件做出响应。

对于测试，重要的是测试的可靠性和效率，而不是具体使用的测试框架和工具。需要关注测试结果的可信度、测试运行的速度、在什么环境下执行以及针对的是哪个版本。基于这些因素，可知可以以多快的速度把变更部署到生产环境。如果存在瓶颈，必须在 SRE 转型期间予以解决。

发布、能力计划和开发问题也不例外。具体使用什么发布框架不重要。例如，关键在于是否完成了金丝雀发布，先测试生产中的变更对少数用户群体的影响。如果完成了金丝雀发布，团队发布过程就会更完善。在 SRE 转型过程中，基本上不需要重点关注这些细枝末节的问题。

虽然某些问题看似无足轻重，但对 SRE 却有重大的影响。例如，在所有服务中使用正确的 HTTP 错误码就非常重要。因为服务可用性的计算是基于 HTTP 错误码进行的。错误的服务可用性计算会随着时间的推移逐渐积少成多，导致利益相关者感到困惑。团队可能为了提高可用性而把资源错投到并不重要的地方。API 的消费者可能采取不恰当的措施来提高可靠性，试图避免 API 退化可能带来的影响。

综上所述，明确前面讨论的问题有助于充分理解提升技术水平来适应 SRE 的重要性。毫无疑问，这是需要付出努力的，具体取决于团队的具体情况。这也表明 SRE 活动的优先级需要在组织的项目组合层面上进行排序。如果不明确 SRE 活动在组织中的优先级，SRE 转型可能无法取得成功。其结果可能是在多个地方进行局部的增量改进，但 SRE 的目标是以系统化的方式协同整个软件交付组织的运营（参见 1.2 节），为了实现这个目标，技术达标是唯一的前提。

4.4 文化现状

众多书籍和出版物中，都认为文化是影响组织各个方面的重要因素。SRE 及其转型特别受组织文化的影响。SRE 的推行速度并不取决于项目计划、行政人员的意愿或 SRE 教练的一厢情愿，在很大程度上由组织文化决定。

如此说来，什么是组织文化呢？它是如何影响 SRE 转型的？现在，我们要深入探讨这些问题。

《朗文词典》如此定义“文化”：“一个特定社会中人们共同接受的信仰、生活方式、艺术和习俗。”[6]社会学家罗恩 • 韦斯特罗姆提出了一个流行的组织文化拓扑结构，即韦斯特罗姆模型，[7]该模型根据组织处理信息的方式将文化划分为病态型、官僚型和生机型。病态型组织文化以权力为导向，官僚型组织文化以规则为导向，而生机型文化以绩效为导向。DevOps 研究和评估报告给出的结果显示，[8]以绩效为导向的生机型文化能够促成高效的软件交付。

根据该模型，生机型组织文化涵盖以下六个方面：高度合作、训练信使、风险共担、鼓励交流、失败时追根溯源和接纳新的想法。所有这些方面都与 SRE 直接相关，表 4.1 对此进行了总结。显然，以绩效为导向的生机型文化能够带来 SRE 高效转型。

表 4.1　韦斯特罗姆生机型文化和 SRE 的关系

	韦斯特罗姆生机型文化	和 SRE 的关系
1	高度合作	SRE 的目的是使软件交付组织在运营方面的问题上保持协同。只有产品开发、产品运营和产品管理之间的高度合作，才能实现
2	训练信使	其服务过早耗尽错误预算的服务负责人需要接受培训，以实现可靠性措施来保持错误预算。解决事故的值班人员在进行无责事后回顾时应得到支持，这应被视为组织中每个人学习可靠性的宝贵机会
3	共担风险	产品运营、产品开发和产品管理需要就 SLI、SLO、错误预算和轮流值班达成一致（3.6 节），从而共担联合决策的风险
4	鼓励交流	服务 SLO 和错误预算随时间推移的消耗率需要公开，以便在团队之间建立对话，针对所依赖的服务的可靠性问题，形成由数据驱动的决定。此外，在 SRE 转型期间，需要促进团队之间的定期交流，例如， SRE 实践社区、午餐会和学习会议
5	失败时追根溯源	事故解决后，需要进行无责的事后回顾
6	接纳新想法	从生产运营中获得的新见解要使可靠性功能能够在产品中及时实现

可以从生产运营的视角评估组织文化的现状，分析距离表 4.1 描述的行为还有多大的差距。这种评估有助于理解组织文化对 SRE 转型的潜在影响，并为实现更高效的 SRE 实践

提供指导。通过深入了解和积极塑造组织文化，可以为 SRE 转型创造一个更好的环境。

4.4.1 是否高度合作

在生产运营领域，产品开发和产品运营之间有一面臭名昭著的部门墙。墙的一边是产品运营，其目标是保持生产稳定。基于这个目标，他们并不希望生产环境频繁变动，因为每一次变动都可能导致不稳定（或根据他们的经验，通常是这样）。墙的另一边是产品开发，其目标是尽快实现、部署和发布产品管理部门要求的新功能。DevOps 试图打破壁垒。SRE 也不例外，它是 DevOps 的具体实现。

可以通过以下问题来探索组织在运营问题上的合作质量：

- 产品运营和产品开发的关系如何？
- 产品运营和产品开发的关系是否紧张？如果是，根源在哪里？
- 产品管理参与生产运营的情况如何？
- 产品管理和产品运营之间是否有工作上的联系？
- 运营工程师对产品的可靠性怎么看？
- 运营工程师对可靠性工作的优先级怎么看？
- 对于刚发生的生产事故，让不同开发团队的人按要求参与有多容易？
- 是否有产品运营、产品开发和产品管理三方都认同的 SLI 和 SLO？
- 是否有产品运营、产品开发和产品管理部门都认同的错误预算策略？
- 错误预算策略是否会在错误预算过早消耗的时候实行？
- 轮流值班设置是否已经成为产品运营、产品开发和产品管理三方的共识？

4.4.2 培训

可以通过以下问题来探索是否以及如何共担运营风险：

- 团队是否因生产事故而受到管理层打击？
- 生产事故发生后，是否会做回顾或者复盘？
- 人们是否害怕在回顾或复盘中受到指责？
- 提出可靠性问题的人是否被忽视？
- 组织中是否有人成为生产缺陷的背锅侠？
- 错误预算过早耗尽的话是否安排相应的可靠性培训？
- 事后回顾或者复盘是否被视为了解可靠性的机会？

4.4.3 是否共担风险

可以通过以下问题来探索是否以及如何共担生产运营的风险：

- 生产运营的责任是否有明确的描述？
- 运营工程师是否了解生产运营的书面描述？开发人员和产品负责人呢？
- 开发人员是否共担生产运营的风险？如果是，又如何共担？
- 产品负责人是否共担生产运营的风险？如果是，又如何共担？
- 产品运营、产品开发和产品管理是否共同决策定并共担有关 SLI、SLO、错误预算策略和轮流值班设置的后果？

4.4.4 是否鼓励交流

可以通过以下问题来探索组织内团队和个人如何沟通运营问题：

- 组织中是否任何人都可以随时查阅事后回顾报告？
- 如果随机挑一个开发人员，他会知道事后回顾报告存放在哪里吗？
- 如果随机挑一个产品负责人，他会知道事后回顾报告存放在哪里吗？
- 事后回顾报告是不是从用户影响的角度出发并以组织中非技术人员都能理解的方式来写的？
- 是否定期与更广泛的人交流事后回顾中的内容（如精益咖啡）？
- 是否有人阅读事后回顾并从中学习？
- 是否有针对运营——或更准确地说，SRE——的实践社区（Community of Practice，CoP）？
- 运营工程师是否参与了任何产品创建活动（即在产品投入生产环境之前）？
- 产品运营、产品开发和产品管理是否定期交流，探讨如何完善 SLI、SLO、错误预算策略、基于错误预算的决策和轮流值班设置？

4.4.5 失败后是否可以追根溯源

可以通过以下问题来探索组织内如何处理生产运营中的故障：

- 热修复补丁是否会导致管理层对团队和个人进行惩罚？
- 谁来发起事后回顾？
- 是否有一套明确的标准规定只有发生特定事故才能启动事后回顾？
- 参加事后回顾的人在心理上觉得安全吗？他们怎么知道是心理安全的？

- 是否有来自事后回顾的行动事项来促成对 SLI、SLO 和错误预算策略的重新考虑？如果有，这些行动事项如何跟进？由谁来负责？

4.4.6 是否接纳新的想法

可以通过以下问题来探索组织如何处理生产运营的相关新想法：

- 有了服务过早耗尽错误预算的统计数据后，是否会在组织中找人背锅？
- 有了服务过早耗尽其错误预算的统计数据后，是否会基于先前商定的错误预算策略来决定用户故事待办事项的优先级？
- 生产版本是否被看作是一个可以用来测试之前既定功能假设的实验机会？
- 从一个生产版本中学习，以便为下一个生产版本的开发提供见解，有这样的过程吗？这个过程是否是结构化的？
- 在团队的用户故事待办事项中，事后回顾中发现的技术创新排入优先级的平均时间是多少？

通用和丰田合资企业 NUMMI 的约翰·舒克在公司内部进行了一次重大的文化转型。他在文章“如何改变文化：NUMMI 的教训”[9]中如此描述：“改变文化的方法不是先改变人们的思维方式，而是先改变人们的行为方式——也就是他们做什么和不做什么……”基于此，SRE 转型需要致力于引入 SRE 的工作方式。一旦开始以不同的方式做运营，组织文化就会随着时间的推移而改变。不要指望这是一个一蹴而就的过程。但无论速度快慢，都需要稳定，由 SRE 教练定期与所有团队合作。

4.5 过程现状

产品交付组织最后要评估的维度生产运营过程。这个过程由许多子过程组成，涉及若干个团队。以下问题有助于了解该过程及其子过程的现状：

- 客户支持
  - 客户支持请求如何传达给开发团队？
  - 客户支持请求如何传达给开发团队？
  - 客户支持和开发团队之间的接口是什么？工单？定期会议？ChatOps？
- 值班过程
  - 服务是否有人值班？
  - 值班覆盖率是多少？是 24/7 吗？
  - 是否安排了轮流值班？如果有的话，
    - 哪些角色负责？

    - 交班时，知识交接如何组织？
    - 每班是否有主要和辅助值班人员？
    - 轮班的典型持续时长是多少？
  - 是否有运行手册？如果有，谁负责更新？
- 事故响应
  - 对于涉及若干个团队的事故，是否有人对事故进行指挥？
  - 如何根据事故类型来指派合适的人选？
  - 事故得到解决的平均时间是多少？
- 生产访问控制
  - 是否要由人进行生产访问？如果需要，
    - 谁有访问权限？
    - 如何申请访问权限？
    - 在提出申请后，如何快速提供访问权限？
- 监管合规
  - 对于已经部署的服务，健康检查的频率如何？
  - 进行生产部署的时候，需要用到哪些工件？
- 生产部署
  - 团队能否以自主的方式自行安排生产部署？
  - 在进行生产部署之前，是否需要通知利益相关者或客户？
  - 生产部署期间是否有停机时间？平均多长时间？
  - 生产部署的平均频率是多少？
  - 生产部署失败是否有一个明确的定义？
  - 在单位时间内，生产部署失败的平均值是多少？
  - 生产失败的平均恢复时间是多少？
  - 为了完成生产部署，是否需要手动步骤？
- 生产发布
  - 面向客户的生产发布与数据中心的生产部署是否是脱钩的？如果是，谁可以向客户发布以及代表谁发布？
- 热修复补丁部署
  - 热修复补丁和功能部署在部署过程上有哪些区别？
  - 为了完成热修复补丁的部署，是否需要手动步骤？
- 热修复补丁发布
  - 热修复补丁和功能部署在发布过程上有哪些区别？
- 排定优先级

- 是否有一个结构化过程可以用来管理可靠性工作与面向用户的功能的优先级排序？

4.6 SRE成熟度模型

前面描述的对产品交付组织中的生产运营进行全面评估后，便可以建立一个SRE成熟度模型。SRE教练可以利用这个模型来评估组织在SRE转型之前的状态。一旦启动转型，SRE教练就可以重新评估组织，检查不同领域是否有进步、停滞或退化。这样的评估，合理的重新评估频率大约是每年两次。

SRE成熟度模型也有常见成熟度模型的通病，那就是它假设有一个线性进展路径，有一个固定的卓越指标。然而，由于每个团队各有其独特的技术场景，所以其SRE转型各有不同。在SRE成熟度模型中，作为最高目标的卓越并不是巅峰，而是一个孜孜以求的过程。每个团队持续完善SRE过程和实践，使其能够以可持续的方式顺利落实SRE。

尽管有这些不足，但SRE成熟度模型仍然可以帮助SRE教练在SRE转型过程中确定方向并为团队提供行动指南。具体说来，在旅程开始时，SRE教练可能无法立即基于数据做出转型决策，因为还没有打好基础。此外，SRE教练可能也不太熟悉SRE转型。因此，SRE成熟度模型可以为SRE教练提供一个宝贵的总体指导。

图4.3展示了SRE成熟度模型，其中定义了三个级别：退化、初级和高级。注意，每个团队都严格遵循需要这些级别。尽管存在普遍的不足，但SRE成熟度模型仍然是一个有用的工具，可以帮助组织了解自己在SRE转型之旅中处于何处，还可以指导组织发展到更高的成熟度。

对团队而言，花时间做自我评估或参与耗时的评估并不能使自己从中获得明显的好处。SRE成熟度模型的目的是帮助SRE教练识别SRE转型过程中亟待关注的关键领域。

SRE教练应记录并保存评估结果作为后期参考。SRE基础一旦建成，就可以开展后续的评估。重新评估的结果可以与初始评估结果进行比较，度量SRE转型的进展情况。

成熟度模型清晰地揭示了SRE实现的多面性，SRE转型本身也涉及很多个方面。下一小节将探讨对SRE转型的期望。在启动转型之前，有必要对齐这些期望，以免日后导入SRE的幻想落空。

SRE成熟度模型		打分标准："0" = 退化成熟度，"1" = 初级成熟度，"2" = 高级成熟度						
		退化		初级		高级		
组织								结果
	结构	筒仓型产品交付组织	0	部门合作	1	独立的跨职能团队	2	
	就运营问题达成一致	不透明	0	通过临时会议来达成一致，有一些运营数据的支持	1	使用商定的SLI、SLO、错误预算策略和基于错误预算的决策来达成一致	2	
	正式领导	不知道SRE	0	对SRE的一定支持	1	完全支持SRE	2	
	非正式领导	生产英雄	0	整个组织内有一些懂得运营知识的人	1	实践SRE教练	2	
								平均
人员								结果
	开发，架构师，开发经理	从不值班	0	对生产运营有一定见解	1	按约定共同值班	2	
	运营工程师，运营经理	总在值班，但在筒仓里	0	总在值班，但能影响优先级了	1	按约定共同值班	2	
	产品负责人，产品经理	生产不关我的事	0	一定程度参与生产运营	1	基于错误预算的决策	2	
	副总裁，管理层	不知道SRE	0	一定程度支持SRE	1	完全支持SRE	2	
								平均
技术								结果
	日志记录	非结构化	0	部分日志是结构化的	1	结构化以便机器处理	2	
	监控	无警报	0	基于技术资源(参数)的警报	1	警报反映对用户体验的影响	2	
	测试	不值得信任	0	有的测试套件可以信任	1	值得信任	2	
	发布	所有服务一起发布	0	有的服务单独发布	1	独立的服务发布	2	
	能力计划	不存在	0	比较随意	1	弹性能力	2	
	开发	没有适应能力	0	一定适应能力	1	适当的适应能力	2	
								平均
文化		病态型		官僚型		生机型		结果
	合作	低度合作	0	适度合作	1	高度合作	2	
	信使待遇	怪罪信使	0	忽视信使	1	训练信使	2	
	共担风险	推卸责任	0	狭义责任	1	风险共担	2	
	交流	不鼓励交流	0	容忍交流	1	鼓励交流	2	
	对失败的态度	失败会找替罪羊	0	失败会被公正追责	1	失败会共同找原因	2	
	对新想法的态度	压制新想法	0	新想法会带来问题	1	新想法会被实现	2	
								平均
过程								结果
	客户支持	比较随意	0	专门的角色	1	在运营团队中轮流	2	
	值班	不存在	0	出于好意	1	由开发和运营团队按约定共同进行	2	
	事故响应	比较随意	0	按经理的要求	1	由值班人员集中解决	2	
	生产访问控制	不透明	0	人和脚本都可以	1	只有脚本可以	2	
	监管合规	手动	0	一定程度自动化	1	很大程度自动化	2	
	部署	手动	0	一定程度自动化	1	完全自动化	2	
	可靠性的优先级判定	不透明	0	由关键意见领袖做出	1	使用错误预算策略，由数据驱动	2	
	对可靠性的决策	不透明	0	由关键意见领袖做出	1	使用SRE指标，由数据驱动	2	
								平均

图 4.3　SRE 成熟度模型

4.7 提出假设

对于生产运营，组织内部各方观点不同。尤其是产品交付组织因持续故障和大量客户投诉升级而面临挑战时，更是各执一词。

对 SRE 转型的看法和期望也不同。开始启动 SRE 转型之前，一个重点是调整不同角色和利益相关者的期望。这不仅可以有效避免失望，而且还有利于加强 SRE 转型的支持和深入理解 SRE。SRE 转型的主要利益相关者包括管理层、经理、运营工程师、开发人员和产品负责人。各方利益相关者可能都有一些不切实际的期望，如表 4.2 所示。

表 4.2 各个利益相关者对 SRE 不切实际的期望

利益相关者	可能不切实际的期望
管理层	可靠性问题所导致的客户流失将在几周内停止
经理	产品运营和产品开发之间的冲突将在几个月内结束
产品负责人	生产故障所导致的持续大量客诉升级将在几个月内停止
开发人员	产品负责人最终会把可靠性置于功能之上。运营工程师将停止干扰开发工作过程
运营工程师	开发人员最终会实现具有生产级质量的软件。产品负责人最终会把可靠性置于功能之上

SRE 教练需要现实一些，对可能不切实际的期望进行调整。通常，SRE 转型的目的是为运营工程师、开发人员和产品负责人建立一个共享的可靠性决策流程。确定的错误预算策略用于设定可靠性工作优先级的准则。SRE 转型的初期速度不可预测。但几个月之后，SRE 教练可以提供合理的预估。

随后，SRE 教练应该邀请利益相关者以结构化的方式提出假设，以此来明确他们的期望。这些假设可以根据假设驱动开发[10]方法来定义。假设的提出应该先于产品交付团队开始建立产品功能之前，并采用三段式的描述，包括<产品功能>/<客户成果>/<可度量的信号>，具体如下：

- 我们相信这个<产品功能>；
- 会达成这个<客户成果>；
- 在看到这个<可度量的信号>时，我们就知道成功了。

通常情况下，启动 SRE 转型的动机可以作为假设的起点。动机由生产故障、客户投诉升级、可靠性工作优先级设定以及运营问题协同解决等关键痛点驱动。表 4.3 展示了利益相关者可能对 SRE 转型提出的一些假设。

表 4.3 SRE 转型假设的例子

利益相关者	示例假设		
	能力	成果	可度量的信号
管理层	在组织中建立起 SLI、SLO、错误预算和错误预算策略	降低因可靠性问题而导致的客户流失率	SRE 转型 12 个月，因可靠性问题而导致的年度客户流失率比前 12 个月减少 50%。
产品负责人	在组织中建立起 SLI、SLO、错误预算和错误预算策略	减少客户投诉升级	第一，对客户投诉升级明确的、无歧义的定义。第二，与前 6 个月相比，SRE 转型 6 个月后，客户投诉升级的数量减少了 50%
开发人员	在组织中建立起 SLI、SLO、错误预算和错误预算策略	更快地确定可靠性工作的优先级	第一，可靠性工作在团队待办事项中可以明确地识别。第二，在 SRE 转型的第 4 季度，可靠性工作优先级排定的平均准备时间（lead time）比 SRE 转型的第 2 季度至少缩短 25%
运营工程师	在组织中建立起 SLI、SLO、错误预算和错误预算策略	在运营问题上更精简的组织协同	第一，SRE 转型 8 个月，开发人员在规定的时间和规定的情况下值班。第二，SRE 转型 6 个月，任何开发团队都能在请求的两小时内参与到一个正在发生的生产事故的解决中。第三，SRE 转型 12 个月，过去 3 个月的生产部署失败率和生产部署恢复时间的中位数比转型开始前的三个月减少了 50%
经理	组织中建立 SLI、SLO、错误预算和错误预算策略	产品开发和产品运营之间的冲突减少	在 SRE 转型的第 4 季度，提请经理注意的有关生产推出的问题比 SRE 转型的第 2 季度至少减少 40%
SRE 教练	在组织中建立起 SLI、SLO、错误预算和错误预算策略	在生产的可靠性方面，以优化的成本提供卓越的客户体验	第一，SRE 转型 24 个月，团队可以自行维持 SRE 活动，不需要持续进行教练。第二，SRE 转型 24 个月，客户就同一问题的重复投诉不超过一周。第三，SRE 转型 18 个月，团队定期根据需要调整他们的 SLO 和错误预算策略

有趣的是，表 4.3 中所有假设都来自组织的 SRE 概念金字塔（参见 3.5 节）。很多预期的成果都由此而言。不同的成果在 SRE 转型的不同阶段以相应的可度量信号进行评估。

启动转型之前，有必要与产品运营、产品开发和产品管理的少数关键利益相关者共同定义对 SRE 转型的假设。这个过程应在 SRE 教练指导下进行，会带来以下三个主要的优势：

1. 利益相关者达成共识后，能够以结构化的方式阐明自己的期望，并思考如何度量实现的这些期望；
2. 表明 SRE 教练提倡 SRE 并非出于一时冲动，而是作为一项基于数据的结构化实验；
3. SRE 转型假设定义应当在组织内部公开（例如，通过建一个公开的 SRE 维基页面），让每个人都能看到转型想要达成的成果，以及成果具体如何度量。

对 SRE 转型过程以及 SRE 教练的信任由此而来。通过这种方式，组织可以确保 SRE 转型是基于各方共识的、目标明确的和成果可量化的集体举措。

4.8 小结

本章展示了如何从运营角度来评估软件交付组织的现状。评估可以从 5 个维度进行：组织结构、人员、技术、文化和过程。为了了解组织的产品运营实践现状，评估是必不可少的。它可以回答这个问题：当前的产品运营是怎么执行的？

度量成果的话，会引发人们深入思考组织如何导入 SRE。一个好的开端是运用“假设”来定义 SRE 转型的最终成果。这些假设定义了希望通过新的组织能力来取得哪些成果。

关键的一点是，这些假设定义了如何度量这些成果。SRE 转型的目标是持续测试既定的假设，为取得长期性成果而及时调整 SRE 转型实践。

注释

扫码可查看全书各章及附录的注释详情。

第 II 部分

启动转型

前面介绍了 SRE 的基本概念，我们摸清了组织的现状，明白了 SRE 为什么是改进产品运营方式的首选。同样，我们也清楚了组织现状与 SRE 运营目标之间的差距。接下来，我们要鼓起勇气，启动 SRE 转型！

第 5 章

取得组织的认同

SRE 转型要求组织内所有团队从多个方面进行改革。为此，需要取得整个组织的认同和支持。如何取得组织对 SRE 的认同呢？本章将给出具体的指导。

在深入探讨这个主题之前，需要注意一点：需要根据组织文化合理选取本章介绍的内容。组织文化在很大程度上决定着组织会以什么样的方式接受 SRE。本章阐述的内容尤其适用于韦斯特罗姆（Westrum）模型中描述的规则导向型文化和效能导向型文化[1]。

在以权力为导向的文化（病态型文化）中，SRE 以什么样的方式得到组织的认同，则较为复杂，在很大程度上取决于掌权者的行为。为了在这种文化中获得整体认同，需要仔细分析具体行为、不易察觉的差异、关系、功能障碍、合作方式、心态以及掌权者的意愿，进而在此基础上制定相应的协调策略。

5.1 取得组织内部对 SRE 的认同

3.6 节讨论了如何通过 SRE 概念来实现组织协同。现在探讨的问题是如何实现这种协同。人们为什么要关心 SRE？如何激励？如何以一致的方式获得人们对 SRE 的支持？换言之，如何在一个从未听说过 SRE 的组织中发起一场可持续的 SRE 运动？

为此，需要先来理解什么是“运动”。《朗文词典》如此定义：“一群有相同想法或信仰的人共同努力以实现特定的目标。”[2]如此说来，SRE 运动便是一群人共同努力，推广他们对软件运营秉持的共同理念。

这意味着一开始就需要组建一个信守 SRE 理念的团队。这个团队至少有两个人，他们将共同致力于推广 SRE 软件运营理念。

前面第 2 章的 2.5 节强调了培养内部教练来推动 SRE 转型的重要性。因此，要发起 SRE 运动，最初至少需要两名 SRE 教练。

SRE 教练团队最初需要采取哪些措施来获取人们对 SRE 的支持呢？首先，需要在组织内推动对 SRE 的支持。需要在组织内开展讨论，就像 1.1 节描述的那样，让大家都能从大体上理解运营方式变革的必要性，尤其是启动 SRE 转型的必要性。在组织中，需要以自上而下、自下而上和横向的方式合力推动大家对 SRE 的认同。

为了促进自上而下的认同，应将 SRE 活动纳入项目组合管理活动中。因为一个产品交付组织中的所有团队都需要积极参与 SRE 转型。为确保这些措施产生价值，应在组合管理活动中适当回应组织对 SRE 的诉求，引导大家一起讨论 SRE 转型相对组织中其他主要倡议的优先级。这个优先级可能评定为“紧急”，需要立即实施“边干边转”，或者可能为 SRE 活动分配一个较长的时间周期，后者更为常见。

在任何情况下，为了在项目组合层面确定 SRE 的优先级，都必须尽早与大领导取得联系。组织的领导具有不同的背景，需要在战略和日常工作中处理不同的问题域，因此，为了使这样的 SRE 对话取得成效，需要根据每位领导的特定背景适当进行调整。

为了促进自下而上的认同，在介绍 SRE 活动时，要把它定义为一种可以解决当前问题的方法，当前的问题包括产品运营中的故障和混乱等。如 2.5 节所述，团队教练在这里显得尤为关键。团队辅导会议要持续进行，直到团队能够完全独立地持续完成 SRE 相关活动。对团队进行长达数年的 SRE 辅导会议并非例外，而是一种常态。

为了促进横向认同，开发主管和运营主管及其团队之间的所有正式和非正式沟通都应不断强调预期目标的 SRE 设置。必须明确谁负责值班、哪些服务需要值班、在什么情况下值班及其相对组织中其他事务的优先级。与管理者接触是 SRE 转型的关键。

通过自上而下、自下而上和横向的组织引导，可以推动 SRE 运动的进展。可以将整个过程视作一种营销活动，好的营销活动会推演到所有可能的渠道。例如，线上渠道可以通过 Instagram、YouTube、Facebook 和 Twitter 等平台分享 SRE 转型故事。需要注意的是，所有渠道都有自己的特点和参与方式，因此，叙事的方式需要适应每个渠道的场景和用户参与方式。

这种思维模式对试图创建 SRE 运动的 SRE 教练来说是必要的。对于技术人员，从市场角度思考并采取相应的行动刚开始的时候可能会觉得不自然，但这对推动 SRE 转型有必要。在这种情况下，最合适的渠道是整个组织内部自上而下、自下而上和横向的对话。这些对话可以在线下达成，也可以通过组织的任何在线沟通工具进行。重点在于，要同时适当参与所有三个渠道，发展一个能够长期自发持续的 SRE 运动。

图 5.1 展示了一个传统软件交付组织的架构图，开发、运营和产品管理这三个部门界限分明。有些组织结构和部门之间的界限较为模糊，筒仓现象不太突出。在这样的组织中，可能更容易实现组织对 SRE 的认同。图 5.1 中各部门之间界限分别是为了突出问题，因为许多传统企业采用的都是这种结构。

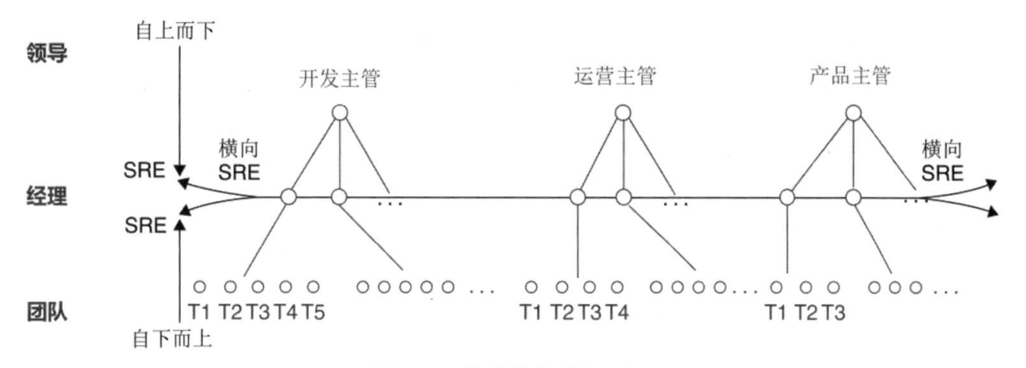

图 5.1　传统软件交付组织

传统软件交付组织通常由三个主要部门组成：产品开发、产品运营和产品管理。各部门均由各自的领导负责，包括开发主管、运营主管和产品主管。为了确保 SRE 在组织的项目组合倡议中得到适当的优先级，需要这些领导的支持。此外，领导们需要推动跨部门以及各自部门内部对 SRE 进行沟通。

在典型的组织结构中，下一个级别由开发经理、运营经理和产品经理构成。经理通常是推动各项流程变革的中坚力量。因此，可能从中涌现出一批 SRE 教练。经理需要参与建立 SRE 理念，确保支持该理念并促进它在组织内的横向沟通。经理通常负责为其团队成员设定目标。因此，让经理参与推动 SRE 至关重要，这可以确保 SRE 相关活动可以纳入他们为团队设定的目标。

最后，在典型的组织结构中，基层由若干个团队组成。这些团队需要持续接受辅导，以便在日常工作中引入、发展和深化 SRE 实践。这需要 SRE 教练提供长期的指导和支持。自下而上推进 SRE 是 SRE 转型中最消耗人力的环节。谁说不是呢？这正是决定转型成败的关键。

5.2　SRE 营销漏斗

市场营销中，有一个流行的 AIDA[3] 模型，它通过一系列认知和情感步骤引导消费者，从而影响其购买决策。AIDA 模型包括四个阶段：意识（Awareness）、兴趣（Interest）、欲望（Desire）和行动（Action）。首先，要让消费者对产品有所“认识”，这通常可以通过广告来实现。随后，消费者需要展现出进一步了解产品的“兴趣”，这可以通过访问产品网站等方式来实现。在“欲望”阶段，消费者对产品有了积极的态度。最终，“行动”阶段促使消费者产生购买行为。

为了取得组织对 SRE 的认同，组织需要经历一系列类似的认知和情感步骤，直到 SRE 在组织内部得到广泛的理解和支持。在这个背景下，对 SRE 的“认同”意味着在认知和情感层面准备好进行 SRE 转型。图 5.2 对通用的 AIDA 营销漏斗加以调整，以适应 SRE 转型的特定背景。在 SRE 营销漏斗中，包括意识（Awareness）、兴趣（Interest）、理解（Understanding）和共识（Agreement）四个步骤。

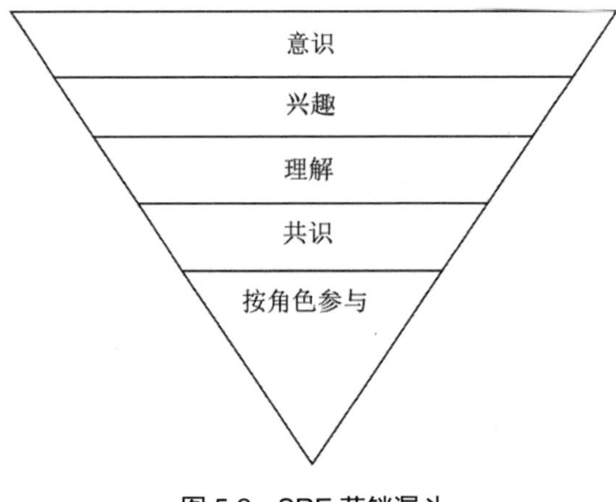

图 5.2 SRE 营销漏斗

随着 SRE 营销漏斗的建立，SRE 教练需要考虑如何让 SRE 转型作为一个行动倡议，在众多引发利益相关者注意力的倡议中脱颖而出。如何使 SRE 转型的“营销”比其他倡议更醒目？如何以一种吸引人的方式呈现 SRE 转型？如何激发团队成员对 SRE 的兴趣？组织中是否有其他倡议与 SRE 相近或者可以得到 SRE 的支持？是否可以将一些活动与其他倡议结合，以加强信息的传播并引发更多的关注？这些问题需要 SRE 教练深入思考。

5.2.1 认识 SRE

为了在组织内进行推广，让大家都知道 SRE 是一种运营方法，需要开展一系列宣传活动。在本书写作期间，许多公司和业界人士对 SRE 仍然不太了解或只是略有耳闻。SRE 教练可以通过组织一些小的演讲活动来帮助组织了解 SRE。如果组织有设施可以举办这类轻量级学习活动，就更好了，因为这意味着已有潜在的听众，并且他们已准备好接受新的知识。精益咖啡、午餐会和学习会等活动都是 SRE 宣讲活动的理想场合。

为了帮助大家认识 SRE，SRE 教练无需亲自制作演示材料。实际上，使用公开可用的资源更加高效。网上可以免费获取并利用的资源如下：

- 2018 年伦敦 DevOps 企业峰会，Stephen Thorne 发表的演讲 Getting Started with Site Reliability Engineering[4] 及幻灯片；

- 2019 年奥斯汀 DevOps 开放日，Damon Edwards 发表的的演讲 SRE for Everyone: Making Tomorrow Better Than Today；[5]
- 2019 年微软 Ignite Tour，Jason Hand 发表的演讲 Monitoring Your Infrastructure and Applications in Production。[6]

这些演讲的目的是传递一个信息："有一种新的有趣的运营方法，越来越多的软件行业公司正在采用。"这些演讲可以在非正式的场合，如饮水机旁、午餐时间或在线聊天中激发额外的讨论。为了最大化演讲的影响力，应确保演讲内容有记录，并在名称中明确显示"SRE"标签，同时在组织内部的维基页面上进行适当的引用，以便在组织中赢得更多曝光的机会。

这些努力至关重要，不宜低估。目标是尽可能广泛地传播 SRE 知识，激发人们对 SRE 的兴趣。应抓住每一个机会来促进对 SRE 的讨论。这些讨论最初可能会吸引开发人员、架构师和运营工程师的注意，也可能引起开发和运营经理的兴趣。尽管这种方法可能会引起一些具有技术背景的产品负责人的关注，但它可能不会立即触及一般意义上的产品经理。然而，最初引发的热潮暂时还无法传递到管理层。

5.2.2 兴趣

确认一部分人对 SRE 有了认识之后，下一步是激发他们进一步了解的兴趣。为此，可以通过在线聊天分享前面提到的视频，分发电子书，购买 SRE 相关纸质书并分发给大家，对于居家办公的员工，则把书籍送到他们家中。此外，如果有读书会或技术实践社区，可以在这些场合对书籍进行讨论。推荐阅读以下书籍：

- *Site Reliability Engineering: How Google Runs Production Systems*[7]，作者 Niall Richard Murphy, Betsy Beyer, Chris Jones, and Jennifer Petoff，中译本《SRE：Google 运维解秘》；
- *The Site Reliability Workbook: Practical Ways to Implement SRE*[8]，作者 Betsy Beyer, Niall Richard Murphy, David K. Rensin, Kent Kawahara, and Stephen Thorne，中译本《Google SRE 工作手册》；
- *Implementing Service Level Objectives: A Practical Guide to SLIs, SLOs, and Error Budgets*[9]，作者 Alex Hidalgo，中译本《实施 SLO》；
- *Real-World SRE: The Survival Guide for Responding to a System Outage and Maximizing Uptime*[10]，作者 Nat Welch，中译本《SRE 生存指南：系统中断响应与正常运行时间最大化》。

值得注意的是，SRE 教练要向大家推荐 SRE Weekly[11] 的文章。此外，技术社区最适合分享 SRE 博客文章和新闻，因为人们通常愿意订阅这类内容。如果有技术实践社区（例如，开发人员、架构师、运营工程师或者 DevOps 这样的主题），那么前面提到的演讲应该在这样的小圈子中反复进行。小圈子特别适合设计问答环节来进一步引发人们对 SRE 的兴趣。

此外，如果组织举办过类似Scrum of Scrums这样的研讨会，那么邀请参与者加入SRE专题会议将是一个值得尝试的举措。这样的讨论可能会有Scrum Master参加，他们是组织中的意见领袖。此外，偶尔可能会有项目经理、运营经理和开发经理参加，他们在其他会议上都有机会和管理层对话。因此，和这些团体对话讨论SRE，便是为SRE这个话题提供机会，使其能够得到管理层的关注。

参加Scrum of Scrums研讨会的人往往很有兴趣了解组织动向。因此，在和他们对话的时候，需要解释以前是怎样的、SRE的观点又如何以及组织如果采用SRE的话有哪些好处。对话的目的是邀请参与SoS的人员参与讨论SRE转型。这一点尤其重要，否则他们会本能地抵触这样的变革，即没有任何思想准备就落地SRE转型。

随着SRE教练团队不断讨论、展示和分发SRE相关内容，人们可能逐渐意识到是这些教练在推动SRE。随着时间的推移，他们可能开始将SRE教练与SRE联系起来。这是一个很好的迹象，因为突然间组织中就有了这么一些人，任何人只要有SRE相关问题，就可以去找他们。

5.2.3 理解

SRE营销漏斗的下一个阶段是推动人们深入理解SRE。这可以通过深入讨论SRE核心概念来实现。例如，什么是SLI（服务等级指标）？什么是SLO（服务等级目标）？什么是错误预算？什么是错误预算策略？SRE如何适用于我们的工作场景？其他公司是怎么做的？这些话题都可以推动人们深入理解SRE。

通过SRE宣讲活动，我们可以识别出哪些人对SRE特别感兴趣。他们会主动借阅办公室里分发的书，提出问题，与同事讨论SRE相关话题。我们可以为他们举办几场专题会议，深入探讨他们对SRE的共同兴趣，了解他们对SRE的了解程度，参与过哪些讲座，读过哪些书，与其他公司的SRE实践者交流经验。这些会议的目的是加深人们对SRE概念的理解并在组织内部培养SRE社区意识。

5.2.4 共识

SRE营销漏斗的下一阶段是在组织内部达成广泛的共识。换句话说，需要确保大家都清楚一点：通常情况下，采用SRE能够改善产品运营并给组织带来好处。我们应该明确，与目前的产品运营方式相比，导入SRE能够带来哪些具体的优势。例如，在当前阶段，应该清楚地认识到，在投资可靠性工作与开发新功能之间做出由数据驱动的决策可能有哪些好处。同时，我们应该达成共识，认识到运营工程师、开发人员和产品负责人共同参与运营所带来的好处。

为了推动这个共识，SRE 教练可以准备一个内容丰富的演讲。与 5.2.1 节所描述的那种宣讲不同，这次演讲应该详细总结自最初宣讲以来组织内发生的 SRE 相关活动。演讲应该列出组织内大家普遍认同的观点，同时指出那些引起讨论但尚未得出结论或未开始讨论的开放性问题。在演讲结束时，提出一些具体的后续步骤，例如：

- 与管理层讨论 SRE 转型启动计划；
- 在某个团队中尝试一些新的方法，如引入新的日志查询语言来构建日志基础设施；
- 安排会议，进一步理解如何在特定生产领域中应用 SRE，例如为新的 ETL 管道引入 SRE，准备数据供新的 AI 算法学习。

结束演讲时，以积极的语气强调 SRE 为组织带来的巨大潜力，例如“正如大家所见，SRE 为组织提供了巨大的潜力，我们决心继续深入挖掘。”千万不要在接近尾声的时候传达消极信息，比如“还有很多问题我们没有讲到。SRE 转型是一个漫长且不确定的过程，不要指望一蹴而就。”SRE 教练必须始终保持积极和乐观的态度，这将在很大程度上帮助团队应对转型过程中的起伏。与此同时，这样的态度也能帮助教练在组织中顺利推行产品运营方式的改革。

5.2.5 参与

SRE 营销漏斗最后一个阶段是结束营销活动，确保人们已经准备好实际参与 SRE 活动。如果营销漏斗的前几个阶段都顺利，则完全可以实现最后这个阶段。如果人们认识了 SRE，有了兴趣，对 SRE 有了自己的理解，并且一致认为它对运营有帮助，就说明他们已经准备好躬身入局了。

不同角色以不同的方式参与 SRE。表 5.1 展示了人们准备参与 SRE 活动时思考的问题。

表 5.1 不同角色参与 SRE 转型时关于就绪程度的问题

角色	问题
管理层	我怎么支持 SRE 转型？
经理	我需要做什么来推动 SRE 转型？我怎么推动人们参与其中？
开发人员	我需要做什么来参与 SRE？
运营工程师	我需要做什么来参与 SRE？
产品负责人	我需要做什么来参与 SRE？

针对准备不够充分的人，还需要重复或者加强 SRE 营销漏斗中的一个或几个阶段。也就是说，并不是每个人都认同 SRE。在组织中，看到任何实际的成果之前，尤其如此，毕

竟眼见为实。但这在当前阶段不可能。重要的是在组织中达成广泛的共识：SRE 可能是一个好的运营方式。如果大多数人都认同这个观点，就说明营销漏斗是成功的，SRE 教练可以胸有成竹了。

5.3 SRE 教练

如前所述，SRE 教练在推动 SRE 转型中扮演着关键角色。在深入转型旅程之前，我们需要探讨 SRE 教练应该具备的领导力和其他特质。为了有效推动转型，关键在于建立团队对 SRE 教练的信任。

5.3.1 特质

如何识别能够赢得团队信任的转型领导人？需要具备哪些特质才能够赢得团队的信任？以下是一个有代表性的关键特质清单，不过并不完整：

- 在产品交付领域至少工作三年以上，最好是在计划 SRE 转型的组织内；
- 有定期交付产品的成功记录；
- 有在组织内引入新工作方式的经历；
- 成功推广并持续实施新工作方式的经验，这一点可以通过团队成员改变工作方法得到证明；
- 有让不同利益相关者参与并推动倡议的记录；
- 有对改进进行有效度量的良好记录；
- 在工作中展现出良好的人际关系技巧；
- 与组织中的大多数成员保持良好关系；
- 具备坚韧、同理心、持之以恒、反馈迭代、实验精神、毅力、耐心、可靠性、耐力、热情、抱负、目标导向、决策力、沟通能力、创造力、自我激励和激励他人的能力、开放心态、学习能力、诚实、真诚和善良等人格魅力。

一旦确定转型领导人，维护与其团队成员之间的持续信任关系就变得尤为重要。然而，这种信任也很容易被破坏。以下行为就极有可能导致信任被破坏：

- 设定不现实的 SRE 转型目标，并将其作为既定目标呈现给团队；
- 没有认识到转型需要在持续的产品交付压力下进行，对转型速度缺乏耐心；
- 在向上级报告时，过份夸大转型的成功，使团队成员觉得转型领导人脱离实际；
- 好大喜功，不提真正实现成功的人，而是归功于自己；

- 只让团队中的某些群体参与影响整个团队的决策，例如，只让架构师参与技术决策，而不考虑他们是否能代表整个团队；

总之，为了确保转型的成功，推动转型的人必须赢得所有相关人员的信任。SRE 转型领导人不一定需要在组织中拥有正式的权力地位，这样反而有益，因为团队之所以改革，是基于自己所获得的结论和信念，而非对权力的服从。这有助于变革能够以一种可持续的方式坚持下去。

如前所述，在组建 SRE 教练团队方面，最佳配置是从产品运营和产品开发抽调出少数几个人。因为大多数变革都发生在这些部门。来自产品管理部门的人不太可能成为 SRE 教练，而且也没有必要，因为在产品管理中导入 SRE 不会像产品运营和产品开发中那样影响深远。通常，最好是由一名运营工程师、一名开发人员和一名产品负责人来组成 SRE 教练团队，只不过这样的可能性不大。

5.3.2 责任

SRE 教练虽然身兼多职，但也有其重点领域。需要分担的责任清单如下。

- 管理：
    - 管理项目；
    - 安排会议/课程；
    - 向管理层报告；
    - 游说 SRE 活动预算（以支付工具、培训和参加会议的费用）；
    - 管理新工具的采购和后续许可证。
- 策略：
    - 确定项目组合的优先级；
    - 为每个团队创建 SRE 采用策略，指导团队的工作；
    - 管理 SRE 待办事项；
    - 管理 SRE 基础设施的功能请求。
- 技术：
    - 定期召开团队辅导会议；
    - 将团队辅导会议的记录保存在一个共享的地方；
    - 了解 SRE 基础设施、即将推出的功能以及未来的方向；
    - 在 SRE 基础设施上对团队进行培训。
    - 支持团队的 SLI 和 SLO 定义过程；

  - 支持团队建立值班过程和轮流值班/轮值；
  - 管理故障排除请求；
  - 确定最佳实践，并使团队相互交流。
- 营销：
  - 宣传成功经验，可以通过博客文章、新闻通讯、演讲/演示等方式进行；
  - 寻找机会将 SRE 思维方式注入团队和人员的日常工作中；
  - 参加公司内部的活动和会议，传播 SRE 相关信息。
- 人员：
  - 根据需要进行一对一的交流；
  - 促进团队建立 SRE 待办事项立；
  - 推动建立 SRE 实践社区；
  - 将 SRE 纳入员工培训过程；
  - 为新工具的培训提供便利。

尽管 SRE 教练有一系列责任，但这不一定是一个全职工作，可以是兼职。例如，负责 SRE 基础设施运营的工程师也可以是 SRE 教练，并承担上述清单中的“技术”责任。类似地，担任 SRE 教练角色的开发经理可以同时承担项目管理、会议/课程安排、管理层汇报、采购和项目组合管理等相关责任。

通过这种方式遴选出来的 SRE 教练组成一个非正式的跨职能小组，在整个产品交付组织中工作。在某些组织文化中，类似跨职能小组可能不如筒仓式项目受重视。SRE 教练需要留意并在必要时确保领导层在整个产品交付组织内正式公告发指定 SRE 教练，明确他们未来需要与所有团队合作。在实现组织对 SRE 的认同方面，SRE 教练需要以自上而下、自下而上和横向的方式与组织合作。在接下来的小节中，我将对具体细节进行深入的解释。

5.4 自上而下认同

为了促进自上而下对 SRE 的认同，需要明确与行政领导团队（管理层）中的哪些人进行接触。SRE 提倡大量的时间投入和适度的金钱投入。基于此，可以编制一份利益相关者的名单。《50 招改进用户故事》[12] 一书建议创建一个利益相关者图表。利益相关者图表有助于识别会受此倡议直接和间接影响的人。间接受影响的人很容易被忽视，但他们和直接受影响的人一样，都要参与。因为他们可能成为倡议的支持者或反对者，SRE 教练需要了解这两种人。

5.4.1 利益相关者图表

为了创建一个利益相关者图表，首先要编制一份可能涉及的所有利益相关者的名单。这份名单应该包括产品交付组织的所有高层领导。这些人可能是运营主管、开发主管和产品管理主管。在大型组织中，这些领导可能看起来与 SRE 相距甚远，因此可能不被认为是 SRE 的利益相关者。但这个结论显然是不正确的。如果领导远离日常工作，则说明更需要与他们接触，因为他们负责倡议，负责部门的时间和预算分配。他们必须在适当的层面上理解 SRE 转型需要投入时间和金钱才能做出合适的判断。SRE 教练的工作是尽可能将这些领导转变为 SRE 转型的支持者。

另一个极其重要的方面是，SRE 试图在产品运营、产品开发和产品管理之间建立运营协作（见 1.2 节）。如果运营主管、开发主管和产品管理主管之间未能达成一致，便无法实现。如果他们在 SRE 的重要性上没有取得共识，SRE 在组织倡议清单中的优先级也不可能很高。由此可见，产品交付组织的最高领导人必须列入利益相关者名单，无论他们的行政级别如何。

一旦建立所有可能利益相关者的名单，就可以根据他们在组织中的正式权力和对倡议的兴趣进行分类（见表 5.2）。

表 5.2 利益相关者图表

正式权力类别	兴趣较低的利益相关者	兴趣较高的利益相关者
高级别利益相关者	保持满意	充分参与
低级别利益相关者	监控	保持沟通

在表格的左侧，正式权力分为两类：高和低。在表格的上方，兴趣也分为两类：低和高。因此，根据这个表格，利益相关者可以分为四类。对于高级别位但对 SRE 兴趣较低的利益相关者，需要保持其满意度。这意味着需要确定哪些因素来使其对 SRE 转型感到满意。对于低级别且对 SRE 兴趣较低的利益相关者，需要持续关注。除非他们的权力或兴趣发生变化，否则不需要对这个利益相关者群体采取任何行动。

对于高级别且对 SRE 兴趣较高的利益相关者，需要让他们完全参与 SRE 转型。的确，一些高级领导，尤其是有技术背景的，可能愿意深入了解转型的细节。SRE 教练应确保这些领导能够参与转型。和他们讨论何种程度的参与对他们最为合适。一方面要满足他们的兴趣，另一方面又不能过多占用他们的时间。

最后，确保 SRE 转型中低级别但兴趣较高的利益相关者能够了解情况。这可以通过以下方式实现：定期通过电子邮件保持联系并在组织的新闻通讯中更新最新进展，邀请他们参加为较多人准备的演讲等。

建议 SRE 教练创建一个 SRE 利益相关者图表来识别转型的直接和间接利益相关者。特别是为了实现自上而下的认同，必须将图表创建过程中可能不明显但最终会被识别出来的利益相关者纳入其中。SRE 利益相关者图表不应仅限于 SRE 教练个人使用，可以分享给部分利益相关者，向他们征求意见和反馈。毕竟，在一个大企业里，很容易忽略一些人或不清楚他们的职责。

表 5.3 展示了一个 SRE 转型利益相关者图表示例。表格的右上象限代表产品交付组织的最高领导人。这些人通常包括运营主管、开发主管以及产品管理主管。SRE 转型会直接影响到他们的部门。

表 5.3　示例 SRE 转型利益相关者图表

正式权力类别	兴趣较低的利益相关者	兴趣较高的利益相关者
高位利益相关者	保持满意： • 法务主管 • 合规主管 • 财务主管 • 市场主管 • 销售主管 • 产品交付组织主管	充分参与： • 运管主管 • 开发主管 • 产品管理主管
低位利益相关者	监控： • 采购主管 • 项目组合管理主管	保持沟通： • 合伙人管理主管 • 公司中的其他产品交付组织

左上象限代表一大群利益相关者。这些人有很高的正式权力，但对 SRE 的兴趣不高。例如，法务部主管起初对 SRE 没有兴趣。然而，当组织发展了有意义的 SLI、SLO 和错误预算策略时，法务部也可能开始关注。因为SRE数据可用于制定服务水平协议（Service-Level Agreement，SLA）。

SLA 是服务提供方和服务消费者之间的合同协议，因此法务部门通常会参与 SLA 的合同谈判。在《实施 SLO》[13] 一书中，法务部门被识别为 SRE 的利益相关者，因为 SLO 数据可以用来支持 SLA 谈判。

在左上象限，还有合规主管，他们最初对 SRE 的兴趣通常也很低。然而，随着 SRE 实践在组织中的展开，SRE 数据会获得合规主管的关注。从监管的角度来看，监控生产中服务的健康状况可能是一项合规要求。例如，ISO/IEC 27001[14] 是一个管理信息安全的国际标准。它要求对合规的服务健康监控进行存证。采用 SRE 方法来实现这一目标，是满足监管要求的有效方式。

左上象限还包括财务、市场、销售以及整个组织的主管。这些领导在组织中拥有很高的正式权力，但对 SRE 的兴趣可能不高。目前可以维持现状，但需要先确保这个象限的领导对 SRE 转型是满意的。换言之，SRE 转型不会引入任何新的法律或监管问题、使组织超出预算或者影响到市场与销售。

左下象限是采购和项目组合管理的领导，这些领域并不直接管理 SRE。因此，没有必要立即与这些领导接触并商讨如何推动 SRE 转型。

右下象限包含需要了解转型进展的利益相关者，其中包括负责合作伙伴管理的领导。他会对 SRE 感兴趣，因为 SRE 有望以更有效的方式管理合作伙伴关系。例如，使用公共平台 API 的内部和外部合作伙伴有可能看到相关数据中心的一些汇总的错误预算消耗统计数据。随着时间的推移，这可能有助于增进合作伙伴之间的信任。事实上，谷歌为类似目的专门组建了一个团队，即客户可靠性工程（Customer Reliability Engineering，CRE）[15]。

右下象限另一个重要利益相关者群体是组织内的其他产品交付团队。他们可能也有运营方面的困难，尤其是刚开始以 SaaS 模式运营软件的团队。因此，这些领导可能对了解 SRE 转型的成果和所付出的努力非常感兴趣。对他们来说，看到 SRE 转型成功会增加他们的信心，因为他们同属一家公司。其他部门对 SRE 感兴趣并最终采用 SRE，还有一个好处是会在公司内部形成一个更大的联盟，为相同的共享资源出谋划策，这些资源包括工具和运营预算等。

利益相关者图表应该定期重新审视，以适应组织变化和 SRE 成熟度的提升。一般说来，每 6 个月审视一次似乎较为合理。

运营主管、开发主管和产品管理主管具有较高的正式权力，能够从 SRE 获得更多好处，所以他们需要充分参与 SRE 转型。因此，获得这三类利益相关者的认同最为重要。在产品交付的范围内，这些领导各自拥有独特的利益和关注点。接下来，探讨如何有效地让他们参与进来，使其认可 SRE 转型。

5.4.2 与开发主管接触

开发主管通常更关注功能交付的质量和速度。他们最关注以下问题：

- 功能交付的质量；
- 功能交付的速度；
- 招聘；
- 预算；
- 持续的技能提升；
- 与产品管理、运营和产品交付组织的关系；
- 过程改进。

从产品运营的角度来看，由于需要关注质量问题，所以 SRE 可能成为优先考虑的解决方案。开发主管通常会感受到来自四个方面的质量交付压力：客户、产品交付组织主管、运营主管和产品管理主管。似乎每个人都在吐槽质量。在这种情况下，虽然“质量没有商量的余地”在理论上正确，但在实践中，真正的刚需是在高质量保证和保持功能交付速度之间取得平衡。

如何取得这种平衡呢？一个典型的答案是，改进招聘流程，聘用重视质量的软件工程师；投资于持续提升技能，确保组织掌握最新工具和方法；建立一个指标体系来指导决策。指标体系的建立可能很棘手，因为不能直接度量软件的质量。

5.4.2.1 改进指标度量

《加速》[16]一书提出一套越来越受欢迎的指标体系，该体系包含 4 个指标：部署频率、变更准备时间、变更失败率和服务恢复时间，如表 5.4 所示。

表 5.4　指标

指标	解释[17]
部署频率	将代码部署到生产的频率
变更准备时间	从提交到进入生产需要的时间
变更失败率	生产中导致失败的部署的百分比
服务恢复时间	生产中出问题时，需要多长时间才能恢复

此外，《加速》一书的几位作者发起 DORA 研究项目[18]，发布了 DevOps 2021[19]趋势报告，其中新增了一个运营效能指标：可靠性。报告中如此定义可靠性：团队对运营软件的承诺以及认定的遵从度。作者要求受访者对一些可靠性目标进行打分——可用性、延迟、性能和可扩展性。

这是一个很好的开始。相较于 DORA 以前的 DevOps 趋势报告（即历史上只度量可用性的报告），2021 年的这份报告有了进步。从本书前几章的讨论可以看出，SRE 能提供可用性和延迟度量，并为运营效能增加许多度量指标。事实上，在 SRE 术语中，可用性和延迟都是 SLI。还有更多 SLI，例如吞吐量、正确性、新鲜度和持久性等，详情可参见 3.1 节。所有这些都能用相应的 SLO 来度量。

为了说服开发主管启动 SRE，可以指出 SRE 是一些有用运营指标的额外来源，这些指标比《加速》一书中提到的更丰富，可以媲美甚至超越 DORA 研究项目所提到的。使用这些新指标，可以更精确地实现高质量软件交付。

5.4.2.2 改善关系

开发主管非常注重与运营主管及产品管理主管建立良好的工作关系。对此，SRE 也能提供帮助，因为它在实现协同性方面具有独特的优势（参见 1.2 节）。但如何有效地让开发主管领会这一点呢？可以借助于 SRE 提供的额外运营指标，这些有理有据的指标可以用来取得对方的信任。前面讨论的指标都是用来指导产品开发改进的。然而，SRE 指标是从用户角度来报告生产的状态。这对产品交付组织、运营和产品管理的主管来说显然更有吸引力。

也就是说，可以依托于 SRE 指标，与产品交付组织主管、运营主管和产品管理主管一起讨论生产状态。不应仅将负面信息作为生产状态的滞后指标呈现给开发主管，SRE 指标还能够作为前置指标来促成大家及时沟通生产问题。这样一来，所有人都可以在正确的时间针对保持生产顺利运行所需要的措施做出共识决策，以免问题恶化而遭到客户投诉。这显然可以改善与产品交付组织主管、运营主管和产品管理主管三者的关系。各方都要接触产品运营并做出更优的决策来改进生产状态。

图 5.3 展示了没有 SRE 的情况下开发主管收到客诉的流程。客户在生产环境中使用产品，他们发起的客诉先后被转给运营主管和产品管理主管，最后转给开发主管。

运营主管在进行生产监控的过程中，也会将相关客诉反馈给开发主管。但有了 SRE 之后，就有了全新的决策机制。有了这个机制，主管就可以在客诉发生之前根据生产数据及时做出与可靠性指标相关的决定，如图 5.4 所示。

SRE 基础设施监控生产状态并生成适当粒度的 SRE 指标，使其能够被各团队的主管理解。这样一来，运营主管、开发主管、产品管理主管以及产品交付组织主管就能够作出共识决策。决策涉及时间、预算和人员的分配。例如，他们可能会发现，在最近三个季度，特定的部署服务（如支付处理服务）几乎耗尽了错误预算。同时，他们可能注意到，客户对支付的投诉数量正在增长。利用这些数据，他们便可以审视组织中负责支付处理的部门“负责”或“拥有”多少服务，并且可能由此发现服务数量与人手配置不合理。这就可能引发讨论，大家共同商议是为支付处理服务分配更多人手来扩充团队还是新建一个团队。这可能引发进一步的讨论，比如是从其他团队调派人员来支付处理服务，还是需要为招聘新人制定预算。

除了促进数据驱动的决策，SRE 的引入还能显著改进流程。有了它，整个组织可以更懂生产，使组织能以数据驱动的方式提前应对运营问题，推动开发人员主动为生产环境中的工作成果承担责任。

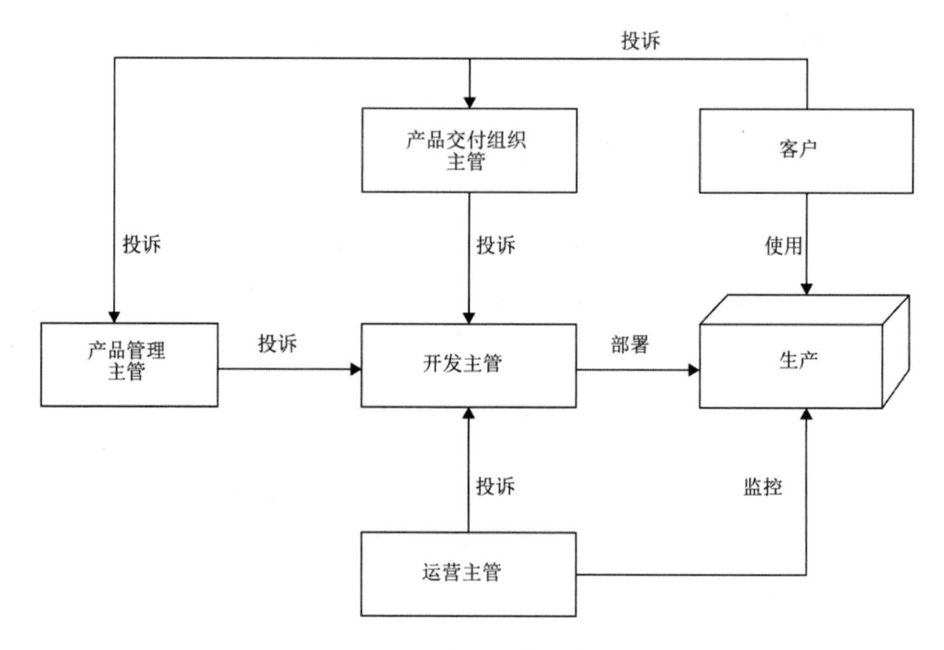

图 5.3　投诉到达开发主管的路径

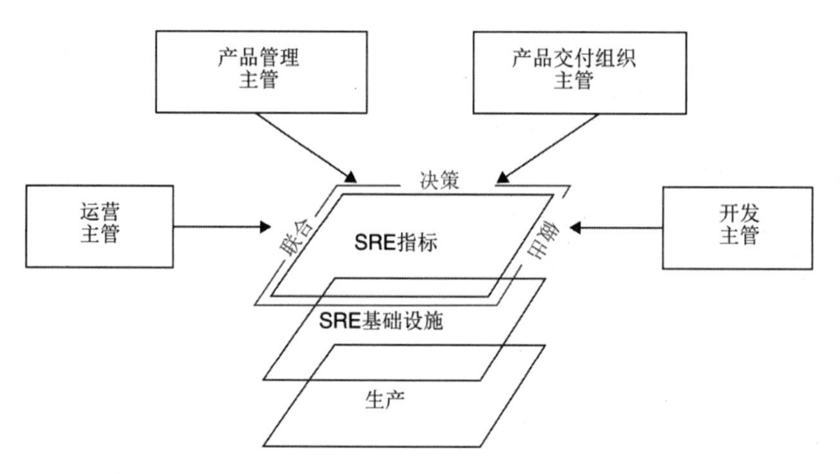

图 5.4　使用 SRE 指标进行联合决策

5.4.2.3 评估投入产出

综上所述，一切都很好。但最后，开发主管可能会问 SRE 转型要牵涉多少成本。我们应尽量利用现有的基础设施来进行成本计量。为了基于 SRE 概念金字塔来计算指标，并为开发人员提供便利，必要的 SRE 基础设施插件将由产品运营部门负责开发和维护。可能需要一些新的工具许可证，但不会大幅增加成本。就预算而言，这足以让开发主管放心了。

此外，引入 SRE 的话，需要重新分配工作，以确保为生产中的服务提供值班支持。产品运营、产品开发和产品管理部门之间需要就适合本组织的值班设置进行讨论。这种讨论可能导致不同的结果，从开发人员始终为其服务值班，到仅在服务未达到一定服务水平时才进行值班。在任何情况下，开发人员都需要在 SRE 基础设施的支持下，根据事先的约定进行值班。如 2.3.1 节所述，让开发人员根据约定进行值班，可以提供必要的实时反馈回路，将产品运营的经验直接反馈到功能开发过程中。对于产品开发来说，SRE 转型需要真正付出人力。

开发主管对安排开发人员值班的反应可能有所不同。如果开发主管遵循行业 DevOps 的最佳实践，会早就预料到这一点。他们自然很高兴，因为 SRE 转型最终明确地表达了让开发人员在约定范围内值班的必要性，这样可以缩短开发人员和生产之间的距离。他们将更多地致力于满足客户需求，而不仅仅是满足产品负责人的要求。

另一方面，如果开发主管对 DevOps 的最佳实践不够了解，他们可能会将开发人员的值班安排视为产品运营部门的威胁。在这种情况下，需要向其详细解释基于 SRE 概念金字塔的整个 SRE 系统，以及让开发人员值班的优势（参见 2.3.1 节）。在 SRE 转型的初期阶段，开发主管的坚持是必要的。但当开发人员的值班任务成为一个必须讨论的话题时，SRE 教练一定要坚持下去。这个讨论需要由 SRE 教练引导，因为它暂时还非常不成熟。虽然有许多选项可以讨论，但当前无法做出最终决定。

开发主管还可能关注的一个问题是谁来推动导入 SRE。为了回答这个问题，需要传达的是，确定和培养 SRE 教练，做一些艰苦的工作，与每个团队会面，介绍工具和方法。可以准备好一份希望或已经同意做这件事情的人员的名单，这有助于提高 SRE 倡议在产品开发主管眼中的可信度。

开发主管最后可能提出的一个问题是，如何度量 SRE 导入是否成功。答案是，对于 4.7 节描述的那些假设，它们将由来自产品运营、产品开发和产品管理的人员共同创建。这些假设将包含可量化的、可度量的信号，这些信号将指导转型，并在规定的时间以数据驱动的方式检查进展。这些假设的实现也将决定 SRE 转型的时间线。另外，应该传达出这样的印象：SRE 倡导基于持续的反馈，运用科学方法来驱动。

为了获得开发主管的支持，可能需要召开很多次会议。在第一次会议之后，开发主管可能想和他们的直接上司讨论 SRE。他们可能希望与 SRE 教练一起讨论，也可能选择独立进行。SRE 教练对这两种情况应该保持开放态度。这同样适用于与开发主管的同僚进行讨论的情况。主持会议的 SRE 教练需要确保开发主管最终表态支持 SRE 转型，而且与组织在项目组合层面上的其他倡议相比，SRE 转型能排在一个较优先的位置。

5.4.3 与运营主管接触

运营主管通常最关注生产系统是否运行良好以及是否会有客户投诉。因此，在运营主管看来，最重要的是下面四个问题：

- 生产状态；
- 客户投诉升级；
- 客户支持请求；
- 向执行管理层报告。

在这些优先事项中，SRE 将参与并改进全部四个领域。特别是生产状态——SRE 需要直接且优先解决的问题。这也是说服运营主管参与 SRE 转型的起点。在转型前的设置中，生产状态可能由客户投诉升级和运营团队设置的基于资源的警报来决定。

5.4.3.1 改善生产状态报告

有了 SRE，生产状态将由产品运营、产品开发和产品管理共同商定的服务目标达成来决定。这些目标更侧重于客户导向，而不只是技术导向。因此，警报将更好地反映负面的客户体验。通过提前收到这样的警报并采取适当行动，可以减少客户投诉升级，因为更多问题可以在客户注意到之前得到解决。此外，报告的生产状态将更可靠地反映受影响的客户体验，从而使得向执行管理层的报告也能更好地反映客户体验。

此外，SRE 基础设施将生成 SRE 指标，显示服务在一段时间内实现既定目标的情况（错误预算消耗）。运营工程师、开发人员和产品负责人之间要达成一些约定，根据目标的实现情况来管理对可靠性改进的投资（错误预算策略）。团队将根据这些约定来进行可靠性投资（基于错误预算的决策），而不是像以前那样，总是将明显的可靠性改进“永久性地”推迟，优先考虑实现新的面向客户的功能。

5.4.6.2 改进值班设置

在目前的状态下，运营工程师可能承担了所有的值班工作。引入 SRE 后，值班设置将由运营工程师、开发人员和产品负责人之间的协议来创建。无论服务表现出的服务水平如何，运营工程师都不再运营自己没有参与开发的产品。此外，产品负责人也将参与值班设置，确保值班人员和解决事故所需要的其他人员能够迅速响应，无需每次事故都重新协商处理事项。

理想状态下的 SRE 值班设置是，开发团队按协议参与生产监控。这样一来，开发团队就要成为率先发现生产问题的人。另外，开发团队应该先于其他人注意到修复生产中出现的问题。图 5.5 对此进行了展示。

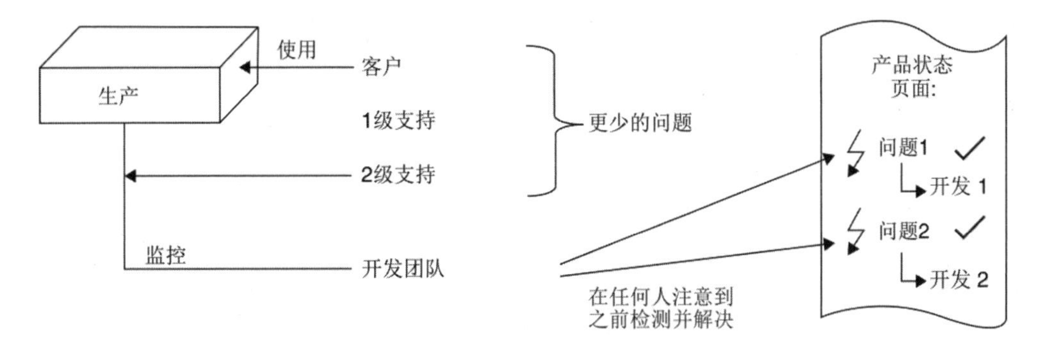

图 5.5　开发团队的目标是率先检测到生产中的问题

此外，开发团队应该让组织上下都能看到当前存在的问题及其状态以及谁在处理这些问题。如果销售团队和市场团队在组织外部，还需要让他们能够看到图中右侧的产品状态页面。这样一来，可以减少组织内部围绕生产状态展开的沟通和对话。Microsoft Azure [20] 或 Amazon AWS [21] 那样的专业状态页面是 SRE 转型的目标。

5.4.4　和产品管理主管接触

通常情况下，产品管理主管主要关注产品与市场的契合度、产品的收入以及客户要求的产品功能。以下是他们最关注的问题：

- 功能交付日期；
- 功能规格；
- 用户体验；
- 销售和市场承诺。

在以上列表中，SRE 扮演什么角色？看起来用户体验会受到它的影响。运营和用户体验又如何呢？它们与产品管理紧密相关，通常相互交织。在他们的观点中，用户体验相关的活动应在开发人员着手开发之前完成。这些活动涵盖了设计思考、设计冲刺、信息架构开发、用户研究、与 UI/UX 设计师共同探讨用户交互以及 UI 屏幕设计等。这些活动至关重要，它们为开发人员提供了必要的信息，帮助他们开始考虑如何实现用户体验和技术界面。

首先，让我们探讨“用户体验”这一概念。维基百科的词条如此定义：“用户体验（UX）是一个人在使用特定产品、系统或服务时的情感和态度。”[20] 重点是使用产品，而不是思考、设想或设计产品。用户会使用设计冲刺阶段、产品负责人与UI/UX设计师会议中产生的工件吗？不会。用户实际使用的是那些量产的产品。

由此可见，在产品开发过程中，用户体验作为设计的一个输入环节，与输出环节同等重要。所谓的“输出”，指的是部署到生产环境中的产品。此外，产品管理部门应将其对用户体验的理解延伸至产品的生产阶段，特别是确保产品的可靠性。图5.6对此进行了展示。

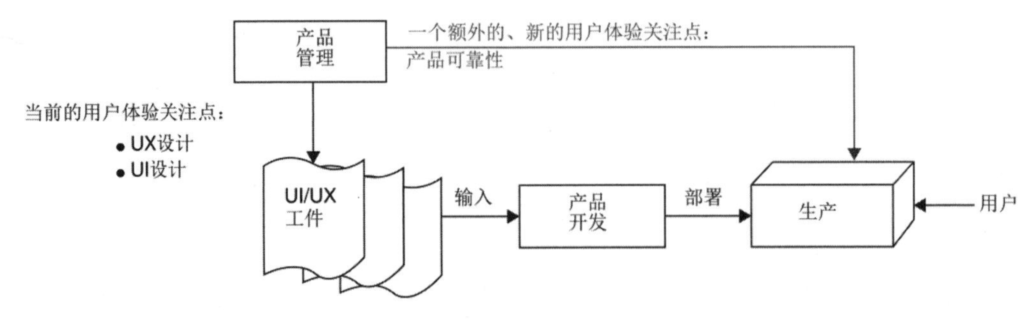

图5.6 将产品可靠性包括在内之后扩展的用户体验观点

在用户体验方面，产品管理目前关注的是UX和UI设计。UX和UI设计过程会产生一些工件作为产品开发的输入。产品开发过程的输出则是部署到生产中的产品。这就是用户使用产品的地方。他们的整个用户体验以生产中的产品为基础。因此，产品管理需要一个额外的、新的用户体验关注点，即产品在生产中的可靠性。将UI/UX设计和产品在生产中的可靠性这两个关注点结合，才能在生产中为用户带来最好的体验。

但是，如何扩展用户体验的关注点？是将生产中的产品的可靠性也包括进来？这就是SRE的优势所在。它允许产品负责人与运营工程师/开发人员共同参与一个结构化的过程，从而获得足够高的产品可靠性。产品负责人需要做什么？

1. 参与定义生产中服务的指标和目标（SLI和SLO）；
2. 参与定义违反目标时的策略（错误预算策略）；
3. 以策略为基础来决定优先级（基于错误预算的决策）；
4. 参与生产中服务的值班设置。

产品管理主管可能会质疑产品负责人参与SRE活动的时间投入。之所以提出这个问题，是因为产品负责人通常都忙于处理产品管理的许多工作。增加一个新的工作类型，不管它有多重要，都得从其他工作领域抽出一些时间。针对这个问题，回答是参与SRE活动的时间相当有限。以下是时间投资的分类描述。

1. SLI 和 SLO 定义

- 与团队举行几次会议，从用户的角度建立最初的 SLI 和 SLO。
- 根据在违反 SLO 后的反馈，对 SLO 进行持续的调整。

2. 错误预算策略定义

- 与团队举行会议，制定初步的错误预算策略。
- 根据事故发生后的反馈，不定期地调整错误预算策略。

3. 基于错误预算策略的优先级决定

- 根据 SRE 指标来决定可靠性方面的待办事项的优先级。

4. 值班设置

- 召开会议，规定如何确保服务的值班支持：哪些角色要去值班，在一天中的哪些时间，以及什么样的轮换周期。
- 在会议上，与运营工程师和开发人员就值班人员自主对事故待办事项的优先级判定达成一致。

因此，产品负责人其实不需要投入太多时间，就能取得很多成果：

- 影响服务的可靠性目标（SLO）——按产品重要性、关键性、客户细分等；
- 影响当服务目标没有实现时所推行的策略；
- 基于生产报告中涉及用户体验影响的真实数据，决定可靠性工作的优先级；
- 影响值班设置（包括其成本）——按服务的重要性、关键性、客户细分等。

和开发与运营主管一样，产品管理主管可能需要召开多次会议，直到认可 SRE。和其他领导一样，他们会在部门内部讨论这个问题。关于进行 SRE 转型的问题，可以用与开发和运营主管相同的方式来回答。SRE 教练需要与产品管理主管接触，直到达成一致，在项目组合层面上将 SRE 转型列为优先事项。

5.4.5 实现联合认同

SRE 教练可能认为，只要运营主管、开发主管和产品管理主管各自认同就足够了。但事实并非如此。为了取得自上而下的认同，最后还有一个决定性的部分，即全部三位领导的一致认同。达成个人协议与达成联合协议可能是完全不同的挑战。这是因为在讨论 SRE 和 SRE 转型的过程中，可能出现多种误解和细微分歧。此外，这可能是三位领导首次共同讨论部门间运营问题上的新型合作模式。

会议应简洁且由 SRE 教练主导。会议邀请的标题可以是“确保 SRE 在项目组合层面获得优先权的最终联合准备”。另外，会议邀请应该说明三个议程：

- 摘要，大家之前在 SRE 方面取得了哪些共识？
- 讨论，产品运营、产品开发和产品管理使用 SRE 进行产品运营方面的合作会是什么样子？
- 问答。

若 SRE 教练能使会议基调更加容易理解，将大有裨益。这可以通过会议的开场白来实现，即说明这次会议的目的是将组织的运营提升到一个全新的水平以及为什么需要这样做。之后，SRE 教练需要重申分别与各位领导达成的协议。这可能带来一些新的问题，也可能澄清一些问题。这是因为就目前来说，SRE 肯定不是领导人心目中首要的目标。他们手头上还有其他好多事情。

另外，他们可能有各种工作和人际关系方面的问题，彼此之间还有其他话题。所有这些都要求 SRE 教练有共情能力。一旦之前单独达成的协议在会上成功得到再次确认，SRE 教练就需要申明未来会在领导及其部门之间建立的新合作模式。首先应该说明新的合作模式相较于目前的产品运营方式的好处，如下所示。

- 目前，由于组织的不同部分在运营问题上的错位，所以无法反映出对生产中的产品提供卓越的客户体验的需求。SRE 提供了一个框架，使组织在运营问题上取得协同。
- 在 SRE 框架下，运营工程师、开发人员和产品负责人共同定义服务要实现的重要的可靠性指标和可靠性目标。运营工程师提供基础设施来度量可靠性目标的实现情况。运营工程师、开发人员和产品负责人共同遵守商定的策略，对商定的可靠性目标的实现负责。
- 此外，运营工程师、开发人员和产品负责人之间就服务值班设置达成了联合协议，从而加强了组织的协同性。

SRE 教练需要就自由和责任的定义陈述进行讨论：

- 运营团队将提供 SRE 基础设施，使其他人也能进行产品运营，并对可靠性进行数据驱动的决策；
- 针对运营团队和开发团队如何排班，留到 SRE 转型过程中共同决定；
- 做出数据驱动的可靠性决策的 SRE 指标将被团队和领导层使用；
- SRE 教练与所有产品运营/产品开发团队共同进行 SRE 转型。

在会议中，无需过多深入 SRE 概念金字塔的专业术语。SRE 教练不要试图去教育领导团队，让他们了解 SRE 的概念。会议的目标是为 SRE 建立共同愿景，并确保其在项目组合层面获得优先地位。

问答环节可以探讨 SRE 转型的持续时间，尤其是各种改进所需要的时间。讨论应明确告知每位参与者，SRE 转型是一项长期工作，过程中会取得多个短期胜利。

会议结束时，SRE 教练应强调导入 SRE 是所有人的共识。接下来，教练将把 SRE 作为优先议题纳入项目组合管理议程。他们将通知领导层何时在项目组合管理会议上讨论 SRE 的优先级。

5.4.6 让 SRE 进入项目组合

根据项目管理协会（Association for Project Management）的定义，项目组合管理涉及根据组织的战略目标和交付能力，对方案和项目进行选择、优先级排序和控制。[21] 在特定组织中，让 SRE 在项目组合层面上获得优先考虑的起点是组织的一系列战略目标。值得注意的是，并非所有组织成员都清楚战略目标。SRE 教练的任务是识别这些战略目标，并将 SRE 定位为支持这些目标的手段。项目组合管理的负责人会有当前的战略目标清单。

在某些情况下，组织的战略目标清单可能未直接包含可靠性、稳定性等目标，这正好为 SRE 转型提供了切入点。在这种情况下，SRE 可以被定位为支持任何产品相关目标。根据《Google SRE 工作手册》[22]，可靠性是任何系统最重要的特征。该书的作者根据以下两个论点做出了这一声明：

- “如果系统不可靠，那么用户就不会信任它。”
- “如果用户不信任系统，那么一旦有选择，他们就不会使用它。”

换句话说，可靠性是一个系统最关键的特性，因为没有可靠性就无法赢得用户的信任，最终可能导致用户流失。对于已经有用户基础的系统，可靠性无疑是最重要的特性，因为它已经取得了用户的信任。这个论点使我们很容易找到一个或几个 SRE 能提供支持的组织目标。

一旦发现一个或多个适合作为 SRE 转型起点的战略目标，接下来的任务是了解组织如何通过项目组合管理系统处理 SRE 等技术项目。在包含多种倡议的项目组合待办事项中，有些组织将面向客户的商业机会与技术项目一并考虑。技术项目被视为支持这些商业机会的一部分。在这种情况下，商业机会的优先级自动决定了相关技术项目的优先级。但在这种情况下，技术项目不会显现在项目组合待办事项的商业机会层面上。

无论何种情况，SRE 教练都应与项目组合管理主管面谈，解释 SRE 转型的相关内容。项目组合管理主管需要理解，SRE 的意图是通过加强产品运营、产品开发和产品管理间的协同性，以可度量的方式提升系统的可靠性。反过来，项目组合管理主管也能简单解释项目组合管理在组织中的运作方式。特别是，他们能阐述技术项目在项目组合待办事项中的处理方式。

若技术项目在项目组合待办事项的商业机会层面有所体现，项目组合管理主管则可向 SRE 教练提供建议，指导如何构建 SRE 项目，完善它并提交以取得较高优先级，同时将其与一个或多个支持的战略目标建立关联，如图 5.7 所示。

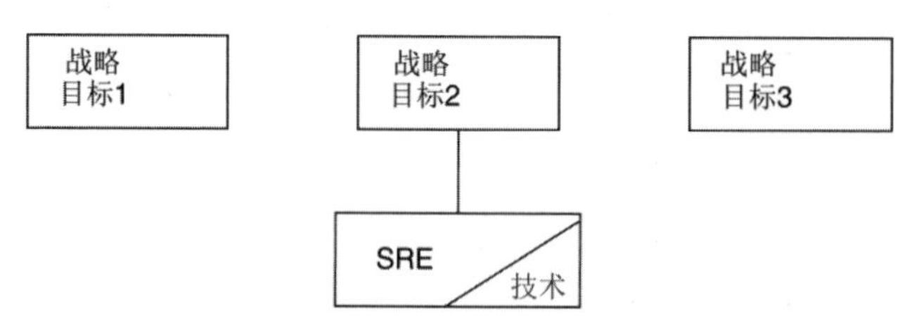

图 5.7　将 SRE 作为一个专门的技术项目插入项目组合

注意，SRE 项目被明确标记为“技术”类别，以区分其作为技术项目的性质。如果技术项目未体现在项目组合待办事项的“商业机会”层面，项目组合管理主管应指导如何将 SRE 整合进其支持的面向客户的商业机会中。这可以通过为项目组合待办事项中的相关项目添加标签和链接等方式实现。在图 5.8 中，SRE 作为战略目标 2 相关商业机会的一部分被列出。具体而言，该商业机会旨在将平台扩展至额外的 10 个地区，以增加收入和市场份额。

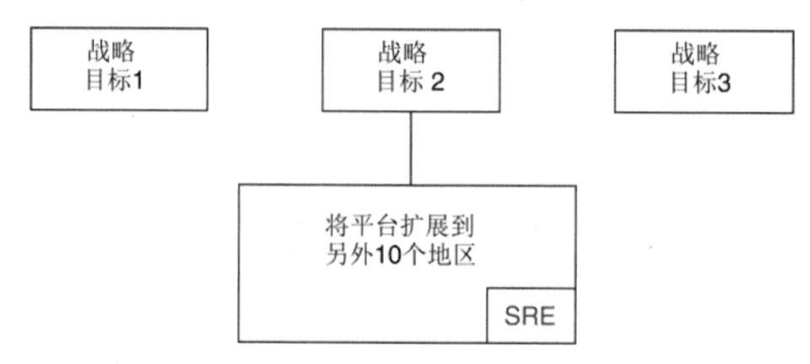

图 5.8　将 SRE 作为面向客户的商业机会的一部分插入项目组合

该商业机会添加了 SRE 标签，表明 SRE 转型是该特定机会工作的一部分。这也表明 SRE 的优先级与该商业机会相绑定，并与其他商业机会一同排序。

在任何情况下，项目组合待办事项中都应能轻松识别 SRE。如果项目组合管理系统具备该功能，应能通过超链接直接查看作为主题的 SRE 及其当前优先级（如果有的话）。这样可以方便地分享超链接，对协调工作至关重要。

SRE 教练承诺，一旦 SRE 的优先级在项目组合会议上确定下来，就要与产品运营、产品开发和产品管理的主管进行讨论。这个日期可以从项目组合管理主管那里获得。对于专门的项目组合待办事项，领导可在优先级排定会议前审查、评论并调整项目。

SRE 教练可能不参加优先级排定会议，但应在会后对决策进行投票。理想情况下，SRE 项目的排名应通过同一个超链接查看。

一旦 SRE 的排名确定，就相当于 SRE 转型获得了在组织内推进的许可。SRE 教练已经达到一个伟大的里程碑，有理由庆祝一下！庆祝活动开启，便是发邮件感谢运营、开发和产品管理的主管。与他们保持良好的关系对 SRE 教练成功实施 SRE 转型至关重要。此外，SRE 教练应通知所有对 SRE 特别兴趣的人。

5.5 自下而上认同

实现自上而下的认同，并且确保 SRE 在项目组合层面获得优先级之后，团队对 SRE 的时间分配方案已有共识和验证。现在，团队能够参与 SRE 活动。参与的团队分为两组：运营团队和开发团队。开发团队的目标是参与构建 SRE 概念金字塔（参见第 3.5 节）。运营团队的目标是构建 SRE 基础设施，以便开发和运营团队开展 SRE 活动。

SRE 教练需要协调各方参与，确保 SRE 基础设施的发展与开发团队的需求同步。与自上而下的认同不同，自下而上的认同是通过时间的推移在一系列辅导会议中逐步建立的。这是因为运营和开发团队需学习并适应新的工作方式，以便将其应用于日常工作。这需要他们改变在职业生涯中养成的一些工作习惯。

5.5.1 与运营团队接触

运营团队可能比开发团队更早采纳 SRE。他们需要学习构建一个可供他人使用的框架，以便于开展 SRE 活动。对运营团队而言，使其他团队能参与 SRE 是一项令人振奋的变革，因为他们一直期望开发人员能够深度参与产品运营，而非仅仅交付新版本。核心挑战在于运营团队开发 SRE 基础设施的能力，而非 SRE 哲学本身，这要求他们掌握新技能和积累经验。

针对运营团队，可以设定若干辅导会议主题，具体内容见表 5.5。

表 5.5 运营团队辅导会议主题

会议主题	简短解释	成功度量
SRE 介绍	介绍团队环境下的 SRE 概念金字塔（3.5 节），需要什么样的 SRE 基础设施，以及 SRE 框架下的责任	运营工程师理解 SRE 概念金字塔，准备着手开发 SRE 基础设施，并知道他们在 SRE 框架下需要做什么
日志基础设施	选择具有功能齐全的日志查询语言的日志基础设施	已经选择、采购一个日志基础设施（功能齐全的查询语言），供开发和运营团队使用
为可用性和延迟 SLI 设置 SLO 的基础设施	实现能存储来自开发团队的可用性和延迟 SLO 定义的基础设施	开发团队使用该基础设施来设置可用性和延迟 SLO
针对可用性和延迟 SLI，检测 SLO 违反情况的基础设施	实现能将可用性和延迟SLO定义与端点的实际可用性和延迟进行比较的基础设施	能可靠地检测违反 SLO 的情况

续表

会议主题	简短解释	成功度量
警报基础设施	实现能及时有效地对违反 SLO 的情况发出警报的基础设施	开发团队为警报的及时性（警报会很快发出，但不会过早）和有效性（不要有太多警报）提供了正面反馈
图表基础设施，用于显示和各个 SLI 对应的 SLO 的实现情况	实现各种仪表盘，显示和 SLI 对应的 SLO 在一段时间内的实现情况。	开发团队使用 SLI/SLO 仪表盘来查看 SLO 在不同时间单位内的实现情况
生成错误预算消耗图的基础设施	实现显示不同时段的错误预算消耗的仪表盘	开发团队使用错误预算消耗仪表盘来检查给定时间单位内的剩余错误预算
为基于错误预算的决策生成图表的基础设施	为产品负责人和经理实现仪表盘	产品负责人和经理使用仪表盘来做出基于错误预算的决策
用于自定义 SLI 的基础设施	实现一种设施，可以接受基于预定义日志结构的常规输入，并从中制作一个完全体的 SLI	开发团队使用基础设施来定制除了可用性和延迟之外的其他 SLI。
自助式 SLO 调整工具	实现一个工具，使开发团队能自行调整 SLO	开发团队使用该工具按需调整其 SLO，而无需联系运营团队。
SRE 基础设施的自助式配置	在 SRE 基础设施中实现配置点，实现整个团队和服务范围内的调整	开发团队使用提供的配置点来调整警报算法、仪表盘等
值班管理基础设施	选择一个值班管理基础设施	已经选择、采购了一个值班管理基础设施，并提供给开发团队使用
为 SRE 基础设施提供支持	实现请求紧急错误修复、一般错误修复和新功能的一个过程，并提供培训支持	没有产生太多对 SRE 基础设施的支持请求。根据使用该基础设施的团队的反馈，能尽快予以满足

5.5.2　与开发团队接触

开发团队需要了解的是，为什么说使用运营团队提供的 SRE 框架是个好主意？如何使用？如何通过值班来参与产品运营？如何对可靠性方面的投入做出数据驱动的决定？

在这里，为了获得开发团队的认同，挑战的核心是让开发人员转向 DevOps，让他们参与运营。为此，他们的思维方式需要发生转变。可以肯定的是，产品负责人也需要一种新的思维方式。他们需要让开发团队率先在生产中发现产品问题，通知利益相关者正在处理的问题，并在客户投诉开始升级之前解决这些问题。这是不是与产品负责人一直以来只要求开发新功能这一臭名昭著的形象不一样？

图 5.9 展示了新的思维方式。开发团队要为自己设定新的标准，即率先发现事故，通知利益相关者，并在事故导致客户投诉升级之前完成修复。

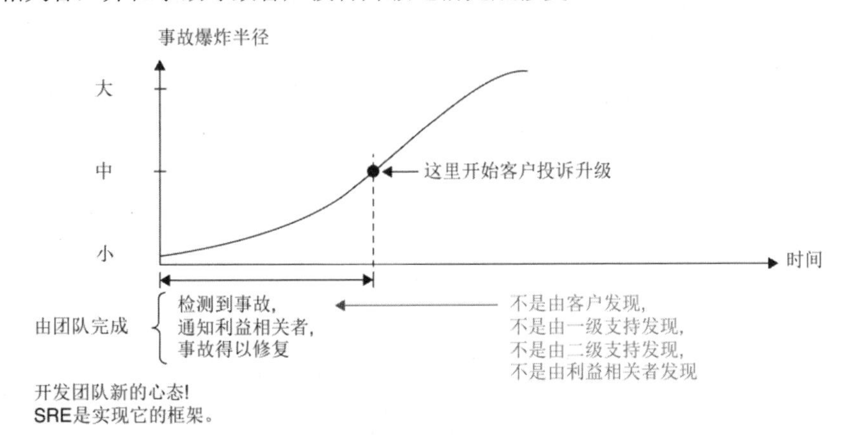

图 5.9　开发团队在运营方面要有的新心态

也就是说，开发团队对自己的要求转变了——生产事故不再是由客户、一级或二级支持或利益相关者发现，而是由他们自己发现。为了实现这个目标，开发团队需要有自己的监控。这就是运营团队提供的 SRE 基础设施能起的作用。

表 5.6 展示了为开发团队设置的辅导会议主题。

表 5.6　开发团队辅导会议主题

会议主题	简短解释	成功度量
SRE 介绍	介绍团队环境下的 SRE 概念金字塔（3.5 节），需要什么样的 SRE 基础设施，以及 SRE 框架下的责任	开发人员和产品负责人理解 SRE 概念金字塔，准备在他们的团队中开始实现 SRE，并知道他们在 SRE 框架下需要做什么
日志记录	确保服务使用由运营团队推荐的基础设施来进行日志记录	所有服务都使用由运营团队推荐的同一个日志基础设施，并生成适合生产环境的日志记录
日志查询	学习日志查询语言，能以编程的方式自定义查询	开发人员使用日志查询语言来回答有关生产中系统状态的问题
可用性 SLO	从客户的角度确定最重要的工作流，并为端点设置可用性 SLO	开发团队就初步的可用性 SLO 以及后续审查和调整它们的过程达成一致
SLI/SLO 仪表盘	了解 SLI/SLO 仪表盘	开发团队使用 SLI/SLO 仪表盘来检查 SLO 在一段时间内的实现情况

续表

会议主题	简短解释	成功度量
错误预算消耗仪表盘	了解错误预算消耗仪表盘	开发团队使用错误预算消耗仪表盘来查看剩余的错误预算及其消耗趋势
基于错误预算的决策仪表盘	了解基于错误预算的决策仪表盘	开发团队使用基于错误预算的决策仪表盘，对可靠性投入做出基于错误预算的决策
延迟 SLO	从客户的角度确定最重要的工作流，并为端点设置延迟 SLO	开发团队就初步的延迟 SLO 以及后续审查和调整它们的过程达成一致
对违反 SLO 的情况做出反应	在开发团队中建立一个规程，对违反 SLO 的情况做出恰当的反应	开发团队按照团队的约定，定期对违反 SLO 的情况做出反应
确定 SLO 的违反是否真的意味着发生了糟糕的客户体验	检查违反事先定义的 SLO 时是否真的意味着客户体验糟糕	开发团队定期调整 SLO，确保在违反这些 SLO 时真的意味着发生了糟糕的客户体验
基于错误预算的决策	了解如何利用错误预算来进行数据驱动的可靠性投资决策	开发团队实践基于错误预算的决策，为可靠性方面的投资决策提供指引
错误预算策略	为团队定义错误预算策略	开发团队定义好错误预算策略，并根据需要实行
轮流值班	通过定义要负责值班的角色和人员，在什么时候值班，要具有什么样的技术知识，并建立交接程序，从而为服务设置好轮流值班	开发团队按照运营工程师、开发人员和产品负责人之间的约定，实行值班制度
额外的 SLI	定义并设置除了可用性和延迟之外的其他 SLI（例如，对队列消息进行处理的正确性，参见图 3.1）	开发团队确定了除了可用性和延迟之外的其他 SLI，并为其设置了 SLO
利益相关者	确定服务的利益相关者	利益相关者名单得到了所有利益相关者的认同
事故优先级排定	从客户的角度定义事故的优先级；为每个事故优先级分配一组任务	值班人员根据事故优先级采取相应的行动
利益相关者通知	确定对利益相关者重要的场景；设置向利益相关者发出的通知	利益相关者收到通知，并提供正面反馈，认为这些通知有意义，而且及时送达

5.6 横向认同

随着自上而下和自下而上的认同变得明确，组织的中层管理者也要参与进来。在获得自上而下的认同后，SRE 教练应与运营经理、开发经理和产品经理沟通，解释已达成的协议，并通报即将进行的项目组合优先级排序计划。一旦 SRE 在项目组合层面获得优先级，经理就需要负责在团队中建立 SRE 相关流程。

只有运营和开发团队在自下而上的认同过程中明确 SRE 对各自团队的意义并获得了 SRE 实践经验，建立流程才显得有意义。也就是说，SRE 首先以临时方式实施，积累经验之后，才能将实践规范化为组织流程。

一旦制定组织流程来制度化 SRE 的时机成熟，SRE 教练就要根据与各团队的互动经验，为这些流程提供建议。通过接触，SRE 教练将识别出哪些做法在哪些情况下可行及其原因，以及哪些做法在哪些情况下不可行及其原因。此外，SRE 教练可能发现，在制度化 SRE 流程之前，组织需要优先解决人员配置问题。

这些流程应被记录并与所有受影响的团队共享和审查，这些团队共同构成整个产品交付组织。收集到的审查反馈应整合到流程中。根据反馈引起的变更程度，可能需要进行额外的审查轮次。过度沟通优于误解。因此，面对疑问时，应优先选择充分沟通，以降低误解风险。

一旦流程确定，就要通过口头和书面方式进行广泛的沟通。表 5.7 概述了这些流程应该包含的关键要点。

表 5.7 SRE 过程要点

过程要点	解释
值班设置	哪些角色在哪些时间负责值班哪些服务？
基于错误预算的决策	哪些决策是团队要基于错误预算来做出的？
责任	在产品运营领域，谁负责什么？
自由和责任分割	团队享有的自由和团队要履行的不可协商的责任是什么？
监管合规	哪些 SRE 工件与监管合规有关？哪些 SRE 工件在审计期间是相关的？
升级策略	如果涉及的人解决不了问题，应该由谁来破局？
变更管理	如何请求对 SRE 过程的变更？

中层经理的横向认同体现在他们建立的流程中。对 SRE 教练而言，最重要的是推动这一流程，并确保在组织内取得正式 SRE 实践与非正式 SRE 实践的平衡。

5.7 交错认同

自上而下、自下而上和横向的 SRE 认同不必同时发生。例如，在以规则为导向的稳定产品交付组织中，三种认同可能依序进行。针对这种情况，图 5.10 展示了说服流程。

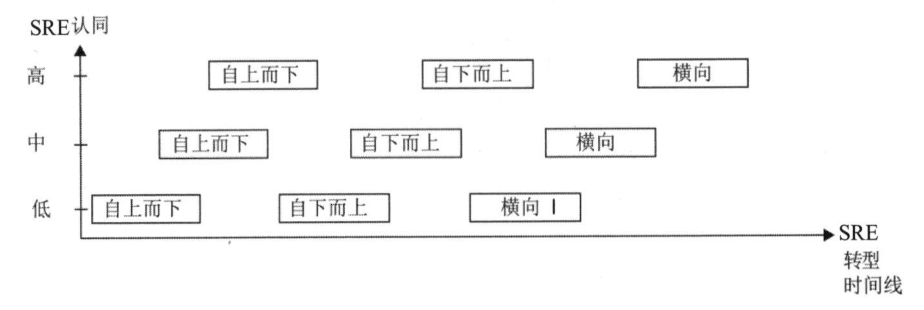

图 5.10 在稳定且以规则为导向的文化中的 SRE 交错认同流程

首先，作为 SRE 营销漏斗（5.2 节）的一部分，SRE 教练与整个组织的人员广泛接触。在这个时候，对 SRE 的认同度在整个组织中是相当低的。接着，SRE 教练开始与产品交付组织的领导层进行大量接触。如果成功，这将提升领导层自上而下的认同。最终，SRE 将成为项目组合层面的优先事项，获得许可进入整个组织。

此后，SRE 教练开始接触运营和开发团队。经过一系列长期的辅导会议，团队对 SRE 的理解和经验逐步增长。如果成功，将在适当的时候实现自下而上的深度认同。在组织已经有了足够多的 SRE 经验后，可以把各种 SRE 流程制度化。为此，SRE 教练与开发、运营和产品经理接触，建立和沟通过程，在组织内落实 SRE。如果出现多个“负责”或“拥有”SRE 流程管理的经理，那么表明已经达到了规模化 SRE 高度认同。

在不稳定的企业环境中，说服流程可能无法线性进行。可能需要同时进行一系列复杂且结果难以预测的讨论。这些讨论可能涉及政治因素，部分协议可能只是初步达成。这些临时协议可能需要作为正式协议向其他人宣布，否则难以推动进展。最终，一旦所有人都同意，临时协议将转变为正式协议。在某些组织文化中，可能确实需要这种有时令人不快的“灵活性”，以促进组织上下对 SRE 的认可。SRE 转型更像是一门艺术，而非科学。

5.8 团队辅导

如 2.5 节所述，团队教练或团队辅导是推动产品交付组织实施 SRE 转型的主要手段。SRE 教练要制定日程表，以辅导不同团队。团队会议的议程要提前发送。

在运营团队中，负责实现 SRE 基础设施和提供第三方工具的运营工程师应持续参与辅导会议。此外，运营部门中应指定一人担任 SRE 基础设施的产品负责人，并参与持续辅导。

在开发团队中，开发人员、商业分析师和产品负责人应始终参与辅导。UI/UX 设计师无需频繁参加会议。然而，SRE 教练应创造一个包容的环境，鼓励设计师选择性地参加 SRE 辅导会议。从一开始就应明确商业分析师和产品负责人的参与。表 5.8 解释了商业分析师和产品负责人为什么必须持续参与 SRE 辅导会议。

表 5.8 商业分析师和产品负责人参加 SRE 辅导会议的理由

理由	解释
团队文化	SRE 旨在引入新的工作方式和决策方式。通过以数据驱动的方式共同定义 SLI、SLO、错误预算策略、值班设置以及在可靠性上的投入，在团队中建立了一种新的关于可靠性的文化。然而，只有当所有团队成员都参与 SRE 导入过程，这种文化才能很好地孕育并最终开花结果
组织协同	SRE 的优势是在运营工程师、开发人员和产品负责人之间建立协同（参见 1.2 节）。然而，只有商业分析师和产品负责人都持续参与 SRE 活动，这种协同才能真正建立起来
用户视角	在产品的用户身上，商业分析师或产品负责人花的时间比团队中其他任何人都多。为了从用户角度定义 SLI/SLO，把它们作为用户满意度的代理度量（代用指标），只有足够接近用户的人能做出正确判断。否则，SLO 就不能真正反映用户的满意度，而只能反映系统的技术完善程度。这样一来，即使出现违反 SLO 的情况，也无法判断它的真实意义，修复它的动机也就不那么明确了
客户视角	这和用户视角相同，只是针对的是客户。客户 SLO 的定义可能需要比用户 SLO 更严格，因为可能需要为付费客户提供更高的服务水平。同样地，只有足够接近客户的人才能确定客户满意的服务水平
SLI/SLO 的可理解性	如果商业分析师或产品负责人在 SRE 辅导会议中没有出现，就只有技术团队的成员（如开发人员和运营工程师）参与 SLI 和 SLO 的定义。这样一来，所定义的 SLI 和 SLO 会扎根于技术。最终，只有技术人员才能理解这种 SLI 和 SLO。然而，这与 SLI 和 SLO 作为用户满意度的代理度量标准的目标相矛盾，它们应该是每个人都能理解的

如果商业分析师或产品负责人经常缺席 SRE 辅导会议，SRE 教练就要安排一次非正式的会面。根据《非暴力沟通》[23] 一书中的指导，SRE 教练应按照观察、感受、需求、请求的顺序引导对话。对话首先指出商业分析师或产品负责人缺席上次 SRE 辅导会议的事实。接着，教练要表达自己的感受，如沮丧、不快、不安或担忧。之后，教练依据表 5.8 阐明商业分析师或产品负责人持续参与 SRE 辅导会议的重要性。最终，SRE 教练委婉地邀请他们参加未来举行的 SRE 会议。

商业分析师或产品负责人可能会解释，他们认识到了 SRE 的重要性和自己的角色，但之前因为其他事务无法参加。在这种情况下，他们可与 SRE 教练商定后续参与的日期。然而，如果他们的行为未有改变，SRE 教练应继续与团队其他成员保持联系。尽管如此，SRE 的实施可能未能完全发挥潜力，但其效益仍足以证明这样的努力是合情合理的。

实战经验 在实际工作中，产品负责人有时会主动要求参加 SRE 会议，可能是团队成员持续要求的，或业务需求签署 SLA（服务水平协议）。

SRE 教练应在辅导会议中负责记录，并确保记录在公共区域保存。随着团队越来越熟悉 SRE，应逐步承担记录工作，目的是逐步减少 SRE 辅导会议，使 SRE 活动能够自动持续。记录人员应在每次辅导会议后向整个团队分发会议记录。通过历史记录，可以追踪团队随时间取得的进展，这是非常有成就感的。

5.9 跨组织

在大型产品交付组织中，可能会有若干个运营团队和很多个开发团队。面对这种情况，应该首先关注哪些团队？随后跟进哪些团队？如何最有效地在组织内推广 SRE？这个进程可分为三个大组：

- 运营团队；
- 与产品运营密切相关的开发团队；
- 与产品运营较远的开发团队。

5.9.1 组织的分组

起点是负责开发 SRE 基础设施的运营团队。该团队最先需要理解 SRE 概念金字塔（参见 3.5 节）。他们应评估现有的日志、监控和警报基础设施，确定其适用性以构建预期的 SRE 基础设施。哪些技术将用于开发？团队中谁有开发能力？谁有开发框架以供他人使用的经验？

一旦确定适合 SRE 目的的日志基础设施，运营团队就可以启动开发团队的辅导会议。开发团队可以分为两组。一组由在 SRE 转型开始前就接近产品运营的团队组成。这些开发团队需要根据具体情况创建和设置警报，以及按计划响应警报等。尽管他们的做法可能并不完全符合 SRE 的结构和严谨性要求，但他们的工作已接近于产品运营。

这类开发团队在 SRE 引入前已对 DevOps 有所了解。对这些团队而言，SRE 转型意味着从传统产品运营过渡到标准化的 SRE 实践。这些开发团队适合作为 SRE 转型的起点，因为他们已具备基本心态。

然而，与其他开发团队相比，这类团队可能更快向运营团队提出对 SRE 基础设施的要求。在这种情况下，SRE 教练需平衡开发团队对 SRE 基础设施的要求与运营团队实施这些要求的能力和速度。这要求做出合理的平衡：

- 确保 SRE 基础设施的功能缺失不会使开发团队处于不满状态，从而影响其对 SRE 的积极性；
- 运营团队不应因为同时开发过多功能而劳累过度。

需要注意的是，运营团队可能缺乏开发框架的经验，而这些框架需要供其他人使用。因此，不应假设 SRE 基础设施功能的首次成功率。

另一组开发团队由那些不直接参与产品运营的团队构成。这些团队不直接在生产中运营服务，而是依赖运营团队，并且只接收缺陷报告。在这类情况下，可进一步细分为两个小组。一个小组对现状不满，希望深入了解产品运营，不希望运营团队作为生产环境的中介。这些团队欢迎 SRE，因为它提供了一种结构化的方式，使开发团队能够更接近产品运营。另一个小组则对现状满意。他们完全专注于功能开发。产品运营是运营团队的事。运营团队报告来自生产中的缺陷，并由开发团队修复。开发团队觉得没必要更多地参与产品运营。在这种团队中，在引入任何 SRE 实践之前，首先需要转变基本的思维方式（心态）。这些团队可能将觉得 SRE 的价值主张可能危及其宝贵的时间，担心影响功能开发的时间。

图 5.11 提供了一个产品交付组织的示例图。

组织初期的 SRE 推广应采用深度优先策略，从左至右进行，直至 SRE 转型能在所有团队中同步执行。有趣的是，对 SRE 基础设施的需求呈相反趋势增长。相对于左侧团队，右侧团队对 SRE 基础设施功能的需求较少。下一节将详细阐述这一点。

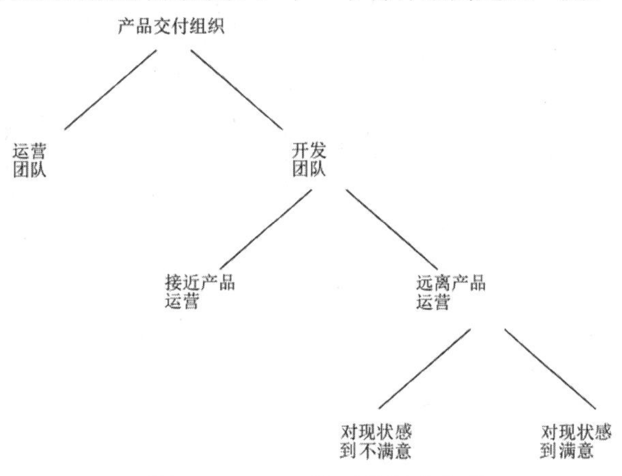

图 5.11　SRE 转型的团队分类

5.9.2 组织穿越与 SRE 基础设施需求

图 5.12 展示了组织穿越的流程。在 SRE 导入的前两个月，首先接触运营团队，负责开始构建 SRE 基础设施。接下来与接近产品运营的开发团队接触。这些团队已具备正确的心态，能迅速投入实践。然而，他们的需求迫切性与运营团队建立基础设施的能力之间需要保持平衡。

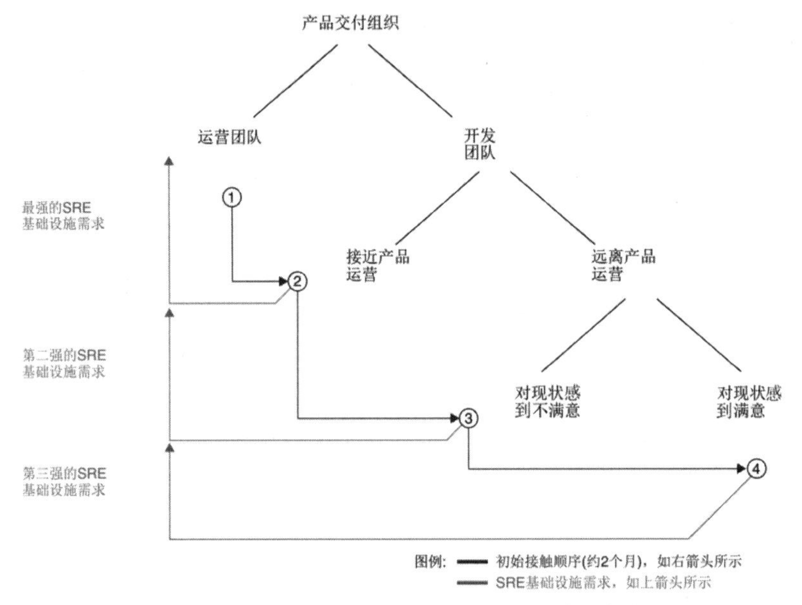

图 5.12 穿越组织以及不同团队对 SRE 基础设施的需求

要接触的第三类团队是对远离产品运营现状感到不满的。他们期待 SRE 的引入能带来改善。尽管他们的心态还需培养，但预期的变革终将实施。技术变革将逐步启动。因此，他们对 SRE 基础设施的需求不如早期接触的团队迫切。

最后接触的是那些对现状感到满意的团队。在进行任何技术变革之前，首先要进行必要的思维方式的转变，这需要一定的时间。这些团队对 SRE 基础设施的需求最弱。很可能的情况是，当这些团队准备请求 SRE 基础设施功能时，这些功能已基于其他团队的需求开发完成。

5.9.3 接触各个团队的时机

图 5.13 展示了 SRE 教练随着时间的推移与各个团队进行接触的情况。在 SRE 转型的前两个月，SRE 教练开始接触有限数量的团队。首先接触运营团队，然后是接近产品运营

的开发团队。对远离产品运营不满意的开发团队排在第三，对远离产品运营满意的开发团队排在最后。

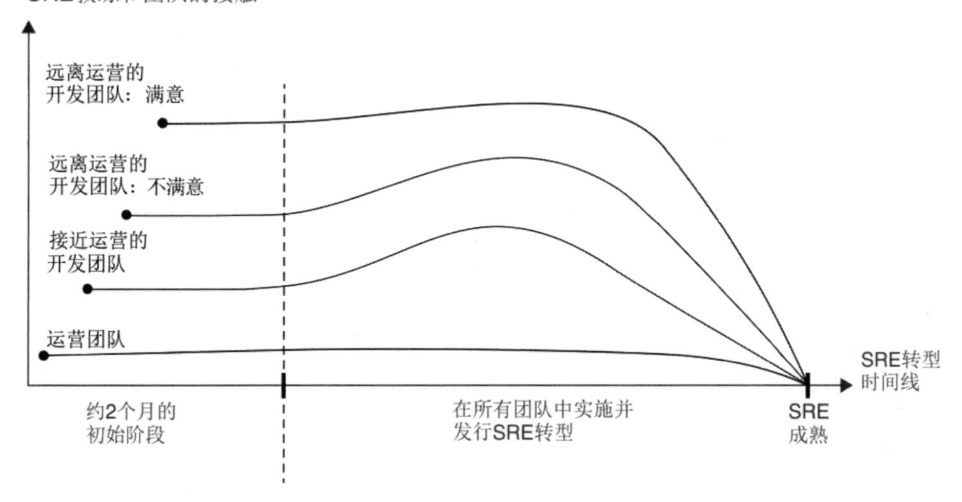

图 5.13 SRE 教练随着时间的推移与团队的接触情况

在转型初期，SRE 教练调整新团队的参与，使其可以量力而行——个人的能力、运营团队构建 SRE 基础设施的能力以及开发团队对基础设施的需求。一旦 SRE 教练确认基础水平的 SRE 基础设施已准备就绪，就可以决定在所有团队中同时推进 SRE 转型。这必然会极大地推动 SRE 运动在组织内的发展。

在所有团队中同步推动 SRE 转型，须具备以下条件：

- SRE 基础设施需要支持可靠性的两个基本 SLI：可用性和延迟（见 3.1 节）；
- SRE 基础设施需要支持 SLO 定义；
- SRE 基础设施需要基本警报来支持一些违反 SLO 的情况；
- SRE 基础设施的使用需要被几个开发团队所证明；
- SRE 基础设施的所有权及其维护是明确的，并不含糊；
- SRE 运动正在兴起，越来越多的团队想要了解 SRE，并等着加入 SRE 转型。

经由这些条件，SRE 教练可以打开闸门，邀请其他所有团队加入 SRE 转型。SRE 教练可能会感到不确定，因为他们可能需要面对更多的团队（相较于初期）。然而，SRE 教练应认识到，他们已积累了引导团队参与 SRE 的经验。此外，SRE 教练需要意识到，各团队采用 SRE 的速度会有不同。设法安排会议，避免 SRE 教练一次性承受过大的压力。毕竟，他们负责安排会议、调整团队参与的节奏，并确保开发团队对 SRE 基础设施的需求与运营团队的交付能力相匹配。

此外，目前 SRE 运动仍然处于起步阶段。成功的案例尚属少数。因此，当前目标是支持 SRE 运动，增强其可持续性。为此，SRE 教练值得冒险，采取更积极的策略并掌控 SRE 推动过程。

实战经验 少数 SRE 教练能够同时指导数十个团队实施 SRE 转型。在 SRE 转型的前两个月，会议频率将显著增加，因为所有团队都在同步推进。然而，由于各团队采纳 SRE 概念金字塔中的概念速度不同，每周会议次数将逐渐减少。团队可能要求安排辅导会议以满足其他需求，某些会议可能需要团队完成当前任务后进行，而一些进展可能依赖于尚待开发的 SRE 基础设施功能等。最终，一些团队可能选择在 SRE 概念金字塔的较低层级停止攀登，而其他团队可能迅速达到顶端。这两种情况都可能减少 SRE 教练的进一步参与需求，从而减少会议次数。换句话说，SRE 教练无需担心指导的团队太多。随着 SRE 转型的推进，辅导工作自然可以落实到位。

一旦启动，潜在好处将远远超过风险。随着更多团队加入 SRE 转型，知识共享的机会也随之增多：

- 更多成功故事将在精益咖啡会和午餐会中被分享；
- 新建的 SRE 实践社区（CoP）日趋成熟；
- 团队可能展开关于其服务运营的新对话，这是之前缺乏 SRE 基础数据而不可能进行的。

换言之，精益方法中限制工作进展的原则适用于 SRE 转型最初的两个月。然而，一旦过了初始阶段，应尽可能加快工作进度，全力推进组织内的 SRE 运动。若运动缺乏活力，整个倡议可能无法在组织内成功推广。

在 SRE 转型过程中，实现组织 SRE 成熟之前，最大化教练的工作进度不会延长总工作时间。这是因为 SRE 教练的终极目标是变得不再必要。每次与团队的 SRE 辅导会议都是朝这个目标迈进的一步。实际上，加快 SRE 教练的工作进度有助于整个组织更快实现 SRE 成熟。这对项目组合管理至关重要。

将 SRE 纳入组织的倡议项目组合本来就有挑战，维持其地位同样困难。其他倡议持续被评估，并与现有倡议竞争项目组合中的位置。在实现 SRE 成熟前，若缺乏明确的成功信号，SRE 倡议可能面临在项目组合层面被降级或取消的风险。

一旦 SRE 成熟，这种风险将消失，SRE 理念和工作方式将成为组织内处理业务问题的标准组成部分。实际上，SRE 应从倡议项目组合列表中移除，因为不再需要推动 SRE 转型。SRE 已成为组织运营的标准方式。SRE 的基础设施已经建立起来，而且有人维护。每次成立新的团队，都可以利用所有这些资源，基于 SRE 来建立产品运营，因为其他团队都是这么做的。

5.10 组织辅导

通过本章的讨论，可以看出通过信息分享和交流来推动 SRE 运动的重要性。这些活动体现的是组织辅导，因为它们跨越团队和角色引发了各种各样偶然的对话，使人们在理解 SRE 的过程中不断成长。这样的对话很重要，因为 SRE 涉及产品交付组织中的所有角色，而不同的人以各自的方式实践相同的角色。可以应用表 5.9 总结的分享方法在整个组织内分享特定的信息。

为促进除精益咖啡、午餐研讨会和 SRE CoP 会议等讨论会之外的信息共享，应尽量记录会议内容。如果会议是在线进行的，应默认进行记录。在视频分享服务可用的情况下，为每个记录添加 SRE 标签。这样一来，便可以通过单一超链接轻松访问所有与 SRE 相关的记录。

为展示 SRE 的整体进展，可使用看板（Kanban），它展示了所有团队在 SRE 成熟过程中经历的典型阶段。表 5.10 提供了一个看板示例。值得注意的是，每个组织都要根据自身情况定制类似的看板。

表 5.9　在整个产品交付组织内共享 SRE 信息的方法

信息	分享方式	解释
SRE 成功故事	精益咖啡、午餐研讨会、工程博客	在精益咖啡中，参与者需要对主题进行投票。如果 SRE 被选中，说明大家对这个话题普遍有兴趣。午餐研讨会是一个很好的载体，可以在轻松的氛围中传播正面信息。如果组织建立了工程博客，成功故事的分享就是一个很好的主题。如果没有这样的博客，可以考虑开始记录关于 SRE 的博客
更大型的事后回顾	精益咖啡	在精益咖啡中，投票给事后回顾的人越多，从别人犯的错误中学习的文化氛围越浓厚。随着团队的 SRE 成熟度越来越高，对事后回顾的兴趣应相应地增长
SRE 整体进展报告	精益咖啡、信息公告板	团队之间要展开良性的竞争
技术讨论	SRE CoP	在 CoP（实践社区）中，技术工作方式可以跨团队有效地分享。很容易邀请人加入 SRE CoP
SLA	全体员工会议	组织通过合同来约定的 SLA 可以在全体员工会议上有效地广播。应该强调，SLA 是基于各团队之前的 SRE 工作定义的。通过这样的沟通，经理们会认同之前在项目组合层面上将 SRE 定为优先事项的决定

表 5.10 用于可视化 SRE 转型进展的看板

1	2	3	4	5	6	7	8	9	…
引介	启用日志	设置初始 SLO	响应 SLO 违反	持续 SLO 调整	定义错误预算策略	执行错误预算策略	定义利益相关者	启用利益相关者通知	…
	团队 A			团队 D			团队 I		
			团队 B	团队 E		团队 H			
			团队 C	团队 F	团队 G			团队 J	

表 5.10 所示的看板具有以下重要的优势：

- 清晰展示从起步到 SRE 成熟的过程（位于看板顶部的两条横线）；
- 能够迅速识别出参与 SRE 转型的所有团队（位于看板底部的三条横线）；
- 标示各团队在 SRE 引入过程中的具体位置（看板中的各个单元格）；
- 揭示了团队集中的阶段，即组织中大多数团队所处的阶段（看板的第四步和第五步）。这些信息有助于识别 SRE 转型中最关键的教练和团队工作重心。

使用看板来展示组织范围内的统计数据，能够在人们日常经过时提醒他们，从而增强 SRE 倡议的重要性。尽管这种做法看似微不足道，但能促进更多关于 SRE 的讨论，为 SRE 运动提供进一步的支持。

5.11 小结

在组织层面上获得对 SRE 的认同，标志着 SRE 转型的初步成功。自上而下的认同意味着让产品交付组织的领导层支持 SRE，并在组织的倡议项目组合中优先考虑 SRE。自下而上的认同涉及与运营和开发团队共同构建 SRE 概念金字塔（参见 3.5 节），除旧布新，摒弃旧的工作方式，学习新的实践。横向认同涉及与运营经理、开发经理和产品经理沟通，正式使其能够负责或拥有 SRE 过程管理。

获得组织认同后，团队和个人可着手开展具体的 SRE 转型活动。

假设有一个产品交付组织与 2.1 节描述的相似。在这样的组织里，开发人员可能不明白自己为什么需要参与运营。运营工程师可能未能提供合适的框架来支持开发人员参与运营。经理们可能不会支持这一努力，更不会提供资金。然而，最有可能团结组织的力量在于共同的愿望——减少因生产故障导致的客户投诉频繁升级。

组织内部有一些人可能了解 SRE 涉及生产运营。因此，该组织内可能会有一些人致力于实施 SRE。他们有望成为 SRE 教练。因此，该组织的首要步骤是明确自己的 SRE 基础设施现状。为此，需要分析多个关键的维度，包括组织本身、人员、技术、文化和流程。后续的章节中，将逐一讨论这些维度。

注释

扫码可查看全书各章及附录的注释详情。

第6章

奠定基础

第5章详细说明了如何让SRE在产品交付组织的不同层级取得认同。取得认同后，工作的重点就是实施SRE转型。这个阶段很关键，因为SRE活动中投入的时间与获得的结果往往不成正比。因此，在执行转型过程中，重要的是尽快实现看得见、可识别的成果。

6.1 团队导入对话

为了实施SRE转型，首先应与每个计划启动的团队进行SRE导入对话。这些团队对SRE已有一定的了解，这主要得益于前期的铺垫活动——旨在建立SRE认知并激发人们的兴趣。SRE营销活动与SRE转型启动的时间间隔可能比较长，从几周到几个月不等。

因此，团队的SRE转型启动需要从一个专门针对团队的宣讲会开始。它应包含SRE的一般性介绍，并解释自上而下的认同是如何达成的，以及由谁来主导这一过程。在宣讲会中，还应解释SRE的项目组合优先级及其在整个组织的优先事项清单中的排名。

对于运营团队，在宣讲会中应详细说明创建SRE基础设施的如下步骤。

- 选择日志基础设施。
- 选择一种通用的方式，通过日志基础设施来访问所有生产环境中的服务端点的可用性和延迟数据。
- 为开发人员提供方法，使其能为所有生产环境设置可用性和延迟SLO。
- 为生产环境中的所有SLO违反情况提供警报。

对于开发团队，在宣讲会中应说明如何开始使用SRE基础设施，让他们以SRE的方式工作。具体包括下面这些步骤。

- 确定团队“负责”或“拥有”的服务所要实现的最重要的客户场景。
- 确定由最重要的客户场景产生的典型呼叫链。
- 在已确定的呼叫链中，思考特定服务端点的可用性和延迟要求。要使客户满意，就必须先满足这些要求。
- 使用SRE基础设施来设置初始的可用性SLO。

- 使用 SRE 基础设施来设置初始的延迟 SLO。
- 开始利用 SRE 基础设施来获取 SLO 违反时生成的警报。
- 分析警报以了解：
  - 警报是否真的代表糟糕的客户体验；
  - SLO 是否需要放宽，因为较差的客户体验没有导致客户投诉升级；
  - SLO 是否需要收紧，因为通过当前 SLO 检测到的客户体验太差。在检测到 SLO 违反之前，客户投诉就已经升级了。

对于运营团队和开发团队，SRE 教练需要反复强调，团队不会被孤立。相反，SRE 教练的全部意义在于指导团队完成整个过程。根据每个团队的具体情况，安排适当频率的 SRE 辅导会议。

这个宣讲会大约持续一个小时，其中包括问答时间。SRE 教练最后要说明，根据各自的日程安排，在适合每个人的最早时间段安排下一次会议。会议应有记录，以便缺席和未来的团队成员回顾并从中受益。这次会议及所有未来的辅导会议记录都应标注为“SRE<团队名称>”。如果可能，未来 SRE 文档的 wiki 页面应链接到这些会议记录，提供一个额外的可视化工具，帮助团队成员更好地利用这些文本内容。

6.2 传达基础知识

在导入对话之后，开发团队开始学习 SRE 基础知识。到目前这个阶段，大家应该都熟悉并理解了 SRE 的术语及其含义。具体地说，就是 SRE 概念金字塔中的术语：SLI、SLO、错误预算、错误预算策略和基于错误预算的决策。SRE 教练应该明确询问团队是否已经清楚这些术语之后再来决定是否继续。

实战经验 SRE 教练可以通过倾听他们的对话或观察在线聊天中的对话来了解团队是否已经做好了转型准备。可能听到或看到这样的说法：“SR 啥？”这是因为在本应该提到 SRE 时，他们混淆了 SRE 和 SRI（提示：后者并不存在）；或者在本应该提到 SLO 时，他们说“SL 啥？”这些都是很好的信号，表明在继续转型之前，应该让团队先熟悉基本的 SRE 概念。在 Slack 或 MS Teams 上快速搜索，了解团队当前的准备情况，这对 SRE 教练来说可能是值得的。

6.2.1 SLO 作为契约

团队需要明确一点：SLO 如同契约，需要保证其服务可以达到用户所预期的水平，如图 6.1 所示。

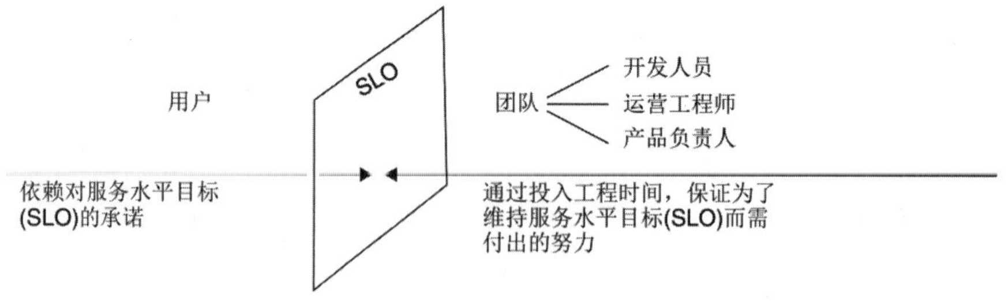

图 6.1 作为契约的 SLO

再深入一些，即每个团队成员都要清楚自己真正认同的是什么内容（依据的是每个团队成员的角色），如图 6.2 所示。

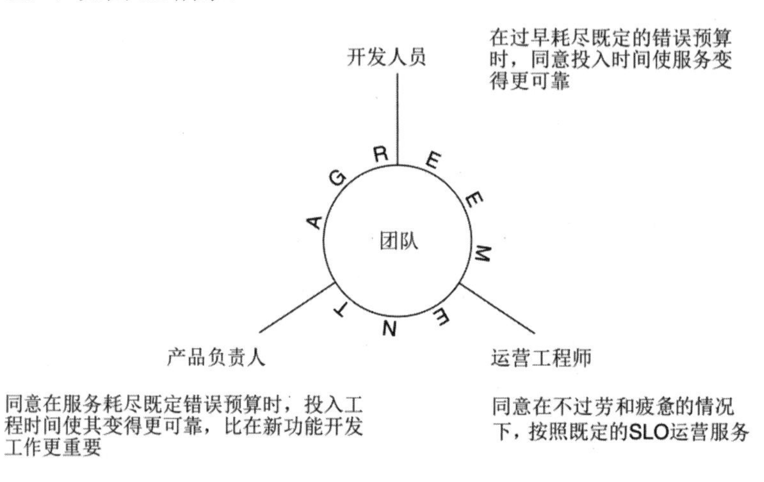

图 6.2 设定 SLO 时，不同角色所同意的东西

也就是说，运营工程师、开发人员和产品负责人需要根据各自的具体角色来取得共识。在讨论 SLI 并设定 SLO 之前，要让他们有这方面的意识。

6.2.2 SLO 作为客户满意度的代理度量

团队还要取得另外一个重要的共识——从用户的角度来定义 SLI 和 SLO。SLO 需要被用作用户或客户满意度的代理度量（代用指标）。因此，针对 SLI 和 SLO 覆盖的每个用例，都要先定义用户。理解为哪些用户提升满意度，是真正使其感到满意的关键要求。如果脑海中没有明确的用户画像，就不足以启动 SLI 和 SLO 定义过程。然而，在要求开发或运营团队描述软件特定用例下的用户特征时，SRE 教练收到的答案可能是：用户就是，嗯，只是一个用户。在定义 SLI 和 SLO 时，如果用户定位不明确，就无法获得具体的心智模型，无法理解如何真正使用户感到满意。另外，如果缺乏这样的心智模型，将更难通过 SLI 和 SLO 这样的代理度量来表达用户满意度。

在这种情况下，如何为特定的用例开发用户心智模型？产品负责人在构思产品时，与 UI/UX 设计师合作定义所谓的用户画像。根据维基百科，“用户画像是一个虚构的人物，用来代表可能以类似方式使用某个网站、品牌或产品的用户类型。”[1]因此，在用户画像的定义中，可以包含足够多与用户及其产品使用场景相关的细节，产品负责人可以就此展开对 SLI 和 SLO 的讨论。

这种对话也很适用于 UI/UX 设计师进行。如果他们能留出一些时间来参加这样的 SRE 讨论活动，就可以基于他们对用户体验的观点做出可靠性决策。但是，UI/UX 设计师通常都有其他优先事项，那也没有关系。考虑到对话的目的，产品负责人可以而且应该根据之前与 UI/UX 设计师共同定义的用户画像发挥其主导作用。

6.2.3 用户画像

交互设计基金会（Interaction Design Foundation）[2]对用户画像的定义包含以下细节[3]：

- 谁是用户？
  - 他们的人口统计是怎样的？
  - 他们的职业是什么？
  - 他们的技术环境是什么？
- 用户有哪些日常活动？
  - 他们典型的一天是怎样度过的？
  - 他们是否要照顾小孩？
  - 他们典型的假期是什么样的？
- 用户需求有哪些？
  - 用户在家里度过其典型的一天需要什么？
  - 用户在工作日常中有哪些需要？
  - 用户在产品中有哪些需要？
- 用户有哪些挫折感？
  - 用户是否在做一些繁琐的工作？
  - 用户所做的事情是否需要花很长的时间才能完成？
  - 用户在什么环境下使用该产品？
- 用户的动机是什么？
  - 是什么导致用户以某种方式行事？
  - 是什么激发了用户的活力？

- 是什么促使用户使用该产品？
- 用户的目标是什么？
  - 产品如何融入用户的生活？
  - 他们为什么要使用该产品？
  - 他们为什么要买这个产品？
- 阻碍用户实现其目标的障碍有哪些？
  - 是什么妨碍了用户购买该产品？
  - 是什么妨碍了用户更多地使用该产品？
  - 是什么妨碍了用户以更有效的方式使用该产品？

也就是说，用户画像的定义可以提供与用户相关的非常全面的背景知识。它可以帮助了解每个相关用例的用户特征。这正是定义 SLI 和 SLO 时所需要的，因为它们是根据用户的使用情况而不是根据产品整体来定义的。换言之，在定义 SLI 和 SLO 的时候，最好每个相关的使用场景都有一个用户画像。定义 SLI 和 SLO 时，以下用户特征尤其相关：

- 用户会花多少时间在使用场景上？例如：
  - 用户急着赶火车吗？
  - 用户在公交车上等待到达下一站吗？
  - 用户是在国外登机吗？
- 用户在该使用场景中所处的整体环境是什么？例如：
  - 地点（例如，在车上）
  - 机构（例如，在医院中）
  - 家里（例如，准备晚餐）
- 该使用场景满足了哪些用户需求？例如：
  - 该使用场景最重要的特征有哪些？
    - 正确性？
    - 吞吐量？
    - 可用性？
  - 哪些因素会导致用户拿起电话投诉？
  - 哪些因素会使用户放弃使用该产品？

要点 用户体验（UX）过程为每个产品定义了用户画像。定义 SLI 和 SLO 的 SRE 过程需要每个相关使用场景的用户画像。在 SRE 中定义 SLI 和 SLO 时，最好的起点是 UX 过程中已经为每个产品定义好的用户画像。

如果之前没有从 UI/UX 的角度为产品定义用户画像，那么开展 SRE 对话就可能是首次尝试以结构化方式来确定用户特征。这不仅有利于 SRE 中的可靠性对话，还有利于一般性的产品功能定义。

实战经验 SRE 教练可能会遭到产品负责人的反驳，因为后者似乎花了很多时间来确定具体的用户，或者各个使用场景所面向的具体用户。然而，从用户的角度来定义 SLO 非常重要，或许值得坚持花时间详细了解用户。如果产品负责人不服，那么在整个团队面前公开争论就没有意义。取而代之的是，SRE 教练要私下和产品负责人对话，解释眼下花些时间是因为未来会有丰厚的回报。如果还不管用，SRE 教练就要继续根据当前对用户的理解来定义 SLO。以后一旦出现 SLO 违反，团队就会报告说不清楚这些违反对用户体验有哪些影响。等团队有了实战经验后，从用户角度重新定义 SLO 的必要性就不言而喻了。

6.2.4 用户故事地图

UI/UX 圈还有一个工具很有用，那就是用户故事地图，用它来组织用户故事。创建用户故事地图的过程称为“用户故事映射”。杰夫•巴顿的同名书籍《用户故事地图》[4] 对此进行了很好的描述。图 6.3 展示了一个用户故事地图的结构,左边显示用户故事地图的三个主要实体：用户活动、用户任务和用户故事。

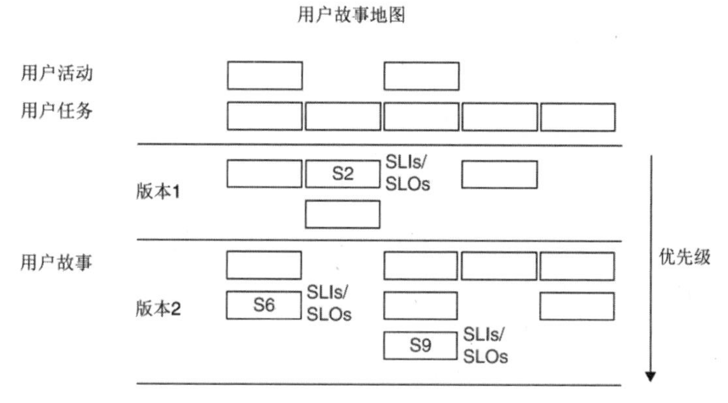

图 6.3　用户故事地图

“用户活动”是用户故事地图的“脊柱”，代表用户在使用软件过程中的关键部分。举个例子，Gmail 的用户活动是“写邮件”。“用户活动”下方是“用户任务”。“用户任务”是用户故事地图的骨架，是用户活动的具体化，并代表用户在用户活动过程中的步骤。举个例子，Gmail 用户任务的例子是“输入文本”“插入图片”和“添加链接”。

用户故事地图的最底层是实际的用户故事。“用户故事”丰富了用户任务的细节，代表用户在完成用户任务的过程中具体采取的步骤。例如，Gmail 用户故事的例子是“文本加粗”“从云存储插入图片”以及“添加 YouTube 视频链接”。

事实证明，使用故事地图以分级的方式来组织用户旅程，对深入理解用户旅程非常有用。这通常在产品定义的初始阶段以及每次定义新功能时进行。理想情况下，整个开发团队，包括产品负责人和运营工程师，都要参与用户故事地图的创建。这可以确保在进行任何设计或技术工作之前，每个人都专注于理解用户旅程。这些工作始终都要坚持以用户为中心。

在 SRE 的背景下使用故事地图是一个比较新的实践。事实上，以用户体验为根基的故事地图是一种出色的层次化模型，可以用来识别用户旅程中最为关键的触点。用户故事地图通常并不直接包含系统所需要的可靠性等级，因而我们需要为最关键的用户故事定义可靠性等级。以用户为中心来定义 SLI 和 SLO 的 SRE 过程，非常适合用在用户故事地图中为用户故事关联可靠性等级。

回到图 6.3，版本 1 包含用户故事 S2。运营工程师、开发人员和产品负责人一直认为，这部分是用户旅程中的关键。因此，用户故事 S2 的可靠性等级需要用恰当的 SLI 和 SLO 来表达。举个简单的例子，比如 Gmail 的用户故事“文本加粗”。这个操作能接受的延迟可以用“延迟 SLI”来定义。相应的“延迟 SLO”可以设为 99%的文本加粗操作在 500 毫秒内返回。

除此之外，在版本 2 中，有两个用户故事在运营工程师、开发人员和产品负责人看来是关键的：S6 和 S9。同样，团队需要使用各自的 SLI 和 SLO 来表达这些用户故事所需要的可靠性等级。举个简单的例子，Gmail 的用户故事“添加 YouTube 视频链接”“添加链接”和“生成视频预览缩略图”所能接受的延迟可以分别定义。这里也可以用“延迟 SLI”。例如，针对在撰写的电子邮件中出现 YouTube 视频链接，它的延迟可以用一个“延迟 SLO”来定义：98%的操作在 400 毫秒内完成。至于在撰写的电子邮件中显示 YouTube 视频预览缩略图，它的延迟则可以用另一个“延迟 SLO”来表示：96%的操作在 800 毫秒内完成。

和用户故事地图相比，这样做的好处是，团队的工作必然会以用户为中心。如果一个产品或者产品的一部分还没有用户故事地图，那么从用户角度定义 SLI 和 SLO 的 SRE 活动就可以成为创建用户故事地图的动力。这会潜移默化地影响每个人的心态，使其在以后的工作中始终坚持以用户为中心的理念。

6.2.5 对 SLO 被违反情况进行修复的积极性

从用户的角度来定义 SLI 和 SLO 之所以很重要，还有一个原因是它决定了 SLO 违反时值班人员有多大的积极性去修复。如果从用户的角度明确定义 SLO，那么在 SLO 违反的时候，会非常清楚地指出对用户体验的影响。如图 6.4 高处的横线所示，“SLO 违反”对用户体验的影响非常明确，有很大的积极性恢复服务到 SLO 以内——无论每个单位时间内发生的 SLO 违反次数是多少。

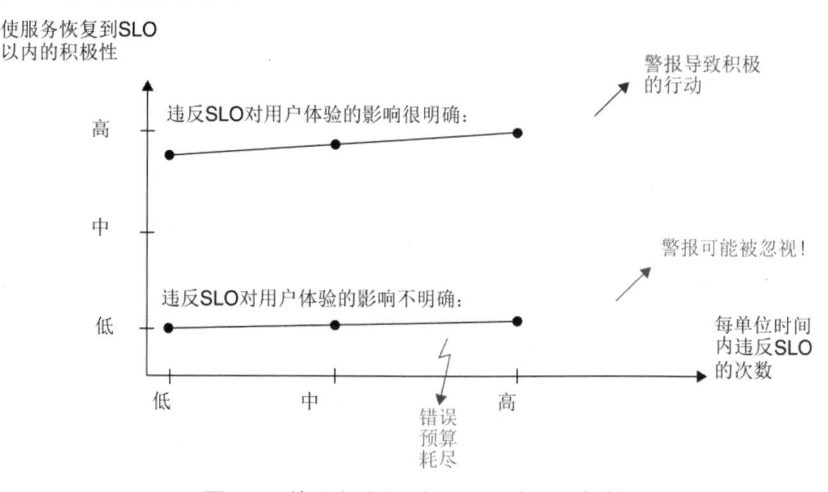

图 6.4　使服务恢复到 SLO 以内的积极性

上方的横线显示，违反 SLO 次数少的时候，值班人员对个别违反 SLO 的情况进行分析的积极性很高。然而，如果一项服务的错误预算因违反 SLO 次数增多而被严重消耗，值班人员的积极性可能就会受影响。值班人员将服务保持在既定 SLO 范围内的积极性似乎不受每个单位时间内违反 SLO 次数的影响，始终保持较高水平。为了维持值班人员的积极性，必须严格且不妥协地定义 SLA 和 SLO，使其足以反映用户体验。

图 6.4 中下方的横线显示在违反 SLO 对用户体验的影响不明确时值班人员有多大的积极性去修复。在这种情况下，SLO 违反可能仅反映对技术资源的简单计量，不一定与用户感知到的体验有直接联系。值班人员需要调查以确定违反 SLO 对用户的实际影响，从而判断是否需要进行修复。另外，如果需要修复，还需要决定如何进行修复。

这意味着值班人员要花大量的时间将 SLO 违反警报和用户体验联系起来。由于时间的限制，不是所有违反 SLO 的情况都会得到分析，这可能导致积极性急剧下降。这就是图 6.4 中下方那条横线的来历，注意，整条线都处于较低的积极性水平。由于 SLO 并没有从用户角度加以严格定义，所以即使违反 SLO 也不至于对用户造成显著的影响，因而陷入恶性循环。调查警报需要较长的时间，导致值班人员可能经历警报疲劳。最终，值班人员可能会不自觉地忽略 SLO 违反警报。图 6.5 展示了这个恶性循环。

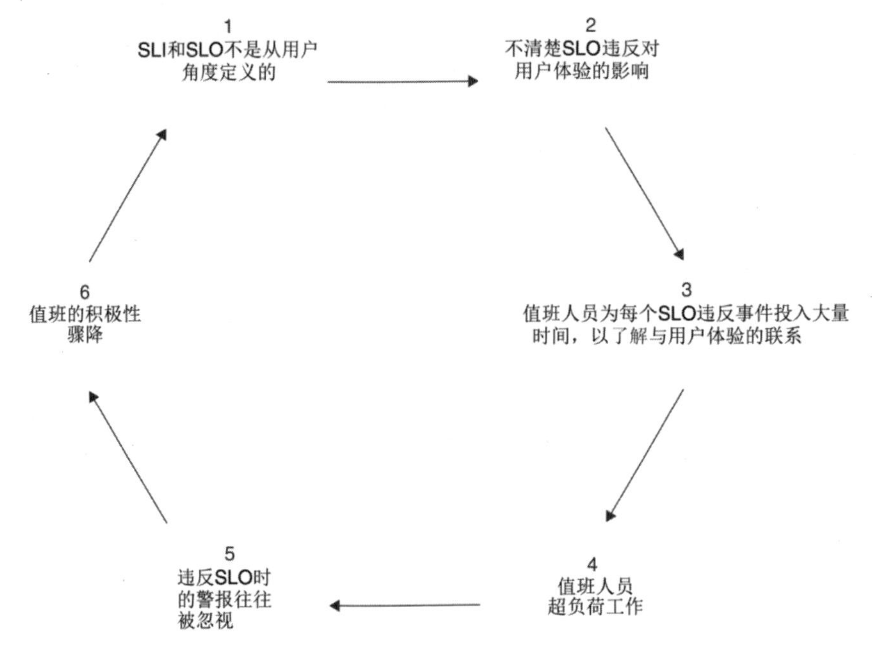

图 6.5　没有从用户的角度定义 SLI 和 SLO 所造成的恶性循环

图 6.4 和图 6.5 显示，定义 SLO 时如果没有从用户的角度出发，即使耗尽全部错误预算也改变不了值班人员的积极性。即使上升了一点，也仍然相对较低。原因很简单，就是不清楚一个服务过早耗尽自己的错误预算会有什么后果。用户已经放弃这个服务了吗？用户是否根本没有注意到什么？错误预算的耗尽并没有提供答案。此外，即使团队中存在错误预算策略，它也不会施行，因为值班人员早就已经殚精竭虑了。

最后的结局是，没人愿意留在这样的团队中值班。开发人员不能通过值班来学习足够的知识，无法通过应用现场生产运营获得的见解来改善开发过程。团队确实在做 SRE，但并没有得到预期的结果！所以，SRE 只停留于做完是不行的，还要做好。针对这种情况，需要召集包括产品负责人在内的所有人，从用户的角度重新定义 SLI 和 SLO。SRE 教练的工作是及早发现这样的情况，及时引导团队以免他们士气低落。

实战经验　对开发团队来说，原来定义的 SLO 被违反时往往不能充分体现对客户体验的影响。SRE 教练的工作是强调原先定义的 SLO 不一定靠谱。也就是说，一开始就得让团队明白，原先定义的 SLO 是用来学习的。持续迭代，直到每个 SLO 违反都能真正代表会受到影响的用户体验。

6.2.6 SLO 和技术问题无关

前面的讨论表明，用户体验思维是 SLI 和 SLO 定义过程的基础。然而，在刚开始启动 SRE 时，团队可能并不这样看。人们普遍认为，SRE 是以纯技术的方式进行生产监控。所以，如果团队也持有这样的观点，SRE 过程就可能不会选取用户体验的角度。尽管技术生产监控的确也是 SRE 的组成部分，但团队确实也不必从技术监控这一环节着手。相反，他们会从用户体验和相关工件开始，例如用户故事地图。

刚开始与开发团队接触的时候，SRE 教练需要改变团队对 SRE 仅限于生产监控的看法。团队的思维方式需要转变，SRE 过程可以开始于用户体验提升其相关工件。如果不这样，SLI 和 SLO 定义过程可能会错误地将技术监控作为主要目标，从而导致方向偏离。

如前所述，在开始 SLI 和 SLO 定义过程时，每个用例的用户画像是团队的首要考虑因素。实际上，确立用户画像作为第一步对于避免后续可能出现的问题至关重要。

技术监控是计算机科学中较为成熟的领域，SRE 相对较新，所以有必要明确强调两者的以下差异，如表 6.1 所示。

表 6.1 传统技术监控与 SRE 的比较

传统技术监控	SRE
基于资源的警报	针对 SLO 违反情况的警报
阈值打破立即发出警报	警报算法会平衡及时性、有效性和其他标准
资源状态和用户体验影响之间是间接的联系	SLO 违反和用户体验影响有直接联系
没有关于如何响应警报的明确协议	由定义、开发、部署和运营服务的团队共同制定的一份错误预算策略，其中说明了针对过度的 SLO 违反应采取的行动
资源状态在一段时间内的数据和数据可视化	每个 SLI 所关联的各种 SLO 的遵守情况的数据和数据可视化；一段时间内关于服务水平表现的数据可视化，可利用这些数据做出在可靠性方面的投入决策

SLO 违反及其响应在 SRE 实践中处于核心地位，接下来我们要探索各种导致 SLO 违反的错误。在开始定义 SLI 和 SLO 之前，我们先来了解一下。

6.2.7 SLO 违反的原因

有两大原因会导致 SLO 违反：

- 团队自有服务所引起的 SLO 违反；

- （不属于团队的）依赖服务或基础设施所引起的 SLO 违反。

每个类别下面都有多个细分类别，如表 6.2 所示。

表 6.2　违反 SLO 的原因

SLO 违反类别	SLO 违反子类别	进一步解释(如果有必要的话)
团队自有服务所引起的 SLO 违反行为	自己的 bug，但没有导致停机	不用解释
	自己非计划内的服务停机	不用解释
	自己计划的服务停机	如果由于计划的服务停机而造成无法提供要求的服务水平（例如，在生产部署期间），那么可以考虑投资于“零停机时间部署”能力
不属于团队的依赖服务或基础设施所引起的 SLO 违反	所依赖的自己组织的服务/基础设施的 bug	可以参考目标环境中依赖服务/基础设施的历史错误预算消耗模式，从而对它们过去提供的真实服务水平做出判断。这样一来，针对在所依赖的服务/基础设施之上运行的服务，我们可以推断出可能的 SLO。另外，还可以推断出为了维持目标 SLO 需要如何实现稳定性模式
	所依赖的第三方组织的服务/基础设施的 bug	如果有，可以参考公开发布的 SLA（服务水平协议），以便决定如何为第三方服务/基础设施上运行的服务定义 SLO。另外，还可以推断出为维持目标 SLO 需要如何实现稳定性模式

如果组织提供的各项服务之间存在依赖关系，那么不同团队之间可以展开新的对话，这在以前是不可能的，因为组织根本就没有对 SLI 和 SLO 进行过全面的讨论。通过这些对话，可以选择收紧现有的 SLO 或者新建 SLO——因为新的服务有新的要求，而且，这些服务是建立在现有服务基础之上的。这样的对话也有望推动 SRE 被越来越多的团队采用。

同样，如果组织对第三方组织有依赖关系，也可以就此展开新的对话。如果第三方没有公开的 SLA，就提出要求。如果第三方提供的 SLA 不足以使得依赖它们的服务实现其 SLO，就可以启动对话，一起讨论是否需要收紧第三方 SLO，尤其是有可以平替的第三方服务且提供不同的 SLA 时，在对服务水平展开新的对话之后，可能会对第三方服务做出取舍。

对 SLA 和 SLO 的讨论可能也会导致采购过程发生变化？可能会决定今后只采购那些提供了公开 SLA 而且数据符合 SLA 的服务。

6.2.8 值班应对违反 SLO 的情况

目前，我们不必对具体的值班安排做出最终决定。只需要明确一点：一旦有违反 SLO 的情况，值班人员就要及时应对。如果 SLO 是基于用户的视角定义的，那么 SLO 违反就意味着严重影响到了用户体验。根据团队事先达成的共识，必须投入工程时间来确定 SLO 被违反的原因，并尽快将服务恢复到 SLO 规定的范围内。

注意，如果做不到这一点，整个 SRE 方法就会失去它的价值。如果对违反 SLO 的情况发出了警报却无人响应，实际上比不采取任何措施更浪费时间。因此，决定谁来值班、值班服务的对象、值班时间和日期等，这些问题非常重要。然而，这些问题目前还不需要做出最终决策。一旦时机成熟，自然就会进行更深入的讨论，到时应该已经考虑了所有可能的选项。

当前的关键任务是将之前了解的 SLI 和 SLO 相关理论知识转化为具体的 SLI 和 SLO，并应用于团队实际负责或拥有的生产服务中。

下一步是为开发团队"负责"或"拥有"的一组服务建立从 SLI 到 SLO 再到 SLO 违反的监测链。我们应该从哪些 SLI 开始？这是下一节的主题。

6.3 SLI 标准化

在《实现服务水平目标》[5]一书中，作者花了大量篇幅来介绍如何确保为服务挑选正确的 SLI 来准确反映用户体验——这是极为关键的。SLI 是 SRE 概念金字塔的基石（见 3.5 节），其准确性直接影响到整个体系的稳固性。

鉴于每项服务及其用户群体的独特性，不同服务的重要 SLI 也有所不同，这些 SLI 需要有针对性地体现用户体验。3.5 节提及的 SLI 金字塔尝试对广泛服务的关键指标实施标准化，标准化工作之所以重要，原因如下：

1. 它可以确立一套通用语言以便人们能够跨领域理解与应用 SLI；
2. 它可以促进 SRE 基础设施以一致方式发展，后者决定着 SRE 初期推广的成效。

一旦产品交付组织导入 SRE，术语的标准化就有助于团队更快接纳新的概念。SRE 教练应该尽量避免术语滥用，要有同理心，确保交流顺畅，特别是可用性、延迟、吞吐量和准确性这样的基本 SLI 概念，虽然大家都相对熟悉，但将它们统一归为 SLI 的话，还需要假以时日。

其次，以低成本和及时的方式实现 SRE 基础设施。这在 SRE 转型之初极其重要。运营团队需要用一个小的 SRE 基础设施来服务于更多开发团队。也就是说，基础设施需要在短时间内迅速提供给尽可能多的开发团队，以推动 SRE 运动的发展。

如果 SRE 基础设施来得太晚，会导致开发团队对采用 SRE 失去信心。SRE 基础设施之所以来得太晚，是因为它试图为个别开发团队实现定制的功能——这些功能并不能广泛适用于其他的团队。一开始的时候，SRE 基础设施应该先关注那些能广泛惠及所有开发团队的功能，以此来促进组织内部的小规模经济效益。

实战经验 大型企业有多个产品交付组织共存的情况。这些组织的技术栈都差不多。一旦 SRE 在其中一个组织成功落地，其他组织可能也会效仿。此时，现有的 SRE 基础设施就可以重用，从而获得更好的规模经济。随着 SRE 运维团队在企业层级的支持范围扩展至多个产品交付组织，仍需持续关注同时有利于多个组织的基础设施功能实现。

由于是从零开始建立 SRE，所以必须对 SRE 基础设施的功能进行严格的优先级排序。换言之，刚开始的时候，必须实现 SLI→SLO→SLO 违反链条。首先确定要支持的 SLI 的优先级，因为根据 3.1 节的描述，SLI 肯定无法一次性全部实现。如果只是希望在组织中推进 SRE，也没有必要在组织内全面铺开。

正如 SLI 金字塔所建议的，对可靠性来说，最基础的两个 SLI 是可用性和延迟。如果一个服务不可用，就会让用户觉得它不可靠。一个服务太慢，服务的用户也会认为它不可靠。互联网用户已经习惯于享受快速的服务。事实上，现在已经有人喊出了一个口号——“互联网的新场景下，慢即是宕机”（slow is the new down）[6]，在用户看来，宕机就是服务因为各种原因而慢到无法正常工作。回到 UI/UX 领域，按照《可用性工程》[7]一书的说法，1 秒钟的延迟就已经是明显的延迟！

也就是说，功能完全不可用，或者用起来速度太慢，这是用户所感知到的核心可靠性问题。可用性适用于所有服务。延迟则适用于大多数服务。因此，从规模经济的角度看，SRE 基础设施实现的可用性和延迟性 SLI 服务于产品交付组织中所有开发团队。这基本上就是一开始就要搞定的 SLI！

本书其余部分将基于这个假设。然而在某些系统中，最重要的两个 SLI 可能不同。例如，它们可能是可用性和正确性。这里的重点在于，对 SLI 的选择需要基于产品交付组织中能立即为其提供服务的开发团队的百分比。这具体取决于产品交付组织所处的领域。例如，销售数据管道工具的产品交付组织与另一个销售汽车仪表盘应用的产品交付组织各自可能就有不同的重要 SLI。

假定可用性和延迟是实现 SLI→SLO→SLO 违反链条的初始 SLI，运营团队的下一步是弄清楚如何以标准化的方式度量可用性和延迟。这意味着 SRE 基础需要提供一个通用的设施，以度量一些有具体定义的可用性和延迟。例如，度量可以在客户端或在服务器端进行。另外，这里的选择需要基于大多数开发团队的普遍适用性。例如，最初的 SRE 基础设施可能支持度量服务器上的网络服务端点的可用性和延迟。然而，它最初可能并不支持对后台作业或无服务器功能的延迟进行度量。

要点 要在 SRE 基础设施中快速实现 SLI→SLO→SLO 违反链条，就需要一切从简，选择两个初始 SLI。对 SLI 选择和支持的度量需要基于有多少开发团队能立即为其提供服务。对于很多领域，这两个最初的 SLI 都是“可用性”和“延迟”，而且最初是在服务器端按端点来度量 Web 服务。

6.3.1 应用程序性能管理设施

为了度量可用性、延迟和其他 SLI，运营团队需要研究并推荐开发团队所使用的应用程序性能管理设施。这样的基础设施可以选择现成的，比如 Azure Monitor、New Relic、Dynatrace 和 Datadog 等，这些现成的产品可以提供开箱即用的服务，以免额外花时间自主开发。

运营团队需要选择最适合的产品来获得实践经验，与一些开发人员分享经验，达成共同决议，记录下来，启动采购（如有必要），并为开发团队创建文档。文档要方便新的开发人员理解并使其能够为特定类型的服务启用应用程序性能管理设施，例如：

- 后台服务；
- 前端服务；
- 后台作业；
- 无服务器（Serverless）功能。

对于文档，首先需要具备自助服务的特性。也就是说，开发人员完全可以自主查看，不必有事就问运营团队。为此，可以考虑在项目的维基页面建立一个 SRE 专区。开发人员想要参考的文档都可以放到这个专区。

SRE 教练需要与运营团队讨论。运营团队不应成为瓶颈，不要手把手地教开发团队为任何类型服务启用应用程序性能管理设施。事实上，这是访问 SRE 基础设施的第一步，应该能由新的开发人员快速独立完成。

另外，运营团队需要考虑应用程序性能管理设施内部的逻辑分区，以便在必要时按环境对度量进行区分。例如，组织可能在不同的地理区域有多个生产环境。另外，未来可能需要在生产前使用 SRE 基础设施监测一些环境，由此获得服务是否满足其 SLO 的早期反馈。

另外，这些见解需要成为开发人员自助服务文档的一部分。开发人员往往喜欢做一些快速的尝试。因此，文档的设计应该方便他们快速对接可能部署在任何环境中的任何服务的基础设施。基础设施还不支持的任何服务类型、环境或其组合都要清楚地标示出来，以免那些跃跃欲试想上 SRE 的开发人员感到沮丧，因为他们在按照文档进行操作时发现自己遇到的问题并没有任何清楚的解释说明。

对于运营团队的文档，SRE 教练不要把它定位为描述已经做了什么，或者建议开发团队做什么。相反，文档应该如此定位——方便开发团队以自助服务的方式自主工作。如果文档不具有那种程度的质量和细节，那么不仅运营团队会成为瓶颈，整个 SRE 运动也会受到波及，从而丧失 SRE 营销漏斗所描述的吸引力。一旦 SRE 基础设施发生变化，也要对自助服务文档进行同步更新，以便运营团队从中学习新的工作方式。

6.3.2 可用性

为了计算违反 SLO 情况，我们将基于服务端点请求返回的 HTTP 响应码来度量端点的可用性。SRE 基础设施需要明确并公开哪些 HTTP 错误码表示端点不可用，并允许开发团队配置这些错误码。

当 SRE 教练与开发团队一起设置可用性 SLO 时，需要确保团队有一个良好的工作习惯——使用正确的 HTTP 响应码。在导入 SRE 之前，某些情况下使用具体的哪些 HTTP 响应码可能无关紧要。但现在，由于 SRE 基础设施使用这些代码来计算 SLO 违反和对错误预算的消耗，因此准确使用代码就变得极其重要。

如果使用的 HTTP 响应码不准确，可能导致错误预算消耗的计算不准确。这可能导致对错误预算耗尽时间的错误评估，并可能因此错误地确定可靠性和功能性工作的优先级。为避免这种情况，SRE 教练需要明确指出，必须审查所有已定义可用性 SLO 服务端点使用的 HTTP 响应码，并在必要时进行清理。尽管这样做可能延缓团队定义初始可用性 SLO 的过程，但是值得。

图 6.6 展示了成功实施服务可用性 SLI 需要满足的先决条件。

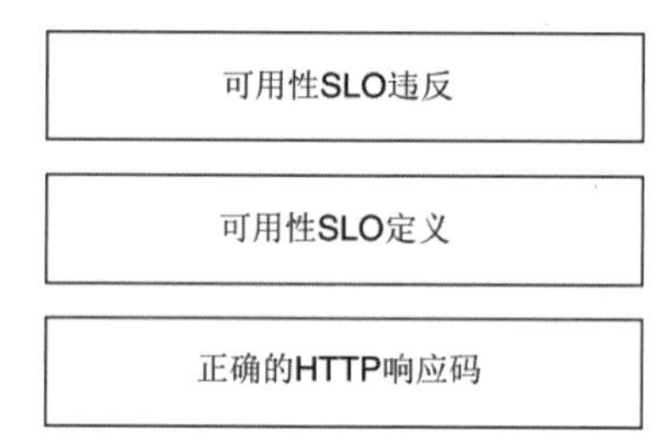

图 6.6　成功实现可用性 SLI 所需的前提条件

首先是涉及可用性 SLO 的所有端点的正确的 HTTP 响应码。一旦代码正确，可用性 SLO 的定义就可以由“负责”或“拥有”服务的团队完成。最后，SRE 基础设施根据 SLO 定义的可用性来计算实际的可用性。在检测到可用性 SLO 违反时，基础设施就会发出警报。

6.3.3 延迟

如前所述，在互联网上，慢即是新时代的宕机。所以，我们必须度量用户所感知到的完成一项操作所需要的时间，以便发现并力求消除性能上的瓶颈。因此，所选择的应用程序性能管理设施需要支持广泛意义上的延迟度量。

另外，注意文档的质量和细节，要方便开发人员自主地、以自助的方式对接部署于任何环境中的任何类型的服务，这同样适用于延迟问题。同样，SRE 教练需要指导运营团队，将自助服务文档的地位放到和在 SRE 基础设施中实现技术功能一样的高度。

由于 SRE 基础设施最初可能提供由 Web 服务端点来度量的延迟，所以可能需要把用户故事地图中更高层级的延迟 SLO 分解为多个单独的端点级 SLO。这需要与运营工程师、开发人员和产品负责人通过用户故事地图来展开合作。图 6.7 展示了这一过程。

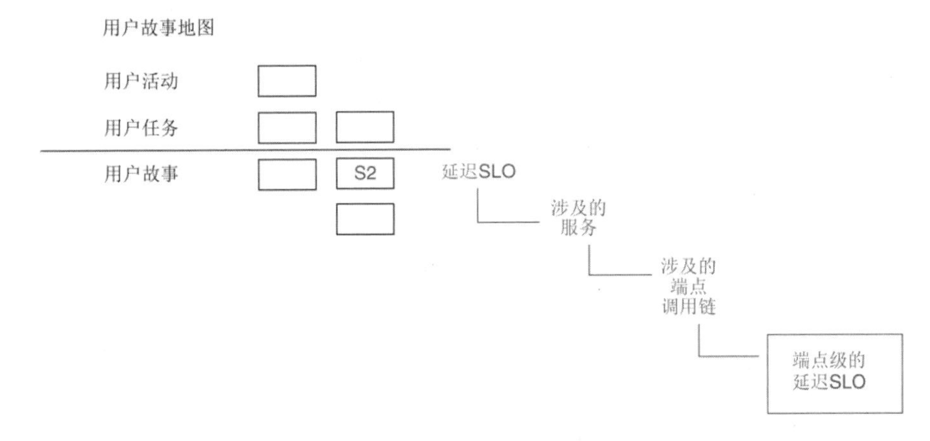

图 6.7　使用故事地图定义来细致地定义延迟 SLO

图的左侧展示了一个故事地图的结构。在故事地图中，包含用户故事 S2。我们已经为用户故事 S2 定义了一个延迟 SLO。为了度量延迟 SLO，我们需要 SRE 基础设施提供的新的功能。但是，这些功能最初可能无法使用。就延迟来说，SRE 基础设施目前支持在单个 Web 服务端点的层级进行度量。因此，需要弥合故事地图中在用户故事层级定义的延迟 SLO 和单个端点之间的差距。

我们通过分析用户故事 S2 所涉及的服务来弥合这一差距。一旦确定这些服务，就可以揭示出所涉及的端点调用链。然后，通过端点调用链，可以知道所涉及的各个单独的端点，最后，可以设置端点级的延迟 SLO。端点级延迟由 SRE 基础设施来支持。

在这种情况下，值得注意的是，即使 SRE 基础设施支持粗粒度的延迟度量，也可能需要将用户故事级延迟 SLO 分解为较低级别的端点延迟 SLO。这种分解可以按服务或按团队进行。之所以需要这样做，是因为警报针对的是延迟 SLO 违反的情况。警报目标应该与组织中的值班责任的划分方式相对应。一旦延迟 SLO 违反的情况发生，就要通知负责服务或服务集的值班人员。

除此之外，运营工程师、开发人员和产品负责人可能发现，在用户故事和更低的层级上定义延迟 SLO 有时很困难。“一个操作需要多长时间才能让用户保持满意？”在很多时候，这都是一个很难回答的问题。在这样的情况下，SRE 教练需要提醒团队，在定义延迟 SLO 或者其他任何 SLO 的时候，定义的都是一个初始值。最初定义的延迟 SLO 只是为了启动一个频繁的 SLO 迭代过程。至于后续如何修正，需要来自生产的反馈（以“SLO 违反”警告的形式），由值班人员系统地进行分析。

最后，在某些情况下，或许能将延迟 SLO 以及违反它们的情况当作目标环境下的一种性能测试。如果不需要严格的用户和数据负载配置就能获得有意义的测试结果，就可以考虑这样做。使用延迟 SLO，我们或许能提前看清在生产环境中测试总体战略的一些部分。

6.3.4 优先级排序

前面的讨论表明，在 SLI 标准化领域，需要严格地进行优先级排序，从而在 SRE 基础设施中以最快的方式实现一套初始的、有用的功能（SLI→SLO→SLO 违反链）。优先级排序需要在以下层级上进行：

- 最初的 SLI 选择；
- SLI 的初始度量方式；
- SLO 的初始设置方式；
- “SLO 违反”的初始报警方式；
- 最初的可视化功能。

各个层级的优先级排序需要考虑两个重要的标准。

1. 对产品交付组织的大多数开发团队的直接适用性；
2. 最小可行功能集，使开发团队能以最快的方式上手 SRE。

图 6.8 对此进行了展示。

最初只选两个 SLI（如可用性和延迟），适用于大多数产品交付组织的大多数开发团队。对 SRE 基础设施提供的可用性和延迟进行度量时，最初可以限定在 Web 服务端点上进行。这同样适用于大型的开发团队。

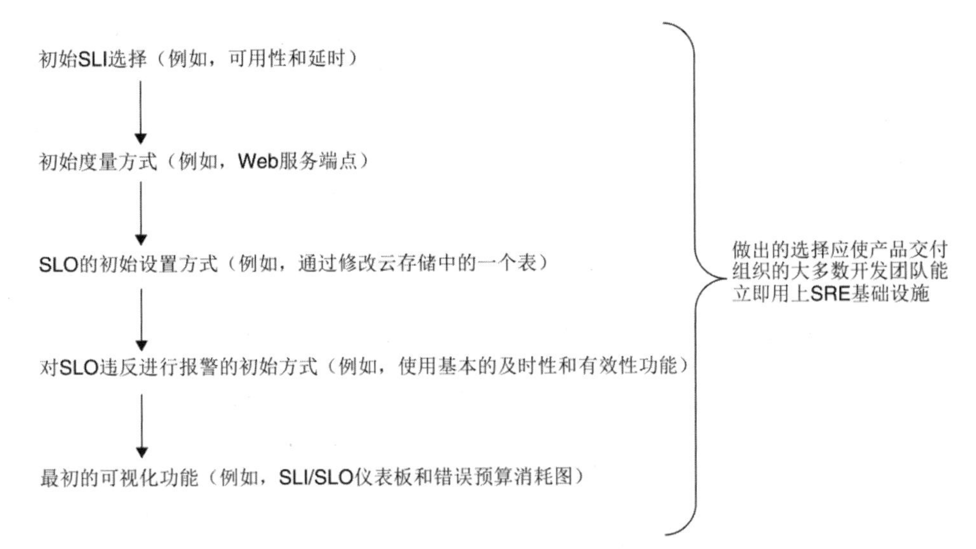

图 6.8 SRE 基础设施功能的优先级排序

此外，为了设置所提供的 SLO，最初可以简单通过修改云存储中的一个表来进行。刚开始的时候，并不需要一个非常友好的界面。开发人员早就熟悉了使用云服务提供商的标准工具来修改云端表存储。对他们来说，以这种方式来修改 SLO 设置并不是什么障碍。

另外，最开始对违反 SLO 的情况进行报警的方式需要做得比纯粹的、基于资源的报警好一些。例如，可以提供基本的及时功能，即并非每次超过 SLO 阈值就马上报警，这对减少警报疲劳有很大帮助。同样，可以提供基本的有效性功能，即不是针对每个 SLO 违反都报警，而是在需要报警的 SLO 违反发生后，有一个滞后期，这也有助于减少警报疲劳。就目前来说，根本不需要更高级的报警功能，因为到目前为止，还没有一个团队对任何 SLO 违反警报做出响应。让团队对 SLO 违反做出响应是一个大工程，如果成功，对 SRE 转型和 SRE 教练的成功来说都是一个了不起的进展。

最后，同样的逻辑也适用于最初由 SRE 基础设施提供的可视化功能。所有团队都需要看到时间序列图，显示 SLO 在一段时间内的遵守情况以及在当前时间单位内的错误预算消耗情况。通过提供带有这些信息的基本时间序列图，足以让任何产品交付组织的所有开发团队开始转向 SRE。

在产品交付组织中广泛提供这些图表，公开之前私有和分散的服务信息。根据组织文化的不同，团队可能担心图表的公开可能引起一些副作用。SRE 教练需要尽早消除这些合理的担忧，强调图表不会用于个人绩效评估，并向团队做出相应的保证。

6.4 启用日志记录

在 SLI 标准化过程中选好初始的 SLI 之后，下一步就是确保服务能正确记录，以便以合理的方式进行 SLI 的度量。这点很重要，必须事先向开发团队强调。SRE 基础设施的运行基于来自生产环境的日志。它不会调用服务来度量各种请求的延时。它也不会调用服务来调查它们是否可用（有 ping 工具来做这件事情）。无论 SLI 度量、SLO 违反还是错误预算，对它们的计算都基于来自生产环境的真实日志。

因此，启用日志记录是 SRE 转型旅程的下一个重要步骤。为此，运营团队需要研究并建议一个合适的日志记录设施。日志记录设施需要与所选择的应用程序性能管理协同工作。应用程序性能管理设施最好包含一个日志记录，从而提供一个良好集成的解决方案。

图 6.9 展示了 SRE 基础最终的整体结构。

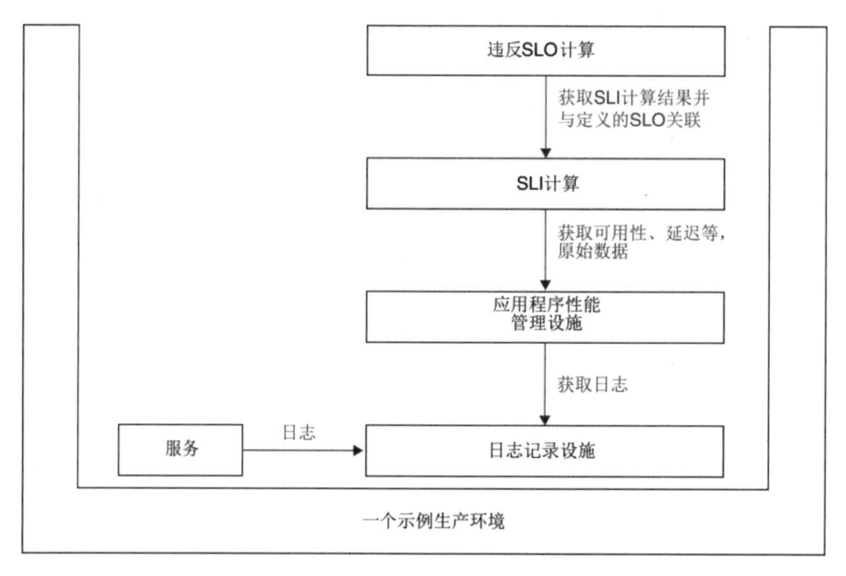

图 6.9　SRE 基础设备的组成部分

部署到生产环境的服务将日志发送到日志记录设施。应用程序性能管理设施获取日志并计算服务性能。对 SLI 的计算从应用程序性能管理设施获取可用性、延迟和 SLI 标准化（6.3 节）期间定义的其他 SLI 所需的原始数据。在 SLI 计算的基础上，还需要计算 SLO 违反的情况。SLO 违反会把 SLI 计算关联到定义的 SLO。

日志记录设施需要提供来自产品交付组织所用的全部编程语言的日志。还需要提供一种日志查询语言，允许以编程方式查询日志。此外，还需要为使用简单语言命令生成的日志提供可视化功能。使用日志记录设施提供的日志查询语言命令，很容易创建饼图、折线图、表格等。

运营团队需要选择最合适的日志记录来获得实践经验，与一些开发人员分享经验，达成共同的决定，将其记录下来，启动采购（如果需要的话），并为开发团队创建自助服务文档。一旦开发团队使用日志记录在他们的服务中实现了日志记录，SRE 教练就需要与该团队开一次会。在会议中，需要由一名运营工程师查询日志，看看团队“负责”或“拥有”的所有服务是否像预期那样出现在所有生产环境中。

虽然开发团队可能以为所有服务都有日志，但在运营工程师的帮助下，团队可能发现以下问题：

- 服务没有按照预期进行记录；
- 服务有日志，但这些日志记录到应用程序性能管理设施的错误逻辑分区中（例如，来自“生产 JP”的日志记录到“生产 EU”）；
- 发现了无人知晓的端点；
- 奇怪地遗漏了一些端点；
- 服务名称不符合命名约定；
- 端点不符合命名约定。

将日志传送到 SRE 基础设施以进行 SLI、SLO 和错误预算计算之前，需要先完成对日志记录功能的健全测试。对于运营工程师来说，这项工作也很重要，因为 SRE 基础设施会聚合多个开发团队提供的服务。在产品交付组织中，如果开发团队不参与产品运营，可能就没有服务目录显示开发团队对服务的最新所有权。但在做了刚才描述的日志健全测试后，运营工程师就可以手动建立服务目录了。在刚开始的这个阶段，就已经足够好了。这也足以让 SRE 基础设施按照团队对服务、仪表盘等进行聚合。

6.5 日志查询语言的培训

在产品交付组织中，如果开发团队以前没有参加过产品运营，那么对所选的日志查询语言的平均知识水平将相当低。因为开发人员不需要每天使用它。开发人员最关心的是实现新的产品功能，而不是日志查询语言。

使用 SRE 的时候，开发团队有两个重要的关注点：

- 确保所“负责”或“拥有”的服务在所有生产环境中都在其定义的 SLO 之内；
- 实现新的功能，最好采用“假设驱动开发”[8]方式。

为了确保开发团队的服务保持在其 SLO 范围内，需要对 SLO 违反情况做出响应。为了调查违反 SLO 的情况，需要通过日志来查找产品存在的问题。日志分析必须使用日志查询语言来完成。

为了进行这种分析，必须熟练掌握日志查询语言。可能需要在很短的时间内生成许多对问题的假设，通过日志查询来测试这些假设，然后放弃或者进一步追究。所有这些步骤都需要快速编制日志查询命令，以逐步接近问题和解决方案。

幸好，开发人员可以快速上手作为商业日志记录设施一部分的日志查询语言，因为他们已经掌握了常规的编程知识。日志查询语言的例子是 Kusto 查询语言（Kusto Query Language，KQL）和 Prometheus 查询语言（Prometheus Query Language，PromQL）。这些查询语言使开发人员能够高效地查询日志。更重要的是，它们使开发人员能用特定的语言命令在日志的基础上创建可视化结果。使用一条现成的语言命令，即可立即生成条形图、柱形图、折线图、饼状图和其他类型的图表。在快速调查 SLO 违反情况时，这是非常宝贵的一种支持。

SRE 教练需要与运营团队合作，为所选的日志查询语言编制维基文档，在其中列出最适用和最常用的功能。文档的目的是描述并链接到值班人员在调查 SLO 违反时执行的最常用的查询。这份内部文档应尽可能链接到外部的在线语言文档，以方便获取对语言命令的常规解释。和以前一样，该文档需要强调“自助”。

接下来，SRE 教练应该与几个开发团队开会，由精通日志查询语言的运营工程师根据文档进行解释。在会议中，运营工程师需要亲身示范如何通过一系列的查询来调查一些典型的 SLO 违反情况。这些会议需要记录下来，并为记录加上 SRE 标签，并放到内部维基文档中。

当其他开发团队学习日志查询语言的时机成熟时，SRE 教练需要参考现有的维基文档和会议记录。要求各团队先自己看一下这些材料。然后再举行会议，让运营工程师以互动问答的方式回答开发团队剩余的问题。

这是朝着减少运营工程师和 SRE 教练工作方向迈出的另一步。日志查询语言的教与学应该以自助的方式进行。这可以根据所提供的维基文档、视频和外部文档以及与精通该语言的人进行及时问答的方式来完成。

6.6 定义初始 SLO

随着日志服务到位，而且开发人员掌握了日志查询语言，就可以开始定义 SLO 和对 SLO 违反的响应了。SRE 教练与开发团队共同完成的下一个步骤是为他们“负责”或“拥有”的服务实际定义初始 SLO。为此，须事先知道好的 SLO 好在哪里。那么，什么是好的 SLO？下一节将具体进行探讨。

6.6.1 什么是好的 SLO

好的 SLO 需要满足以下条件：

- 反映特定用户旅程中某一特定步骤的用户体验；
- 由运营工程师、开发人员和产品负责人从用户的角度来定义（借助于用户故事地图）；
- 运营工程师、开发人员和产品负责人达成共识；

通过以下迭代过程得出：

- 在假设的基础上设定初始 SLO；
- 在生产中度量 SLO 的实现情况；
- 分析违反 SLO 的情况；
- 调查“SLO 违反”是否影响到用户体验（像之前假设的那样）；
- 根据调查结果，根据需要调整 SLO（收紧、放宽或重新定义）；
- 重复这些步骤，直到 SLO 能够充分反映用户体验；

违反 SLO 时会有以下结果：

- 快速而清晰地了解用户体验是如何受影响的；
- 值班人员中积极地采取行动；
- 可由当前 SRE 基础设施进行度量。

1.3 节提出一个关键的见解，SRE 之所以能起作用，是因为在软件运营中采用了科学研究的方法。这正好对应于上述迭代过程。图 6.10 展示了这个过程。

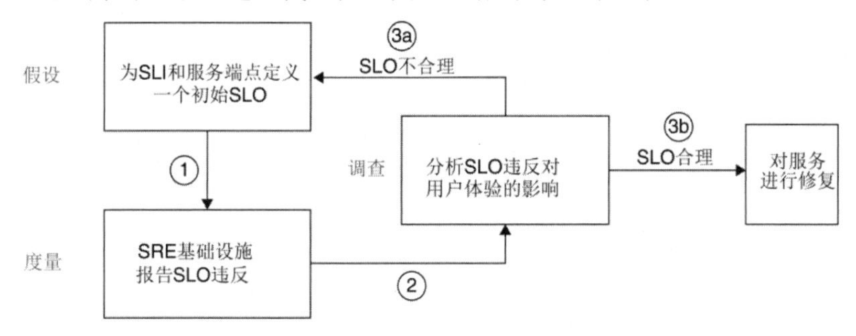

图 6.10 使用科学方法达成好的 SLO

迭代过程基于这样的思路：SLO 的定义并非一成不变。实际情况恰恰相反。新的 SLO 定义必然只是一个初始定义。换言之，定义 SLO 总是意味着先提出假设。

SLO 形式的假设需要在生产中经历严格测试。测试结果就是 SRE 基础设施所报告的 SLO 违反。通过这个过程来度量最初提出的假设是否成立。

对 SLO 违反的分析体现了一个学习和调查的过程。通过调查可能发现，SLO 违反并没有很好地反映对用户体验的影响。在这种情况下，我们的行动是推翻原来的假设，宣布 SLO 不合理，并从头开始 SLO 定义过程。这显示在图 6.10 的步骤 3a 中。

当然，也可能通过调查发现 SLO 违反很好地反映了对用户体验的影响。这种情况下的行动是承认原来的假设是正确的，并对服务进行修复，使其回到 SLO 内。这显示在图 6.10 的步骤 3b 中。

实战经验 团队会不自觉地将初始 SLO 定义得过于严格，以高可用性、低延迟等为目标。通过迭代过程，最初的 SLO 会得到调整，并倾向于放宽，在可接受的客户体验和团队能够保持的服务水平之间，获得一个现实的焦点。

在制定初始 SLO 时，SRE 教练不需要介入团队的热烈讨论。即使教练看到建议的初始 SLO 对服务所提供的可靠性水平来说过于完美，也不要干涉团队的判断。让团队从自己的误判中学习，比一开始就阻止这种误判更重要。另外，让团队迅速认识到初始 SLO 需要调整，并着手实际调整它们，比一开始就让初始 SLO 接近现实更重要。学会学习是这个过程的重要组成部分！

在大家讨论初始 SLO 时，SRE 教练唯一要限制的是时间。将最初的讨论限制在每个 SLI 的一个小时内也许是合理的。在这一个小时内，为一个 SLI 设定的所有 SLO 都可以在同一天提交给 SRE 基础设施。这样一来，初始的假设→度量→学习循环很快就能完成。以后所有进一步的迭代都可以依据生产中的真实反馈来进行。

6.6.2 SLO 迭代过程

图 6.11 概述了 SLO 的详细迭代过程。

在步骤 1 中，所有参与服务的人都需要在离线或者在线会议上聚到一起。换言之，所有运营工程师、开发人员和产品负责人都需要到场，大家共同来定义好的 SLO。

在步骤 2 中，团队需要确定服务需要满足的最重要的客户用例。用户故事地图（6.2.4 节）能为此提供很大的帮助。在用户故事地图中，已经包含所有的用户旅程。因此，需要选择其中的一个子集来设置 SLO。

在步骤 3 中，团队需要确定最重要的客户用例所涉及的典型呼叫链。这一步可借助于日志记录设施或应用程序性能管理设施。这些设施通常能显示一段时间内的所有呼叫链。开发人员可以通过查看显示的呼叫链来识别使用场景。

步骤 4 是为典型呼叫链的端点定义初始的可用性 SLO。通过查看端点的历史可用性数据，这一步可以很快完成。应用程序性能管理设施应该有这些数据，并能以表格、图形和图表的形式呈现。如果没有，则表明所选的设施不太合适。

历史可用性数据的用处在于，它能提供在给定时间段内给定端点的最大和最小可用性数据。利用这种数据，可以创建关于端点未来可用性的一个假设。该假设可以编为端点的初始可用性 SLO。注意，初始 SLO 不应该比基于历史数据的端点最大可用性更严格。例如，假定历史数据显示，一个端点的可用性从未超过 95%，那么初始 SLO 就不应该设为 99%。如果那样做，只会导致值班人员被可用性 SLO 的违反轰炸，最终导致警报疲劳（6.2.5 节）。

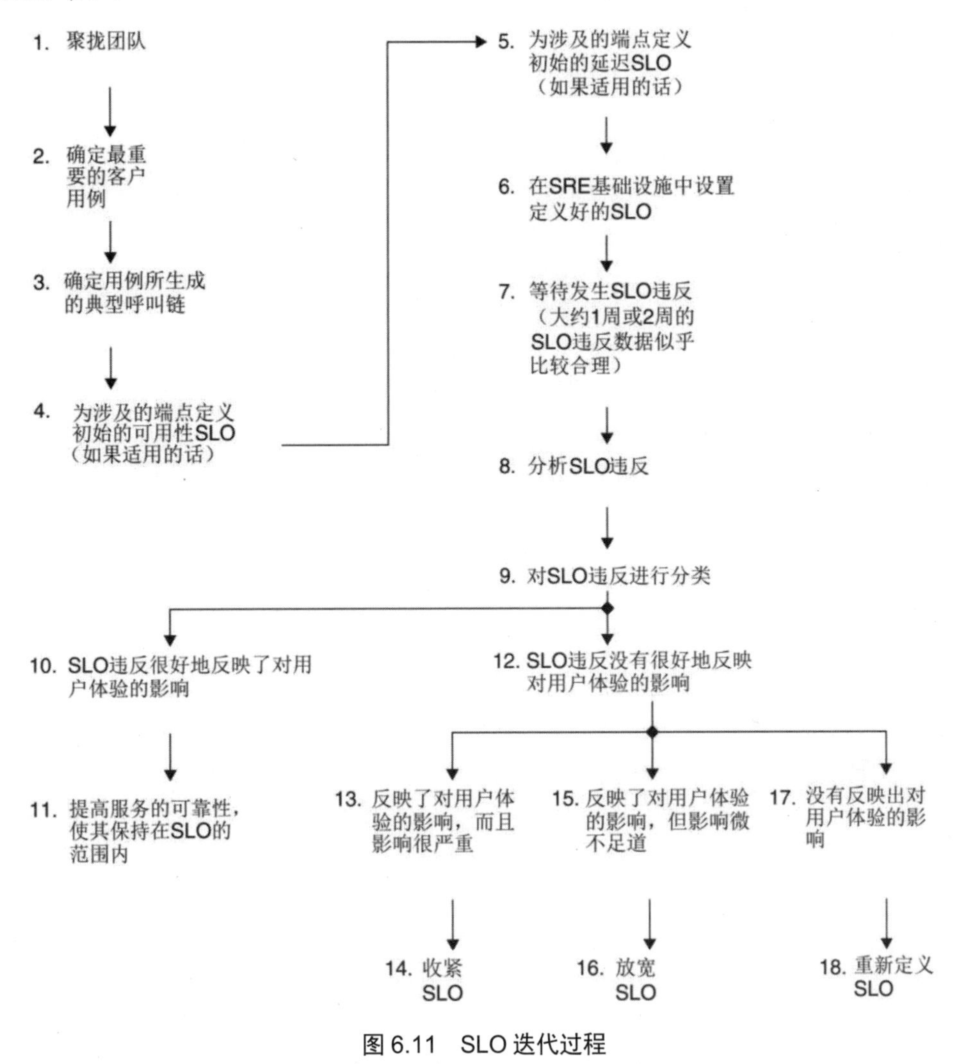

图 6.11 SLO 迭代过程

查看端点的历史可用性数据还能造成一些具有积极意义的后果。许多运营工程师、开发人员和产品负责人都是第一次看到这种数据。在发现可用性低于预期之后，可能会引发一些新的对话，进而最后可能决定在可靠性上加大投入。SRE 的目标不正是让我们以数据驱动的方式来决定投入可靠性还是开发新功能吗？是的，正是如此！有的时候，在 SRE 转型的初始阶段，单是查看以前从未见过的一些历史数据，就能实现这一目标。

步骤 5 为所涉及的端点定义了初始延迟 SLO。像无头苍蝇一样度量延迟是没有意义的。所以，需要仔细分析哪些端点会受益于一个延迟 SLO 的所有权。和可用性 SLO 一样，这种分析可以通过检查端点的历史延迟数据来完成。一个端点的初始延迟 SLO 不能比历史数据显示的最小延迟更严格。

例如，如果历史数据显示一个端点在某个时间段的延迟范围是 300 毫秒到 900 毫秒，那么将初始延迟设为在 80%的情况下 200 毫秒就没有意义。同样，第一次看到历史数据，可能会使团队优先考虑之前没有想到的可靠性改进。

步骤 6 是在 SRE 基础设施中设置定义好的 SLO。理想情况下，开发团队应该能以自助方式完成这件事。然而，如果目前还不可能，或者在 SRE 基础设施开发的初始阶段做起来太麻烦，那么运营工程师也能接管。但是，如果这样做的次数多了，会使开发团队以为 SRE 基础设施不支持自助的方式。所以，SRE 教练应坚持让运营团队优先解决 SLO 的自助设置问题，使开发团队能自己搞定这件事情。只有当 SLO 能以自助方式设置时，开发团队才能保持定期调整 SLO 的积极性。如果开发团队每次调整 SLO 都必须联系运营团队，那么自然很快就会失去积极性。

在步骤 7 中，团队应该等待 SLO 违反的发生。等待一两周或许是合理的。然而，如果大量 SLO 违反事件更快涌现，就没有必要等更长的时间才开始分析第一批 SLO 违反事件。另外，如果一两周内没有发生 SLO 违反告警的情况，则表明新开发的 SRE 基础设施中可能有 bug。SRE 基础设施需要提供一种方法，让开发团队根据 SRE 基础设施生成 SLO 违反告警的方式来查看 SLI 和 SLO 的历史数据。SLI/SLO 图表应该为此提供充分的支持。但在最开始的时候，一个简单的数据表格应该足够了。

同样，这里很重要的一点是允许开发团队以自助方式排除某些类别的错误。通过自助服务，他们应该能够理解，一些 SLO 违反告警之所以没有发生，是因为服务端点实际上是在 SLO 的范围内。只有确认这一点，才能与实现 SRE 基础设施的运营团队讨论其他可疑的基础设施行为。

步骤 8 对 SLO 违反告警进行初步分析。这可能很耗时，所以要以一种结构化的方式进行。应该根据原因对 SLO 违反告警进行分组，而且要充分描述原因（例如，在团队维基页面）。步骤 9 对 SLO 违反告警进行分类。分类是根据 SLO 违反告警对用户体验的影响程度来进行的。如果一个 SLO 充分反映了对用户体验的影响（步骤 10），则说明服务的可靠性是需要改进的（步骤 11）。

如果 SLO 违反没有很好地反映对用户体验的影响（步骤 12），就可以细分为三种情况。如果反映了对用户体验的影响，而且影响很大（步骤 13），就需要收紧 SLO。收紧 SLO 将导致在对用户体验的影响还没有那么严重的时候，更早地对 SLO 的违反发出警报。

如果反映了对用户体验的影响但影响不明显（步骤 15），就表明这个 SLO 违反是在对用户体验受到的影响还没有严重到让值班人员采取行动的时候发生的。此时需要放宽 SLO，使 SRE 基础设施在对用户体验影响变得更严重时才报警（步骤 16）。

最后，在步骤 17 中，SLO 违反根本没有反映出对用户体验的影响。在这种情况下，表明一些技术上的东西出了问题。但是，用户根本没有察觉到技术上的问题。在这种情况下，SLO 需要重新定义（步骤 18）。

整个过程都是为了使 SLO/SLO 违反与对用户体验的影响保持一致。其目的是为了减少违反 SLO 警报。在此过程中，值班人员应该做到这样的程度，即每一个违反 SLO 对他们来说都是有意义的，它肯定代表了对用户体验的严重影响，所以，完全有动机使服务回到 SLO 的范围内。

6.6.3 修订 SLO

不断重复上述迭代过程是值班人员的责任。每个 SLO 的定义都应该视为一个假设，需要通过违反 SLO 以及对它的分析来进行检验。此外，需要在几种情况下对 SLO 进行修订，如表 6.3 所示。

表 6.3 需要修订 SLO 的情况

需要修订 SLO 的情况	解释
当值班团队以外的人发现他们所负责的服务有问题时	利益相关者、客户或值班团队以外的任何人都可能发现问题。值班人员应高标准要求自己，争取率先发现他们所负责的服务的问题。因此，但凡是由其他人发现他们的服务出了问题，那么都需要对 SLO 进行修订。目标不是设定尽可能多的 SLO。相反，目标是尽可能多的违反 SLO 都是自己在第一时间发现的
在新功能的首次生产部署之前	新功能首次生产部署之前需要为其定义初始 SLO，以便对这些功能进行监控。部署新功能却没有相应的 SLO，这跟无头苍蝇没什么两样。在这种情况下，率先发现功能有问题的会是客户和利益相关者，而非值班人员。这个锅自然要由值班人员来背。所以，在新功能首次部署到生产中之前，值班人员需要召集一次会议来专门定义 SLO
以团队合理的节奏	除了前面描述的情况，值班人员还应该为团队制定一个 SLO 检查时间表。每季度一次或许比较合理。上个季度的服务错误预算消耗可以在同一次会议上审查

设定和修订 SLO 的过程可由默认 SLO 提供支持。什么是默认的 SLO 以及如何设置它们是下一节的主题。

6.7 默认 SLO

服务端点的默认 SLO 是一个可由团队的运营工程师、开发人员和产品负责人来探讨的概念。默认 SLO 的目的是满足以下两个需求：

- 在将新的服务端点部署到生产时避免盲目；
- 避免生产中的某些东西完全损坏而只有用户知道的灾难场景。

将新的服务端点添加到服务时，需要先讨论，确定该服务是否需要为任何 SLI 设定任何 SLO。然而，如果团队急于将新功能部署到生产（可能还有其他原因），那么这种讨论可能不会发生。在没有进行讨论和没有 SLO 的情况下将服务部署到生产环境，会使值班人员无法监控新的服务端点。当然，它确实可能不需要监控，但谁知道呢？团队在这方面基本上是盲目的。结果，新部署的端点所实现的功能在生产中可能完全被破坏，而唯一知情的人是使用服务的用户。

为了防止这种情况的发生，运营工程师、开发人员和产品负责人可以决定实现所谓的默认 SLO。默认 SLO 是根据每个服务的 SLI 定义的。它可以这样定义，即它所代表的服务之所有端点在任何情况下都应实现的最低服务水平。例如，对于面向用户的服务，可以定义如表 6.4 所示的默认 SLO。

表 6.4 默认 SLO 的例子

某个面向用户的服务	
默认可用性 SLO	每个端点 90%的可用性
默认延迟 SLO	每个端点 80%的情况 1 000 毫秒的延迟

这些默认的 SLO 表明，所有端点的可用性至少要达到 90%，而在 80%的情况下，延迟不得超过 1 000 毫秒。

在增加了默认 SLO 之后，现在有了两种形式的 SLO：

- 显式 SLO 通过上一节（6.6 节）讨论的过程进行设置。显式定义的 SLO 会覆盖默认 SLO；
- 默认 SLO 由 SRE 基础设施隐式应用于所有没有显示 SLO 定义的端点。

也就是说，对于生产环境中的任何端点，如果没有为某个 SLI 设置显式 SLO，就把为该 SLI 服务定义的默认 SLO 分配给该端点。这样一来，就不会由于生产部署前没有讨论 SLO 的显式设置而导致值班人员无法监控端点。而如果无法监控端口，哪怕端点出了灾难性的事故，也无法被检测出来。用户别无他法，唯有升级（客诉）。

在前面的例子中，SRE 基础设施将 80%的情况下 90%的可用性 SLO 和 1 000 毫秒的延迟 SLO 分别应用于没有为可用性和延迟 SLI 显式定义任何 SLO 的指定服务之每个端点。当然，SRE 基础设施需要为其用户提供自助服务设施，使其可以设置和修改默认 SLO。默认的 SLO 和显式 SLO 在修改后需要在一小时内生效。否则，变更和效果之间的反馈回路就不够紧密，以至于无从知道变更是否真的生效或者 SRE 基础设施是否有问题。

另外，在 SRE 转型之初，定义初始 SLO 的过程可以得到默认 SLO 的支持。在这种情况下，生产环境中有许多端点，可能有成千上万的端点聚集在数百个服务中。最好为最重要的客户场景显式定义 SLO。但在一个大型系统中，这可能非常耗时。

一方面要花时间定义高质量的初始 SLO，另一方面又要实现合理的 SLO 覆盖率以免盲目。为了在两者间取得平衡，可以考虑事先定义一系列精心选择的默认 SLO。和 SRE 的其他事务一样，默认 SLO 需要由负责特定服务的运营工程师、开发人员和产品负责人共同决定。

一个策略是最初采用默认 SLO，然后在针对重要客户场景进行以用户为中心的讨论时，逐渐用显式 SLO 取代默认 SLO。这个策略的一种变化形式是，最初采用默认 SLO，然后在发生默认 SLO 违反事件的情况下，再逐一定义显式 SLO。无论采取什么策略，目标都是让 SLO 不断迭代，直到它们很好地反映对用户体验的影响（6.6.2 节）。

6.8 提供基本的基础设施

如前面几个小节所述，有了 SRE 基础设施，开发团队就可以迭代 SLO。6.3.4 节概述了一套实现假设→度量→学习反馈循环的基本功能，具体如下所示：

1. 为可用性和延迟设置显式和默认 SLO（最好一开始就支持自助服务）；
2. 在违反 SLO 时收到警报；
3. 调整 SLO（最好一开始就支持自助服务）。

基础设施需要以多租户 [9] 的方式实现，以便能够加入更多开发团队和运营团队。一开始就要慎重考虑这个重要的设计选择。不仅当前产品交付组织未来可能扩大规模，而且企业内其他产品交付组织未来可能也想使用该基础设施。

6.8.1 仪表盘

除了上述三个基本功能，在不久的将来，SRE 基础设施应该增加以下两种基本仪表盘：

- SLI/SLO 仪表盘（SLI/SLO dashboard），旨在回答问题 “在一段时间内，基于不同的 SLI，服务的 SLO 的实现情况是怎样的？”
- 错误预算消耗图（error budget depletion graph），旨在回答问题 “在当前期限内还剩下多少错误预算？”

采用多租户系统设计，仪表盘需要按图 6.12 所示的方式提供给开发团队。

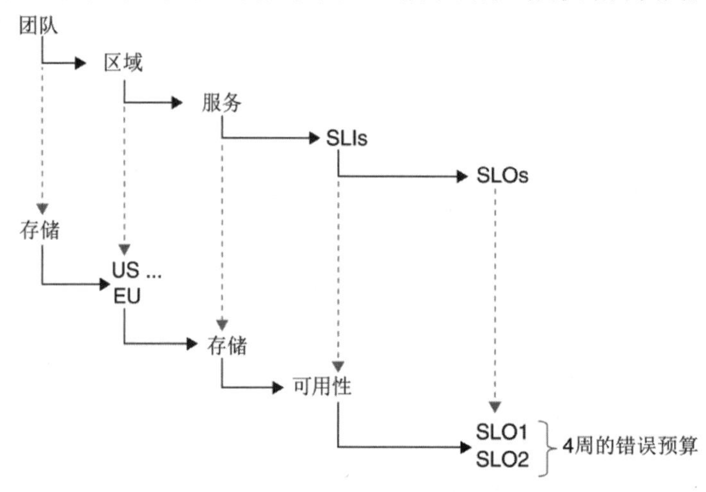

图 6.12 SLI/SLO 仪表盘结构

图 6.12 展示了一个 5 级层次结构（其目的是满足多租户的需求）。总结如表 6.5 所示。

表 6.5 SLI/SLO 仪表盘的层级

层级	解释
团队	对服务、仪表盘和警报分组的一个单位。每个团队都需要得到一套标准化的仪表盘，以显示服务。然而，每个团队也应该能够看到产品交付组织内其他团队的仪表盘
区域	一项服务可以部署到多个区域。团队要能按地区查看仪表盘。例如，如果在日本发生故障，应该可以一眼看到所有部署在日本的服务
服务	部署到被监控环境中的服务
SLI	一个服务可以选择应用多个 SLI。仪表盘要能按 SLI 显示图表。例如，如果某项服务在日本很慢，应该可以看到部署在日本的所有服务的延迟 SLI/SLO 仪表盘
SLO	一项服务可以基于每个 SLI 来设置一个或多个 SLO。必须明确显示每个 SLI 的所有 SLO 以及跨 SLI 的所有 SLO

6.8.2 警报内容

在 SRE 基础设施提供了基本的仪表盘之后，下一个扩展有助于减少分析 SLO 违反的时间。它基于值班人员的反馈。首先是 SLO 违反警报中包含的信息。应该在警报中包含尽可能多的信息，以便减少调查问题根源所需要的时间，从而尽快开始修复工作。

可以用更多的信息来强化违反 SLO 时发出的警报，以减少值班人员分析警报和排除潜在错误原因的时间，从而尽快开始修复（缩短平均故障修复时间）。可以考虑包含以下警报内容：

- 受影响的端点；
- SLI 违反；
- SLO 违反；
- 发生 SLO 违反的部署的位置；
- 发生 SLO 违反的时间；
- SLO 违反程度（例如 500%）；
- 给定时间单位内的剩余错误预算；
- 环境细节：
  - 邻居，有 20 个其他服务在同一集群中运行；
  - 内存，在发生 SLO 违反时，集群整体消耗 95%的内存；
  - CPU，在发生 SLO 违反时，集群的 CPU 负载为 90%；
  - 回收，在 SLO 漏洞发生前 3 分钟，开始容器回收；
  - 缩放，在 SLO 漏洞发生前 10 分钟，服务规模重新调整[10]；
  - 错误，链接到相关的事件日志（如果有的话）；
  - 采样，当前的日志采样设置；
- 关于服务依赖项状态的信息：
  - 依赖项的可用性；
  - 依赖项的延迟；
  - 依赖项的错误预算状态；
- 开始为这种类型的 SLO 违反发出警报之前的延后时间。

这种 SRE 基础设施的扩展需要严格基于已对 SLO 违反警报做出响应的团队之反馈。否则，很容易出现这样的情况：实现的基础设施没有人用。需要对扩展进行优先级排序，首先实现开发团队请求最多且对他们更有用的功能。表 6.6 对此进行了说明。

表 6.6 SRE 基础设施功能请求的优先级排序

SRE 基础设施功能请求	请求该功能的团队数量	能从该功能受益的团队数量	分配的优先级
功能 A	由 3 个团队请求	会使 20 个团队受益	1
功能 B	由 3 个团队请求	会使 15 个团队受益	2
功能 C	由 2 个团队请求	会使 10 个团队受益	3

虽然优先级的确定并不精确，但至少要以前面解释的逻辑为指导。

6.9 与拥护者接触

到目前为止，SRE 教练已经与所有参与 SRE 转型的运营和开发团队进行了接触。在这个过程中，可能发现有些人对 SRE 特别热心。这些人是在各种会议上谈论 SRE 最多的人。他们可以就 SRE 说上几个小时，他们为新实践所释放的新的可能性而欢呼。我们将这些人称为 SRE 拥护者。

SRE 教练应该和 SRE 拥护者接触，要求他们对比新实践与以前的运营实践，向更多的人介绍。例如，精益咖啡或午餐会就是分享经验的好地方。如果可能的话，SRE 教练应该对会议进行记录。会议记录应该加上 SRE 标签，并上传到公司的视频分享服务。视频链接要放入工程维基页面的 SRE 专区。

这些拥护者将来可能有望成为 SRE 教练。例如，如果企业内的另一个产品交付组织决定采用 SRE，SRE 拥护者可能希望在那里担任 SRE 教练的角色。5.3 节介绍了 SRE 教练需要具备哪些特质。

6.10 和反对者打交道

在与运营团队和开发团队接触的过程中，SRE 教练可能不仅看到了热情的拥护者，还看到了反对者。这很正常。和其他方法论一样，SRE 并不适合所有人。有些人对产品运营有其他看法。应该鼓励反对者公开表达他们的观点。SRE 不应当不接受质疑。相反，在组织明确 SRE 总体方向的同时，要欢迎大家的质疑。

6.10.1 人们为什么会反对

例如，一些运营工程师多年来可能一直在徒劳地尝试让开发人员靠近生产运营。到现在这个时候，他们可能已经完全放弃了。对他们来说，试图在运营工程师、开发人员和产品负责人之间建立起协同，现在已经完全没有指望。所以，他们对 SRE 转型感到悲观，更不想配合。

这些运营工程师的立场完全可以理解。事实上，他们的立场就是试图用 SRE 方法来扭转局面的原因。试图说服心怀不满的运营工程师相信 SRE 虽然是个好主意，并不能让他们改变想法。作为 SRE 营销漏斗（5.2 节）的一部分，SRE 教练的热情再高也无法说服他们。只有 SRE 转型结束时的真实数据表明 SRE 确实能掌控生产运营问题，才可能说服他们。

在转型过程中，SRE 教练需要确保那些不满的运营工程师不会针对 SRE 散布负面情绪。事实上，在转型初期，SRE 是一种未经证实的方法。所以，当前确实没有客观的理由来宣布它失败了还是成功了。鉴于 SRE 在项目组合层面的优先地位，组织中相当多的人决定不妨一试（5.4.6 节）。如果 SRE 教练发现围绕 SRE 的负面情绪弥漫于组织中，但又找不到明显的理由，就需要向运营工程师说清楚。

6.10.2 警报的问题

运营工程师质疑 SRE 的另一个原因可能是警报的处理方式。传统意义上，运营工程师的工作围绕着基于资源的警报展开。每当有技术阈值被打破，就会生成一个警报并发送给运营工程师。一些运营工程师认为这就是自己工作的全部。事实上，这可能已经成为一些运营工程师的舒适圈。

SRE 则与这种信念相反，因而导致他们感到紧张。SRE 认为，基于资源的警报过于偏重技术，与用户体验严重脱节。SRE 鼓励先从用户体验开始，例如使用用户故事地图；定义一个反映用户体验影响的 SLO；并且明确不会对每个 SLO 违反进行报警。然而，SLO 警报是在及时性、有效性、目标性和其他因素进行平衡，它尝试只对严重影响用户体验的情况生成警报。

另外，在基于资源的警报中，警报是短暂的。如果使用 SRE，那么关于不同 SLI 的 SLO 违反的历史数据都会保留下来，并用于计算错误预算以及生成错误预算消耗仪表盘。所有这些都是为了在组织的不同层级实现基于错误预算的决策（6.2.6 节）。

对一些运营工程师来说，这种逻辑听起来可能就像是天方夜谭，基于资源的警报所报告的核心问题由来已久。许多问题很早就知道，但一直没有采取足够的行动来解决。究竟为什么给警报逻辑增加一些复杂性就能改变组织中的人对运营的态度？毕竟还是那些人啊！给他们一个更好的数据环境。给他们提供一个更高级的数据视图，并不能改变他们的观点！

对这些心怀不满的运营工程师来说，问题的核心不在于新的数据，也不在于新的仪表盘。这些都不是本质。这完全在于人。[11] 事实上，此时似乎有两种选择：要么继续维持现状，要么尝试和人一起改变。

SRE 转型旨在改变组织中的人员对运营的态度。整个术语、方法和基础设施只是实现这一目标的手段。SRE 转型不会在每个组织中都取得成功。它的成功完全取决于所涉及的人。以这种方式解释这个逻辑，可能会改变那些心怀不满的运维工程师的看法。

6.10.3 工具的问题

运营工程师可能尝试过向开发人员提供工具，让他们更接近产品运营。但是，开发人员可能并不买账，而且从未使用过这些工具。所以，运营工程师再次陷入两难境地：他们需要尝试提供过去总是被忽略的东西。在这种情况下，鼓励这些运维工程师提供全新的 SRE 基础设施是不现实的。换言之，只能选择那些真正相信 SRE 的运维工程师来从事 SRE 基础设施的相关工作。

另外，可能有运营、开发或系统工程的人员认为，提供完整的 SRE 基础设施之后，反而会使开发团队进一步远离产品运营。因为开发团队再也没有必要设置自己的监控、创建自己的仪表盘、设置自己的警报、开发自己的工具等。换言之，由于 SRE 基础设施提供了太多服务，以至于开发团队乐得清闲。

在这里，需要讨论一下开发团队的职责。有了 SRE 基础设施后，开发团队的职责如下。

- 参与 SLI 和 SLO 定义过程。
- 不断调整 SLO，使其反映对用户体验的影响。
- 保持 SLO 在错误预算范围内，方式如下：
    - 根据商定的值班设置来响应“SLO 违反”；
    - 根据对错误预算的计算来确定实现可靠性功能的优先；
    - 实现工具、弹性等以减轻值班人员的工作量。

让开发团队自己实现 SRE 基础设施并不会带来规模经济。这也不符合聚合 SRE 数据所需要的标准化——目的是在组织的不同层级上实现基于错误预算的决策。确实，让开发团队实现自己的监控、警报等，会使他们距离生产环境更近，因为这会增强他们对这些东西的所有权[12]。但之前因为诸多原因没有实现，这不符合规模经济。而且，即使实现了，也得不到错误预算决策那样出色的效果。

更有效（effective）且高效（efficient）的方法是明确开发团队的职责。为了履行这些职责，他们自然恢复“甩手掌柜”的角色！相反，这会使他们比以往任何时候都更接近生产，同时还能获得共享 SRE 基础设施而带来的成本效益。

6.10.4 产品负责人的问题

一种可能的情况是，某些产品负责人会有一搭没一搭地参加 SLO 定义会议。团队都开始定义 SLO 了，产品负责人却不在场。

这很像 21 世纪初软件行业引入 Scrum 过程时开发团队经常遇到的情况。那时，有些产品负责人经常不参与 Sprint 计划会、需求梳理会或者演示。他们不认为自己出场有多重要，所以会优先安排与业务相关的工作，其次才考虑团队的工作。那个时候团队是怎么做的？他们散会了吗？他们没有。他们继续开会，与能来的人一起计划、梳理或演示。玩消失的产品负责人呢？他们不得不为自己不在场时做出的决定收拾烂摊子。

SLO 的定义也是这种情况。SRE 教练应该让会议继续进行，并与相关人员一起定义 SLO。在背后，教练应该和没有到场的产品负责人协商，试着让他们回来参加讨论。无论如何，都需要定义 SLO，并且需要继续进行 SRE 转型。如果没有产品负责人的参与，SLO 的价值或许就会降低。但和没有任何 SLO 相比，这依然是一个巨大的进步！

6.10.5 团队激励的问题

有的时候，开发团队会定义初始 SLO，对 SLO 违反进行初步分析，之后开始陷入懈怠。可能要在很长一段时间后，开发团队才能有规律地对 SLO 违反做出响应。虽然目前还没有通过轮流值班制度来做出安排，但团队中的一些人确实需要有规律地对 SLO 违反做出响应。只有这样，SRE 过程才能真正发挥作用。在发生以下事件后，团队的积极性或许有所提高：

- 等第一个版本部署到生产中，具有普遍可用性后客户开始（投诉）升级；
- 等有外部实体要求 SLA；
- 等其他团队有更多成功经验可供分享；
- 等其他团队和利益相关者质问团队他们提供的服务为什么不能工作；
- 要求对服务状态进行专业的广播（类似于 Microsoft Azure 采用的方法 [13]），指出组织的目标是内部和外部一样透明。

> **实战经验** 开发团队和运营团队可以通过专业的服务状态仪表盘（例如 Microsoft Azure）来保持积极性。诸如“我们也需要有这样的仪表盘！”这样的呼声可能成为建立有意义的 SLO 和规律性地响应违反 SLO 的动力。

总之，SRE 教练应该和反对者面对面，还要抱有同理心。应该尽一切可能讲清楚为什么要做 SRE，只有以理服人，才能解除反对者的担忧。

SRE 教练应该避免要求有正式组织权力的人去影响那些立场与 SRE 不一致的人。正式的管理者可能比 SRE 教练更容易影响下属。然而，如果受到的是 SRE 教练的影响，那么这个人会出于信念而行动。这种动机是内在的，会持续更长的时间，引发更多的行动。这才是目标。

6.11 创建文档

本章详细讨论了文档对各种 SRE 使用场景的作用。这些文档需要公开，而不能只是放在运营的维基页面上只供运营工程师访问。文档最初可能和 SRE 基础设施一起出现（即生产运营）。如果是这样，文档在某个时候需要转移到所有人都能访问的一个中心位置。建议在中心工程的维基页面，专门用一章来存放 SRE 文档。

如前几节所述，SRE 文档的创建需要考虑到自助用户。文档为运营工程师屏蔽了任何需要执行常规 SRE 任务的人。如果不这样屏蔽，运营团队很快就会淹没在大量零散的支持请求中，从而无法专注于 SRE 基础设施的实现。

因此，SRE 教练必须一开始就指出编写自助服务文档的重要性。如果文档不是最新的，就不要批准任何关于 SRE 基础设施的 pull 请求。在 SRE 基础设施的功能上线之前，必须先为它写好文档，允许 SRE 基础设施的用户进行自助服务。

自助服务文档不只是文档。相反，它是 SRE 转型的加速器，更是运营工程师的好帮手。

6.12 宣传成功

到目前为止，所有运营团队和开发团队已经在 SRE 活动上投入了大量时间。这些活动包括：

- 改进 HTTP 返回码；
- 改进日志记录；
- 应用性能仪表化；
- 初始 SLI 选择；

- 初始的显式 SLO 定义；
- 初始的默认 SLO 定义；
- 初始的 SRE 基础设施实现；
- 自助服务 SRE 文档。

到此为止，我们见证了一些成功故事。现在是时候宣传它们了，这样做的目的是让大家意识到已经取得的进步。可以肯定的是，就目前来说，对这些进步的量化还不太容易给人留下深刻的印象。所以，不要做这样的宣传："由于 SRE 实践，我们上个月将客户投诉升级的数量减少了 25%"。但是，这个进步已经为将来的成功奠定了基础，值得引起人们的关注！

为了准备宣传，应该先验证之前为 SRE 转型提出的各种假设（4.7 节）。是否有某些成果即将由团队达成？如果有的话，需要列出这样的成果。是否有可度量的信号得到了改进？如果有的话，也需要列出。是否需要根据新的学习成果对之前定义的假设进行调整？如果是的话，就需要调整并公布出来。在这里，最重要的是传达出这样的信息：SRE 转型需要借助于假设和可度量信号的反馈回路，以数据驱动的方式执行。

此外，SRE 教练需要倾听，并在组织使用的在线聊天服务（例如 Slack、MS Teams 或 Basecamp）进行搜索，了解人们是如何谈论 SRE 的。例如，可以搜索以下案例并进行宣传，说明 SRE 思想在组织中扎根了：

- 开发团队说："如果在做 DevOps 的话，我们肯定是第一个收到产品问题通知的。"
- 有人说："30%的月度错误预算被昨天的故障耗尽了。"

接下来，需要按以下示例思路展示现状和未来路线图：

- 20 个开发团队中的 20 个重新调整了 HTTP 返回码；
- 20 个开发团队中的 20 个将他们的服务对接到日志和应用程序性能管理设施上；
- 20 个开发团队中的 15 个为可用性和延迟 SLI 定义了初始 SLO；
- 20 个开发团队中的 5 个对 SLO 违反警报做出响应；
- 20 个开发团队中的 3 个对一个月内发生的可用性和延迟 SLO 违反进行了结构化分析，并得出了可靠性改进措施；

在路线图上，所有开发团队都需要以下内容：

- 值班设置；
- 对错误预算策略的定义；
- 对利益相关者的定义；
- 向利益相关者广播服务状态；
- 服务状态页面。

最后，需要定义组织接下来要采取的重大行动步骤，并给出时间表：

- 所有团队完成初始的可用性和延迟 SLO 定义，可能在 DD.MM.YYYY 之前完成；

- 在 DD.MM.YYY 之前，对所有团队在初始 SLO 定义后一个月内发生的可用性和延迟 SLO 违反情况进行结构化分析；
- 每个团队的值班设置，可能在 DD.MM.YYY 之前完成。

由 SRE 教练主导的精益咖啡或午餐会中，可以开始这样的宣传。可以考虑让 SRE 拥护者参与进来，以表明 SRE 已在开发团队中扎根。如有可能，将这些会议记录下来，然后上传到组织的视频分享服务，加上 SRE 标签。录音和演示幻灯片的链接都要放到 SRE 维基页面上。

还记得将 SRE 列入项目组合清单时与 SRE 教练合作过的那些人吗？现在需要和他们接触。可以利用之前创建的利益相关者图表（5.4.1 节）来确定和利益相关者接触的强度。首先，写一封简短的电子邮件，用一两段话列出之前创建的宣传内容，并附加链接来指向 SRE 维基页面上包含演示幻灯片和录音的页面。在邮件结尾，邀请大家开个短会，讨论 SRE 转型目前的进展情况。不要把这封邮件群发给所有利益相关者。相反，每封邮件都要稍微调整一下内容，以体现对他们的尊重并使其愿意继续收到这样的邮件。

6.13 小结

本章为运营团队和开发团队的 SRE 过程奠定了基础，讨论了运营团队开发的 SRE 基础设施中需要提供哪些必要的功能以便开发团队可以参与运营。基础设施的开发需要基于 SLI 的标准化及其初始度量，使大多数开发团队都能立即受益。然后，本章展示了开发团队定义初始 SLI 和 SLO 需要具备的思维方式和步骤。本章强调了通过迭代来达成良好的 SLO。好的 SLO 能很好地反映对用户体验的影响。一旦出现 SLO 违反告警，就会明显影响到用户体验。这就为值班人员提供了一个明确的动机来修复服务，使其回到 SLO 范围，从而恢复良好的用户体验。

有了好的 SLO，SRE 转型过程的下一步是配置团队，使其对 SLO 违反警报做出响应。这是下一章的主题。

注释

扫码可查看全书各章及附录的注释详情。

第7章

响应 SLO 违反警报

对 SLO 违反警报做出响应是 SRE 的核心活动。它位于定义阶段（其中 SLI 和 SLO 被定义为假设）以及行动阶段（其中可靠性措施作为学习的一部分被实现）之间。在执行这项活动时，我们追求的最理想状态包括以下几点：

- 需要响应的 SLO 违反警报很少；
- 对 SLO 违反的响应可以非常迅速地完成；
- 服务能非常迅速地回到 SLO 内。

这是我们的终极目标。团队应建立一个过程来对 SLO 违反警报做出响应，无论目前处于实现理想状态的哪个阶段。该过程包括组织和技术两个方面。在组织上，需要决定由谁对 SLO 违反做出响应——在哪些服务中、在哪些时间以及在多数据中心环境中的哪些区域。在技术上，则需要明确需要做什么来正确响应 SLO 违反，可以使用哪些技术工具，以及如何根据环境进行重新部署。

让我们从选择部署环境开始，其中发生的 SLO 违反应该进行报告并做出响应。

7.1 环境选择

在考虑如何对 SLO 违反警报做出响应时，负责具体服务的运营工程师、开发人员和产品负责人首先需要确定的是应通过 SLO 监控哪些部署环境。哪些部署环境应该通过 SLO 来监控？通过对这个问题的回答，我们可以获得一个环境清单，发生在这些环境中的 SLO 违反需要我们加以分析。

一个自然的起点是生产环境。在多区域配置中，会有多个生产环境。因此，需要就通过 SLO 来监控的生产环境达成协议。团队可以从单一的生产环境开始，然后逐渐扩展 SLO 监控范围，最终实现全面监控。

下一组要考虑用 SLO 进行监控的环境可能是模拟环境[1]。如果有多个模拟环境，可以先从一个开始，额外的模拟环境可以在以后添加。

最后，即使是用于开发目的的内部环境，也可以用 SLO 进行监控。例如，市场测试、安全性测试、探索性测试等部署也可以通过 SLO 来监控。

理想情况下，我们可以定义一个 SLO，然后由 SRE 基础设施自动将其部署到所选择的部署环境集。SRE 基础设施应该允许将集中定义的 SLO 部署到组织中现有的任何一个部署环境集。部署了 SLO 的部署环境集应该很容易由负责服务的开发团队以自助方式进行更改，如图 7.1 所示。

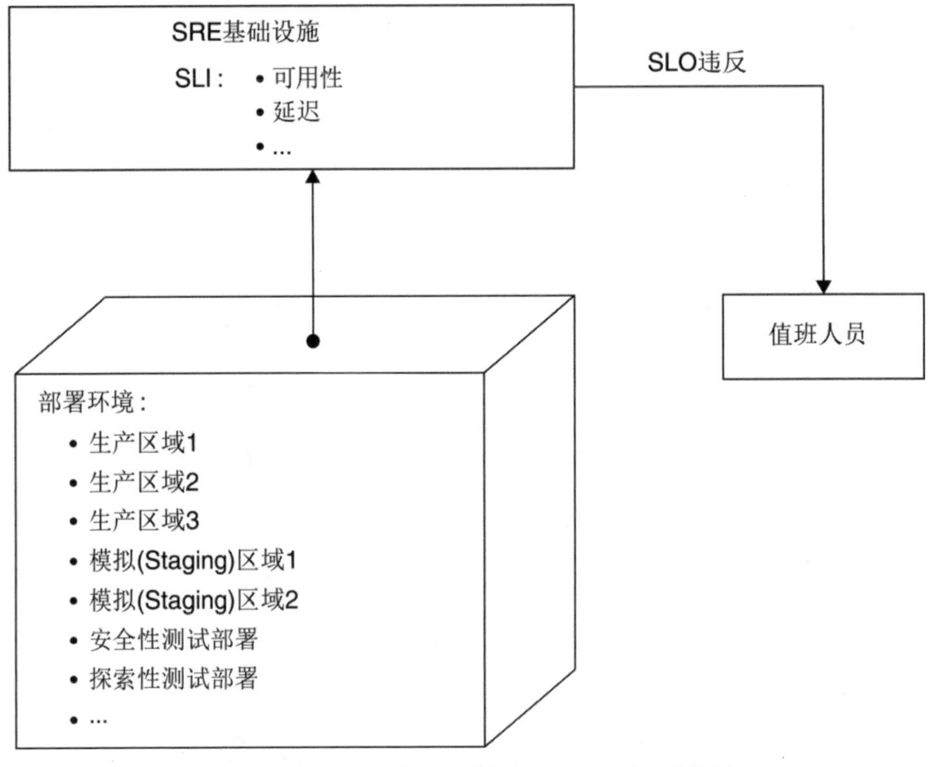

图 7.1 使用 SRE 基础设施进行 SLO 部署环境选择

图 7.1 中，下半部分展示了某组织的部署环境。它包括区域 1、2、3 的三个生产部署。此外，在区域 1 和区域 2 还部署了两个模拟环境。除此之外，还有用于安全性测试、探索性测试和其他的测试部署。

图 7.1 中，顶部的 SRE 基础设施支持可用性和延迟这样的 SLI。SRE 基础设施能在所有环境中检测其支持的 SLI 的 SLO 违反情况。根据开发团队提供的 SLO 监控环境列表，SRE 基础设施能够检测这些环境中的 SLO 违反情况，并向值班人员发出警报。

选择了要采用 SLO 来监控的环境后，接下来需要明确运营端由谁来负责哪个环境的哪些服务。

7.2 责任

在组织中，虽然可以明确定义某项服务的开发责任，但同一项服务的运营责任可能没有那么明确。服务的开发通常由开发团队完成，但组织内也可以采用内部开源开发模式[2]，允许一个团队对另一个团队的服务进行修改。在定义服务的运营责任时，需要明确。

7.2.1 开发责任与运营责任

一般来说，服务的开发责任与服务的运营责任是不同的。表 7.1 对比了这两类责任。需要注意的是，虽然表中对开发责任和运营责任进行了划分，但并不是说这些责任必须由不同的团队来履行。如果负责开发和运营的人员在组织结构上更接近（例如，他们属于同一个团队），那么从运营到开发的反馈回路将更加顺畅，使得产品的可靠性随着时间的推移顺利提升。

表 7.1 服务负责人的开发和运营责任

开发责任	运营责任
• 需求工程	• 生产推出
• 功能优先级确定	• 生产监控
• 功能假设定义	• 工作时间 8×5 值班
• 待办事项管理	• 非工作时间 16×7 值班
• 用户研究	• 保持 SLO（响应 SLO 违反告警）
• UI/UX 原型设计	• 响应基于资源的警报（如果有的话）
• 用户故事地图创建	• 事后回顾
• 用户故事细化	• 持续的 SLO 调整
• 架构	• 响应利益相关者投诉升级
• 测试	• 响应客户投诉升级
• 开发	• 创建错误预算策略
• 部署	• 执行错误预算策略
• 测试对功能的假设	• 持续的运行手册更新

一般来说，可以采用多种组织结构来履行表 7.1 中展示的开发责任和运营责任。每种组织结构各有其优缺点，这些将在第 12 章中详细探讨。

在 SRE 转型之初，产品交付组织中开发责任和运营责任在文化上可能并不享有同等的地位。SRE 教练的一项任务是在转型期间与团队和个人合作，改变他们对运营责任的看法。运营责任是用户体验的最后阶段——即可靠性的保证。同时具备运营经验的软件开发人员在就业市场更受青睐。

和 SRE 一样，运营责任需要由负责服务的运营工程师、开发人员和产品负责人共同商定。作为协议的一部分，应明确表 7.1 的“运营责任”一栏中的每一条都归谁负责。

7.2.2 运营责任

在达成责任共识时，一个核心议题是开发人员是否应根据其开发职责为其“负责”或“拥有”的服务值班。另一个讨论重点是运营工程师要不要值班。一般来说，要针对每个服务对以下细节进行一一澄清：

- 谁在工作时间值班？开发人员/运营工程师/两者都要。
- 谁在非工作时间值班？开发人员/运营工程师/两者都要。
- 谁来负责正式推向生产环境？开发人员/运营工程师？
- 谁响应 SLO 违反和基于资源的警报？开发人员/运营工程师/两者都要？
- 谁创建错误预算策略，执行这些策略，做事后回顾，并进行持续的 SLO 调整？开发人员/运营工程师/两者都要？
- 谁响应利益相关者的投诉升级？开发人员/运营工程师/两者都要？
- 谁响应客户的（投诉）升级？开发人员/运营工程师/两者两者都要？

换句话说，需要对开发人员和运营工程师明确划分运营责任。注意，由于 SRE 概念金字塔相关的运营责任对每个人来说都是新的，所以目前不建议对组织结构做出决定。这是因为组织当前在开发人员和运营工程师之间划分运营责任的经验非常少。

因此，组织目前要开始尝试对 SLO 违反警报做出响应，并基于错误预算的消耗做出决策。未来这段时间专门用来学习和调整。所以，现在为 SRE 建立一个新的组织结构没有什么意义。这应该放到以后进行，让组织先履行 SRE 责任并获得足够的经验。

因此，运营工程师、开发人员和产品负责人之间的初步协议就足以启动转型并根据表 7.1 中规定的运营职责实践和迭代 SRE 转型。开发人员、运营工程师和产品负责人属于哪个部门并不重要。重要的是组织同意各部门可以蜂拥而上，各自以某种方式履行其 SRE 职责。

7.2.3 划分运营责任

开发人员和运营工程师可以通过很多方式来划分运营责任。如图 7.2 所示，有三种责任划分方式。

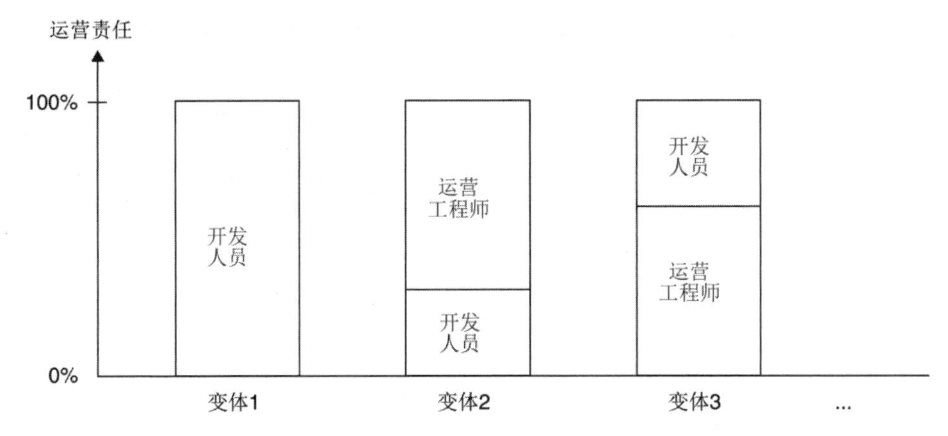

图 7.2　运营责任划分的多种变体

变体 1 是指整个运营责任由开发人员承担。这是一种典型的“谁构建谁运营”工作模式。开发人员对自有服务的运营负全责。他们总是为自己的服务值班。运营工程师只提供 SRE 基础设施。亚马逊采用的就是这种模式。

变体 2 与变体 1 刚好相反。运营工程师承担了大部分运营责任，但只在所负责的服务满足某种约定的服务水平时才会这样做。只要服务没有达到这个服务水平，运营工程师就会把运营责任移交给开发人员。一旦服务达到约定的服务水平，运营工程师就会从开发人员那里要回运营责任。换言之，只要服务达到约定的服务水平，运营工程师就会为其履行值班责任；否则，该责任就由开发人员承担。谷歌也采取了类似的运营策略。

变体 3 是对变体 1 和 2 的平衡。运营责任在开发人员和运营工程师之间大致各占一半。他们共同承担值班责任。Facebook 同样采用了这种平衡的方法。

还有其他许多责任划分方式，它们都是图 7.2 所示的三种变体的体现。例如，另一种变体可能是建立一个所谓的领域轮流值班（domain on-call rotation）。轮值可能包括选定的开发人员和运营工程师，他们对特定产品领域的所有产品都有深入的了解。一个产品交付组织的产品可能覆盖几个产品领域。因此，可以建立多个领域轮流值班方案，每个领域一个。

SRE 教练需要向运营和开发团队解释这些变体。应该鼓励实验，以找出最适合每个团队的特殊情况的责任划分。可以先从责任的一个子集开始，然后随着团队成熟度的提高逐步扩展。每个开发团队（包括产品负责人）和相关的运营工程师需要就初始设置做出决定，开始尝试对 SLO 违反做出响应。

然后，开发人员和运营工程师使用商定的初始设置对 SLO 违反做出响应，时长为一到两个月。SRE 教练应组织运营工程师、开发人员和产品负责人进行回顾会议，评估并根据收集到的学习成果调整初始设置。这个过程需要多次进行，最终迭代出一个对所有相关者都有效的设置。

由于这个过程将由团队进行，所以不同的团队决定以不同的方式进行业务责任的划分。这样很好，因为能最大程度地提高学习效率，让组织知道什么是最好的。SRE 教练可以跨团队分享见解，因为他们参与了所有的团队，知道整个组织内部的最佳实践。另外，由于调整组织结构的问题还没有得到解决，所以完全可以任意试错。当运营工程师和开发人员自由地进行实验以发现最佳的合作方式时，这不就是 DevOps 的最佳状态吗？确实如此！

7.3 工作模式

7.2 节详细介绍了某项服务的开发责任和运营责任。这两类责任要求采用两种不同的工作模式。开发责任在专注的工作模式下履行最为合适。开发人员在实现新的功能时，需要在较长的时间内保持免打扰的状态，以减少上下文切换的次数，提高实现功能的效率。

相反，运营责任要求能够迅速响应。为服务值班意味着要随时准备处理“SLO 违反”，并在发生时立即开始分析，使服务尽快恢复，回到 SLO 标准水平。此外，运营责任还可能包括响应利益相关者和客户的投诉升级。

那么，如何在运营和开发团队中适应这两种不同的工作模式？开发团队负责实现新的功能，并在约定的职责范围内进行值班。运营团队则负责构建和维护 SRE 基础设施，并同样在约定的范围内值班。两个团队都发现自己面对的是新的领域。如表 7.2 所示，不同团队面对不同的新领域。

表 7.2　开发和运营团队各自需要的工作模式

开发团队	运营团队	
基于中断的工作模式（值班）	新	熟悉
基于专注的工作模式（产品开发）	熟悉	新

虽然开发团队不熟悉值班，但对产品开发非常熟悉。相反，虽然运营团队非常熟悉值班，但并不了解如何将 SRE 基础设施实现为产品并供其他人使用。在接下来的小节中，我们将探讨基于中断的工作模式和基于专注的工作模式如何在运营团队和开发团队中共存。

7.3.1 基于中断的工作模式

运营工程师非常熟悉基于中断的工作模式（interruption-based working mode）。但这种工作模式对开发人员来说，可能是全新的，需要适应并对开发团队的工作方式产生深远的影响。如 7.2 节所述，开发人员将不得不在约定的时间和职责范围内值班。因此，需要改变开发团队的工作方式，使其适应这种基于中断的工作模式。

对于开发团队来说，一个好的实践是将团队的活动（而非人员）分为两组：开发活动和运营活动。这些活动分别对应于团队成员各自的责任。

只要有可能，而且有意义，开发人员就应该结对工作，以系统化的方式促进所有主题的知识共享。在运营活动中，开发人员应结对工作，并采用基于中断的工作模式。这意味着他们的工作是由诸如‘SLO 违反’和‘客户投诉升级’等中断事件驱动的。

而在开发活动中，开发人员应以基于专注的工作模式（focus-based working mode）结对工作，由功能的实现来驱动，且不受做运营的开发人员的干扰。图 7.3 对此进行了展示。

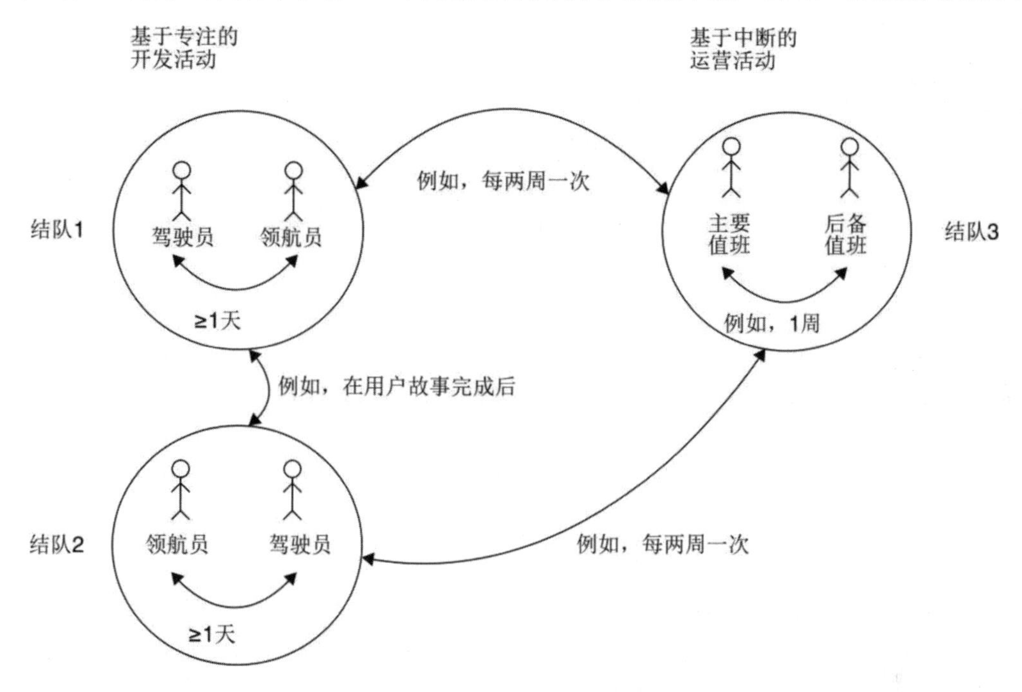

图 7.3　适应团队中的开发和运营活动

图 7.3 展示了两组开发人员：结对 1 和结对 2。他们正在进行需要高度专注的功能开发活动。因此，基于中断的运营活动由另一组开发人员完成，即图右侧的结对 3。

结对 1 采用驾驶员-导航员结对风格。驾驶员操作键盘，输入代码，解决与编程语言相关的问题。导航员坐得稍微远一些，主要考虑低层次的软件设计，并在驾驶员输入代码时实时检查代码。驾驶员和导航员每天至少交换一次角色。

结对 2 也采用同样的结对编程风格[3]。来自结对 1 和结对 2 的成员定期跨结对进行人员交换，最好在完成了用户故事之后进行。

负责运营活动的结对 3 在结构上设置为一个人负责主要值班，一个人负责后备值班。主要值班人员是接收 SLO 违反警报的责任人。后备值班人员只有在主要值班人员意外没空时才会收到 SLO 违反警报。主要值班人员和后备值班人员每周交换一次角色。

重要的是，结对 1 和结对 3 定期交换人员，这是开发活动和运营活动之间的人员交换。可以每两周进行一次交换。结对 2 和结对 3 也要进行类似的人员交换。团队需要自行决定交换的频率。在做决定时，可以参考以下因素：

- 开发团队的总人数；
- 开发团队具有值班知识的人数（这个数量应随着时间的推移而增加）；
- 开发团队具有值班经验的人数（应随时间增加）；
- 开发团队愿意值班的人数（应随时间增加）。
- 为了强调其重要性，下面再次列出开发人员需要参与值班的重要理由：
- 具有产品实现知识的开发人员将在生产中开展产品故障调查；
- 开发人员可以在现实世界（即生产现场）中体验到产品的质量；
- 开发人员将获得运营产品和排除故障的必要知识；
- 开发新功能时，开发人员可以利用来自产品运营的知识；
- 开发人员对确保良好运营的产品所需的测试和工具会有一个更好的理解；
- 开发人员通过在生产中运营自己所开发的产品，从而获得产品的完全所有权。

也就是说，人员跨结对轮班（cross-pair rotation）较为普遍，无论是在开发工作中，还是在运营工作中。跨结对轮班的频率需要依据特定团队针对特定类型的工作的经验来决定。例如，如果功能实现是关键，那么或许有必要在用户故事完成后再进行跨结对的轮换。这里的重点在于，开发人员需要自主决定这个频率。

每个结对内部的角色交换也需要定期进行。同样，具体的交换频率要由开发人员自行决定。例如，在功能实现时，每天至少交换一次驾驶员和导航员的角色是合理的。相比之下，在轮流值班时，每周交换一次主要值班人员和后备值班人员也许是合理的。这都取决于环境和团队的问题领域及其结对工作方式的成熟度。

针对值班工作中的付出，开发团队可能会感到恐惧。这种担心是合理的。取决于团队的实际情况，最初为值班所付出的努力可能会很大。然而，这是一条正确的道路，团队可以学会如何使自己开发的服务更为可靠——与生产环境下的场景高度契合。通过这种学习，他们未来在开发新的服务时，一开始就会考虑必要的可靠性功能，从而显著减少在值班上付出的努力。随着时间的推移，值班活动便从不断救火演变成偶尔处理紧急情况。

SRE 教练在介绍值班时需要讲这样的故事，目的是减少大家对于值班工作的恐惧。SRE 引入值班工作的原因是为了方便掌握为了理解用户感知到的可靠性所需要的知识，并将这些知识有效地分配给开发和运营过程。这意味着，开发人员需要掌握这些可靠性知识。在实现每个面向客户的功能时，他们需要采用恰当的可靠性度量。此外，这还意味着仅在用户体验受到重大影响时，才对 SLO 发出警报。最后，它意味着要做出基于预算的错误决策，在最需要的地方和时间投资于可靠性。

大多数开发和运营团队都需要将基于专注的工作和基于中断的工作分开。这种分隔是否有效，具体要取决于团队如何实践基于专注和基于中断的工作模式。同时，开发人员或运营工程师只能选取其中一种工作模式。如果要求开发人员或运营工程师同时开发和运营，会导致过多的上下文切换。每次上下文切换都会给开发人员或运营工程师带来认知负担。一旦认知负担过重，开发人员或运营工程师就无法两者兼顾，既不能开发产品，也不能运营产品。随着时间的推移，这可能导致倦怠。因此，需要将开发工作（基于专注）和运营工作（基于中断）分开，以一种可持续的方式在开发团队中同时适应这两种类型的工作。

两种工作模式内部和之间的轮换确保了在开发或运营团队的内部进行系统化的知识共享。为了使开发人员一方面在生产中拥有广泛的代码库，另一方面拥有服务的生产运营知识，这样的共享是必要的。这些工作方式能显著提升开发人员在人才市场上的价值。开发人员不仅有开发能力，还有测试、部署和运营能力，能在真实的生产环境中在真实的数据和用户负载下工开展作。开发人员会变成真正的 T 形人才，这个 T 字会变得既宽又长。新的有价值的技能会得以定期获得和磨炼。这是以一种可持续的方式实现的，还兼顾到了开发人员的身心健康。

这些工作方式使开发团队能随着时间的推移而加速。事实上，代码库的知识是随着每个开发人员的成长而增加的。服务的运营知识也随着每个开发人员的成长而增加。开发和运营知识之间的交流是通过系统化的结对轮换来促进的。换言之，越来越多的开发人员在实现所开发的功能时，除了掌握开发技能，还掌握了运营方面的知识。这导致了在 SLO 违反、利益相关者和客户的投诉升级方面的运营负担的减少。这进而为功能开发留出了更多的时间，从一开始就充分了解要开发的功能在技术上取得成功的必要条件。图 7.4 展示了这种工作方式的效果。

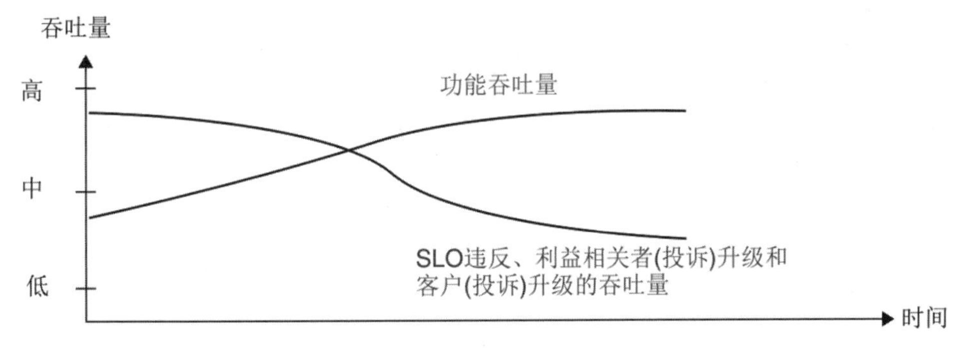

图 7.4　对比功能和 SLO 违反/(投诉)升级吞吐量

基于刚才描述的工作方式，开发团队的功能吞吐量将增加，因为在开发时已经考虑到了完整的运营环境。这进而导致了中断吞吐量的下降，中断的表现形式包括 SLO 违反、利益相关者投诉升级和客户投诉升级等。这是一个良性的、相互促进的循环，随着时间的推移，会带来实实在在的商业利益。

7.3.2 基于专注的工作模式

基于专注的工作模式在开发团队和运营团队中都要保留，因为他们都要从事软件开发工作。开发团队负责面向客户的功能开发，而运营团队则负责 SRE 基础设施的开发。

上一节提到，开发团队保持专注是通过将开发活动和运营活动分开来实现的，人员并不完全分开。开发人员要么从事开发活动，要么从事运营活动，但两者定期轮换。这样，基于专注的功能开发工作与基于中断的值班工作分开，同时，每个人都参与两类工作并从中学习。

在运营团队中，运营工程师负责 SRE 基础设施的工作，并根据事先商定的值班设置，可能还需要参与产品服务的值班活动。这种结对工作实践，包括结对轮换，适用于各种情况。

从知识共享的角度来看，对于实现 SRE 基础设施的运营工程师来说，为产品服务值班不如开发人员参与产品服务的值班活动来得重要。相反，对于实现 SRE 基础设施的运营工程师来说，值班的时候，更重要的是基础设施。

如果所有开发团队都依赖于 SRE 基础设施，那么它的可靠性对组织来说肯定是至关重要的。它应该有自己的 SLI 和 SLO，以确保这种可靠性。SRE 基础设施的值班责任应由谁承担？如果 SRE 基础设施本身也要应用 SRE 的实践，那么需要确定谁是其产品负责人，并与之达成协议。这些都是运营团队需要回答的问题。

也就是说，根据商定的值班设置，运营团队可能有两种类型的值班责任：

- 为 SRE 基础设施值班，这是必要的；
- 为产品服务值班，这取决于与开发团队商定的值班设置。

运营团队在实现 SRE 基础设施时，可以参考 7.3.1 节描述的方式，通过结对轮换来平衡这两种类型的值班责任。

7.4 设置轮流值班

随着工作方式的明确，SRE 教练可以带领团队进入 SRE 转型的下一步——设置产品服务的轮流值班或简称“轮班”。如 7.3.1 节所述，结对工作方式很有用。为了取得成功，必须正确设置轮流值班。具体如何做是本小节的主题。

7.4.1 初始轮换周期

团队首先讨论的问题是值班轮换周期。一个人要值班多长时间？对此，团队目前不可能知道答案。所以，目前只需一个在团队中的大多数人看来有意义的初始设置。如果难以决定，SRE 教练可以来一次快速投票。一旦有了轮换周期的初始设置，就应该用它来开始轮流值班。在一两个轮换周期之后，SRE 教练可以引导一次简短的回顾活动，看是否应该根据在此期间获得的新知识来调整初始轮换周期。

> 实战经验 很多团队选择一个标准工作周作为初始轮换周期（周一到周五，上午 9 点到下午 5 点），基于此进行迭代。

需要重申一句，轮换周期只能由负责某项服务的运营工程师、开发人员和产品负责人选择。开发或运营经理不应单方面做出决定，也不应在不同团队之间统一轮换周期。统一的轮换周期设置会导致积极性的降低。我们的目标是每项服务始终有熟悉情况的人员值班，而不是人为地统一过程。为了实现这一目标，必须为值班人员提供充分的灵活性，让他们可以自行安排值班的工作。

在明确了初始轮换周期后，就可以开始设置轮流值班。下面的小节提供了一些例子，说明如何根据参与轮换的人数来设置轮流值班。

7.4.2 单人值班

初期，开发团队可能只有一个人值班，对 SRE 基础设施报告的 SLO 违反情况做出响应。这个人可能不参与轮换。表 7.3 展示了这种情况。

表 7.3 所有轮换周期仅一个人值班

	轮换周期 1	轮换周期 2	轮换周期 3	轮换周期 4
主要值班人员	人员 A	人员 A	人员 A	人员 A

采用这种设置的话，主要值班人员便没有后备值班人员。这在早期阶段是允许的，因为团队刚开始学习值班，并对违反 SLO 的情况进行初步分析。

下一步是开始在每个选定的轮换周期（如每周）换个人值班，如表 7.4 所示。

表 7.4 单人值班，每个轮换周期换人

	轮换周期 1	轮换周期 2	轮换周期 3	轮换周期 4
主要值班人员	人员 A	人员 B	人员 C	人员 D

然而，这种设置没有安排后备值班人员。如果主要值班人员出于意外而无法工作的话，就没有人运营服务了。采用这种设置的话，所有值班人员都可以了解到运营知识。

7.4.3 双人值班

下一步发展是每个轮换周期都有两个人值班：人员 A 和人员 B。表 7.5 展示了这种情况。

表 7.5 双人轮流值班，每个轮换周期都交换

	轮换周期 1	轮换周期 2	轮换周期 3	轮换周期 4
主要值班人员	人员 A	人员 B	人员 A	人员 B
后备值班人员	人员 B	人员 A	人员 B	人员 A

主要值班人员在整个轮换周期都要有空。如果这个人没有空，就要有后备值班人员接手运营，直到主要值班人员再次有空。主要和后备值班人员在每个轮换周期交换角色。这种组织轮班的方式为结对的概念提供了支持（7.3.1 节）。因此，一直在开发工作中实践结对编程的开发团队很容易切换到以结对方式进行值班工作。

与结对编程不同，运营中的结对还没有统一的术语。结对运营是个合适的术语，反映了以结对方式来运营服务。

7.4.4 三人值班

对于许多服务来说，两个人值班足矣。然而，若要进一步增强，就需要增加第三个值班人员。例如，在涉及大量工作的环境中严格保持 SLO，就可能需要这么做。另外，这种值班设置也有利于引导更多开发人员参与值班。表 7.6 展示了每个轮换周期有三个人值班。

表 7.6 三人轮流值班，每个轮换周期都交换

	轮换周期 1	轮换周期 2	轮换周期 3	轮换周期 4
主要值班人员	人员 A	人员 B	人员 C	人员 A
后备值班人员 1	人员 B	人员 C	人员 A	人员 B
后备值班人员 2	人员 C	人员 A	人员 B	人员 C

主要值班人员将接收“SLO 违反”警报。如果这个人没空，那么“SLO 违反”警报就会分派给后备值班人员 1。如果这个人也没空，就分派给后备值班人员 2。采用这个设置时，

若出现大量“SLO 违反”警报，其中一些可能分派给后备值班人员 1 进行调查。在这种情况下，后备值班人员 2 仍能提供恰当的后备能力。

在表 7.6 中，轮换周期 1 的主要值班人员是 A，该人员在轮换周期 2 成为后备值班人员 2。轮换周期 1 的后备值班人员是 B，该人员在轮换周期 2 成为主要值班人员。类似地，轮换周期 1 的后备值班人员 2 是 C，这个人在轮换周期 2 成为后备值班人员 1。若在每个轮换周期增加更多值班人员，那么也是以同样的方式工作。不过，这在行业中通常不多见。

7.5 值班管理工具

在明确轮流值班的设置方式后，接下来讨论值班工具支持。有哪些选择？要满足哪些需求？

一般来说，运营工程师和开发人员都喜欢使用工具。工具不仅使其工作变得更容易，还能够学习和探索又酷又新的工具，另外还可以与同事分享使用经验，这显然使他们显得很酷。然而，对于纳入 SRE 转型范畴的值班管理来说，首先要确保有人真正响应 SLO 违反警报。这可以在没有任何专业值班管理工具的情况下完成。事实上，这还消除了工具学习曲线、中断造成的分心、成本和耗时的采购过程。注意，如果牵涉到采购，还需要按照适用的法律进行详尽的数据保护查验。

7.5.1 发布 SLO 违反

例如，SRE 基础设施可以连接到组织的聊天管理服务，并在那里发布“SLO 违反”消息。值班人员可以订阅相应的聊天频道，并及时看到消息。聊天管理服务的例子有 Slack、Microsoft Teams 和 Basecamp 等。图 7.5 展示了如何将 SRE 基础设施连接到聊天管理服务。

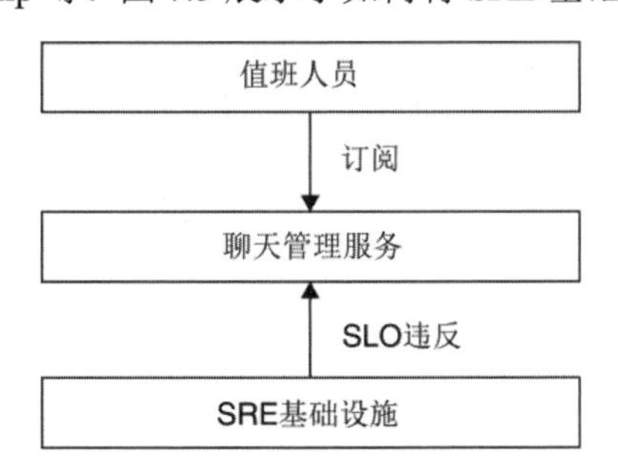

图 7.5 将 SRE 基础设施连接到聊天管理服务

具体说来，可以创建一个专门的#slo-breaches 频道，对“SLO 违反”进行分组和订阅，如图 7.6 所示。图的底部便是 SRE 基础设施。它包含对层次结构的映射：团队→服务→SLI→SLO→SLO 违反。

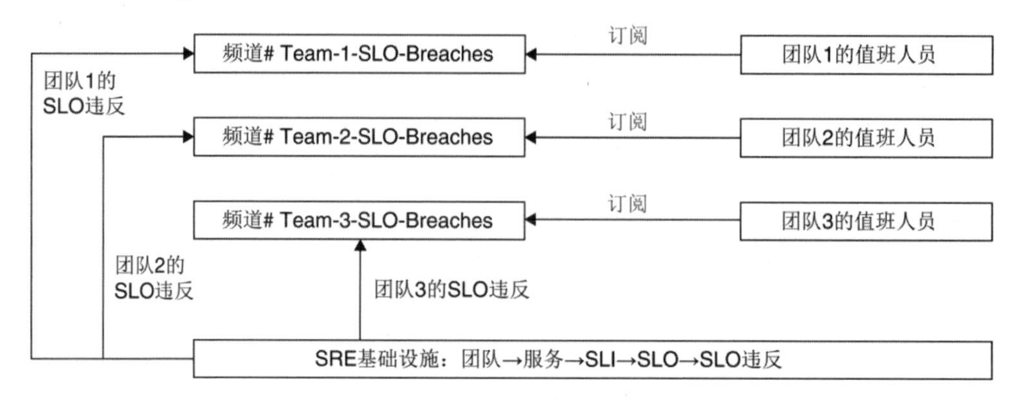

图 7.6 每个团队订阅一个#slo-breaches 频道

SRE 基础设施的上方是团队频道。三个团队有三个频道：#team-1-slo-breaches、#team-2-slo-breaches 和#team-3-slo-breaches。SRE 基础设施将团队 1 负责的服务之“SLO 违反”推送到#team-1-slo-breaches 频道，将团队 2 负责的服务之“SLO 违反”推送到#team-2-slo-breaches 频道，将团队 3 负责的服务之“SLO 违反”推送到#team-3-slo-breaches 频道。

图 7.6 中，右侧显示的是值班人员。根据约定的值班设置，他们可以是开发人员、运营工程师或开发与运营工程师兼而有之。目前，为团队 1 的服务值班的人员订阅了#team-1-slo-breaches 频道，并从中收到“SLO 违反”警报。可以在同一频道中进行与“SLO 违反”相关的讨论。围绕 SLO 违反展开主题式对话，使频道中的讨论有一个良好的结构。

根据需要，可以邀请更多的人加入该频道，帮助服务回到 SLO 标准水平。一旦轮换周期结束，值班人员进行轮换（7.4 节），频道的成员发生改变。离开轮流值班的人也会离开这个渠道。加入轮流值班的人则加入 #team-1-slo-breaches 频道。

类似，为团队 2 负责的服务值班的人员以同样的方式使用#team-2-slo-breaches 频道。为团队 3 负责的服务值班的人员亦是如此，他们使用的是#team-3-slo-breaches 频道。

相比使用专业值班管理工具，这个解决方案总体上更容易实现。团队早期在学习对 SLO 违反做出响应的时候，这个解决方案完全够用了。它不要求值班人员或实现 SRE 基础设施的运营工程师有任何新工具的学习曲线。相反，它直接将“SLO 违反”情况带到组织日常使用的通信工具——聊天管理服务。因此，它能相当迅速地实现沟通。SRE 教练的目标是让团队能有效地响应 SLO 违反。这个目标可以通过上述简单的基础设施解决方案来实现。一旦实现目标，就可以考虑引入专业的值班管理工具，优化对“SLO 违反”进行响应的过程。

这里的重点在于，虽然值班管理工具非常重要——某些时候确实需要，但在 SRE 转型的初始阶段，如果重点是创建有意义的 SLO 并且确保值班人员能一致响应 SLO，那么它们就绝对不是刚需。引入专业的值班管理工具，应该认为是对团队中已经良好运行的值班过程的一种优化，而不是最初建立该过程的先决条件。

7.5.2 排班

以简单、明确和透明的方式对值班人员进行排班是总体值班设置的重要组成部分。对于“团队 A 现在谁在值班？”（Who is on call in team A right now?）这样的问题，组织中的任何人都要能够脱口而出。

专业值班管理工具提供了强大的排班能力，允许使用图形用户界面或者以编程的方式灵活地设置轮流值班。上一节的论点在这里也适用，这些时候确实需要，但在 SRE 转型初期，如果某些团队只有一两个人试水值班机制，那么这个功能就不是刚需。

在这种情况下，使用简单的共享日历就够了。包括 Gmail 和 Outlook 在内的流行电子邮件管理服务都支持共享日历。如果组织已经在使用日历功能，那么共享日历并不会带来新的工具学习曲线。共享日历还允许连接到聊天管理服务，例如 Slack 或 Microsoft Teams。这样就提供了一个集成解决方案：无论排班还是 SLO 违反，都能在同一个工具中部分得到处理。

在 Slack 和 Microsoft Teams 生态系统中，还有一些更专业的服务可供管理排班。例如，Slack 上的 Onvy[4] 和 Microsoft Teams 上的 Shifts[5] 都提供了排班服务。同样的论点在这里同样适用。虽然这些专业服务可能很好用，但在 SRE 转型之初，它们并不是刚需。手上在用的最简单和最熟悉的通信工具能以最快的速度安排值班，而且不用花时间学习新的工具。如果目标是在从未值过班的开发团队中建立值班过程，那么有它们就够了。

7.5.3 专业值班管理工具

业内比较有名的专业值班管理工具包括 PagerDuty 和 Ops Genie 等，都是典型的付费服务，提供了丰富的功能集来管理从小型到超大型团队的值班。另外还有一些开源的“平替”。注意，领英（LinkedIn）开源了值班管理解决方案，称为 OnCall[6]，大家可以在 GitHub 上找到它。

现在，应该在什么时间点从简单的基础设施转换为专业的值班管理工具？这种需求应该是逐渐形成的。如果发现使用现有的简单基础设施来进行值班管理变得很麻烦，那就说明可能是时机到了。如果越来越多的运营和开发团队有越来越多的值班人员，就可能这样。表 7.7 总结了一些信号，意味着该考虑引入更专业的值班管理工具了。

表 7.7　开始引入专业值班管理工具的信号

方面	过程改进触发器	缺失的功能
“SLO 违反”的接收方	在-slo-breaches 频道中的每个人都会收到关于 SLO 违反的通知。进入该频道后，人们一般不会离开。随着时间的推移，频道里的人越来越多。他们都会收到关于 SLO 违反的通知。更好的做法是只向当前值班人员发送 SLO 违反通知	只提醒值班人员发生了“SLO 违反”
排班	共享日历提供了透明性，但与“SLO 违反”通知的接收方是脱节的（参见本表的上一个“方面”）。另外，随着越来越多的团队有需要值班的人员，共享日历会变得杂乱无章，不容易分辨出谁在值班和在哪里值班。如果每个团队都有一名主要和一名后备值班人员，那么情况会变得更加严重	● 使用专门为此目的开发的用户界面来安排轮值 ● 为主要和后备值班人员方便地安排轮值 ● 将排班与 SLO 违反通知目标相联系
状态	基于 SLO 实现情况的服务状态虽然是明确的，但没有进行汇总，以按产品或地区显示整体状态。所以，“生产状态是什么？”这个问题不能以自助的方式回答	● 在一个状态页面按地区显示服务的状态 ● 在状态页面按产品显示服务的状态
利益相关者通知	随着检测到的情况越来越多，它们最好是分发给不同的利益相关者	● 创建利益相关者分组 ● 通知一个利益相关者分组 ● 允许利益相关者分组随意订阅通知

如果发现需要更高级的值班管理工具，SRE 教练就应该牵头对值班管理工具进行比较，具体则由运营团队完成。要采用组织关注的一套标准来评估，具体如下：

- 基于组织的预期增长的成本效益；
- 现有生态系统的适应性；
- 对数据保护法规的履行情况；
- 由企业内其他产品交付组织使用的潜力；
- 排班能力；
- 智能警报分派能力，包括消除重复和减噪等；
- 利益相关者通知能力；
- 服务状态页面功能，包括按地区支持；
- 正常运行时间和延迟服务水平协议（SLA）；
- 提供的 API；
- 与组织中使用的现有服务的集成；

- 报告和分析能力；
- 事故管理能力；
- 支付条款；
- 数据保护条例；
- 安全条例。

引入专业的班管理工具需要投入大量的资金和时间。每个工具都有自己的一套术语，团队中的每个人都需要学习。开发团队需要以用户的身份共同参与工具的选择，以便管理日程安排、获取“SLO 违反”通知、进行事故响应、通知利益相关者等。

运营团队需要以用户、开发人员和管理员的身份参与对工具的选择。他们需要弄清楚如何使用提供的 API 将 SRE 基础设施与选定的工具对接，使“SLO 违反”警报能到达工具，进而分派给值班人员。最后，来自不同部门的利益相关者需要以用户的身份参与对工具的选择，以便接收利益相关者的通知和查看状态页面。

这便是引入专业的值班管理工具只适用于运营团队和开发团队都准备好了的原因。只有熟悉值班的概念，并且值班过程的优化问题逐渐显现之后，才表明他们真的准备好了。

7.6 非工作时间进行值班

在团队讨论建立轮流值班制度时（7.5 节），必然会出现关于非工作时间值班支持问题。在这种情况下，可以退一步提出下面这个问题：非工作时间的值班支持到底是否需要？如果需要，又有多需要？

开发团队最初为“SLO 违反”引入值班制度时，在工作时间内值班是一个很好的起点。可以促进开发人员逐渐熟悉值班，因为他们从未有过这方面的经验，而且害怕大半夜被叫醒来修复生产问题。除此之外，这还有助于团队自由探索和建立值班制度，而不需要事先与管理层、工会、法务、人力资源和其他部门进行耗时的劳动协议谈判。不同国家（甚至不同地区）的情况各异——非工作时间值班牵扯的东西太多了。

但是，工作时间值班制度被接受并建立起来之后，就可能要考虑把它扩展到非工作时间值班的问题。产品负责人或许可以从用户的角度出发，根据客户的投诉和对话，来考虑“我们究竟需要提供多大程度的值班支持来满足用户的需求？”的问题。另外，应用程序性能管理工具可以提供产品在一天中哪些时候用得最多的数据。

需要确定一点：基于产品使用情况和产品对客户的关键性，是否需要全天候值班——是否需要为每个服务提供由懂行的人员支持的 24×7 值班。例如，产品可能由客户在商业环境中的工作时间内使用，而且绝大多数客户都在同一个时区。在这种情况下，保证在这些客户的工作时间内值班是合适的，不需要提供 24×7 值班支持。事实上，周末甚至全天都不用值班。所以，在这些客户的工作时间内，24×7 变成了工作日的早九晚五支持要求。

随着客户群体扩展到其他时区，值班的覆盖范围也需要扩展。值班支持的扩展需要以数据为基础。如果客户群体分布在世界各地的多个地区，但产品主要在客户工作时间内使用，那么可能仍不需要提供完整的 24×7 支持。客户工作时间的重叠可能有助于将值班支持的要求从 24×7 减少至 12×5 或 18×5。

7.6.1 使用可用性目标和产品需求

史蒂夫·史密斯在其博客文章 Implementing You Build It You Run It at Scale[7] 中建议，使用产品可用性目标和产品需求来确定一个产品需要的值班支持水平。可用性目标越高，需要的值班支持就越多。例如，可用性目标为 99.999%的产品比可用性目标为 99%的产品需要更多的值班支持。 此外，产品需求越高，产品需要的支持就越多。所谓产品需求，是指产品负责人要求的每个时间单位的应用程序生产部署频率。例如，每日进行生产部署被认为是高产品需求，而每月进行生产部署被认为是低产品需求。值班人员的可用性需要与产品的值班要求相平衡。也就是说，值班人员的工作时间需要尽可能与所要求的换班时间一致。如果值班人员分布在不同的时区，则不难做到这一点。此外，在同一篇博文中，他如此建议：针对可用性目标较低的产品，不要安排非上班时间的轮值。另外，针对具有中等可用性目标的产品，建议引入所谓的领域轮值。领域轮值涵盖属于同一领域的所有产品。参与领域轮值的人需要了解所有相关产品。对于具有高可用性目标和高产品需求的产品，则建议每个开发团队都安排非工作时间的轮值。

7.6.2 取舍

前面的讨论表明，组织非工作时间的支持有很多方法，包括完全不提供支持、实行领域轮值，或每个开发团队都安排轮流值班。每一种特定的非工作时间的值班安排都综合考虑了表 7.8 所总结的各个方面。

表 7.8 创建值班设置时需要考虑的不同方面

方面	要回答的问题
产品使用	在一天中的哪些时间里，产品的使用量最大？ 根据预测的客户群体扩展和未来 12 个月内的产品使用变化，预计产品在一天中哪些时间使用量最大？
可靠性目标	要保持的 SLO 是什么？

续表

方面	要回答的问题
产品需求	对生产更新的频率有什么要求？
产品成熟度	为了保持 SLO，当前需要完成哪些工作？ 目前客诉有多少？
值班成本	运营工程师和开发人员值班有哪些成本？ 开发人员和运营工程师值班有哪些机会成本？换言之，如果他们不值班还能做什么？会产生什么价值？
值班人员	每个服务、开发团队、产品和产品领域有多少具有相应知识的人可以值班？
值班时间	在规定的值班时间内，有多少人可以工作？ 这些人的工作时间与要求的值班时间重合度如何？
预算	值班活动的预算来自哪里？运营预算？还是开发预算？是不是某人专有的值班预算？是资本支出还是运营费用预算？具体是如何核算的？
人数	组织对值班人数是否有限制？
工具	是否有专业值班管理工具（包括服务状态报告）？
知识共享	是否准备了恰当的知识共享过程以实现团队轮换、产品轮换和领域轮换？

总而言之，为了引入非上班时间值班支持，我们需要在多个维度做出决策。与 SRE 转型初期相比，实行工作时间值班制度是一个重大的转变。SRE 教练应逐渐地分步骤引入非工作时间值班。只有在所有参与 SRE 转型的开发团队和运营团队充分理解并实践了工作时间值班后，才可以开始这个过程。首先可能采取下面几个步骤。

1. 理解在时间和产品领域方面对非工作时间值班最迫切的需求。
2. 确定哪些人已掌握了确定产品领域的知识。
3. 确定哪些人可以在规定时间内值班。
4. 建立系统化的知识共享过程，使开发团队内部和外部的人都能参与值班。
5. 确保有一个合适的专业值班管理工具。
6. 为某个产品建立第一个非工作时间值班制度。
7. 建立假设，并附带可供度量的信号来度量非工作时间值班的有效性（采用 4.7 节介绍的方法）。
8. 通过频繁的回顾会议（例如，每两周一次）对设置进行迭代。

为了保证非工作时间值班顺利进行，关键因素之一是以系统化的方式分享 SLO、SLO 违反及其优先级以及恢复服务至 SLO 标准的相关行动知识。这是下一节的主题。

实战经验 如果不进行系统化的知识共享而只是增加非工作时间值班，最终只会导致问题被完整传到真正懂行的开发团队成员。这样做除了增加值班的成本，并没有获得相关的好处。无论非工作时间值班人员是来自开发团队内部还是外部，都会出现这种情况。在这两种情况下，为了保证非工作时间值班的顺利进行，需要对相关文档和沟通有严格的要求。

7.7 系统化的知识共享

为理解非工作时间值班为什么需要系统化的知识共享，让我们考虑图 7.7 所示的值班设置。注意，该设置并没有照搬某个组织的真实设置，而是一个现实但随机的例子。

图 7.7 中，左侧显示的是开发团队的本地工作时间。各个团队可能位于不同的时区。在本地工作时间内，每个开发团队都安排了轮流值班。在轮流值班期间，处理来自所有生产区域的 SLO 违反告警。不同的生产区域单独部署（例如，出于数据保护的原因），由一个中央 SRE 基础设施进行监控。因此，本地工作时间内的值班是这样设置的：开发团队只接收自己负责或拥有的服务之 SLO 违反警报，但这些服务可以来自所有生产部署。SRE 基础设施根据所有地区部署的产品或服务派发 SLO 违反警报，发送给负责相关产品或服务的开发团队。

非工作时间的值班则以不同的方式设置。图 7.7 中，右侧显示三个地区的值班安排。美国有一个，亚洲有一个，欧洲也有一个。这三个区域的值班工作是响应开发团队本地工作时间之外发生的 SLO 违反。因此， SLO 违反警报分派在这里以不同的方式进行。SRE 基础设施按地区对部署在该地区的所有产品或服务分派 SLO 违反警报，把它们发送给负责该地区运营工作的非工作时间值班人员。

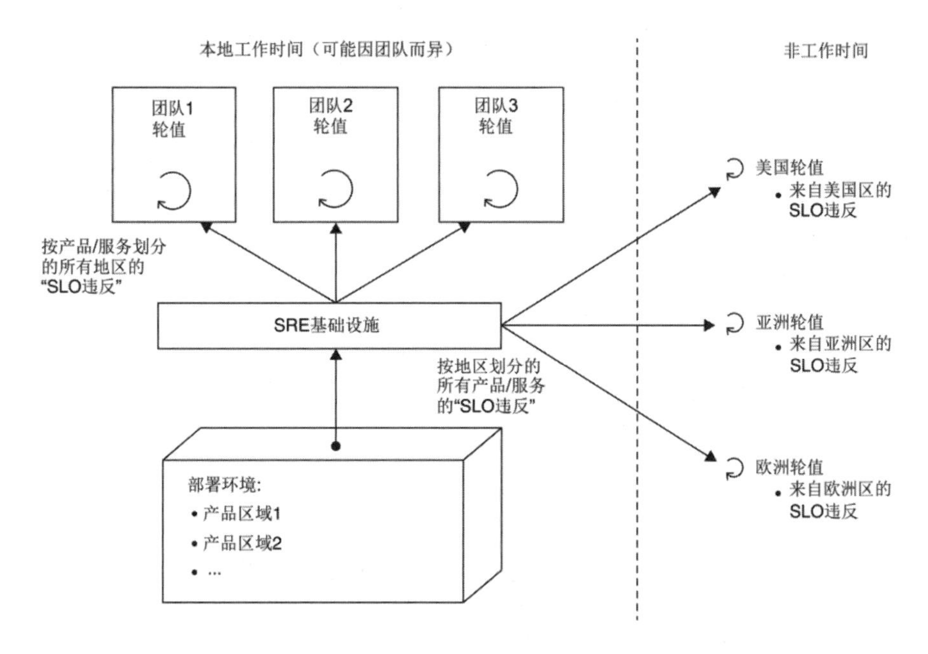

图 7.7　示例值班设置

表 7.9 总结了在工作时间和非工作时间分派 SLO 违反警报的不同方式。

表 7.9　在工作时间和非工作时间分派 SLO 违反警报的例子

	不同情况下的示例 SLO 违反警报分派	
	工作时间轮流值班	非工作时间轮流值班
产品/服务	由开发团队所有	全部
部署区域	所有	对应于轮值的区域

如表 7.9 所示，SRE 基础设施需要以这些方式灵活地分派 SLO 违反警报。

图 7.7 展示的值班设置已经很复杂了，但可能还没有加上 24×7 值班制度。虽然我们的目标是尽量多提供非工作时间值班支持，但并不意味着我们必须实施全天候的 24×7 支持。如 7.6 节所述，可能根本不需要全天候的 24×7 支持。具体取决于产品使用时间数据和 7.6.2 节讨论的其他因素。更多的值班支持意味着更多的成本，但不一定意味着客户满意度能够得到提升。

接着，让我们探讨一下本节展示的值班设置对知识共享的需求。为了确保这些人在工作时间和非工作时间都能有效值班，需要怎样实现有效的知识共享？换言之：

- 在值班之前需要哪些知识？

- 在值班期间需要什么知识？
- 在值班后需要分享哪些知识？

7.7.1 知识共享需求

在前面描述的示例值班设置中，开发团队在工作时间内轮流值班。他们很可能使用了7.3.1节描述的结对轮换来划分“基于中断的值班工作”和“基于专注的功能开发工作”。因此，结对（结对工作和结对轮换）是开发团队最基本的知识共享机制。它有助于开发人员获得对团队代码库的全面理解，把实现的相关知识带到运营，再把从运营获得的见解带回开发。然而，在结对过程中，没有任何东西被记录下来。所以，结对需要被看成是口头的知识分享。它只对参与这个过程的人有效。没有参与结对的人不能从中受益。

在本节的例子中，非工作时间的值班由开发团队以外的人完成。所以，需要额外的知识共享方式来帮助非工作时间轮值人员有效地完成轮值工作。注意，开发团队和值班人员处于不同的时区。所以，他们之间的实时对话可能不容易在共同的工作时间内建立起来。事实上，在开发团队和一个非工作时间的值班人员之间，可能完全没有共同的工作时间。例如，对于一个在印度的开发团队和一个在美国的值班人员，两者完全没有共同的工作时间。这种情况甚至可能相当普遍。

值班人员需要了解SLO、典型的SLO违反及其对策、意外时应该做什么等。这些知识通常以书面形式记录在所谓的运营手册中。然而，知识文档并不能代替对话。换言之，需要就运营手册的内容定期展开对话。特别是在发生意外的时候，值班人员需要能快速调查之前是否已经讨论和解决过类似的问题。另外，他们需要能在相关的知识社区提问。为此，开发人员广泛接受的内部开发者论坛（例如 Stack Overflow for Teams[8]）会提供很大的帮助。

此外，值班人员需要接受常规培训，为值班做准备。培训不仅解释了值班的结构和规程，还可能是上岗前的一项监管要求。

最后，随着越来越多的人参与值班，实践社区逐渐形成。可以称之为SRE CoP（SRE Community of Practice）。这可以是一个论坛，人们在此交流SRE的常规实践，其中包括值班方面的主题。不同团队有不同的方法和技巧。范围从如何设置轮值，到如何让人们更理解运行手册。一个团队事先不可能知道自己的工作方式是最佳实践，还是需要根据其他团队的实践做出调整。在一个精心建构的实践社区，可以极大地推动这样的知识共享。

总之，如果要以有效和高效的方式实现值班，就需要有一个分层的知识共享策略。下一节将对知识共享的每一层进行详细探讨。

7.7.2 知识共享金字塔

知识共享的分层方法所依据的分类依据是：特定类型的知识共享是在工作中（即在值班的时候）进行，还是在工作之外（即在准备值班或改进现有值班时）进行。图 7.7 展示了这种分类法。

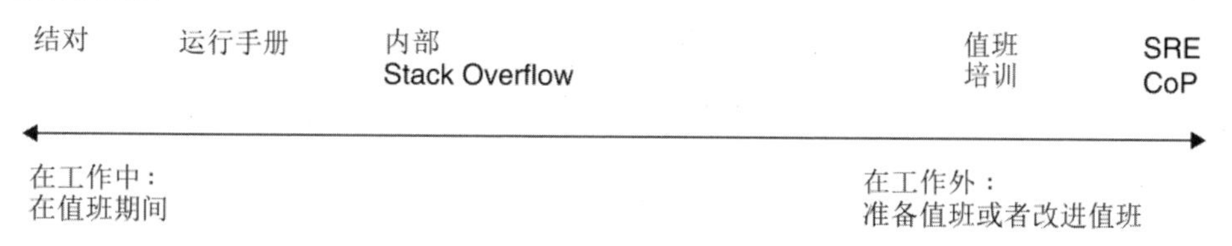

图 7.8 知识共享分类法

图 7.8 中，左侧显示某人在值班期间分享的知识的类型，其中包括结对、使用/更新运营手册以及使用 Stack Overflow 那样的内部系统来发布新问题，查看别的人之前发布的问题和回答。

图的右侧显示了在某人不在值班时分享的知识类型，其中包括常规的值班培训（建立对组织的值班方式的基本理解）以及参与 SRE CoP 以分享团队实践。通过分享团队的实践，会使组织的最佳实践越来越具体化。最终确定的最佳实践需要在常规值班培训中引入。

SRE 教练需要建立这种反馈循环。在常规的值班培训中，如果不包含关于值班工作的最新信息，那么没什么比更令人沮丧了。这可能导致新员工质疑组织的常规过程文档。

这两种类型的知识共享可以表示成一个金字塔，上层建立在下层之上。图 7.9 展示了这个值班知识共享金字塔。

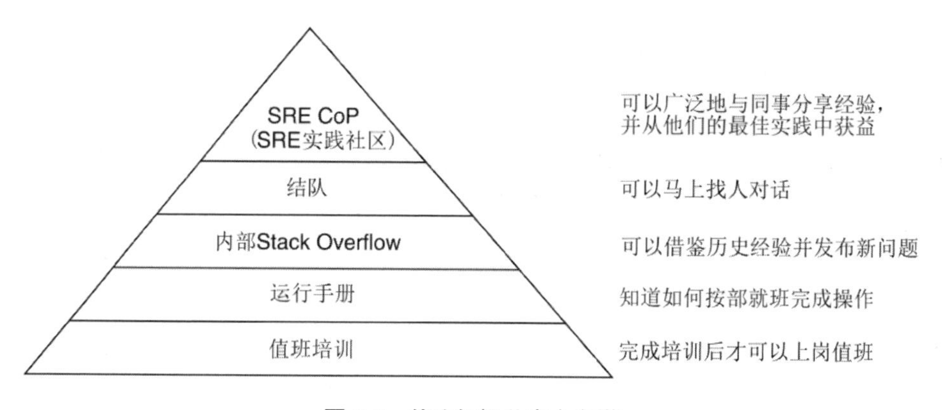

图 7.9 值班知识共享金字塔

金字塔的底部是值班培训。值班工作需要有这样基本的培训。取决于不同的行业，它也可能是岗前培训。一般来说，SRE 教练应该坚持设定一个正式的培训要求，完成培训的人员才可以上岗。成功完成培训后，应同时获得岗位证书。

通过值班培训掌握基本知识后，值班金字塔的下个层级是运营手册。手册中包含各种已知情况下如何对 SLO 违反警报做出响应。如果值班人员不属于负责或拥有产品/服务的开发团队，那么这样的运行手册就对他们尤其有用。

再往上是 Stack Overflow 那样的内部开发人员论坛。如果出现 SLO 违反事件，但其补救措施在相关的运营手册中并没有描述，就可以在这里咨询。快速查看以前别人提过的问题及其回答，了解类似的问题以前是否有人遇到过、是否能够解决它以及如何解决。另外，在一个由行家开发人员和运营工程师组成的社区中，新发布的问题也能快速获得回应。

如果在内部 Stack Overflow 论坛上快速搜索后仍然没有找到合适的解决方案而导致目前出问题的服务无法重回 SLO，那么可以咨询一个值班人员结对来讨论这个问题。这对值班人员是主要值班人员的候选。因此，可以立即开始对话，讨论如何恢复服务。

最后，各个团队的值班实践分享可以通过 SRE CoP（SRE Community of Practice）来进行。不同的团队相互学习，并建立适用于组织中大多数轮值的最佳实践。

实战经验 开发人员习惯于知识迁移研讨会。在典型的知识迁移研讨会中，负责实现组件的开发人员通常会谈论实现的细节，使其他开发人员能够在未来修改该组件。但这并不充分，因为值班知识迁移针对的是紧急状况，而且涉及的人不只限于开发团队。开始，SRE 教练就应该解释值班知识共享金字塔的各个组成部分，使大家理解并合理预期需要投入多少精力才能完成。

值班知识共享金字塔展示了建立有效和高效的值班服务所需要具备哪些综合知识，它同时涉及工作时间和非工作时间的知识共享。一旦建立，值班人员就会用这个知识共享金字塔来推动知识的收集和分配，以一种系统化的方式有效处理 SLO 违反。对于值班人员来说，完整经历各个层级会成为一种日常。

可以肯定的是，并非每个 SLO 违反告警都需要达到金字塔的顶端。大多数 SLO 违反告警都可以利用金字塔最底层提供的知识来解决：值班培训和运行手册。一部分 SLO 违反需要咨询类似 Stack Overflow 的内部论坛或者值班结对。少数 SLO 违反告警需要在更全面的 SRE 实践社区中讨论，以便与其他团队分享知识。

金字塔自下而上的顺序提供了一个良好的结构，可以在整个组织内以系统化的方式拉动和推动运营知识。在后续小节中，我们将提供更多的细节来逐步建立知识共享金字塔。

7.7.3 值班培训

值班培训应该是新员工入职培训计划或新人训练营的组成部分。这样一来，每个参与轮流值班的员工在入职过程中都会了解到组织的值班机制的基础知识。

培训最好以下列方式组合进行。

- 少量短视频，解释不经常变化的基本概念。
- 在作为总体 SRE 维基页面一部分的值班维基页面中解释以下几点：
  - 目前的值班工作方式；
  - 正在使用的工具，在哪里可以找到它们，以及如何获得它们的使用权；
  - 值班的角色；
  - 工作时间和非工作时间的值班设置；
  - 轮值的排班和重新排班；
  - 获得必要的用户权限以开始值班工作的规程；
  - 事故响应过程描述；
  - 对运行手册的参考；
  - 对架构文档的参考，以便进一步阅读；
  - SRE CoP，包括如何加入这个社区。
- 对事后回顾的参考，并邀请大家通过事后回顾从过去的事故中学习。
- 在值班管理工具中观察实时事故发展情况。
- 和人员进行联系，以便分团队进一步讨论值班问题。
- 简单的练习，使这个过程变得游戏化。

在视频内容创作方面，可以考虑使用能利用 AI 从文本中创建专业视频的在线服务。这能节省首次视频创作和所有后续编辑的时间。编辑一下文本，视频就能立刻更新。例如，可以考虑使用 Synthesia[9] 这样的在线 AI 视频生成服务。

常规值班培训需要几个小时来完成。其目的是做好准备，让人们对值班意味着什么以及如何进行值班有一个总体性的了解。这是一种过程培训，不需要深入到某一具体产品、服务或团队的细节。

也就是说，完成常规的值班培训能让新员工为值班做好准备，但并不能使之成为某个特定产品或服务的专业值班人员。还需要与“负责”或“拥有”该服务的团队就特定服务的值班工作进行更深入的对话。团队内部的对话要涉及下面几个话题：

- 谁在工作时间和非工作时间为该服务做值班工作？
- 服务的运行手册在哪里？
- 为该服务设置了哪些 SLO？
  - 如何查询它们？

    - 变更流程？
    - 如何参与该服务的轮流值班？
- 如何在值班管理工具中为该服务设置轮流值班？
    - 如何查询谁在值班以及何时值班？
    - 如何调整之前为服务设置的值班时间表？
- 服务的 SLO 违反会发到哪里？
- 如何处理该服务的事故管理？
- 该服务的事故优先级如何？
- 该服务是否有事后回顾？如果有，又在哪里？

7.7.4 运行手册

最初在开发团队中引入值班实践时，值班人员是原来的开发人员，非常熟悉自己当值的服务。这些开发人员参与了 SLO 定义过程。他们了解 SLO 违反并能将其联系到客户影响上。他们还能推断出造成 SLO 违反的根本原因。另外，开发人员拥有展开故障调查所需要的全部知识。总之，对于所值班的服务，开发人员有一个非常丰富和全面的背景。如果以结对方式工作，这些知识会传给其他开发人员。在这种情况下，固然可以提供文档让他们理解发生 SLO 违反时怎么做，但并非值班的必要条件。

但是，如果参与值班的人不够熟悉服务实现，就真正需要用到书面文档。这些人不具备必要的背景，具体包括以下人员：

1. 新加入“负责”或“拥有”该服务团队的开发人员；
2. 在组织实行领域轮班的情况下，来自其他团队的开发人员；
3. 如果组织实行运营工程师和开发人员共同值班的制度，工作时间与开发人员共同值班的运营工程师；
4. 在工作时间提供支持的运营工程师；
5. 在非工作时间提供支持的运营工程师。列表顺序反映服务实现知识与特定人员之间的距离。序号越大，距离越远。而距离越远，就越需要一份详细的运行手册来有效地完成值班工作。

列表中的顺序反映了服务实现知识与特定人员之间的距离。序号越大，距离越远。而距离越远，就越需要一份详细的运行手册来有效地完成值班工作。

那么，好的运营手册应该包含哪些内容？好的运行手册能够使距离开发团队最远的值班人员有效地应对 SLO 违反。换言之，一份好的运行手册为缺乏背景的值班人员提供了丰富的背景知识。这当然只能通过经验来验证，并通过迭代来完成。既然如此，我们应该从哪里开始呢？

一个好的起点是为运行手册创建模板。该模板可以基于网上免费提供的许多运行手册模板来创建。在谷歌上搜索 runbook template 可以得到许多不错的结果。例如，一个实用的起点是 GitHub 上由 Caitie McCaffrey 提供的运行手册模板[10]。

现在，SRE 教练已经有了很多与运营和开发团队相关的经验，还有一些与运营中的实际服务相关的经验。基于这些经验，SRE 教练从网上下载一个现成的运行手册模板，并根据组织的需要进行调整。在运行手册模板中，至少要有下面几点：

1. 最后一次更新运行手册的时间；
2. 最后一次更新运行手册的人的姓名；
3. 运行手册所针对的服务；如果有的话，请提供到服务目录的链接；
4. 运行手册所针对的 SLO 及其简短描述（提供到 SLO 定义的链接）；
5. 发生 SLO 违反时对客户的影响；
6. 补救步骤；
7. 服务健康仪表盘（如果有的话）；
8. 获取进一步支持的联系方式及细节，包括带有时区的可用时间；
9. 服务最新的生产部署，以及每个生产部署的代码变更（链接）。

这里最好使用一个维基页面模板。维基特别适合快速编辑和查找。它可以自动记录第一点和第二点的更新。另外，它还记录了谁在什么时候做了哪些修改。如果对特定的运行手册条目有疑问，这些信息就有用了。除此之外，它还可以连接到源代码控制系统。这样一来，所有变更也会像其他源代码文件一样受到源代码控制。克隆和移动等操作成为可能，这对未来的内容重构活动非常有用。

使用维基的另一个好处是收集页面浏览统计数据并进行分析。通过分析各种运行手册的页面浏览量，我们可以对特定运行手册的有用性做到心中有数。如果运行手册几乎没人看，那么表明它可能没什么用，或者不需要。在这种情况下，维护运行手册就没有什么意义。可以考虑做个实验——隐藏这样的运行手册，仅供值班人员申请访问。

运行手册上线并保持更新后，人们很容易认为知识共享到此为止。但事实并非如此。为了确保每个值班人员同频，要根据需要针对运行手册展开对话。

实战经验　开发团队通常认为，只要将最新内容写到运行手册中，看手册的人就完全能够明白它们的意思。但是，这并不是一个经过验证的假设。需要手册的人与开发人员和开发团队的距离越远，且从一般意义上说，离上次关于运行手册的对话越远，就越需要基于书面运行手册更新展开对话，沟通并达成共识。

> 更新运行手册的负责人需要积极寻求与更新内容所面向的目标进行对话。短短五分钟的对话，就足以确认对方正确理解内容。通过积极寻求对话，而不是在没有核实的情况下就假设对方已经理解，可以有效地防止所谓的“信息未送达”综合征。[11]

针对运行手册的对话最好在值班人员换班时进行。上一班的人可能已经对运行手册做了一些改动。所以，应该将这些改动告诉前来换班的人。然而，难就难在找不到合适的时间让两个人展开对话。特别是在非工作时间值班的情况下，这两个人可能被安排在不同的时间段工作。

如果双方无法会面，可以用一个短视频来说明更新内容。在视频中，更新了运行手册的人可以讲述所做的更改。视频链接需要放到运行手册中让所有人看到。许多在产品交付组织中常用的视频分享平台允许在共享屏幕上快速录制这样的视频，并嵌入维基页面。例如，Microsoft Stream[12] 和 Panopto[13] 都提供了方便好用的基础设施。

7.7.5 内部 Stack Overflow 工具

假设有这样的场景：值班人员完成培训后，在值班时收到 SLO 违反警报，试图通过运行手册找到解决方案使服务回到 SLO 范围内。但他们并没有找到任何补救措施。在这种情况下，内部的 Stack Overflow 工具（例如 Stack Overflow for Teams[14] 和 Scoold[15] 等）能提供一定的帮助。

如果组织内部安装 Stack Overflow 工具，那么开发人员和运营工程师可能会用它来发布开发和运营主题的问题并找到解决方案。然而，这只适用于该工具有针对这些主题的公共论坛时。也就是说，虽然工具本身在功能和用户体验上很重要，但真正用起来，才能发挥出其价值。如果习惯用其他方式讨论开发和运营主题（例如，通过 Slack、MS Teams 或电子邮件），内部的 Stack Overflow 就失去了它的意义和作用。偶尔在其他地方进行这样的对话是可以的，但如果开发人员和运营工程师没有把内部的 Stack Overflow 看作是提出问题和获取答案的首选公共论坛，那么进一步的社区建设工作就是必要的。

为了在内部 Stack Overflow 创建一个成功的社区论坛，就需要组织内部的敏捷教练牵头。SRE 教练应该与敏捷教练取得联系，讨论采取哪些措施来加强社区建设。可能有下面几个措施：

- 将内部 Stack Overflow 作为讨论开发和运营主题的首选公共论坛来推广；
- 不鼓励在其他论坛上公开在线讨论开发和运营主题；
- 采用游戏化的方式——例如投票、徽章、标签、专业知识分数、贡献者排行榜、声望分、版主特权等——来激励参与；
- 让非正式领导（意见领袖）使用内部 Stack Overflow，因为他们会有很多粉丝。

把内部 Stack Overflow 搞起来不能由 SRE 教练来牵头。后者的重点是将 SRE 打造为组织主要的运营方法。例如，建立一个充满活力的 SRE 实践社区就属于 SRE 教练的职责范围。这是下一节的主题。

7.7.6 SRE 实践社区

一旦大部分开发和运营团队都开始 SRE 转型，就可以开始考虑建立一个 SRE 实践社区（CoP）。如果大多数团队开始实行工作时间值班制度，就会对分享值班方式有需求，目的是确定最佳实践。因此，SRE CoP 最初的参与者就是那些值班人员。

SRE CoP 可以从一个清单开始，其中包含值班人员可能感兴趣的主题。SRE 教练可以准备这份清单，并提交给实际参与值班的人员进行投票。得票最多的主题会在名单首位。下面是一个示例主题清单：

- SLO 定义（SLO、SLI、错误预算）；
- 日志查询语言基础知识；
- 日志查询语言高级概念；
- 用于监控的 SRE 仪表盘；
- SLO 违反和对警报的响应；
- 扩展 SRE 基础设施；
- 值班管理工具；
- 使用工作流自动化工具（例如 Zapier[16] 和 Power Apps[17] 等）进行服务健康检查；
- 具有良好用户体验的仪表盘，以支持针对性的事故解决方案；
- 加快事故解决的方法。

这些主题可以通过下面的方式进行处理：

- 基于之前准备好的幻灯片的演示；
- 与事故管理工具所捕获的历史事故相关的对话；
- 事后回顾中的对话；
- 故障、SLO、仪表盘、工具、运行手册、用户权限、轮流值班设置等的自由对话。

所有演示和对话都要尽可能记录下来并加上 SRE 标签，放到组织的视频分享平台上。另外，在 SRE 维基页面上专门为 SRE CoP 建立一个页面，其中应该包含以前讨论过的主题的一个列表，并附有相应记录的链接。这一点非常重要，因为很大一部分 SRE 工作是通过轮流值班来完成的，所以一直都有新人入职培训的需求。

SRE CoP 成员应该把 CoP 会议看成是就 SRE 活动——特别是值班工作——进行对话的一种方式。SRE CoP 团队成员的会议频率应该由成员们自己决定。每两周开一次会，每次 30~60 分钟，这似乎是一个合理的开始。

在时间跨度为几个月的非正式 SRE CoP 会议之后，SRE 教练可以根据 CoP 参与者的反馈来判断他们花在 CoP 会议上的时间是否有很好的回报。如果围绕 SRE CoP 有积极的反应和氛围，那么在使其成为一个能自我维持的社区和网络的过程中，可以优先考虑对 CoP 进行轻量级的规范化。SRE CoP 的轻量级正式化需要在以下几个方面进行：

- 愿景；
- 目标；
- 领导；
- 成员；
- 范围；
- 收益；
- 时间投入；
- 衡量成功的标准；
- 与更多人分享成功经验。

这几个方面需要与 SRE CoP 成员展开讨论。这可以加强社区的力量，因为它正在从一系列临时性的会议转变成基于过往经验的一种更成熟的会议。这样做还有助于那些正在实践值班的人员越来越认同 SRE 倡议。因此，随着越来越多的人参与轮流值班，也会推荐其他人加入 SRE CoP。

一旦定稿，都需要把所有这些放到 SRE 维基页面供大家查看。在精益咖啡这样的讨论会上做一个 SRE CoP 简介。这个介绍应该由 SRE CoP 的领导完成。这也标志着 SRE 教练将 SRE CoP 的进一步管理权限移交给了合适的领导。

随着时间的推移，SRE CoP 的领导也应接手对 SRE 维基页面内容进行把关。这些内容应包含新人 SRE 培训活动相关信息，这些活动包括 SLO 的定义、工作时间和非工作时间的值班等。维基页面可以包含解释一些基本概念的短视频，这些概念很少随着时间而变，例如为什么要做 SRE 等。大部分内容都放在维基页面，以便随时修改。此外，人们需要能够订阅他们感兴趣的维基页面更新。这个很不错，能立即将 SRE 过程的变动内容分发给感兴趣的人。

7.8 宣传成功

到现在，参加 SRE 转型的运营和开发团队已经做了很多事情。

1. SLI 和 SLO 已经定义并进行了迭代。
2. 共同制定了值班设置。
3. 设置了工作时间和非工作时间（如果需要的话）的轮流值班。

4. 值班人员开始响应 SLO 违反告警事件。
5. 系统化的知识共享，通过值班培训、运行手册、内部 Stack Overflow 和 SRE CoP 来进行的。

显然，不同的团队在 SRE 实践中处于不同的成熟度水平。这种情况总是存在的，因为团队会以各自的速度拥抱变革。然而，对于所有已经完成多次迭代的团队，他们的生产运营已经远远不再像当时那样混乱、杂乱无章。那样的日子已经一去不复返（2.1 节）。当时，开发和运营都不能有效地管理产品运营，而产品管理距离产品运营更是遥远。相反，产品运营协调已经非常有条理了！

单是这一点就值得好好宣传。SRE 教练应该使用之前的宣传渠道发起宣传。 SRE 教练可以借助于以下问题向大家通报 SRE 转型的进展情况。

- 大多数团队采用什么样的典型工作时间值班设置？
- 目前如何处理非工作时间值班？未来的计划呢？
- 开发团队和运营团队如何适应基于专注的工作模式和基于中断的工作模式？
- 新的值班培训有哪些内容？人们如何报名参加？
- 运行手册在哪里？所有人都能查看吗？
- 新的内部 Stack Overflow 是什么？谁在使用？用来做什么？怎么注册？
- 新的 SRE CoP 是什么？它的作用是什么？谁是它的一部分？如何加入？

现在，一些 SRE 转型的假设可能已经完成测试（4.7 节）。有的团队已经取得了成果，这些成果是否有可以量化的信号？是否需要根据新了解的信息对之前定义的假设进行调整？这些问题的答案应该加在宣传中。重要的是要强化这样的信息：SRE 转型基于假设和量化信号构成的反馈回路，是以数据驱动的方式执行的。

若一些 SRE 转型假设获得证实，SRE 教练就应该单独接触那些最初支持将 SRE 纳入组织倡议项目组合的人。特别要告诉运营主管、开发主管和产品管理主管，让他们知道 SRE 转型开始前制定的目标确实取得了进展。这有利于加强对该倡议的信心。另外，它还有利于在项目组合优先级的讨论中确保 SRE 倡议一直保持优先地位，不会降低优先级或者被完全取消。

取决于具体情况，这种联系可以当面进行，也可以通过电子邮件进行。SRE 教练应利用之前创建的利益相关者图表（5.4.1 节）以合适的方式接触利益相关者。

7.9 小结

本章的重点是安排轮流值班。首先选择使用 SLO 和 SLO 违反来监控的部署环境。我们介绍了运营责任、明确其定义并把它与开发责任进行划分。为了履行开发和运营责任，我们定义了两种工作模式：基于专注和基于中断。无论采用哪种值班安排，开发人员都需要在约定的范围内值班。因此，基于专注和基于中断的工作模式需要在开发团队中落实，以便同时进行重点功能开发和响应由中断驱动的 SLO 违反。结对工作可以充分支持这两种工作模式。重要的是，通过结对工作，可以在开发和运营之间实现结构化的、持续的知识共享。

由于运营团队负责 SRE 基础设施的开发与运营，并可能根据值班协议为产品提供服务，因此，运营团队同样需要设置基于专注和基于中断的工作模式。我们还讨论了根据值班人数来设置轮流值班的不同方式，以及为这种实践提供支持工具。在最初实施值班制度时，无需专业工具，因为可以直接将 SLO 违反信息发布到聊天管理服务的频道。

本章强调了建立有效的非工作时间值班特别重要。尤其是，非工作时间值班需要多方面的知识共享才能取得成功。为此，我们介绍了值班知识共享金字塔，其各层级包括值班培训、运行手册、内部 Stack Overflow、结对和 SRE 实践社区。金字塔各层级可以为 SRE 教练在 SRE 转型期间建立知识共享提供指引。

最后，本章讨论了如何宣传已经取得的成功。开发团队和运营团队已经定义了 SLO，开始对 SLO 违反做出响应，就工作和非工作时间值班达成协议、建立了轮值制度并实现了值班知识共享金字塔。这些措施一旦到位，就表明 SRE 转型的大部分工作即已完成。现在可以开始宣传产品交付组织已经实践 SRE 并取得了成果。

在下一章中，将探讨运营和开发团队的 SRE 实践如何使非技术性的利益相关者从中受益。

注释

扫码可查看全书各章及附录的注释详情。

第 8 章

警报分派

分派警报是指将有关 SLO 违反和故障的警报发送给能够采取实际行动的人员。接收者可以是值班人员，也可以是利益相关者，例如市场或管理层的人员。值班人员会收到 SLO 违反告警，他们的目标是修复问题。利益相关者会收到重大故障告警，以便在愤怒的客户开始投诉之前及时得到通知。

警报分派的目标是精确锁定最合适的接收者，并向他们提供采取行动所需要的全部信息。同时，它的目标是尽量少发送警报。值班人员应该只收到会严重影响客户体验的 SLO 违反告警。SRE 教练在 SLO 定义过程中有一个理念是：“对于无需响应的事件，不要发送通知！”

在定义利益相关者通知时，这个理念同样适用。利益相关者只需要被告知重大故障，使其知道事故已经发生并且运营团队和开发团队正在全力以赴地解决。图 8.1 描述了向值班人员以及利益相关者分派警报的情况。

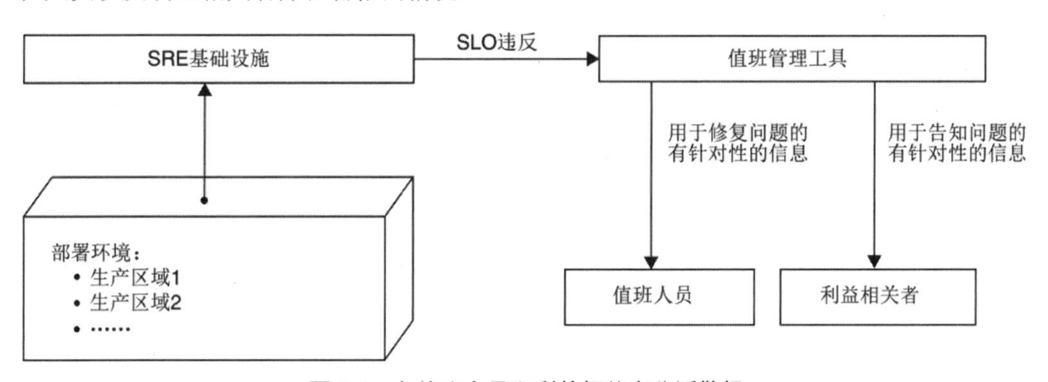

图 8.1　向值班人员和利益相关者分派警报

图 8.1 中，左侧显示的是部署环境。SRE 基础设施负责监控部署环境。一旦检测到 SLO 违反，就通过值班管理工具向值班人员发送警报。注册的利益相关者也能通过值班管理工具收到相关的故障信息。利益相关者通知基于预定义的逻辑自动触发，或者由值班人员分析 SLO 违反后手动触发。

本章将对警报分派进行深入讨论。介绍产品交付组织内的警报升级之后，我们将定义利益相关者并解释如何设置通知。

8.1 警报升级

7.4 节解释了如何实现多人轮流值班，介绍了主要值班人员和后备值班人员设置，确保即使主要值班人员没空，也能及时响应 SLO 违反告警。本节的主题是将警报从主要值班人员传给后备值班人员以及其他人员。

现代的值班管理工具可以实现复杂的警报传播。警报基于一套规则从一个人传给另一个人，这就是所谓的“警报升级”，这套规则称为“升级策略”。值班管理工具可以根据定义好的升级策略，在值班人员之间重新分派警报。

在升级策略中，应体现主要值班人员和后备值班人员的设置。以下选项通常可以用来设置升级策略的细节。

1. 通知人员名单中要有以下人员：
   - 指定排班表中当前的值班人员；
   - 任何负责响应的用户；
   - 确定的团队，在这种情况下，该团队的所有成员都会收到通知；
   - 确定的跨团队，在这种情况下，所有成员都会收到通知。
2. 在警报升级之前，向链条上的某个人发出警报后，应有一个时间间隔等待确认。只要过了这个时间间隔，警报就会自动升级，向链条中的下一个人发送。如果警报在时间间隔到期前被确认，升级策略就停止。
3. 升级策略的重复次数。一旦确定的人员链开始重复，但警报并未被确认，那么升级策略就可以重复。在重复时，链条上的第一个人首先接到通知，其次是第二个人，以此类推。

图 8.2 展示了一个示例升级策略。

图 8.2 中，顶部是团队 1 的主要人员值班表。每班由两名人员轮流值班。主要人员值班表的下方是后备人员值班表。它由人员 A 和人员 B 构成，他们按照轮班周期在主要和后备之间轮班。

图 8.2 中，下半部分显示团队 1 的升级策略，它有 6 个步骤。在第 1 步中，SRE 基础设施检测到 SLO 违反并生成了警报。第 2 步，警报生成后，立即被分派给人员 A 或人员 B，具体取决于当前的轮班周期。如果主要值班人员在 60 分钟内没有确认警报，升级策略的步骤 3 就生效。在这一步，根据后备值班表，警报被发送给相应的后备值班人员。

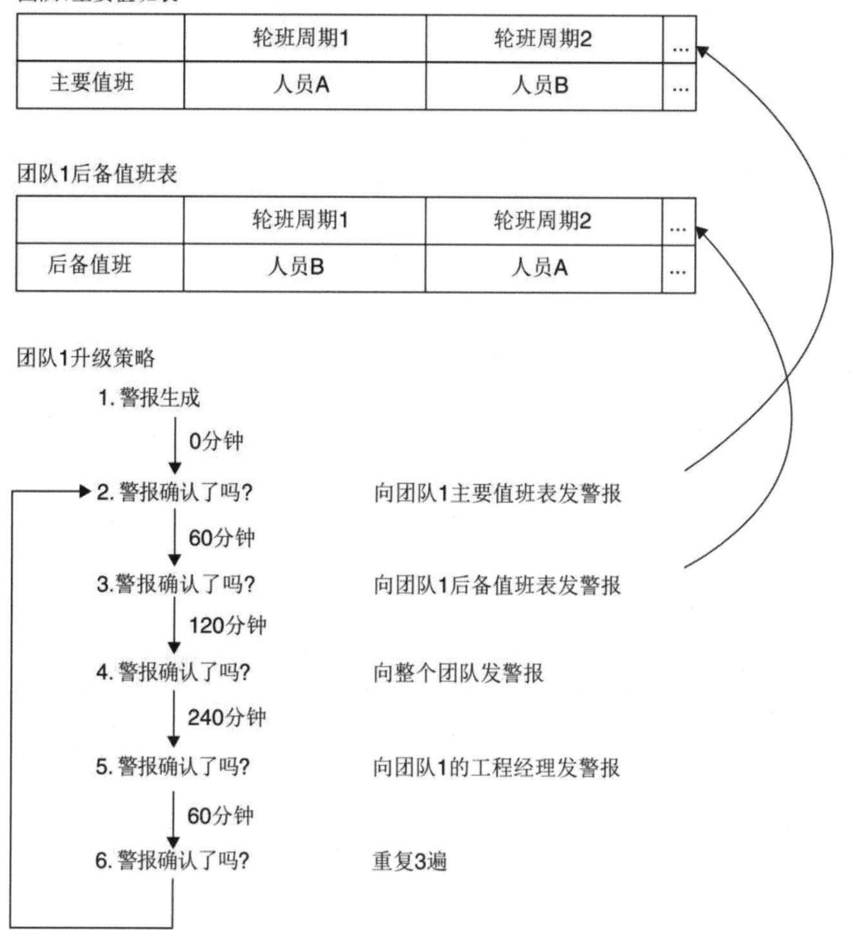

图 8.2　示例升级策略

如果此人在 120 分钟内没有确认警报，就执行升级策略的第 4 步。团队 1 的每个人都会收到警报，无论他们是否当值。每个团队成员都可以指定他们希望的警报接收方式，这可以是电子邮件、短信、移动应用或电话，具体取决于一天中的不同时间。如果警报在接下来的 240 分钟内仍未得到确认，将通知团队 1 的工程经理。

如果警报在 60 分钟内仍未得到确认，就启用重复选项。该选项设置为重复升级策略三次。值班管理工具会回到第 2 步，重新跑一遍通知链。

所有值班管理工具都支持升级策略的三个主要选项：通知链、每个升级步骤的时间间隔以及重复次数。还可以利用其他选项来微调升级策略的定义，具体的额外选项因工具而异。

通常，向利益相关者发送的通知不受升级策略的约束，因为通知的目的仅在于告知，而非立即采取行动，比如确认。很难根据确认的过期时间来定义升级策略。

如果在极少数情况下要求利益相关者对通知进行确认，就可以在值班管理工具中把这种通知定义为可确认的警报。如果这样，就可以定义升级策略，消息的传递可以通过利益相关者的链条进行升级，如果需要的话。

8.2 定义警报升级策略

每个轮值（on-call rotation）都需要定义一个警报升级策略。运营工程师、开发人员和产品负责人先就值班设置达成协议，然后使其体现在值班管理工具中。

在此之后，升级策略和值班表可能包括运营工程师、开发人员或两者都有。

建议从一个基本的升级策略开始，然后根据值班人员的反馈进行迭代。主要值班表→后备值班表→重复一遍 主要和后备值班人员的警报确认过期时间需要实验确定，取决于组织和产品的重要性，过期时间可能从几分钟到几小时不等。

在值班人员使用这个最简单的升级策略一段时间并给出反馈意见后，可以开始讨论如何扩展它。这个扩展必然涉及非值班人员处理警报的问题。表 8.1 表明，除了值班人员，可能还有哪些人出于什么目的需要参与警报处理。

表 8.1　警报升级策略所涉及的非值班人员

警报升级策略所涉及的非值班人员	目的
开发团队	让警报得到确认，并由懂行的开发人员进行处理。没有当值的开发人员会在其工作时间查看这些警报。所有开发人员、相应的运营工程师和产品负责人需要就警报升级策略是否应包括整个开发团队达成一致。注意，如果这样做，会对基于专注的工作模式（7.3 节）产生干扰，但有时只能如此
开发团队的工程经理 开发主管 运营主管	引起上级的注意，使他们能寻找一个可以确认警报的人。在升级策略中加入经理后，可能会间接地激励值班人员在约定的时间范围内确认警报。这可能是一个相当矛盾的点，需要由运营工程师、开发人员、产品负责人和经理共同讨论

我们的目标是微调升级策略，使大多数警报能在规定时间内得到值班人员的确认。另一个目标是在升级策略中包括一个非值班人员的安全网，以确保在值班人员意外不在岗时能对警报做出响应。

实战经验 先从最简单的升级策略开始，即“主要人员值班表→后备人员值班表→重复”。尝试确定主要值班人员和后备人员值班的确认过期时间。在校准之后，再考虑将升级策略扩展至非值班人员。谨慎行事以免警报疲劳，然后根据反馈进行迭代。在决定是否将经理和管理层纳入升级策略时，要考虑到组织的文化。

需要重申从用户角度来定义 SLO 的重要性，它的目的是使 SLO 违反能清楚地反映受影响的客户体验。由于升级策略可能涉及非值班人员、经理和管理层，所以只应包括那些反映了客户体验受到巨大影响的 SLO 违反。与客户体验影响不大的技术故障，则不适合设置成 SLO 违反。

8.3 定义利益相关者分组

了解了如何通过警报升级策略向值班人员分派警报后，我们接下来讨论如何将通知分发给利益相关者。利益相关者通知可以由值班人员手动触发，也可以在某些条件下自动触发。为了使利益相关者通知有针对性，做到下面两点尤为重要。

1. 定义利益相关者分组时要有针对性。
2. 利益相关者需要能灵活地选择加入自己感兴趣的利益相关者分组。在定义利益相关者分组时，需要使某种类型的通知能有效地发送到该分组。例如，对于产品交付组织来说，可以考虑建立如表 8.2 所示的利益相关者分组。

表 8.2 示例利益相关者分组

利益相关者分组	目的
产品管理	向产品经理、产品负责人和商业分析师告知产品和生产环境正在发生的重大故障，以便他们准备好与市场、销售、领导和客户进行对话
领导	向领导告知正在发生的重大故障，以便他们准备好在客户来电时与之对话
市场和销售	向市场和销售告知产品和生产环境正在发生的重大故障，以便他们能够相应地（重新）安排市场和销售活动，并准备好与客户对话
合作伙伴和客户	向合作伙伴和客户告知产品和生产环境正在发生的重大故障，以便他们能够对其产品采取纾解措施

有时还需要定义利益相关者子分组。例如，针对“市场和销售”这个利益相关者分组，可以考虑定义如表 8.3 所示的子分组。

表 8.3　示例市场和销售利益相关者子分组

市场和销售利益相关者子分组	目的
每个地区的所有产品	通知市场和销售人员关于特定地区的所有产品正在发生的重大故障。这很有用，因为市场和销售人员通常要负责在特定地区销售的所有产品。例如，欧洲、中东和非洲地区销售人员、美国地区销售人员等
每个地区的每个产品	在同一地区内，可能有一些单独的市场和销售人员专门负责特定产品。为了迎合这群人，应该针对性地向"每个地区的每个产品"利益相关者发送通知
展示性部署	产品交付组织有时会建立一个全球性的展示性部署（showcase deployment），用于所有市场、销售和客户培训目的。因此，可以考虑定义一个专门针对该部署的利益相关者子分组，它包含全球所有的市场、销售和产品培训人员

作为 SRE 教练，应该让产品管理、市场营销和销售部门共同定义利益相关者分组。每个部门都需要一些代表来创建一个初步的分组。市场营销、销售部门的组织方式决定了如何最好地建立利益相关者分组。通知的针对性取决于产品营销方式的精度。为了实现适当的利益相关者通知针对性，地区和产品布局是两个最重要的维度。表 8.4 展示了一个例子。

表 8.4　利益相关者通知针对性的示例维度

地区	产品布局		
	产品 A	产品 B	产品 C
生产 US	利益相关者分组 1	利益相关者分组 2	利益相关者分组 3
生产 EU	利益相关者分组 4	利益相关者分组 5	
生产 JP	利益相关者分组 6		
全球展示性部署	利益相关者分组 7		

如表 8.4 所示，产品 A、B、C 的销售业绩因地区而异，导致不同地区对利益相关者通知的需求也各有差异。在美国市场，这些产品各自独立销售，并且由于每款产品都拥有庞大的销售量，因此有必要为每种产品配备专属的销售团队。相应地，在美国，需要为每种产品分别设立利益相关者分组，即分组 1、2、3。

在欧盟市场，产品 A 占有稳固的市场份额。因此，欧盟地区有专门的营销团队负责产品 A 的推广，并为其建立了专属的利益相关者分组。与此同时，产品 B 和 C 在欧盟市场上通常以捆绑形式销售，有专门的营销团队负责这一销售策略，并为此设立了相应的利益相关者分组，即分组 5。

在日本市场，产品 A、B 和 C 目前的市场份额相对较小。因此没有为每个产品单独配置营销人员，而是由少数团队负责整体的产品营销策略。因此，日本市场仅需一个统一的利益相关者分组，即分组 6。

在全球范围内，所有市场、销售和客户培训活动都依赖于一个展示性部署来呈现我们的产品阵容。市场和销售部门的成员均利用这一部署进行演示、会议及其他相关活动。鉴于此，为这一部署设立一个利益相关者分组显得尤为关键，即分组 7。

此例清晰表明，利益相关者分组需与市场和销售部门的组织架构及产品的销售策略保持同步。因此，利益相关者分组的定期重新配置是必要的。这种配置应由运营团队作为服务提供，市场和销售团队应能够发起重新配置请求，并由运营团队迅速响应。在进行重新配置过程中，运营团队应向值班人员提供必要的信息更新，因为值班人员需充分理解各利益相关者分组及其目的，以便在需要时及时触发通知。

8.4 触发利益相关者通知

利益相关者通知的触发可以是手动、半自动或全自动的，具体方式如图 8.3 所示。

图 8.3 中，下方区域 SRE 基础设施的布局清晰可见，它负责监控并识别 SLO（服务等级目标）的潜在违反情况，并将这些信息及时传达给值班管理工具。值班团队利用这一工具，精心配置利益相关者的通知规则，确保信息能够自动且精准地发送。需要在自动化运行手册中嵌入预设的通知逻辑，并在 SLO 违反分析完成后手动激活。

利益相关者的通知机制同样支持完全手动触发，这要求值班人员对所有当前的利益相关者分组有深入的了解，以便根据不同的通知场景，精准选择并配置合适的分组和通知内容。为了便于管理，SRE 维基页面特设专区，由运营团队负责维护和更新利益相关者分组的最新信息。

当选定特定的利益相关者分组后，该分组内的所有订阅者将通过值班管理工具预设的多种媒介接收到通知，包括但不限于电子邮件、移动应用推送、短信及电话。面对多个利益相关者分组的情况，我们必须明确通知发送的优先顺序，相关细节将在后续章节中详细阐述。

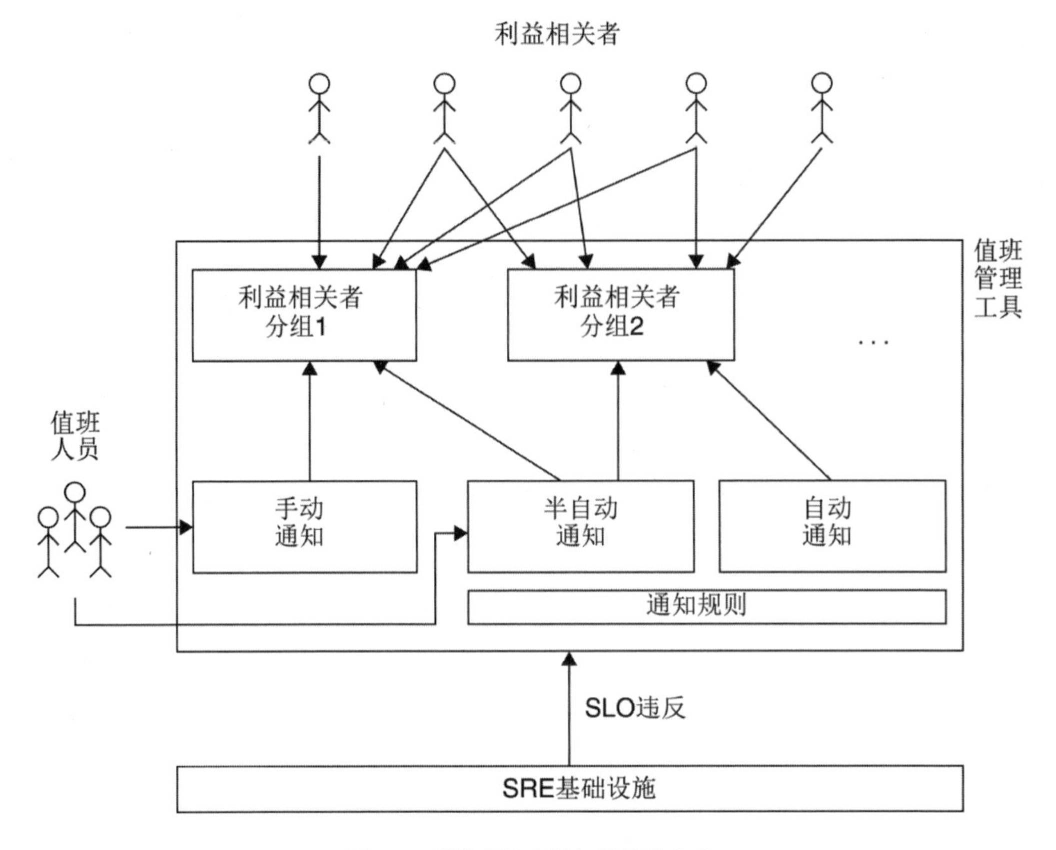

图 8.3　利益相关者通知的触发方式

8.5　定义利益相关者环

在构建高效的警报分派体系时，除了要定义清晰的利益相关者分组，可能还需要定义利益相关者环。这一工具旨在确保在组织内外能够有序地传播涉及故障的相关信息。通过查看企业组织结构图，可以明确信息从值班人员到各职能部门，乃至合作伙伴和客户的传播路径。一旦规划完成，利益相关者环便自然形成，它将为重大服务中断信息的有序传播提供了坚实的结构。

具体而言，每个利益相关者环都拥有独特的运行编号和对应的分组，这一编号决定了其在整个通知链中的顺序。图 8.4 为我们提供了一个利益相关者环的直观示例，展示了如何通过这个系统来确保信息的有效传递。

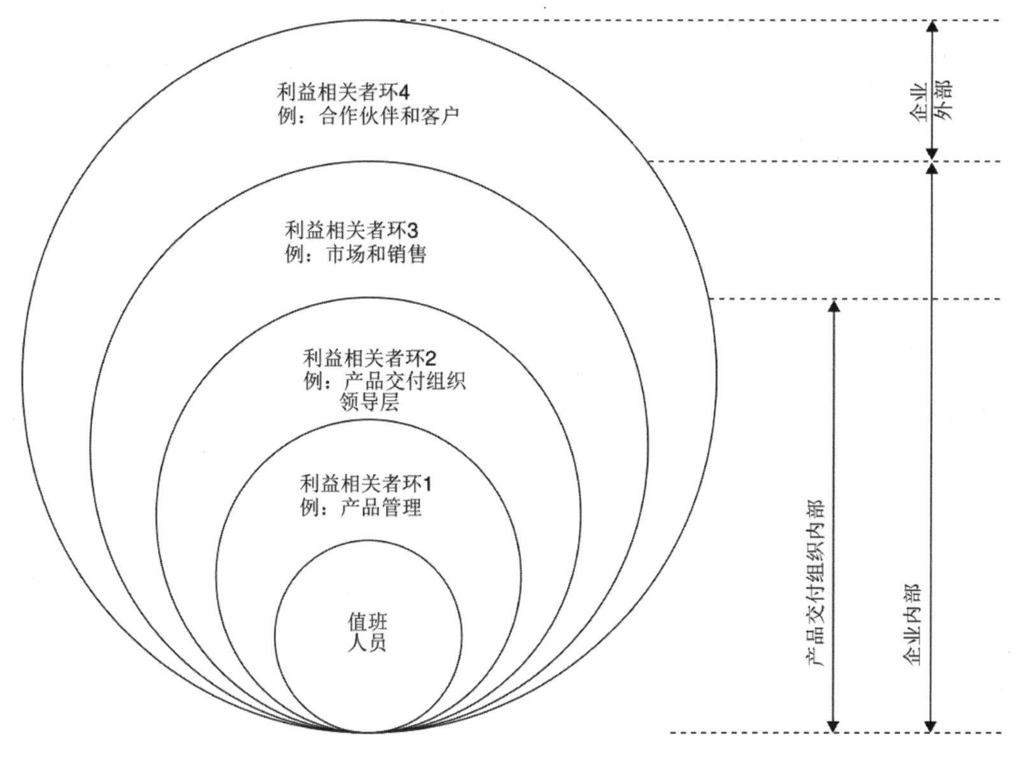

图 8.4　示例利益相关者环

在图 8.4 中，底部是值班人员，他们负责从 SRE 基础设施中接收 SLO 违反警报，并在此基础上为利益相关者通知配置自动化和半自动化的规则，同时也保留了手动发送通知的选项。

图中以“产品管理”为例，阐释了利益相关者环 1 的概念。在发生故障时，该分组将作为首选通知对象。根据预设的利益相关者通知升级逻辑，可能还会触发对利益相关者环 2 的通知。在此案例中，产品交付组织的领导层构成了利益相关者环 2 的核心。通知升级逻辑可能依据预计的事故恢复时间、事故严重性或其他关键因素来确定。

根据同样的升级逻辑，可能还需要通知利益相关者环 3，这标志着通知流程扩展至产品交付组织之外。在此例中，市场和销售团队构成了利益相关者环 3 的主体。

而利益相关者通知链的最终环节是利益相关者环 4，它代表企业外部的第一个通知环节。对这一环节的通知，是根据产品交付组织与其他企业职能部门共同制定的升级逻辑来执行的。鉴于此环节的敏感性，外部沟通需严格遵守监管合规和数据保护法规，同时考虑到其对股票价格波动和企业商誉的潜在影响。在此案例中，合作伙伴和客户构成了利益相关者环 4 的主体，因此与这一环节的沟通必须相当谨慎。

最开始，SRE 教练负责推进利益相关者环 1、2、3 的定义，并确立相应的实施协议。同时，为值班人员提供简明的指引，确保他们能够高效地按照利益相关者环发送通知。这些指引应详细记录在 SRE 维基页面中，并经过值班人员的确认，以保证其易于理解和实用性。

为了明确利益相关者环的界定，建议创建一个专门的利益相关者图表，这一过程可以借鉴 SRE 转型初期所采用的方法。当时，我们创建了此类图表，旨在组织倡议项目组合中为 SRE 定位（详见 5.4.1 节）。因此，“利益相关者图表”应整合入 SRE 维基页面，作为未来参考的宝贵资源。

通过利益相关者环发送通知的过程，建立在满足一系列前提条件的基础之上：

1. 完成对初步利益相关者环的定义；
2. 为各利益相关者环分配适当的分组；
3. 在产品交付组织及其他受影响的企业职能部门间达成实施协议；
4. 制定值班人员使用利益相关者环的指引；

确保指引得到值班人员的明确认可，确认其清晰且易于应用。

一旦这些前提条件得到满足，就可以相应地分派利益相关者通知。这具体要由值班人员进行设置和操作。一旦利益相关者通知被发送到利益相关者环，SRE 教练就需要在收到通知的利益相关者和发送通知的值班人员之间建立起一个反馈回路，如图 8.5 所示。

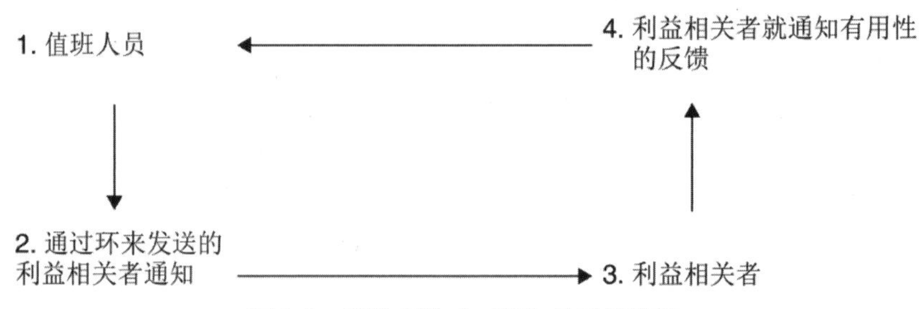

图 8.5　利益相关者对通知的反馈流程

在步骤 1 中，值班人员配置自动和半自动通知规则，并在需要时手动发送通知。在步骤 2 中，通过值班管理工具，所有通知将被发送至相关利益相关者环中的成员。在步骤 3 中，利益相关者接收到通知，并在步骤 4 中向值班人员提供对通知有用性的反馈。

根据收集到的反馈，可以执行以下行动：

- 调整利益相关者环的构成；
- 重新评估环中利益相关者分组的适宜性；
- 优化分组内利益相关者的配置；
- 改善利益相关者通知的内容和形式。

随着流程的逐步完善，SRE 教练需将管理反馈和维护利益相关者环的职责移交给运营团队，这一过渡需要与企业内其他部门建立长期且深入的合作关系。

利益相关者环 4 的定义，应由运营团队主导，作为利益相关者管理过程的永久负责人，以确保涉及外部沟通时的合规性和战略一致性。因为这个过程需要跨部门的协作和共识决策，确保监管、法律、品牌及商誉等方面的问题能够得到妥善处理。

在 SRE 维基页面中，共同决策参与人名单及协议要点都要详细记录在利益相关者图表旁边，以增强流程的透明度，并作为持续改进和责任追溯的基础。

8.6 定义有效的利益相关者通知

有效的利益相关者通知具有 4 个特征，如表 8.5 所示。

表 8.5 有效的利益相关者通知具有 4 个特征

#	特征	解释
1	相关性	有效的利益相关者通知是相关的。这意味着为一个特定的利益相关者正确考虑到了地区和产品布局维度
2	及时性	有效的利益相关者通知是及时的。这意味着利益相关者是第一个直接从利益相关者通知中得知问题的人，而不是后来从客户、合作伙伴、管理层或同事那里间接得知。此外，利益相关者通知以适当的时间间隔到达，这样既不会让利益相关者不知道发生了什么而等待更新，也不会让他们被太多的更新所淹没
3	简洁性	有效的利益相关者通知是简洁的。这意味着通知包含了所有必要的细节，以充分告知特定利益相关者和特定问题相关的情况，并且只包含这些信息。大多数情况下，这些信息是充分的，不需要利益相关者向其他人了解更多细节
4	一篮子	有效的利益相关者通知是一篮子发出的。第一条消息是关于重大故障的公告。最后一条消息是关于重大故障结束的公告。 在第一条和最后一条消息之间，是告知接收方恢复服务过程中所取得的进展。在最后一条消息之前发出的每条消息都大致说明下一次利益相关者通知的广播时间

也就是说，一个有效的利益相关者通知要嵌入到利益相关者对故障的总体体验中。根据利益相关者的持续反馈，需要对通知进行调整，以改善表 8.5 所列出的 4 个方面。

表 8.6 和表 8.7 展示了发生某个故障时一些非常简单的一系列利益相关者通知。

表 8.6　第一条利益相关者通知

第一条利益相关者通知	
接收方	利益相关者环 1
地区	全球
产品布局	所有产品
消息	在最近的云部署之后，展示性部署所用的大多数 POS 设备不上传数据。下一次通知计划在最多 4 个小时后发出
时间戳	01.12.2020 3.00pm UTC

表 8.7　最后一条利益相关者通知

最后一条利益相关者通知	
接收方	利益相关者环 1
地区	全球
产品布局	所有产品
消息	用于展示性部署的所有 POS 设备的数据上传已恢复。执行了一次带有 bug fix 的部署。自故障发生以来缺失的数据将在 24 小时内重新上传。该问题没有进一步沟通计划
时间戳	01.12.2020 3.51pm UTC（恢复时间：51 分钟）

表 8.6 中的消息旨在通知利益相关者环 1 中的成员，指出大多数用于展示的 POS 设备未能上传数据。这一故障影响了产品管理、市场、销售及其他部门的多项产品展示活动。在利益相关者环 1 中，可能仅涉及产品管理部门。

在警报升级逻辑中，若故障在一小时内未得到修复，系统将自动向利益相关者环 2 发送通知，该环可能包括市场与销售部门。然而，根据表 8.7 所示，在首次通知发出后的 51 分钟，故障已完全恢复，没有必要向利益相关者环 2 发送通知。

SRE 教练应与服务的运营工程师、开发人员及产品负责人合作，共同定义利益相关者通知流程。这一流程的起点是审视已设定的服务等级目标（SLO），并围绕以下问题展开讨论：

- 哪些 SLO 的违反意味着出现了重大故障？
- 哪些角色需要及时了解这些故障？
- 他们为何需要这些故障信息？
- 他们将如何使用这些信息？
- 如何设计一条既简洁又具操作性的信息，以全面传达故障相关情况？
- 是否存在 SLO 未覆盖但同样代表重大故障的情况？

这些问题的答案将引导得出一套初步的利益相关者通知定义。随后，SRE 教练需要组织一次反馈会议，邀请所有期望收到通知的人员参加。例如，若某些通知针对市场和销售，则应单独邀请市场和销售部门的代表。

在会议中，SRE 教练将简要介绍利益相关者通知方法，然后展示初步通知定义，并根据表 8.8 列出的有效通知的四个特征，邀请与会者提出意见和建议。

表 8.8　针对利益相关者通知的反馈进行提问

1 **相关性：**	您认为利益相关者通知是否具有相关性？
2 **及时性：**	您希望在何时收到首次通知？
3 **简洁性：**	消息是否简洁，是否包含所有您需要采取行动或被告知的内容，而无需向他人索取更多信息？
4 **一篮子：**	利益相关者的通知以一系列有节奏的方式发送。首个通知宣布故障发生，最后一个通知宣布故障结束。 期间可能包含服务恢复进展通知。这种通知方式对您是否合适？您希望进展更新的频率是多久？

根据反馈，最初定义的利益相关者通知可以进行调整和优化。这样便可以确保通知开始发送时，它们在相关性、及时性、简洁性和信息整合方面能满足接收方的期望。精心定义的通知应作为新的小节纳入 SRE 维基，如“利益相关者通知”。同时，将相应的链接分发给值班人员。

值班人员还需要在其运营手册中引用 SRE 维基页面上利益相关者通知的定义。下一次审查运营手册时，应该讨论利益相关者通知，以确保所有值班人员——特别是那些未参与定义通知的人员——能够充分理解并正确发送通知。如果讨论是在线上进行的，可以将会议视频记录嵌入运营手册，供其他值班人员日后参考。

8.7　允许利益相关者订阅

一旦定义好利益相关者分组、利益相关者环和通知，以及在值班管理工具中设置并使其体现在运营手册中，SRE 教练就需要接触各方，解释设置和相关工具。核心问题是：如何订阅利益相关者通知？

对于产品交付组织内的利益相关者环，订阅通知通过值班管理工具处理，通常要为利益相关者提供专属账户。

组织外部和企业内部的利益相关者，能用值班管理工具或其他常见方式（如电子邮件或 RSS 源）订阅。技术背景的利益相关者可能更倾向于通过工具来接收通知，而其他背景的利益相关者可能更愿意通过电子邮件接收。

对于企业外部的利益相关者环，值班管理工具可能不再适用，因为外部合作伙伴和客户需要有用户账户，这在财务上不现实，也不宜强迫他们就为了接收通知而学习新的工具。建议提供互联网常见方式接收通知，如电子邮件、短信、移动应用推送或 RSS 源。

8.7.1 使用值班管理工具订阅

SRE 教练应让运营团队培训其他人员如何通过该工具来订阅通知，特别是面向非技术用户。培训内容应避免使用 SRE 或值班管理工具的特殊术语。

随着用户账户数量的增加，运营团队需要为管理工作的增加做好准备，并在 SRE 维基页面上为利益相关者创建自助式培训文档。文档的有用性应由利益相关者验证，用来衡量可用性的间接指标可以是文档页面的浏览次数。

另外，运营团队还应计划预算，以支付新增利益相关者许可证的费用。他们应根据当前定义的环和分组估计所需许可证数量，并参考企业招聘预测。

8.7.2 使用其他方式订阅的可行性

如果订阅者使用的是比值班管理工具更常见的方式，就需要检查它是否允许在不创建用户账户的情况下订阅通知。否则，可能需要为 SRE 基础设施额外增加组件，以便通过电子邮件或短信等方式转发通知。

根据技术设置，这样的组件可能不需要定制开发就能通过工作流自动化工具实现如 Zapie[1] 和 Power Automate[2]。否则，可能需要定制开发，或使用市场上现有的产品，如 Atlassian 的 Statuspage[3]，允许通过多种方式发送通知。

运营工程师应在 SRE 维基页面上创建相应的自助式利益相关者培训文档，首先向企业内部利益相关者解释如何订阅，然后向员工解释如何让外部利益相关者订阅。

8.8 宣传成功

到目前为止，SRE 活动已经吸引了众多角色参与，包括远离运营和开发的非技术角色。故障信息以有序的方式传播到整个企业，并在考虑监管、法律、财务和商誉的前提下，准确广播给企业外的合作伙伴和客户。

这种成功需要广而告之，由 SRE 教练组织，利用过去成功的宣传渠道。

SRE 教练可以在以下问题的指导下对 SRE 转型进展做一次全面而简洁的宣讲。

- 过去，关于故障的信息是如何在企业内部和外部传播的？

- 基于新的警报分派机制，关于故障的信息是如何在企业内部和外部传播的？
- SLO 违反警报的典型升级策略是什么？
- 定义了哪些利益相关者分组？
- 定义了哪些利益相关者环？
- 通过利益相关者环进行的利益相关者通知升级逻辑是什么？
- 有多少利益相关者已经按分组订阅了通知？
- 利益相关者对通知有什么反馈。

让利益相关者成为宣传的一部分，分享他们如何通过引入通知来改善工作，可以增加宣传的可信度。

同时，还应强调 SRE 转型（4.7 节）的当前进展，检查假设是否成立，是否需要调整，以及后续步骤。

宣讲结束后，还要说明 SRE 转型接下来的行动计划。这一次宣讲的影音记录应上传到内部视频分享平台，并加上 SRE 标签以及在 SRE 维基页面中添加链接。

最后，根据利益相关者图表，向 SRE 转型的利益相关者通报成就。

8.9 小结

本章从广义上讨论了警报分派。SLO 违反警报被分派给值班人员，让他们修复问题并将其恢复到 SLO 的范围内。在值班人员和其他人员之间传播关于 SLO 违反的警报是通过一个升级策略来进行的。

另一类警报是发送给企业内部利益相关者的通知。这些通知通过相关性分派给利益相关者，使其能在事情严重到企业外部之前知道有重大故障。利益相关者通知可以通过自动、半自动或手动的方式发送。为了使利益相关者的通知做到精准有效，需要先定义好利益相关者分组。而为了使利益相关者通知能在利益相关者分组之间有序地传播，需要定义利益相关者环。在一个利益相关者环中，可以包含多个利益相关者分组。不同环之间的利益相关者通知升级逻辑也需要定义。

在产品交付组织和其他相关的企业职能部门之间，需要就如何通知企业外部的利益相关者达到一个特殊的协议。这些利益相关者通常是合作伙伴和客户。向企业外部发送通知，会影响到监管、财务、商誉和业务等。所以，需要以最谨慎的方式进行。与此同时，积极主动地就故障进行沟通，这是取得利益相关者信任的好办法。

注释

扫码可查看全书各章及附录的注释详情。

第9章

实现事故响应

现在，团队已经以迭代的方式定义SLO，通过轮流值班来响应SLO违反并设置利益相关者通知，向利益相关者告知重大故障的相关情况。这样一来，产品交付组织就具备了事故响应过程的基本条件：团队可以检测并处理事故，并在客户投诉之前通知利益相关者。

事故响应过程的下一个重大步骤是定义事故分类方案，并根据事故类别设置适当的响应。为此，需要合并所有工具以简化工作流程，广播服务状态，通过有效的学习过程来实现事后回顾。这些要点是本章的主题。

9.1 事故响应基础

首先，让我们看看“事故”和“事故响应”这两个术语的一般定义。根据维基百科：“事故是可能导致一个组织的运营、服务或功能出现故障或者中断的事件。”[1]

按照《卫报》数字版的说法：“事故响应描述的是一个组织处理数据泄露或网络攻击的过程，包括该组织管控攻击或泄露（事故）的方式。”[2]

第1章讨论的ITIL框架（1.1.1节）则如此定义事故：“IT服务非计划的中断或质量下降。服务水平协议（SLA）定义了供应商和客户之间商定的服务水平。”[3]

ITIL规定了一个详细的事故响应过程，它包括5个步骤。

1. 事故识别。
2. 事故记录。
3. 事故分类。
4. 事故优先级确定。
5. 事故响应：初步诊断；事故升级；调查和诊断；解决和恢复；事故结束。

随着SRE方法的落实，我们已经在某种程度上涵盖了这些步骤。我们的目标是对其中一些点进行强化，以得到一个健壮和可重复的事故处理过程。该过程需要在各种审计中证明其合理性。这通常意味着它需要形成书面文件并得到遵守。此外，需要按要求提供证据来表明遵守了过程。

根据 ITIL 事故响应过程，前几章的讨论主要集中在以下几个方面：

- 通过定义 SLO 和 SLO 违反来识别及记录事故；
- 事故诊断、调查、解决和恢复，方法是分析 SLO 违反并修复服务，使其回到 SLO 内；
- 通过升级策略对事故进行升级。

前几章的讨论没有直接关注事故分类和优先级划分。这是下一节的主题。

9.2 事故优先级

到目前为止，SLO 以及相应的 SLO 违反都没有明确分配的优先级。但这并不意味着团队没有在内部对其进行优先级划分。他们可能已经这样做了，其目的是明确哪些 SLO 违反比其他违反更重要，并相应地采取行动。为了强化事故响应过程，需要进行更加一致、明确和透明的 SLO 优先级划分。

为了启动这个过程，SRE 教练需要为产品交付组织建立一个事故优先级通用定义。所有团队都基于通用的事故优先级，在其领域的独特背景下对自己的 SLO 进行相应的分类。结果，组织中所有团队使用的事故优先级都会获得跨领域的标准化。一旦有人谈起一个具有特定优先级的事故，所有人都明白它的意思。也就是说，我们需要的是全组织通用的一套事故优先级，以及它们与团队本地 SLO 之间的映射，如图 9.1 所示。

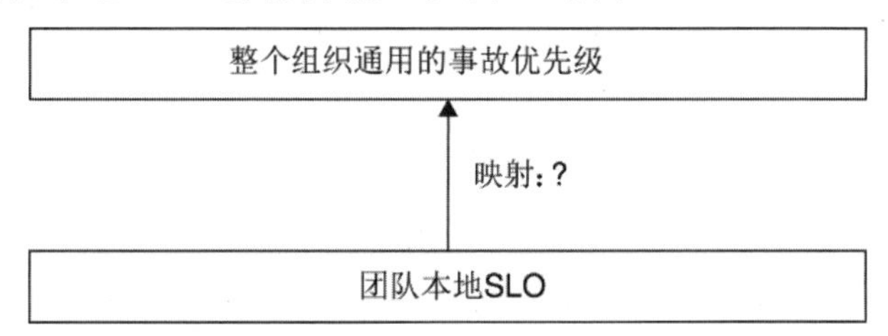

图 9.1　整个组织通用的事故优先级与团队本地 SLO

通过映射，各团队在整个组织范围内以统一的方式为 SLO 设置事故优先级，如图 9.2 所示。

图 9.2 中，上半部分显示全组织通用的事故优先级。这里定义三个事故优先级，每个定义有一套标准。SLO 定义必须符合其事故优先级的标准。

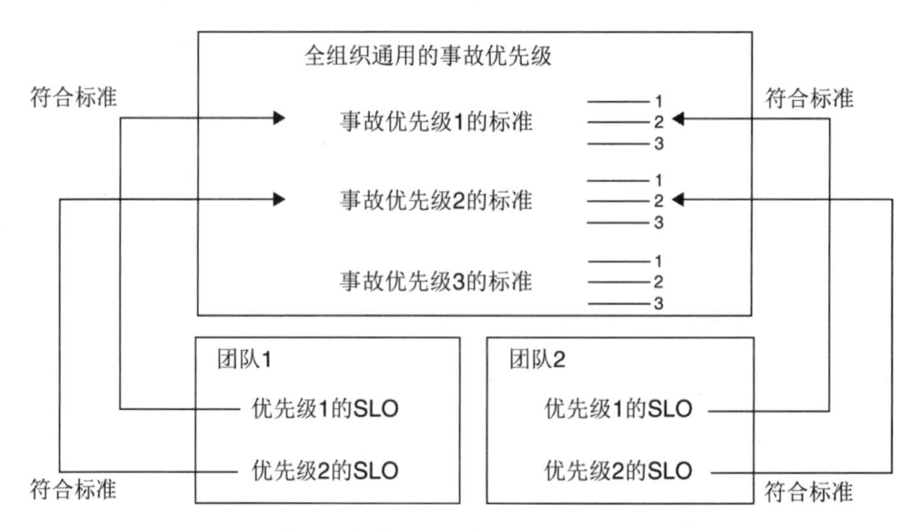

图 9.2　将团队本地 SLO 映射到全组织的事故优先级

图的下半部分显示两个团队。其中，团队 1 分析了他们的 SLO 以及全组织的事故优先级，并对自己的 SLO 进行分类。其中一些 SLO 被违反时符合事故优先级 1 的标准。其他 SLO 被违反时符合事故优先级 2 的标准。所以，事故优先级 1 和 2 被分配给相应的 SLO。

团队 2 对被打破的 SLO 进行了同样的分析和分类，并相应地分配了优先级。团队 1 和团队 2 在不同领域中运营。因此，他们的 SLO 和 SLO 违反在各自领域内有不同的含义。然而，对于被违反的 SLO，分配给它们的事故优先级对两个团队是统一的。一旦因 SLO 违反而发生优先级为 1 的事故，无论该事故是在哪个团队中发生的，都必然符合同样的通用标准。

在工具支持方面，市面上所有常见值班管理工具都支持事故优先级的设置。另外，事故优先级可以作为通知利益相关者的标准。这可以通过利益相关者分组和利益相关者环来完成。

9.2.1　SLO 违反与事故

全组织范围内的每个事故优先级都需要与众不同，它们之间不能有重叠。这是为了确保每个 SLO 都有唯一的事故优先级。换言之，根据为一个 SLO 分配的事故优先级，所有因为违反该 SLO 而发生的事故都会被分配到该事故优先级。值班人员可以自动或手动完成这个优先级的分配工作。图 9.3 展示了事故优先级、SLO 和 SLO 违反之间的对应关系。

事故优先级 1 —— 1 SLO 1 —— n SLO违反

图 9.3　事故优先级与 SLO 违反

每个 SLO 都只能分配一个事故优先级。一个 SLO 可能有较多 SLO 违反情况。一个 SLO 的所有 SLO 违反发生时都会分配到该 SLO 的事故优先级。随着事故的发展，值班人员可能根据情况和他们对事故的判断改变其优先级。事故优先级可能因此而降低或提高。

现在，有必要强调 SLO 违反和事故的区别。表 9.1 对它们进行了比较。

表 9.1　SLO 违反与事故

	SLO 违反	事故
在哪里作为一个实体来创建	在 SRE 基础设施中创建	在值班管理工具中创建。这种工具基于的是由 SRE 基础设施提供的 SLO 违反触发器。换言之，是先发生了 SLO 违反，再因它而触发了事故
事故优先级	SLO 事故优先级（事故期间不会改变）	新创建的事故会分配到 SLO 的事故优先级。在事故发生期间，事故优先级可以根据值班人员的研判而进行更改
事故优先级分配	最好作为 SLO 定义过程的一部分完成	当基于 SRE 基础设施的 SLO 违反触发器而创建一个事故时，它的优先级可以自动（首选）或手动分配。在事故创建之后，为了更改它的优先级，值班人员可以手动进行，也可以通过运行手册以半自动的方式进行

图 9.4 展示了将 SLO 违反转变成事故的过程。图的下半部分是 SRE 基础设施。对于每个 SLO，基础设施中包含 SLO 及其事故优先级之间的映射。SRE 基础设施需要提供对事故优先级规范的支持。SRE 教练需要在 SRE 基础设施中为这个映射准备好位置，一旦负责或拥有服务的团队定义好事故优先级，运营团队就要在 SRE 基础设施中及时完成这个映射。

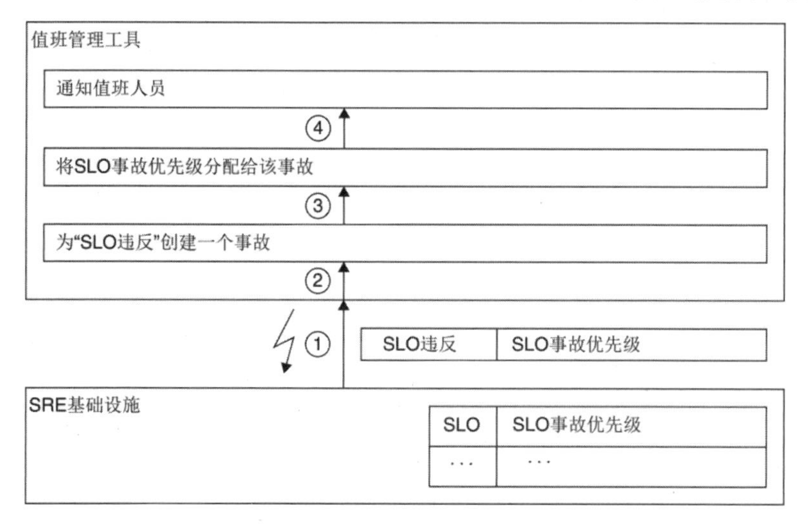

图 9.4　从“SLO 违反”到“事故”的转变

在步骤 1 中，SRE 基础设施检测到一个 SLO 违反。然后，SRE 基础设施将 SLO 违反的细节（例如部署、端点、SLI 等）连同 SLO 事故优先级发送给值班管理工具。

在步骤 2 中，值班管理工具根据 SLO 违反创建一个事故。在步骤 3 中，值班管理工具为事故分配由 SRE 基础设施传递的一个 SLO 事故优先级。如果 SRE 基础设施没有为 SLO 违反传递 SLO 事故优先级，那么值班管理工具就不会为创建的事故分配优先级。相反，这个优先级要由值班人员稍后手动分配。在步骤 4 中，值班管理工具通知有权分配优先级的值班人员。最后，值班人员可以开始调查 SLO 违反。

9.2.2 在事故期间更改事故优先级

在事故期间，值班人员可以通过持续的调查、不断完善的背景资料和最新获得的信息来更改事故优先级。图 9.5 展示了事故期间更改事故优先级的例子。

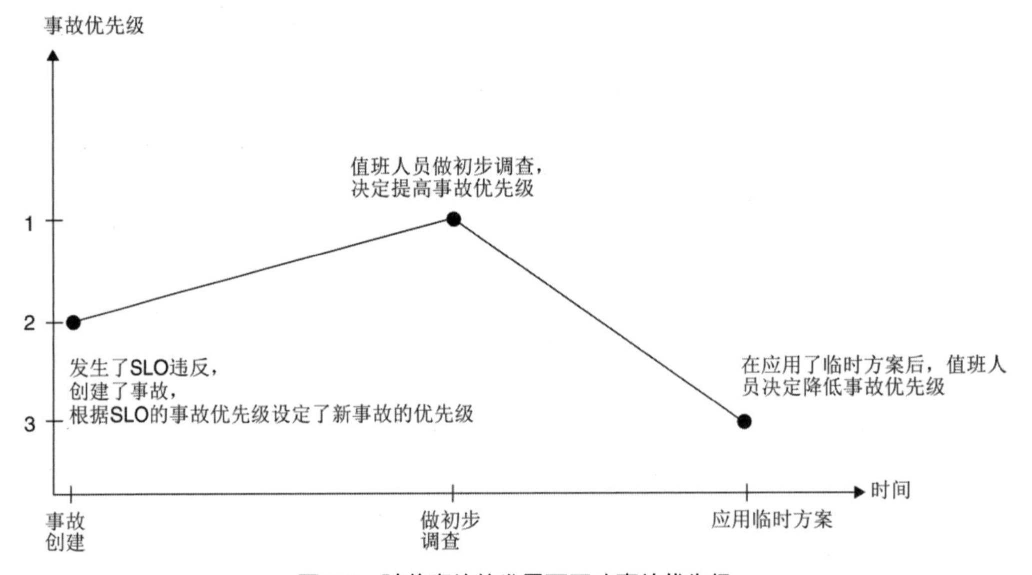

图 9.5 随着事故的发展而更改事故优先级

在图 9.5 的左侧，SRE 基础设施检测到“SLO 违反”，由此触发值班管理工具创建一个“事故”。工具依据之前设定的时间表和通知方法，向值班人员发出通知。新事故在创建时，其优先级被设为 SLO 的优先级。SLO 事故优先级（本例为 2）与“SLO 违反”触发器一并传递给值班管理工具。

值班人员收到通知，并着手调查 SLO 违反。在初步调查后，他们认为情况比事故优先级所显示的更糟；也就是说，会有更多的客户受影响，而且受影响的时间比最初设定 SLO 事故优先级时认为的更长，必须尽快推出热修复补丁。所以，值班人员决定将事故优先级从 2 提升到 1。

值班人员继续调查。结果发现，有一个临时方案可以很快派上用场，暂时缓解一下对用户的影响。如果这个临时方案起作用，那么可能不需要立即推出热修复补丁。在应用临时方案后，服务恢复了。为此，值班人员决定降低事故优先级。

9.2.3 定义通用事故优先级

在定义事故优先级的时候，一定要让值班人员在事故期间动态决定事故优先级。这些决定可能需要在半夜进行。所以，事故优先级的那套标准应该非常短。一般来说，每个事故优先级的标准只要超过 5 个，就会明显拖慢值班人员的决策过程，所以一定要避免。

每个标准的定义都应该简洁和精确，要用组织常用的术语，以便每个人都能理解。

为了推动通用事故优先级的定义，SRE 教练需要从运营团队开始。他们可能已经有一些事故优先级的定义（例如，由于 ITIL 的实现）。如果是这种情况，就需要检查这些现有的定义，确保它们适合当前之目的：对生产中的各种事故进行分类，并统一其含义和相关的行动。

SRE 教练和运营团队需要提出规模不要太大的一系列事故优先级，而且每个优先级都用一套精简的标准进行描述。事故优先级应该在下面两个方面提供指引。

- 必须采取哪些行动？
- 哪些人必须知晓这个问题以及正在采取的行动？

表 9.2 展示了事故优先级的一个例子。

表 9.2　事故优先级示例

#	标准	事故优先级 1	事故优先级 2	事故优先级 3
1	热修复补丁	是	否	否
2	事后回顾	是	否	否
3	管理层通知	是	是	否
4	利益相关者通知	是	是	是
5	状态更新	2 小时一次	4 小时一次	6 小时一次
	常见的例子	所有应用都无法登录	数据中心的一个应用的日均用户登录次数下降 70%以上	演示数据在展示性部署中不可用

事故优先级 1 描述需要立即推出热修复补丁并在以后进行事后回顾的情况。产品交付组织的管理团队和利益相关者需要被告知关于故障的情况。在为 SLO 分配优先级时，团队需要自己选择利益相关者分组。优先级为 1 的事故代表对客户有严重影响的故障。所以，这些事故的状态更新需要每 2 小时向利益相关者广播一次。

对于优先级为 1 的事故，一个常见的例子是所有应用都无法登录（想想看，如果亚马逊或推特无法登录会怎样）。优先级为 1 的事故的具体例子由各个团队在各自领域内参考表 9.2 的 5 个标准来定义。

接着，事故优先级 2 描述不需要推出热修复补丁且也不需要进行事后回顾的情况。然而，这些情况值得管理层和利益相关者关注。所以，需要向他们发出通知，并且每 4 小时发一次。

优先级 2 事故的一个常见例子是，数据中心的某个应用的日均用户登录次数下降到 70% 以下。登录次数下降的原因可能是多方面的。例如，可能是因为该地区的法定节假日，而这个应用是为工作场景开发的，所以他们根本不会使用；可能是因为该地区的互联网连接因为自然灾害而受到了影响；也可能是因为在该地区选择的云服务提供商的网速出了问题，而这只能由云服务提供商自己纠正。在这些情况下，利益相关者和管理团队需要了解具体情况，并且每 4 小时接收一次进度更新。然而，如果登录次数下降的原因不在自己的控制范围内，那么产品交付组织也做不了更多的事情。

另外，对于优先级 2，潜在事故的具体例子将由各个团队定义。他们查看自己的 SLO，将其与优先级 2 事故的 5 个标准相关联，从而确定这些用例。

最后，事故优先级 3 描述了不需要热修复补丁、不需要事后回顾且也不需要向管理层发送通知的情况。然而，发生的问题正在影响客户或利益相关者的工作，以至于需要向特定的利益相关者发送通知，让他们提前注意到这个问题。这个问题没有那么紧迫。所以，每 8 小时更新一次状态足够了。

例如，如果演示数据在供产品管理、市场和销售使用的展示性部署中突然变得不可用，那么他们需要收到相关的通知。其他不使用展示性部署的利益相关者则无需收到通知。

和其他两个事故优先级一样，当团队浏览自己的 SLO，并根据表 9.2 中的 5 个标准进行分类时，事故优先级 3 的用例就变得具体了。

SRE 教练应确保初始的一套通用事故优先级不超过 5 个，每个优先级的定义标准也不应超过 5 个。在这里，简单和无歧义比精确和详细更重要。有了通用事故优先级的初步提案后，SRE 教练应该与一些有所准备的开发团队举行反馈会议。当一个开发团队做好以下准备时，就可以开始定义事故优先级了：

- 已经以迭代的方式定义 SLO；
- 已经有了轮流值班制度；
- 正在使用值班管理工具；
- 希望通过对 SLO 违反进行优先级排序来简化事故响应过程。

根据几个开发团队的反馈，应该对通用事故优先级进行修改和完善。如果变化较大，那么需要与涉及的开发和运营团队开展另一轮审查，直到最终就优先级达成一致。

事故优先级定稿需谨慎。这是因为许多开发团队会根据事故优先级的定义开始对他们的“SLO 违反”进行分类。如果定稿之后复发，那么所有以此为基础的开发团队都要重来。虽然各个团队通常应该对更改持开放态度，但最好不要频繁更改已经定稿的通用事故优先级。

事故优先级的目的也是在发生多个事故的情况下，优先安排值班人员处理最重要的事故。正如事故优先级的编号所示，首先处理优先级 1 的事故，其次处理优先级 2 的事故，最后处理优先级 3 的事故。所以，在发生多个事故的情况下，从优先级 1 的事故中恢复的时间会短于从优先级 2 的事故中恢复的时间。类似地，从优先级 2 的事故中恢复的时间会短于从优先级 3 的事故中恢复的时间。

通用事故优先级的最终定义及其使用方式应放到 SRE 维基页面上，以便各个团队在确定其 SLO 的优先级时参考。

9.2.4 将 SLO 映射到事故优先级

定义好通用事故优先级后，SRE 教练应该向准备好的开发团队提出对 SLO 违反进行优先级排序以精简事故响应过程的主题。这可以在常规的 SRE 辅导会议中完成。

例如，让我们想象一下，一个团队负责的服务可以通过不同的媒介向用户发送通知。这些媒介包括移动应用的应用内覆盖、通知中心的消息、电子邮件等。该团队可能为表 9.3 的用例设置了 SLO。

表 9.3 某团队的示例 SLO

#	SLO 用例	SLI
1	应用程序无法向通知服务注册	可用性
2	应用程序无法通知其用户	可用性
3	通知到达有延迟	延迟
4	无法设置通知首选项	可用性
5	通知以错误的语言发送	正确性
...	...	...

对于每个 SLO，团队都需要决定当各自的 SLO 被违反时，他们认为什么事故优先级是合适的。例如，团队可以使用上一节的示例事故优先级做出这些决定，如表 9.4 所示。

表 9.4　为 SLO 分配事故优先级的例子

#	SLO	事故优先级
1	应用程序无法向通知服务注册	2
2	应用程序无法通知其用户	2
3	通知到达有延迟	3
4	无法设置通知首选项	无
5	通知以错误的语言发送	无

团队决定不为任何 SLO 分配事故优先级 1，因为向用户发送通知的服务在产品的领域内并不关键。为 SLO 1 和 SLO 2 分配了事故优先级 2：当应用程序无法向通知服务注册或者无法通知其用户时。这些用例需要将问题通知给利益相关者和管理层，以便他们在客户（投诉）升级发生之前被告知。

SLO 3 则分配了事故优先级 3：通知到达存在延迟。一些利益相关者需要了解这一点，因为对于他们的用例来说，通知需要基本实时到达。例如，对于向客户演示通知服务的营销人员来说，一个示例通知在发送后 4 到 8 秒内到达是很重要的。否则，人们会对演示的可信度存疑。

最后，我们没有为 SLO 4 和 SLO 5 分配事故优先级。换言之，如果出现了不能设置通知首选项或者通知使用了错误语言的情况，就不需要向利益相关者发送通知。这些用例在实践中很少被行使。通知首选项基本不用修改，通常只会在安装一个应用程序时修改一次。根据团队的经验，以错误语言发送通知的情况很少发生。如果真的发生了，通常也能迅速修复。值班人员仍然会对 SLO 4 和 SLO 5 的违反进行修复，但仅发生在已分配了优先级的事故被解决之后。

团队设定事故优先级的工作可能引出对 SRE 基础设施的额外要求。例如，团队可能得出结论，一个用例下有一次 SLO 违反，就应该是优先级为 4 的事故。但是，如果一个小时内三次以上，就需要变成优先级为 2 的事故。像这样的请求应该仔细收集并放到 SRE 基础设施待办事项中，让运营团队优先处理。另外，在决定 SLO 的事故优先级时，可能发现需要支持新的 SLI，或者可以用新的方式度量现有的 SLI。

由团队定好的 SLO 事故优先级需要在 SRE 基础设施中进行设置。这些优先级需要公开，供产品交付组织的每个人引用。SRE 基础设施对 SLO 优先级的引用也需要添加到运营手册中，供值班人员使用。

此外，最好在 SRE 维基页面上提供对 SLO 事故优先级的引用。这是由于可以在维基页面用大段文字解释选择一个事故优先级的理由。这些理由非常有价值，因为它们使开发团队能从可能受影响的利益相关者那里获得对其事故优先级选择的反馈。

除此之外，对于团队本身来说，将选择事故优先级的原因记录下来也很重要，这既可以让大家保持一致，也可以方便新的团队成员。如果没有记录选择一个事故优先级的原因，以后就很难解释。这很可能是必要的，因为在响应严重事故时，事故优先级的选择决定了值班人员的行动。为什么在故障期间采取了某个行动？这是在事后回顾中经常要问的一个问题。在这种情况下，不仅能引用事故优先级，还能引用当初选择这个优先级的原因，那么是非常有价值的。因此，和架构的决策相似，对 SLO 事故优先级决策过程最好记录下来，可以使用架构决策记录[4]等轻量级的方式来做这个记录。

9.2.5 将错误预算映射到事故优先级

对于给定的 SLO 违反，可以根据其错误预算消耗来映射到不同的事故优先级。在这种情况下，SRE 基础设施可以为基于 SLO 违反的事故自动分配事故优先级，而不必由团队提前手动设置。表 9.5 展示了一个例子。

表 9.5 将错误预算消耗阈值映射到事故优先级

事故优先级	作为 SLO 违反时的错误预算消耗阈值来表示的用例
优先级 1	在一个给定的时间单位内，错误预算还剩余 20%，而且按照目前的错误预算消耗趋势，错误预算将过早耗尽
优先级 2	在一个给定的时间单位内，错误预算还剩余 40%，而且按照目前的错误预算消耗趋势，错误预算将过早耗尽
优先级 3	在一个给定的时间单位内，错误预算还剩余 60%，而且按照目前的错误预算消耗趋势，错误预算将过早耗尽
优先级 4	在一个给定的时间单位内，错误预算还剩余 80%，而且按照目前的错误预算消耗趋势，错误预算将过早耗尽

另一个例子是将每个时间单位的错误预算消耗速度映射到事故优先级，如表 9.6 所示。

表 9.6 将错误预算消耗速度映射到事故优先级

事故优先级	作为 SLO 违反时的错误预算消耗速度来表示的用例
优先级 1	连续 5 分钟内消耗了超过 75%的月错误预算
优先级 2	连续 10 分钟内消耗了超过 50%的月错误预算
优先级 3	连续 15 分钟内消耗了超过 25%的月错误预算
优先级 4	连续 20 分钟内消耗了超过 25%的月错误预算

虽然技术上可行，但这似乎过于机械，无法普及并很好地反映现实情况。这种逻辑给我们打开了一个思路：可以为那些没有为 SLO 显式指定事故优先级的 SLO 违反设置事故优先级。它代表一种类似于默认 SLO（6.7 节）的默认事故优先级。

上述方法无法普及的另一个原因是，它要求通过适当的 SLI 来度量一切，而不能通过任何基于资源的警报来度量。达到这样的成熟度需要建立一个全面的 SRE 基础设施，而在 SRE 转型之初，这样的基础设施并不具备。所以，在刚开始的时候，一个更可行的方案是使用基于团队的用例来表示事故优先级，这些用例基于通用事故优先级的定义来创建。

在与团队合作设置 SLO 事故优先级时，SRE 教练应留意是否能基于错误预算消耗来设置事故优先级。如果具备这样的可能性，教练可以邀请一些来自运营团队和开发团队的代表，就此事展开头脑风暴。

9.2.6 将基于资源的警报映射到事故优先级

当 SRE 教练指导团队为他们的 SLO 定义事故优先级时，注意只需考虑这些 SLO 所涵盖的用例。为了扩大事故优先级的覆盖范围，SRE 教练还应鼓励团队检查他们可能拥有的基于资源的警报，并为这些警报分配事故优先级。具体的分配方式与 SLO 的方式基本相同。

基于资源的警报直接发送给值班管理工具，绕过 SRE 基础设施。因此，事故优先级可以根据值班管理工具中实现的逻辑来自动设置，也可以由值班人员手动设置。

为基于资源的警报定义的事故优先级及其理由应该放到 SRE 维基页面上，紧挨着 SLO 事故优先级。运行手册也要相应地更新。

随着 SRE 基础设施逐渐成熟，并开始支持当前由基于资源的警报所覆盖的用例，这些警报应该用相应的 SLO 来取代。这样可以实现大量改进，如图 9.6 所示。

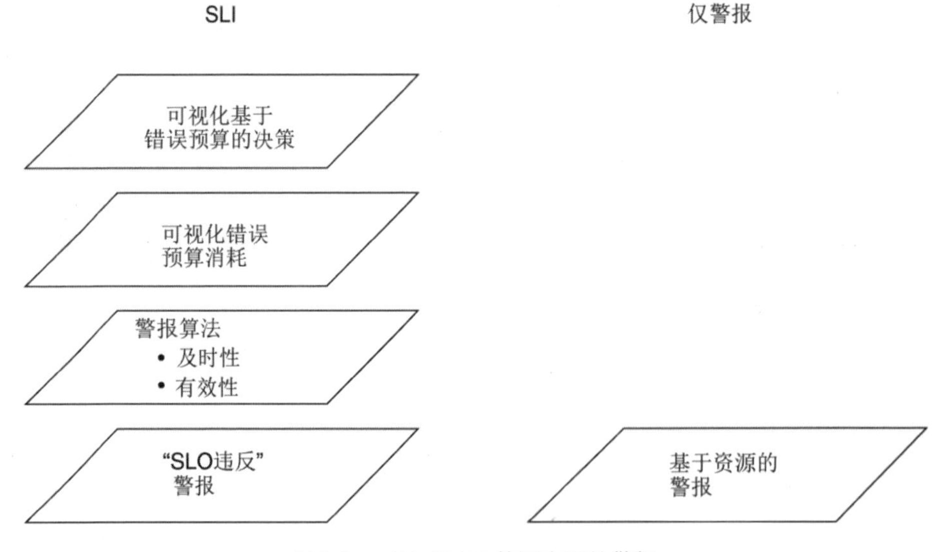

图 9.6 对比 SLI 和基于资源的警报

从基于资源的警报切换为 SLO 违反警报后，会使用 SRE 基础设施所实现的警报算法来发送警报。它不会对每一个 SLO 违反立即发出警报，而是实现及时性、有效性以及其他方面的功能来达到一个良好的平衡，从而防止警报疲劳。另外，还实现了错误预算消耗的可视化功能。除此之外，还解锁了“错误预算的决策”的额外可视化功能。

为了确保开发团队知道 SRE 基础设施中的新功能，可以用它们从基于资源的警报切换到 SLI 和 SLO，运营团队需要建立适当的广播机制。新的功能需要在 SRE 维基页面中得到很好的描述，以便他们自助使用。新功能需要在 SRE CoP 中展示。记录的影音资料需要嵌入到 SRE 维基页面中。偶尔也需要进行范围更大的演示（比如精益咖啡会），宣布更大的基础设施增强，允许在许多团队中使用 SLI 和 SLO 来取代全部基于资源的警报。

SRE 教练需要确保团队理解基于资源的警报和 SLI/SLO 之间的区别。需要明确的是，我们的目标是减少基于资源的警报的数量，随着时间的推移增加 SLI/SLO 的使用。也就是说，目标是从单纯的警报转向正确的指标（SLI），以数据驱动的方式支持以用户为中心的可靠性决策。这也是《实施 SLO》一书[5]提出的建议。

9.2.7 发现事故优先级的新用例

在前几节中，我们是将现有的 SLO 和基于资源的警报映射到通用事故优先级，从而对因为 SLO 违反和基于资源的警报而造成的故障进行分类。无论故障的报告来源如何，都基于事故优先级来采取正规的行动。

除了将现有的 SLO 和基于资源的警报映射到通用事故优先级，还可以将优先级的定义作为灵感，启发我们定义尚未涵盖的新警报用例。这在图 9.7 进行了展示。

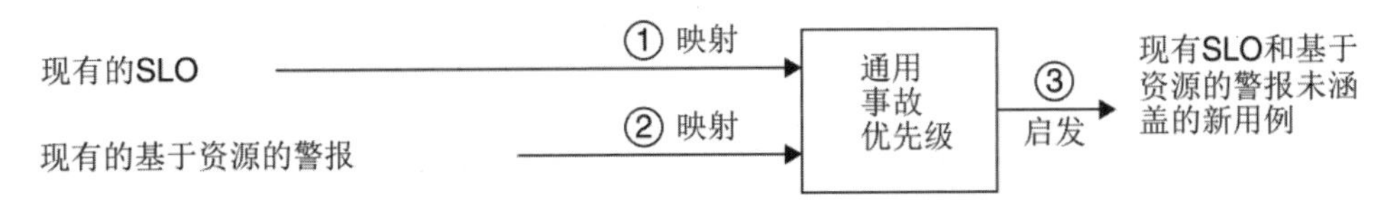

图 9.7　使用通用事故优先级来启发新的警报用例

SRE 教练应鼓励团队使用事故优先级定义来发现新的用例（图 9.7 的第 3 点）。这可以按以下方式进行。

1. 以通用事故优先级的定义为例。
2. 针对每个事故优先级，都考虑在团队的领域中现有监控未涵盖的且需要根据优先级来采取行动的新用例。
3. 对于这种方式发现所的每个用例，如何进行监控？

- 是否可以通过现有 SLI 的一个新的 SLO 来监控？
- 是否可以由一个新的 SLI 的新 SLO 来监控？

- 是否可以通过一个新的基于资源的警报来监控？

像这样进行分析，可以发现对新的 SLI 的需求，或者对现有 SLI 进行度量的新方法，并把它们加入 SRE 基础设施。这些请求应该直接进入运营团队的 SRE 基础设施待办事项。为了涵盖相关的但尚未被当前的 SRE 基础设施支持的用例，需要按照上一节的说明，定义和处理基于资源的警报。

9.2.8 根据利益相关者的反馈来调整事故优先级

现在，开发团队已经为 SLO 和基于资源的警报定义了事故优先级。这是定义优先级的必要起点。下一步是获得利益相关者对优先级的反馈并根据需要进行调整。SRE 教练需要组织这些反馈会议，协调服务供应商和服务消费者对特定故障的事故优先级的看法。

服务供应商团队考虑一个特定功能对于大多数服务消费者的重要性，并按照自己的理解来定义事故优先级。如果有多个服务消费者，每个都在一个单独的子领域中运营，那么他们对特定功能的故障的事故优先级会有不同的看法，如图 9.8 所示。

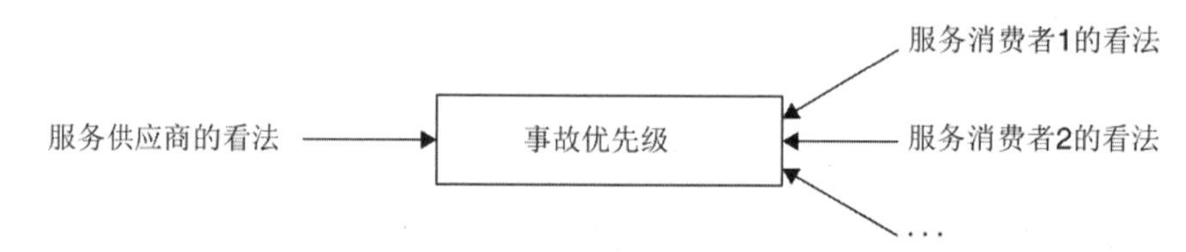

图 9.8 服务供应商和服务消费者对于事故优先级的不同看法

回到 9.2.4 节的通知服务的例子，几个团队可能都实现了向用户发送通知的功能。在服务消费者 1 的领域中，向用户发送通知可能是最关键的功能。如果服务挂了，就必须马上恢复该功能。因此，对于代表“无法发送用户通知”的故障，服务消费者 1 团队希望将事故优先级 1 分配给它（参考 9.2.3 节的示例事故优先级 1）。

服务消费者 2 的团队可能在一个完全不同的领域中消费通知服务。在那个领域中，发送通知只是一个不错的附加功能。即使服务挂了，核心功能也不会受到影响。这个团队希望将事故优先级 3 分配给代表了“无法发送用户通知”的事故（参考 9.2.3 节的示例事故优先级 3）。

对于服务提供商来说，将“无法发送用户通知”事故的优先级设置为 2 似乎是合适的。表 9.7 总结了各方对事故优先级的不同看法。

表 9.7 各方对 SLO 违反的事故优先级的看法

SLO 违反用例	服务供应商对事故优先级的看法	服务消费者 1 对事故优先级的看法	服务消费者 2 对事故优先级的看法
应用程序无法通知用户	2	1	3

当然，根据参加反馈会议的领域和服务消费者的数量，表 9.7 也会有所不同。一般来说，举行反馈会议的目的是让服务供应商团队了解服务消费者团队想为相关的功能设置什么优先级，进而反思其事故优先级决定。

在一个更大的微服务架构的服务网络中，或者在一个由许多第三方使用的公共 API 中，不可能询问所有的利益相关者。因此，对事故优先级的反馈最多只能是定向的。不过，对定向反馈进行迭代总胜于完全不征求反馈。

在考虑了利益相关者的反馈后，事故优先级的最终决定权仍然在服务供应商团队手中。这毕竟是他们的服务和服务事故。最终的决定需要反映到 SRE 基础设施中，并且要公开这些决定。

基于这个决定，服务消费者团队可能会实现不同的策略来应对特定的故障。该策略可以按照表 9.8 所总结的维度进行定义。

表 9.8　应对依赖服务所发生的故障的策略维度

策略维度	解释
适应能力	如果从消费者的角度来看，事故优先级应该高于服务供应商的优先级，那么可以提高服务消费者和服务供应商之间的适应能力（adaptive capacity）。这是因为服务供应商将以低于服务消费者所希望的优先级来修复相应的故障。这将导致从故障中恢复的时间更长。在此期间，服务消费者的用户需要在功能降级的情况下继续
利益相关者通知	如果从消费者的角度来看事故优先级应该高于服务供应商设定的优先级，那么服务消费者可能希望实现一个利益相关者分组，在服务提供商出现故障时通知值班人员。服务消费者分组中的值班人员将评估故障通知，如果不能提供降级的功能，可能会决定向其利益相关者发出故障通知，并在通知中针对其问题领域重新措辞

总的来说，在特定用例中设置的事故优先级将需要作为事后回顾的一部分进行评估。另外，正如 9.2.2 节所述，事故优先级可以随着事故的发展而动态更改。在决定一个用例的初始事故优先级时，需要考虑到这一点。在征求利益相关者的反馈时，也需要向他们说明这一点。

9.2.9　扩展 SLO 定义过程

团队为现有的 SLO 定义事故优先级后，SLO 定义过程还可以在未来进行扩展。在设置一个新的 SLO 后，和它对应的事故优先级可由团队使用通用事故优先级定义来设定。

需要注意的是，这只对那些在 SRE 转型之路上走得更远的团队有利。那些刚刚定义初始 SLO 的团队还没有准备好进行事故优先级的定义。他们完全受到了基于 SLO 可靠性方法的技术性和新颖性的吸引（6.6 节）。如果初始的 SLO 还没有搞定就急着定义事故优先级，只会造成分心。

另外，事故优先级的存在是为了优先处理一个团队的“SLO 违反”。如果团队刚刚学会如何响应“SLO 违反”，没有设置轮流值班，也没有反复遇到多个“SLO 违反”同时等着处理的问题，那么团队定义事故优先级的时机还没有到来。那样做只会让团队陷于更多的新术语和工具中，而此时他们的重点是如何响应“SLO 违反”。

9.2.10 基础设施

随着基于“SLO 违反”的警报和基于资源的警报成为事故的起源，整个基础设施的构成变得越来越复杂。图 9.9 展示了它的全景。图的底部是基础设施的三个组成部分。其中，应用程序性能管理设施负责监控资源，并根据阈值生成基于资源的警报。这些警报的一部分进入值班管理工具以直接创建事故。其他警报则进入 SRE 基础设施以进行“SLO 违反”记录。SRE 基础设施记录“SLO 违反”，用必要的参数增强它们，其中包括 SLO 事故优先级，然后将它们发送给值班管理工具以创建事故。此外，“SLO 违反”还可以由日志记录设施根据日志查询结果触发。

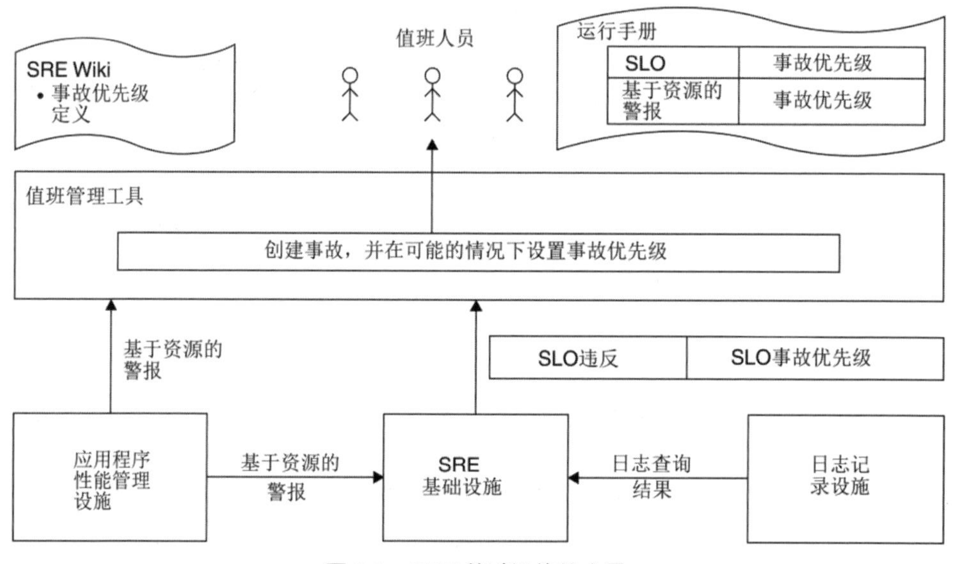

图 9.9 SRE 基础设施的全景

如图 9.9 所示，中间是值班管理工具。它根据来自应用程序性能管理设施的“基于资源的警报”或者来自 SRE 基础设施的“SLO 违反”创建事故。如有可能，值班管理工具会自动分配事故优先级。在图 9.9 中，会为“SLO 违反”自动分配事故优先级。

事故在创建后会分派给值班人员，后者在必要和适用的情况下使用运行手册来手动设置事故优先级。SRE 维基页面被用来作为事故优先级定义的一般性参考。与每个事故优先级有关联的行动都以通用的方式指定。关联的行动很重要，因为值班人员可能随着事故的发展而动态更改事故优先级，进而导致行动的改变。

9.2.11 消除重复

事故源于 SLO 违反和基于资源的警报。两者都有一个特点，即随着事故的发展，它们可能会因相同的原因而多次发生。对于基于资源的警报，每次达到资源阈值时都会发出警报。例如，可以像表 9.9 那样为虚拟机的 CPU 占用率设置一个警报。

表 9.9 为 CPU 占用率设置基于资源的警报

设置	操作符	值
主机	=	ABC
CPU	>	90%
聚合	平均	15 分钟
评估频率	=	5 分钟
警报	=	立即
名称	=	“主机 ABC 的 CPU 占用率 >90%”

也就是说，每次在 15 分钟内的平均 CPU 占用率超过 90%，都会触发该基于资源的警报。在过去 15 分钟里，每 5 分钟会进行一次采样。如果条件满足，采样后将立即生成名为“主机 ABC 的 CPU 占用率 >90%”的警报。

如上一节所述，该警报被转换为值班管理工具中的事故。该事故被分派给值班人员，后者开始调查 CPU 高占用率的原因。如果没有在 15 分钟内解决问题，就会因为同样的原因生成第二个事故。如果问题在 15 分钟内没有得到解决，第三个事故会因同一原因而到来，以此类推。

这种行为只会增加值班人员的认知负荷，不会带来任何价值。为了避免具有相同根源的事故的累积，大多数值班管理工具都提供了事故消重（incident deduplication）功能。通常，可以利用事故的某个字段的文本模式匹配来进行消重。在本例中，警报名称“主机 ABC 的 CPU 占用率 >90%”可以用来消除重复性的事故。

可以要求值班管理工具在任何时候都只有一个警报名称 “主机 ABC 的 CPU 占用率 >90%” 。这样一来，值班人员就不会被越来越多的同源事故所困扰。通常，值班管理工具会为事故添加一个计数器来显示消重次数。准备好事故的修复方案后，值班人员可以查询该计数器来了解生产中的警报阈值被打破的次数。

警报消重可以通过同样的方式应用于基于“SLO 违反”的事故。对于这种事故，它们的消重次数小于基于资源的事故。这跟 SRE 基础设施实现的特殊警报算法有关，不会一旦发生 SLO 违反就立即报警。相反，警报算法实现了诸如及时性和有效性等功能，以缓解警报疲劳。表 9.10 设置了关于端点可用性的一个基于 SLO 违反的警报。

表 9.10　为可用性 SLO 违反设置的警报

设置	操作符	值
端点	=	@GET /api/data/{租户}
SLI	=	可用性
SLO	=	99.7%
要发出警报的错误预算消耗	>	200%
错误预算消耗窗口	=	60 分钟
评估频率	=	5 分钟
警报延后	=	120 分钟
名称	=	“GET data API 的可用性”

这个基于 SLO 违反的警报针对的是端点@GET /api/data/{租户}的可用性。端点可用性 SLO 被设置为 99.7%。所以，错误预算是 100% − 99.7% = 0.3%。为了触发警报，过去 60 分钟内的错误预算消耗需要达到每小时错误预算的 200%，即 0.3%×2 = 0.6%。每 5 分钟评估一次。一旦警报被触发，评估将被搁置 120 分钟，之后自动恢复。

在这种情况下，警报算法只在过去一小时内按比例计算的小时错误预算消耗超过 200% 时才发出警报（及时性）。一旦发出警报，该算法会将基于同一 SLO 违反的警报暂停两小时（有效性）。

图 9.10 从总体上展示了 SLO 违反和基于资源的警报的事故消重程序。

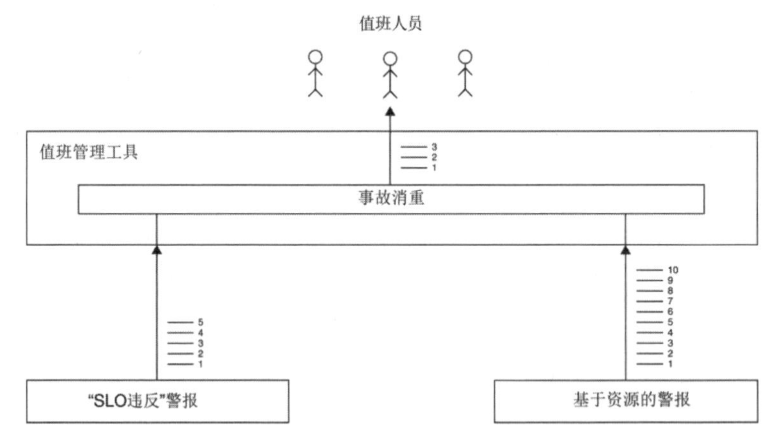

图 9.10　事故消重

大量基于资源的警报发送给值班管理工具。数量较少的 SLO 违反警报也发送给值班管理工具。该工具根据消重规则对所有传入的警报进行消重。这些规则需要由值班人员提前指定。使用消重规则，只有一小部分传入的警报成为真正的事故，并被分派给值班人员。这不仅有利于避免警报疲劳和减少认知负荷，还可以提高从真实事故中恢复的速度以及保持高的积极性。

消重规则需要在运行手册中进行说明，以确保加入轮流值班的人都能理解消重逻辑。

9.3 协调复杂事故

现在，事故的优先级已经确定。一旦同时发生多个事故，值班人员就可以借此确定工作的优先级。另外，它们还有助于在整个产品交付组织中对所有具有特定优先级的事故采取标准化的行动。然而，事故优先级通常并不能说明事故的复杂性，如解决事故所需的团队数量。

9.3.1 什么是复杂事故

如果一个事故是当前团队无法解决的，就必须分配给其他团队做进一步的处理，这样的事故就可以称为“复杂事故”。也就是说，复杂事故需要由多个团队共同解决。按照 PagerDuty 的说法[6]，复杂事故可能还适用额外的标准，如有多个不相关的症状，几个专家合作分析，等等。在大多数情况下，针对复杂事故，要分配事故优先级 1。

发生大规模故障时，一个复杂事故可能涉及几十个团队。这些团队必须进行协调，以提供一个整体的、精简的事故响应。也就是说，需要进行协调，使各团队有效和高效地解决手头的问题，以减少从事故中恢复的时间。通过协调，在事故期间，各团队取得高度一致，但又松散地结合在一起。这些都是好的现代软件交付组织所具有的特点，用来临时解决复杂事故。

复杂事故的协调需要确保下面几点。

- 涉及的所有团队都有相同的事故背景，也就是基于相同的单一事实来源；
- 每个团队都知道作为整个事故响应的一部分自己需要做什么（协同）；
- 每个团队都有足够的自主权来完成他们的工作（松散耦合）；
- 利益相关者通过利益相关者环来告知。
- 持续做好事故记录，其目的如下：
    - 有效地让新的团队和专家参与事故解决；
    - 方便事故解决后进行事后回顾。

9.3.2 现有的事故协调系统

过去，为了推动复杂事故的协调，整个系统都由政府和专业团体（例如消防员、救灾人员和医疗急救单位）开发。例如，美国设置了一个应急指挥系统（Incident Command System，ICS）。维基百科上的词条如此定义："应急指挥系统是一种指挥、控制和协调应急救援的标准方法，它提供一个通用的层次结构，来自多个机构的救援人员可以在其中有效地开展工作。"[7]也就是说，指挥、控制和协调的标准化是 ICS 的核心。在复杂的软件事故中，要使各个团队能集中精力解决手头的问题，协调尤为重要。

基于软件运营的背景，PagerDuty[8] 定义了一个类似的系统，设置特定的角色来协调对复杂事故的响应。按照 PagerDuty 的说法，需要如表 9.11 所示的角色。

表 9.11 PagerDuty 事故响应角色

PagerDuty 角色	目的
事故指挥官	推动事故解决的总负责人
事故副指挥官	通过细节上的协调为事故指挥官提供支持
记录员	确保事故有持续记录
内部联络员	确保内部利益相关者收到适当的通知
客户联络员	确保客户收到适当的通知
主题专家/行业专家	负责系统某一部分的领域/行业专家

SRE 教练需要与运营团队接触，研究现有的事故响应系统，例如 ICS、PagerDuty 的系统以及其他任何系统。他们需要共同评估当前产品交付组织的复杂性，并尝试提出一个合适的过程，使参与协调复杂事故处理的各个角色各司其职。提议的过程需要涵盖以下基本问题。

1. 什么时候需要事故协调？
2. 谁发起事故协调？
3. 谁做决定？
4. 如何传达决定？
5. 谁负责接收这些决定？
6. 谁必须遵循这些决定？
7. 所涉及的团队有怎样的责任边界？
8. 谁负责沟通？
9. 谁负责记录？
10. 谁负责做事故的事后回顾？

在回答这些问题之前，SRE 教练应该对那些一直在值班的人进行调查，了解此前是如何处理复杂事故的。因为此前没有明确定义的事故响应过程，所以复杂事故是以临时的方式解决的。了解具体是如何做的，这有助于我们定义一个有可能持续改善现状的事故响应过程。我们的目标是定义一个可重复和可靠的过程，以高效和有效的方式处理复杂事故。

9.3.3 事故分类

到目前为止，事故是按优先级分类的。根据定义，事故优先级可能决定了采取什么行动（作为事故解决过程的一部分），例如推出热修复补丁和向管理层发送通知（9.2.3 节）。也就是说，事故优先级可能决定了在事故解决期间需要采取什么行动。

在 9.3.2 节的问题清单中，第一个问题“什么时候需要事故协调？”是事故分类的一个新维度，它关心的是如何以一种有序的方式解决事故。是否需要一个团队来执行这些行动？是否需要一个全面的事故响应，即由不同的人担任 PagerDuty 建议的每个角色来执行这些行动？中间是否要进行一些设置？这应该可以用新的维度来表示。

新的维度可以通过扩展定义通用事故优先级的标准来表达。这会生成一个更长的标准清单。另外，新的维度也可以用一个新的、独特的单元来表达，即事故严重性。

就目前来说，需要注意的是，事故的不同维度的名称，例如事故严重性和事故优先级，在 SRE 或整个软件运营中尚未标准化。本书中使用这些名称只是为了说明概念，而不是为了使术语标准化。基于这一共识，表 9.12 总结了事故优先级和事故严重性之间的区别。

表 9.12 事故维度

#	事故维度	示例定义
1	事故优先级	事故期间需要做什么事情？
2	事故严重性	如何以有组织的方式做这些事情？

重申一下，这两个事故维度也可以用一个单元来表达，例如事故优先级，它将“做什么”和“如何做”合并到一套标准中。常见的值班管理工具在这方面很灵活。下一节将解释事故严重性的定义。

9.3.4 定义通用事故严重性

和通用事故优先级的定义一样，事故严重性也需要以通用的方式进行定义。在表 9.13 的例子中，展示了如何在一个组织中定义三种事故严重性。

表 9.13　事故严重性示例

#	标准	事故严重性“严重”	事故严重性“错误”	事故严重性“警告”
1	受影响的用户	大多数	大约 50%	少数
2	需要的团队	> 2	2	1
3	需要团队协调人	是	是	否
	举例	任何应用程序都无法登录	用户偶尔自动登出应用程序	演示数据在展示性部署中不可用

事故严重性需要由值班人员来设定，以便调用一个特定的事故响应过程。在前面的例子中，“严重”这一事故严重性意味着大多数用户都受到影响，需要两个以上的团队来处理该事故，而且这些团队必须由一名专门的团队协调人进行协调。

具有“严重”事故的一个例子是任何应用程序都无法登录。将事故严重性等级设置为“严重”，会调用最高级别的事故响应。为事故响应过程定义的全部角色都必须参与解决事故。

“错误”这一事故严重性意味着有 50%的用户受到影响。解决这种事故需要两个团队，而且这些团队必须由一名专门的团队协调人进行协调。具有“错误”严重性的事故的一个例子是，偶尔有用户在非自愿的情况下登出了应用程序。在这种情况下，事故响应可能不要求事故响应过程所定义的全部角色都参与到事故的解决中。例如，在只涉及两个团队的情况下，可能不需要专人来负责联络。联络的责任可以由事故协调人承担。

表 9.13 的第三个事故严重性是“警告”。这种严重性代表只有少数用户受到影响的事故。该事故可以由一个团队来解决，不需要和外部团队进行协调。具有“警告”严重性的事故的一个例子是，在营销人员用于进行客户演示的展示性部署中，演示数据不可用。

最后，需要定义在严重性标准与当前事故没有明确对应关系的情况下应该怎样设置事故严重性。例如，如果有三个团队需要参与解决一个事故，但只有少数用户受到影响，那么前面定义的严重性都不适用。为了安全起见，可以为这种模棱两可的情况设置得较高一些。就本例来说，即设置为“严重”。

另一个例子是，只有一个团队需要参与解决一个事故，而大多数用户都受到影响。同样，前面定义的严重性都不适用，但还是应该设为“严重”。

SRE 教练需要与运营团队合作定义事故严重性。作为工作的一部分，需要决定严重性是应该表示为一个单独的维度还是作为事故优先级的附加标准。目前使用的值班管理工具可能会影响这一决定。

9.3.5 事故分类的社会维度

前面几个小节对事故优先级和严重性的定义都是基于规则的。从这些规则可以看出，值班人员在为事故分配优先级和严重性时，基本上不会考虑更广泛的情况或背景。因此，这些规则对场景并不是特别敏感。

但在现实世界中，事故优先级和严重性的定义往往还关联社会维度或人际维度。社会维度为基于规则的优先级和严重性定义提供了补充。这种社会维度表现为在特定情况下某些规则会被推翻。

例如，9.3.4 节的警告事故严重性指出，它只适用于影响少量用户的事故。为此，可以设想这样的场景，一个团队所“负责”或“拥有”的服务出故障了，但只影响到一个客户。因此，该事故的严重性应为“警告”。但是，受事故影响的正好是一个重要客户，所以值班人员需要格外小心，并作为例外，将此次事故的严重性设为“严重”，最后全面展开事故响应。

这引出了两个问题。第一个问题是对客户重要性的定义。该属性在事故响应过程中并没有定义。事实上，客户分类根本不是事故响应过程的一部分。第二个问题是谁来决定客户重要性这个未定义的属性。谁来决定特定客户的重要性？这在事故响应过程中也没有定义。

在上例中，进一步假设该重要客户在产品交付组织中还有一个身处高位的代言人。例如，产品的高级副总裁可能与客户有密切的联系，可以按客户要求立即解决问题。然后，这位高级副总裁查询值班管理工具、找到相应的事故并中途加入事故响应电话会议。高级副总裁的职位可能高于所有人，可以要求最资深的工程师也加入解决问题。

这就破坏了之前精心设置的整个事故响应过程。首先，高级副总裁接管事故指挥权，凌驾于事故协调人之上。其次，高级副总裁要求当前不在值班状态的人员加入事故故障诊断。第三，高级副总裁不了解事故响应过程的细节，很可能破坏事故的利益相关者之间的沟通规则。SRE 教练需要提前考虑到这样的情况，并系统地准备组织结构化的事故响应，尝试避免这样的混乱。

也就是说，事故分类的社会维度会影响事故优先级和事故严重性基于规则的定义，这很重要，需要注意。社会维度具体产生的影响因组织文化而异。在以绩效为导向的文化中，其影响最小。在以权力为导向的文化中，其影响最大。在以规则为导向的文化中，其影响可能一般间位置。无论什么情况，在组织的生命周期中，基于规则的优先级和严重性定义不会任何时候都是一成不变和清晰的。SRE 教练需要在 SRE 转型过程中考虑到这一点。

由于社会维度淡化了优先级和严重性定义的规则，所以有一个学派主张不要进行粗略的事故分类，例如优先级和严重性，而是要具体情况具体分析。值得注意的是 Learning from Incidents in Software（LFI）社区[9]，它关注的是基于复杂系统安全的韧性工程以及 Safety-II 安全视角。Safety-II 视角将安全置于复杂适应性系统的背景下，尝试使尽可能多的事情正常进行来实现安全。与此相反，Safety-I 视角将安全置于由多个组件构成的线性系统的背景下，试图通过防止尽可能多的事情出错来实现安全。[10] LFI 社区的宗旨是“让软件行业重新思考事故、软件可靠性以及人们在保持系统运行时起到的关键作用”。

按照 LFI 社区的说法，对事故进行计数并不是实现安全的正确途径，因为一个足够复杂的线上系统可能出现没完没了的故障。

此外，LFI 社区认为，将事故划分为不同类别的想法可能与这些事故的影响不太相关。然而，行业还没有发展到可以消除基于事故优先级和严重性等传统事故分类方式的地步，所以还是需要对事故进行分类，使组织知道如何辨别轻重并聚焦于要事。

最后，事故分类需要能够使值班人员迅速识别哪些可以成功忽略以及哪些需要立即关注。

9.3.6 事故优先级与事故严重性

在事故优先级（例如，需要做什么）和事故严重性（例如，如何有序进行）被定义为独立维度的情况下，还需要继续定义，以进一步明确事故优先级和事故严重性的每一种排列组合是否可能。基于前面事故优先级和事故严重性的例子，可以考虑的组合如表 9.14 所示。

表 9.14　事故优先级与事故严重性

		事故严重性		
		“严重”	“错误”	“警告”
事故优先级	优先级 1	可能吗？	可能吗？	可能吗？
	优先级 2	可能吗？	可能吗？	可能吗？
	优先级 3	可能吗？	可能吗？	可能吗？

一般来说，事故优先级和事故严重性的每种排列组合都应该是可能的。归为“严重”的事故涉及多个团队，因而需要全面的事故响应，但它的优先级可能为 3。例如，当演示数据在展示性部署中无法使用时，我们就适合将事故优先级设为 3，因为它不会影响到客户。但如果整个全球营销团队都受到影响而无法进行重要的演示来完成新的大笔交易，那么就应该将事故优先级设为 1。在这种情况下，应该进行全面的事故响应，尽快恢复展示性部署。

相反，只在一个团队中发生的、需要立即推出热修复补丁的、一个严重性为“警告”的事故可能需要分配优先级 1。例如，在由单个团队负责的身份验证服务中，可能为一个偶发的身份验证问题专门设置了一个 SLO 违反。在值班管理工具中， SLO 违反被升级为事故，该事故被分配给那个负责该身份验证服务的团队值班人员。

值班人员分析 SLO 违反并得出结论，可以通过一个快速的配置更改来进行修复，可以在几分钟内使用一个完全自动化的部署管道推向所有生产环境。立即采取该行动，随后服务很快得到恢复。事故优先级 1 之所以合理，是因为要进行热修复，要发送通知到相应的管理层和利益相关者，而且需要进行事后回顾。归类为“警告”这个事故严重性也是合理的，因为只有少数用户受到影响，这个问题不常发生，而且事故的解决可由一个团队自主推动。

9.3.7 定义角色

定义事故严重性后，最高严重性级别要求事故响应过程中定义的所有角色都参与解决事故。角色定义是本小节的主题。

如 9.3.2 节所述，我们需要相应的角色来执行以下 4 个方面的任务：

1. 协调；
2. 沟通；
3. 文档；
4. 执行。

SRE 教练需要与运营团队合作，对角色及其相关责任给出建议。表 9.15 展示了最初提议的一系列角色。

表 9.15 示例事故响应角色、责任和技能

角色	责任	技能
事故协调人	决策 团队协调 团队幸福感 引导事后回顾	决策 情商 人员激励 人员协调 沟通
事故沟通人	和团队沟通 和内部利益相关者沟通 和外部利益相关者沟通 事故文档 事后回顾文档 事后回顾结果沟通	沟通 技术写作 与利益相关者联络
技术专家	技术分析 提议解决方案 实现解决方案 参与事后回顾	专业技术能力 沟通

为了做出决策，可能还需要其他人员的加入。例如，可能需要一名项目经理，因为他们知道更改时间线对其他内部和外部利益相关者的影响。另外，可能还需要一名运营工程师，因为他们了解事故对分布于世界各地的一级支持的影响。除此之外，在组织中，如果管理团队成员经常参与影响客户的决策（因为他们知道决策对组织声誉的影响），那么可能还需要一名管理团队成员。

SRE 教练和运营工程师在提议参与事故响应过程的角色时，需要考虑到这些因素。另外还需要根据现有的组织文化来仔细研判这些决策。与此同时，就角色做出决策也是影响公司文化的一个好机会。作为事故响应过程的一部分，一个经过深思熟虑的角色结构有助于将决策权从管理团队转移给真正做工作的团队。

至于角色的命名，可以自由选择符合当前组织背景的角色名称。本例之所以选择“事故协调人”这一角色名称，是为了强调对于包含负完全责任的值班人员的团队，需要执行协调任务。在业界，“事故指挥官”这个角色名称比“事故协调人”更常用。在角色名称中加入“指挥官”一词，可能暗示值班人员，他们将完全受事故指挥官的指挥。它还可能暗示事故将由事故指挥官“负责”或“拥有”，而单独的专家只听命于指挥官，按约定参与解决事故，执行单独的任务。

但是，选择“事故协调人”作为角色名称，就不会有这样的暗示。它明确指出事故的所有权并不限于事故协调人一个人，是由为该事故分配的整个团队共同拥有的。团队的每个人都对事故的解决做出贡献。事故协调人负责协调，事故沟通人负责分发信息让大家保持一致，技术专家负责专业技术能力，等等。

尽管这可能只是一个角色命名的问题，但不要小看这个决策。人们会根据自己的训练、以往经验和文化将名字与含义联系起来。特别是在现代软件交付组织常见的多元文化环境中，不同的人有不同的背景，因此会对同一个名词有不同的解读。另外，根据文化的不同，人们对角色的态度可能也不同。在一些文化中，在项目中被分配到一个角色会引起一些人的高度重视。其他文化则可能不那么在意角色。

由于这些原因，基于特定产品交付组织的文化，可能要对事故响应角色的命名给予一定的重视。角色命名不应该被看成是一种没有任何后果的单纯的烦恼。

在定义责任方面，需要一个详细的清单来传达预期。在特定的产品交付组织中，该清单应包含按用途分类的工具。另外，如有必要，责任清单可以包含与其他角色合作时的行为。

责任清单一般不说明特定的角色不应做什么。但有时为了避免歧义，也可以考虑把它包含在内。特别是，如果一个角色在文化上倾向于做一些在事故响应中不应该做的事情，那么可以考虑把该角色不应该做的事情说清楚。例如，在文化上，事故协调人可能倾向于群发利益相关者通知，以试图接触到组织中的每个人。同样在文化上，这可能导致许多人“全部回复”以了解详情。在这种情况下，应该在事故协调人的责任清单中包含一个说明，不鼓励群发利益相关者通知。

另一个需要考虑的方面是部分责任。值得注意的是，每个角色在进行事后回顾时都担负了部分责任。事故协调人是事后回顾总体的推动者。事故沟通人负责事后回顾的撰写，并与不同的利益相关者就事后回顾进行适当的沟通。技术专家则提供技术知识和事故发生期间的第一手经验。

表 9.15 中的技能清单大体上匹配于责任。值得注意的是，事故协调人需要有高情商，来激励和协调所有人，在压力下做出冷静的决定，管理和解决冲突，保持团队高涨的士气。

事故协调人不需要专业技术能力。他们只需要能就技术话题与具有不同技术理解水平的人进行良好的沟通。最后，技术专家需要在他们所负责的产品领域拥有专业技术能力。

9.3.8 事故严重性分别对应哪些角色

定义好总体事故响应过程所涉及的角色后，需要根据事故的严重性进行角色分配。表 9.16 展示了一个例子来说明如何按事故严重性进行角色分配。

表 9.16 按事故严重性划分的事故响应角色

#	角色	“严重”	“错误”	“警告”
1	专职事故协调人	是	是	否
2	专职事故沟通人	是	否	否
3	专职技术专家	是	是	是

在表 9.16 中，被定为“严重”的事故需要召集事故响应过程中定义的所有角色，他们以专职的方式参与。也就是说，团队协调和决策需要专门的事故协调人，所有沟通活动需要专门的事故沟通人，而执行决策、寻找技术解决方案和实现决策需要专门的技术专家。

严重性为“错误”的事故需要一名专职事故沟通人。因为这类事故的解决只涉及两个团队，所以事故协调人也扮演着事故沟通人的角色。这里不需要专门的事故沟通人。

最后，严重性为“警告”的事故既不需要事故协调人，也不需要沟通人。在这种情况下，团队中的值班人员执行团队内的协调活动，以及由事故优先级决定的团队外的沟通活动。在这种情况下，关于事故的单一事实来源就在团队的内部。因此，不需要外部协调。

9.3.9 值班角色

定义好事故响应过程所涉及的角色后，需要为每个角色建立一个轮流值班制度。对于技术专家来说，已经按团队或领域定义好了轮班制度（7.4 节）。对于其他角色，需要以同样的方式定义轮班制度，如表 9.17 所示。

表 9.17　轮班角色

	轮班周期 1	轮班周期 2	轮班周期 3	轮班周期 4
事故协调人	人员 A	人员 A	人员 B	人员 B
事故沟通人	人员 C	人员 C	人员 D	人员 D
团队 1 技术专家	人员 E	人员 F	人员 G	人员 E

事故协调人和沟通人每两个周期（例如，每两周）轮换一次。团队 1 的技术专家则每个周期（例如，每周）都轮换一次。需要指出的是，参与事故响应过程的每个角色都需要得到一个轮值机会。这意味着，如果项目经理和管理团队成员在事故响应过程中被定义为决策人角色，那么他们也需要参与值班。

在值班期间，技术专家根据对当前情况的判断和事故严重性的定义来为分配给自己的事故设定严重性。如果选择的事故严重性需要团队协调，技术专家会把事故协调人加入事故。值班管理工具根据轮班制度自动选择当前事故协调人，并将其添加到事故参与人员中。

另外，事故协调人将根据事故的严重程度为事故添加额外的角色。例如，可以添加事故沟通人。然后，值班管理工具会把当前事故沟通人添加到事故参与人员中。

技术专家有一个定义好的升级策略，能通过预定义的技术专家链传播未被及时确认的事故，从而尝试使事故最终得到确认（8.2 节）。可为任何角色的轮值定义这种升级策略。例如，如果为事故协调人轮班定义了升级策略，那么未确认的事故就可以得到他/她的确认。

9.3.10　事故响应过程评估

SRE 教练和运营团队提议的事故响应过程由复杂的事故定义、角色、责任、事故优先级以及可能的事故严重性构成。这些实体之间的相互影响可以按照 9.3.2 节概述的事故响应过程标准进行检查，如表 9.18 所示。

表 9.18　示例事故响应过程评估

#	事故响应过程标准	示例履行情况
1	什么时候需要事故协调？	发生“严重”或“错误”事故的时候
2	谁发起事故协调？	值班人员通过将事故严重性设为“严重”
3	谁做决定（决策）？	事故协调人，但不是以死板的“指挥”和“控制”方式
4	决定是如何传达的？	在值班管理工具为事故自动创建的专用频道中
5	谁负责接收所传达的决定？	开发和运营团队的值班人员

续表

#	事故响应过程标准	示例履行情况
6	谁必须遵守这些决定?	开发和运营团队中的值班人员
7	所涉及的团队的自由与责任是什么?	自由: ● 选择技术解决方案 责任: ● 接受事故协调人的决定 ● 执行这些决定 ● 报告执行情况
8	谁负责沟通?	"严重"事故:事故协调人 "错误"事故:事故沟通人
9	谁负责记录?	事故沟通人
10	谁负责主导事故的事后回顾?	事故协调人

提议的事故响应过程需要经过彻底审查。运营团队需要"负责"或"拥有"该过程,并由该团队发起审查。为此,需要在 SRE 维基页面上以草案形式记录该过程。这样一来,审查人员就可以很容易地对该过程进行评论。另外,任何人提出的和做出的修改都将是完全透明的。审查人员的名单需要包括以往一直在值班的所有人。这些人过去一直以某种临时方式协调复杂事故,因而对于提议的事故响应过程能在多大程度上精简复杂事故的解决过程,他们最有发言权。

根据收到的审查结果,运营团队需要集成这些对过程的调整。如果调整幅度很大,则需要启动另一轮审查。在过程通过审查得到强化之后,需要应用它来解决几次复杂事故,以便在真实的高压情况下进行测试。这会提供额外的反馈,在产品交付组织中普遍采用该过程之前,还有机会做进一步的改进。

为此,应该为定义的所有角色找一些志愿者,要求他们按照当前事故响应过程推动下一次对复杂事故的及时响应。

9.3.11 事故响应过程动态

事故响应过程用起来应该很容易。为方便使用,可以选择使用显示过程动态的决策图。图 9.11 展示了一个决策图。所有事故响应角色都可以使用它来为事故响应提前做准备。此外,在事故响应期间,所有角色都可以使用它来按章办事。当然,值班管理工具已经在很大程度上实现了决策图的自动化。

为了美观，决策图的大小不宜超过一张 A4 纸。如果决策图过长，那么不可避免地会让人觉得这是一个过于复杂的过程。这违背了决策图的初衷——一个易于使用的过程。

图的顶部显示了事故的以下 4 个触发条件：

- 一级支持不能满足客户的要求；
- 其他任何人在生产中发现了一个 bug；
- 来自 SRE 基础设施的一个 SLO 违反；
- 来自应用程序性能管理设施的一个基于资源的警报。

此后，事故可以手动创建，也可以自动创建。手动创建事故可由一级支持或任何在生产中发现 bug 的人完成（图 9.11 的步骤 1 和步骤 2）。手动创建的事故自动分配给事故协调人轮班（步骤 3）。值班的事故协调人需要确认该事故（步骤 4）。如果在规定时间内没有确认，就启动事故协调人轮班的升级策略（如果定义了的话）。

一旦事故协调人确认了事故，就需要对事故进行评估，并决定哪个技术专家最适合调查这个问题。决定好之后，事故协调人将事故分配给选定的技术专家，或者分配给最接近该问题的技术专家（步骤 5）。

图 9.11 的右上部分显示了自动创建事故的路径。可以根据“SLO 违反”或者“基于资源的警报”自动创建事故（步骤 6 和步骤 7）。自动创建的事故分配给一个技术专家轮班，该轮班以参数的形式作为事故创建请求的一部分传递给值班管理工具，这在步骤 8 中显示。在步骤 9 中，轮班的技术专家需要确认该事故（步骤 10 表示相同的行动，但在步骤 5 之后进行）。如果在规定时间内没有确认，就会启动技术专家轮班的升级策略（如果定义了的话）。

一旦技术专家确认了事故，就需要评估问题，并确定事故优先级（例如，需要做什么）和事故严重性（例如，如何以有序的方式做）。这在步骤 11 和步骤 12 中显示。选择的严重性不同，下一步行动也有所不同（步骤 13）。

对于“严重”事故，下一步是将事故分配给事故协调人轮班（因为需要协调多个团队）并做决定来协调各团队（步骤 14）。一旦事故协调人确认该事故（步骤 17），就需要将轮班事故沟通人加入其中，负责与所有团队和利益相关者进行沟通。这是在步骤 18 中手动完成的。

对于严重性为“错误”的事故，需要酌情增加更多的技术专家来处理（步骤 15）。对于严重性为“警告”的事故，需要根据事故优先级通知利益相关者。这可以通过手动或半手动的方式来完成（步骤 16）。步骤 20 代表“严重”和“错误”事故要执行的行动。事故优先级也可能决定着利益相关者的通知频率。

在步骤 21 中，处理该事故的技术专家将为当前问题开发一个实际的解决方案。事故优先级可能决定着解决方案的推出方式。例如，事故优先级 1 可能需要推出热修复补丁，而较低的事故优先级可能表明侵入性较低的工作，例如更改云或基础设施设置。

接下来，事故优先级 1 可能要求启动事后回顾。这可以在解决事故之前以发送会议邀请的形式进行（步骤 23）。否则，事故可以直接解决（步骤 25）。

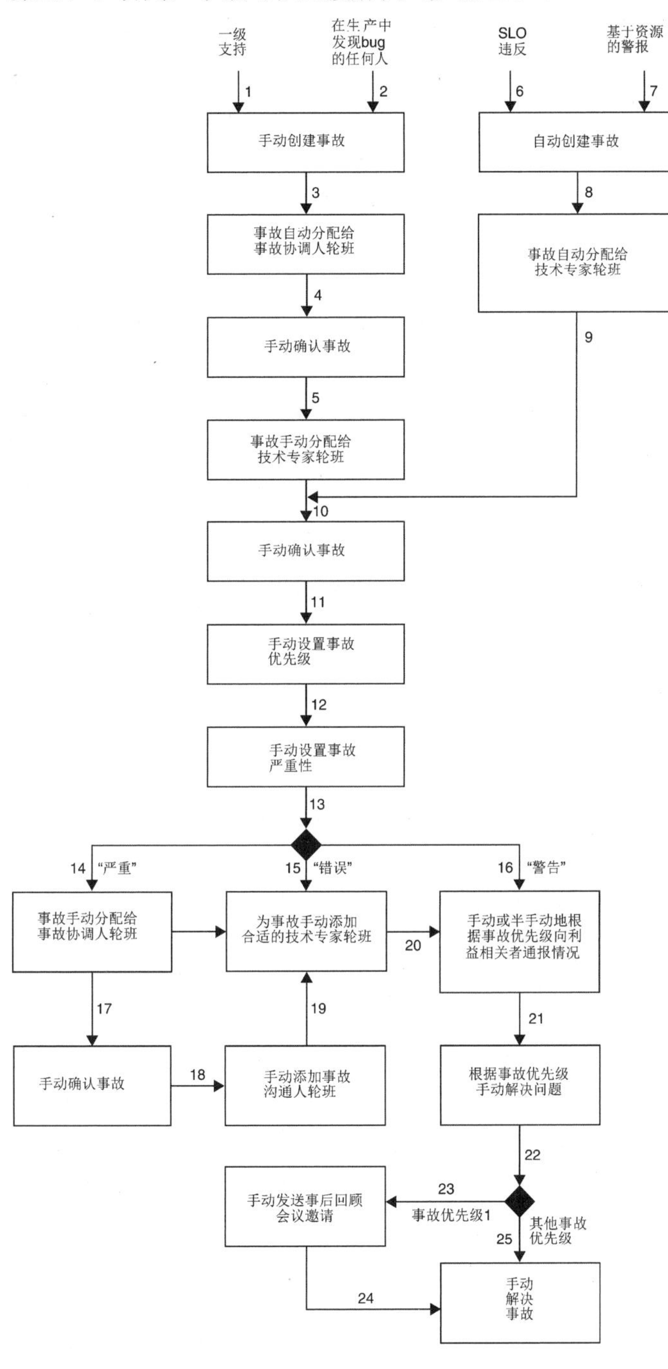

图 9.11　示例事故响应过程图

值得注意的是，图 9.11 的过程图并不包含很多分支。它也不包含任何圆圈。这一点很重要。根据定义，事故响应是在高压力的情况下进行的，通常是非工作时间。过程越简单，越有可能使大家遵循它来解决复杂事故，因为它有助于精简响应过程，而不是使其更复杂。

另外，必须指出哪些行动是手动执行的以及哪些是自动执行的。要让值班人员知道需要手动执行哪些行动，以便他们能在正确的时间实际执行。例如，事故优先级和严重性应该在开始解决问题之前设定，而不是反过来等到出了问题后。

此外，值班人员还需要知道哪些行动是自动执行的，以此来了解自动化具体如何进行并相应地在过程图中移动。例如，值班管理工具可能会为组织所用的聊天管理服务中的每个事故自动创建一个新的频道。但要让值班人员知道这一点，以免每个人都专门创建一个频道并邀请其他人，然后各讨论各的。

通过迭代，运营团队需要调整过程，使其变得越来越简单，越来越适用。其目的是在结构化和灵活性之间取得一个良好的平衡。结构自然是需要的，其目的是在不同团队和人员之间达成协同一致。灵活性也是需要的，其目的是使每个团队能够自主、快速地行动，避免因等待事故协调人的协调指令而导致延误。为了实现可靠和可重复的事故响应过程来使组织从容应对复杂事故，必须在结构化和灵活性之间取得平衡。

9.3.12　事故响应团队的幸福感

9.3.7 节讲过，事故协调人的责任之一就是维系团队的幸福感。这个责任值得专门讨论。虽然很少有文献提到，但它对事故响应的成功有很大的影响。

当事故发生时，一个由值班人员组成的团队就会动态组建起来。随着时间的推移，一个复杂的事故可能涉及十几个人，甚至更多。事故协调人的责任不仅是要协调这些人，还要确保他们作为个体和整个团队时的幸福感。

履行这一责任并不总是简单的，下面几个例子可以证明这一点：

- 事故协调人可能并不认识所有被分配到事故中的值班人员；
- 这些人可能从未作为一个团队共同工作过；
- 他们中的一些人可能是在已经工作了一天之后，还在非工作时间工作。

最重要的是，如果事故的严重性被设定为“严重”，那么根据定义，整个团队都要在高压的环境中工作。故障每持续一秒，都会造成经济后果。

为了确保团队在这种情况下有幸福感，需要事先以一种结构化的方式做好准备。这可能涉及以下几个方面：

- 社交；
- 礼仪；

- 情感；
- 平等；
- 单一事实来源；
- 不要指责。

表 9.19 对这几个方面进行了解释。

表 9.19　从多个方面确保事故响应团队的幸福感

方面	解释
社交	● 事故协调人应该参加 SRE CoP 活动，亲自认识值班人员，了解他们值班时的日常操作 ● 此外，他们应该不时地检查其他角色的轮换情况，看看是否有新的名字，如果有的话，应该亲自或通过一对一视频通话来认识新人 ● 事故协调人可以组织一次非正式的事故协调人午餐会（例如，每两周一次），先和值班人员在轻松的氛围中一起共进午餐，避免将首次见面放到高压事故响应现场。午餐的目的是让团队成员了解彼此，建立人际关系。这个目的应该事先让大家知道 ● 当然，在事故协调人午餐会中也可以进行工作对话，但这不应该成为重点。事故协调人应该轻松地主持对话。工作方面的话题应该收集起来，在其他会议上再作详细讨论。爱好、假期、志向、家庭等方面的话题都可以
礼仪	● 事故协调人可以共同制定值班人员在事故响应期间需要遵守的礼仪规则。在规则中，事故协调人应描述希望在事故解决期间看到并促进的个人和团队行为。可以在礼仪中包括对语言和语言类型（例如，口头语言、正式语言）的选择，使事故响应团队成员基于利益相关者环（8.5 节）与利益相关者进行交流 ● 对于多元文化团队来说，如果多数人平时都说一种语言，但少数人平时说的是其他语言，那么对语言的选择就很重要。需要在礼仪规则中指定一种大家都能理解的语言（通常是英语）作为事故响应期间唯一使用的语言。对于深夜还在工作的人来说，最让人沮丧的事莫过于在聊天窗口中突然看到有人在用自己无法理解的语言讨论工作。在这种情况下，事故协调人或事故沟通人需要采取干预措施，并礼貌地要求大家重新用礼仪所规定的语言进行讨论 ● 另外，礼仪中还可以包括团队成员何时及多长时间能够休息的细节。事故协调人要注意有人连续几个小时没有休息的情况，并要求他们短暂休息一下，以理清思路。还可以考虑明确说明在短暂的休息时间里能做什么和不能做什么——例如，吃点东西，喝点水，伸个懒腰；不要使用电脑或手机 ● 与此同时，事故协调人应以书面形式明确说明休息后何时应该回到岗位上。这一点对所有相关人员都很重要，因为其他人的休息决定可能取决于此 ● 礼仪上，可能要求在网络会议期间开启摄像头。这一点需要提前告知，因为人们深夜在家里的样子可能与工作时间在办公室里的样子截然不同。事先知道网络会议要开启摄像头的话，人们就知道在非工作时间值班前迅速整理一下自己的仪表和状态 ● 虽然可能会增加几分钟的事故恢复时间，但这或许是值得的，因为在讨论事故时，这有助于加强团队成员之间的人际联系。这也让人们有机会打起精神，而不是在昏昏欲睡的状态下加入会议 ● 此外，礼仪可能要求参与事故解决的人参与事故的事后回顾，这将在事故解决后不久进行

续表

方面	解释
情感	● 一般来说，事故协调人应该留意团队、个人和自己的情感状态，以缓解压力、克服挑战、解决冲突并以同理心行事。换言之，情商的锻炼对事故协调人来说非常重要。情商通常涉及四个维度：自我管理、自我意识、社会意识和关系管理[11]，这些素质在事故响应过程中都很重要。 ● 事故协调人需要察觉自己或者事故响应团队的成员何时变得情绪激动。如果发生这种情况，他们需要在对话变得激烈之前通过安抚自己和周围的人来控制局面。要避免大的、公开的冲突。如果事故协调人发现有必要与某个或多个团队成员谈论他们的值班行为，就不要采用书面形式，而是采用视频通话或者打电话的方式。在电话中，事故协调人应该为未来事故中的预期行为提供明确的方向。对情况的任何改进和分析都应该放在之后的事后回顾中进行 ● 另外，事故协调人需要确保他们及其周围的人在做决定时处于情绪稳定的状态。推迟几分钟做决定，让所有人都能平心静气，这可能会有帮助。为了能在紧张时刻快速做到这一点，平常可以多练习一下正念。正念[12]是专注于当下而不加评判的一种心理过程 ● 事故协调人应该观察对话的发展。例如，如果对话变得过于生硬或有可能激发不良情绪，那么可以通过开一些无伤大雅的玩笑来化解紧张。一般来说，这些都是缓解压力的好办法，但在事故响应和多元文化背景下，需要谨慎使用。在聊天对话中使用表情符，可以为文字赋予情感。若使用得当，表情符将产生预期的效果，适度地引起人们的会心一笑，从而缓解紧张的局面 ● 在这种情况下，重要的是玩笑不要过火，避免演变成嘲讽。特别是在多元文化的环境中，人们对玩笑的理解不同。虽然普遍都能接受一些无伤大雅的玩笑，但嘲讽是另一回事，因此要避免开过火的玩笑
平等	● 不管熟不熟，事故协调人都需要平等对待所有人。事故协调人可能已经和一些熟人建立了信任，或者过去与他们合作过。但这不应影响他们与事故响应团队其他成员的合作方式。每个人都应该得到平等的对待 ● 和事故协调人不熟的值班人员不应觉得自己被区别对待。这会引起疑虑，因为和事故协调人不熟的人不知道其他人跟他/她熟不熟。因此，他们可能受控于阴谋论，觉得事故协调人似乎在针对自己 ● 如果一个和事故协调人不熟的人具有最高的技术水平，那么情况会变得更严重。沿着前面的思路，这个人可能会想，为什么事故协调人似乎更听信于水平不如自己的团队成员的意见？这会妨碍团队成员专注于当前的事故响应工作 ● 事故协调人需要意识到这种可能性，并努力做到一视同仁，对每个人都透明

续表

方面	解释
单一事实来源	● 事故响应很可能在 Slack 或 Microsoft Teams 等聊天管理服务的聊天频道中展开。在这种情况下，要单独开一个聊天频道，并在这里展开事故协调人和其他团队成员的对话。该频道还应该包括对正在进行的其他线上会议的引用，这样一来，任何人都能按需加入正在进行的会议，而无需搜索会议链接 ● 在这个频道中，应该包含从事故触发到解决的整个对话。在任何时候，它都应该是事故状态的单一事实来源 ● 事故协调人应积极拒绝在其他渠道或私人聊天对话中就个人以外的任何事项与他们展开对话的企图。事故协调人应该礼貌地把每个人都转接到指定的事故频道，因为这个频道是每个人的单一事实来源。这一点同样适用于事故沟通人 ● 还需要让每个人都清楚事故频道是谁负责创建的、何时创建的以及如何找到它。通常，值班管理工具会为每个事故自动创建一个频道，并在频道名称中包含事故编号。这很方便，因为在事故发生的那一刻，频道就创建好了。另外，由于频道名称引用值班管理工具中的事故编号，所以简化了对频道的搜索。在值班管理工具列出的事故本身中，也可以找到这个频道链接 ● 还可以根据值班管理工具中的事故响应人员名单，在某种程度上自动将人员添加到指定的事故频道中。如果自动化工作照顾不周，事故协调人还需要手动将遗漏的人员添加到频道中 ● 如果频道不能自动创建，那么事故协调人需要及时创建频道，并按照一个命名惯例进行命名；例如，“公司 id-dd-mm-yy-简短原因”。命名惯例简化了对频道的搜索。在这种情况下，还需要将所有必要的人员手动添加到频道中
不要指责	● 这是礼仪的一部分，但它相当重要，值得单列出来。在高压氛围中，有人在非工作时间都要上班，任何有意无意的指责都可能导致事故响应团队士气崩溃。事故协调人的责任是察觉那些可能让人觉得是在指责自己的情况 ● 一旦发现，事故协调人应公开、礼貌而冷静地指出这种指责没有意义。团队应该把注意力集中在手头上的问题，迅速找到解决方案并解决事故。其他事情放到事故回顾时再说 ● 但要注意，事后回顾也要提供一个安全的环境。大家可以随便讨论事故，而不必担心受到惩罚或指责。事故协调人需要在事后回顾以及事故处理过程中，培养出一种“无指责”的文化

事实上，由于每次都要用一个新的、动态分配的团队来协调处理复杂事故，所以事故协调人平常需要多练习这种动态重新组队的本事。在 *Dynamic Reteaming: The Art and Wisdom of Changing Teams*[13] 一书中，作者讨论了如何动态重新组建团队。然而，这些建议针对的是比较静态的、长期稳定的团队（例如开发团队）的重组。

事故响应团队则相反。根据定义，它们是动态的和短暂的。表 9.20 总结了开发团队和事故响应团队之间的差异。

表 9.20　开发团队与事故响应团队

特征	开发团队	事故响应团队
工作时长	上班时间	24/7
每天固定工作时长	8	定义了吗？
为一个短暂的任务动态组建团队	否	是
团队在完成短暂的任务后解散	否	是

如表 9.20 所示，开发团队在上班时间内固定工作 8 小时。相比之下，事故响应团队需要 24 小时值班。然而，有时并没有明确规定值班人员应该在一个事故上投入多少工作时间。如果一个事故需要 24 小时才能解决，而在整个过程中都需要一名值班人员的专业知识，怎么办？需要在值班管理工具中仔细定义轮班，以免事故响应团队成员产生倦怠。另外，如果一个技术高手需要中途下班，而此时事故还没有搞定，就需要完成一个非常详细的换班交接程序。这一点需要由事故协调人来保证。

另外，和开发团队不同，事故响应团队本质上就是动态组建的，目的是完成“解决事故”这个短暂任务。任务完成后，团队就解散。在事故响应背景下掌握团队动态带来了新的挑战，这是此前在更稳定环境中工作的团队未曾遇到的。事故协调人需要大量的经验来掌握在事故响应背景下处理团队动态的艺术。行业未来最好能在以下几个方面对这个问题进行更充分的探讨：地域、文化、工作时长、事故持续时间、团队成员相互之间的熟悉程度、技术专长、在公司的任职时间等。

9.4　事后回顾

在前面的章节中，我多次提到事后回顾，即在事故结束后进行复盘的活动。本节将探讨如何在产品交付组织中有效地开展事后回顾。事后回顾要有效，其价值必须大于投入的时间。虽然这个比率很难定量计算，但定性评估是可以的。先看看现有的一些对事后回顾的定义。

根据 PagerDuty 的说法：“事后回顾是一个过程，旨在帮助你从过去的事故中学习。它通常指事故发生后不久进行分析或讨论。”[14]

根据 OpsGenie 的说法：“事后回顾是对事故的一种书面记录，包括事故影响、缓和措施、根本原因和后续行动等信息。事后回顾的目的是了解所有根本原因，记录事故供未来参考，发现其中的模式，并实行有效的预防措施，以减少影响或再次发生的可能性。”[15]

根据谷歌的 SRE 开山之作《SRE：Google 运维揭秘》的说法：“事后回顾是对事故及其影响、为缓和或解决事故而采取的行动、根本原因以及防止事故再次发生的后续行动的书面记录。”[16]

根据上述事后回顾定义，可以推导出有效事后回顾的标准，分别是及时、学习、记录和行动。下一节将对这些标准进行解释。

9.5 有效事后回顾的标准

成功的事后回顾基于表 9.21 总结的标准。

表 9.21　有效事后回顾的标准

标准	解释
及时	• 事后回顾需要在事故解决后不久进行。一个好的做法是，确保值班人员在经历严重事故的压力后能够休息一下。休息 24~48 小时似乎不错。这既能缓一口气，又能对事故的细节记忆犹新 • 然后，在事故解决后的 24 至 72 小时内，及时进行事后回顾。再往后进行事后回顾虽然也有用，但由于人们往往会随着时间的推移而忘记发生的一些细节，所以价值可能随着时间的推移而降低
学习	• 事后回顾的价值在于学习。学习可以有不同的形式。一方面，解决当前问题所采取的直接行动是一次性的学习。另一方面，除了直接行动，还有一些额外的机会将学到的东西纳入产品交付组织中 • 这些东西包括运行手册的更新、事故响应过程的更新，值班培训的更新、员工培训计划的更新、轮流值班的更新、SLO 的更新、SRE CoP 上的演示、架构的升级、责任的更新、组织结构的更新、新的招聘实践、供应商的选择等。目标是超越事故期间发生的事情，将组织的整个社会技术系统纳入分析的范畴 • 这就是事后回顾的长期价值。事后回顾时所进行的对话会一种高效和有效的方式来促进组织过程和实践的全面更新。这种促进工作需要持续地、专业地进行，将组织的所有各方都考虑在内 • 敏捷教练特别适合推动这种持续的促进工作。他们也能很好地将直接的事后回顾对话关联到整个组织的过程、实践和活动
记录	• 需要对事后回顾进行书面记录，供将来参考，使没有参加事后回顾会议的人也能学习。为了激励人们阅读和学习由他人进行的事后回顾，需要掌握一定的技术写作技巧，让书面记录清晰明确。不透明和非结构化的事后回顾报告没人愿意阅读和学习，造成这个过程的价值几乎为零 • 除了书面记录，还应尽可能使用其他媒体来记录事后回顾。只要是线上会议进行的事后回顾，都应该记录下来。影音资料应上传到组织的视频分享服务。上传的记录应该加上“SRE”和“事后回顾”标签。此外，应专门提取声音，将录音放到组织的音频分享服务中 • 要考虑以不同的媒体格式提供事后回顾的内容，因为不同的人对媒体有不同的偏好。以书面、视频和音频的形式提供事后回顾的内容，可以使组织的不同受众都乐于使用

续表

标准	解释
记录	● 事实上，想想看，在开车上班的时候听另一个团队的事后回顾，会不会很酷？会的！所以，应该向产品交付组织中的每个人提供这样的可能性，以加强学习
行动	● 明确定义的行动事项是事后回顾的重要组成部分。每个行动事项都需要有一个推动者。作为推动者，可能意味着直接从事行动事项的工作，也可能意味着在行动事项的不同部分协调其他人的工作。此外，每个行动事项都需要有一个审查日期。在这个日期，行动事项的推动者、事故协调人和敏捷教练（如有必要的话）应该对目前取得的进展进行审查。如果该行动事项还没有完成，他们就要设定一个新的审查日期 ● 事后回顾中的行动事项需要输入到工作项管理工具中，该工具还指定了其他所有工作。这些行动事项需要链接到该事故的一个缺陷工作项，后者包含指向值班管理工具中的事故的一个链接。这样一来，就建立了完整的可追溯性，这可能是监管合规所要求的 ● 另外，工作项管理工具需要清楚标记事后回顾行动事项。为此，可以为所有事后回顾工作项附加一个共同的标签，例如“事后回顾”。敏捷教练之所以有时也要参与事后回顾过程，还有一个原因是确保在工作项管理工具中正确地处理事后回顾行动事项 ● 产品交付组织可以为事后回顾的行动事项制定一个优先级方案。例如，对于来自优先级为 1 的“严重”事故的一些行动事项，可以宣布把它们放在受影响的每个团队的待办事项清单的最顶部。另一种为事后回顾中的行动事项建立优先级方案的方法是，有选择地允许来自任何事后回顾的任何行动事项被宣布放在受影响的每个团队的待办事项清单的顶部 ● 无论优先级方案如何设置，基于事后回顾进行组织学习时，学习速度的指标就是事后回顾行动事项的准备时间

根据表 9.21 描述的标准，可以理解一次成功的事后回顾的要素，下面深入讨论如何发起、运行和有效完成事后回顾以改善整个工作系统。

9.5.1 发起事后回顾

事后回顾需要由事故响应过程中相关责任人发起。例如，9.3.7 节描述的示例角色“事故协调人”就是这样的相关责任人。

此外，需要明确由谁来创建事后回顾记录。例如，9.3.7 节描述的示例角色“事故沟通人”有责任以书面形式和使用其他媒体记录事后回顾。

但是，事故沟通人只参与定义为“严重”的事故。如果没有事故沟通人参与事故，那么事故协调人就需要负责记录事后回顾，或者请别人来做。例如，敏捷教练可以在这方面支持事故协调人。

一般来说，出于几方面的原因，在事后回顾中加入一名敏捷教练是有好处的。敏捷教练可以对下面几点提供帮助：

- 使用不同的媒体（文字、视频、音频）创建事故记录；
- 将事故中发生的事情与总体组织过程和实践联系起来；
- 确保在工作项管理工具中正确处理事后回顾行动事项；
- 对事后回顾的行动事项进行跟进；
- 识别不同事后回顾的共同主题。

事故协调人在邀请敏捷教练参与事后回顾时，需要明确他们的职责。

并非每个事故都需要发起事后回顾。事故响应过程需要明确定义需要进行事后回顾的事故。在事故优先级标准中，可以指定哪些事故在解决后需要进行一次事后回顾。例如，9.2.3节描述的示例事故优先级 1 就要求进行一次事后回顾。示例事故优先级 2 和 3 则不需要。这并不意味着优先级为 2 和 3 的事故不能进行事后回顾。如果事故协调人或值班人员认为有必要，就仍然可以决定进行事后回顾。

9.5.2 事后回顾的生命周期

决定发起事后回顾后，事后回顾的生命周期就开始了。这个生命周期分为三个阶段：事后回顾之前、事后回顾期间和事后回顾之后的活动。表 9.22 总结了各个阶段的活动。

表 9.22 事后回顾生命周期的活动

事后回顾之前	事后回顾期间	事后回顾之后
• 邀请参与者 • 明确责任 • 构建时间线 • 运行自动事故对话分析 • 创建一份初步的事后回顾书面报告 • 处理好人际关系	• 建立最高指导原则 • 明确责任 • 完善时间线 • 审查时间线 • 制定即时行动事项 • 为更广泛的过程和实践中的改进制定行动事项 • 确定行动事项的优先级 • 分发行动事项 • 商定行动事项的审查日期 • 商定需要提交事后回顾的会议以及由谁提交 • 征求对事后回顾有效性的快速反馈	• 在工作项管理工具中，为行动事项创建或完成工作项 • 按照商定的审查日期对行动事项进行跟进 • 为事后回顾做演示 • 完成事后回顾的书面报告 • 上传事后回顾的视频记录（如果有的话） • 上传事后回顾的音频记录（如果有的话） • 分发事后回顾的内容 • 定期征求对通过事后回顾取得的成果的反馈

下面分小节详细探讨每个阶段的活动。

9.5.3 事后回顾之前

事后回顾开始前的第一项活动是及时邀请必要的参与者。发出邀请后，事故协调人需要明确不同阶段的责任，使每个参与者事先知道在会议之前、会议期间和会议之后要做什么。

9.5.3.1 重建时间线

会议前的主要活动之一是重建事后回顾时间线。这项工作最初可由事故各个参与者在同一条时间线上单独完成。以后对重建的时间线进行完善并在事后回顾会议上共同讨论。事故协调人应要求事故参与者在会议之前完成时间线的重建。

为了促进时间线的重建，值班管理工具通常会记录事故期间发生的所有事件。另外，许多现代值班管理工具支持在图形化的时间线上标注事件。时间线按时间顺序显示事件：谁手动做了什么，什么时候做的，自动做了什么，什么时候做的，等等。

更重要的是，一些值班管理工具包含一个事后回顾生成器。一些工具还允许选择将聊天管理服务中的对话添加到事后回顾生成器中。这样一来，事故时间线的重建就可以半自动化的方式完成。实际发生的事件和选定的聊天对话可以自动添加。叙述、截屏和数字可以手动添加。

虽然值班管理工具提供了事后回顾生成器，但作为事故响应过程定义的一部分，需要决定事后回顾的存储位置。例如，可能会决定在运行手册附近存储事后回顾。存储位置可能是 SRE 维基页面、一个专门的共享源代码控制库或者一种专门的工作项类型。

在任何情况下，对事故回顾存储位置的决定都需要记录下来并在整个产品交付组织中使用，以便于用统一的方式存储事后回顾。另外，在事后回顾会议之前，当事故参与者各自重建共享的事故时间线时，每个人都需要对指定位置的同一个文档进行操作。不要在事后回顾会议期间合并这些人分别创建的事故时间线！

9.5.3.2 分析对话

为了支持时间线的重建，还可以对聊天管理工具、电子邮件和在线视频会议工具中的人类对话进行自动分析。最近已经有一些工具开始提供这种自动分析功能，其中比较典型的有 Jeli[17]。

Jeli 对发生在它能连接的不同工具中的人类对话创建了一个图形化的时间线表示。然后，它允许用户标记一些短语来表明事故中发生的特定事件。例如，用户可以在可视化的时间线上为一些短语创建标签，如“事故触发”“知识缺失”“bug 修复建议”等。

根据这些标签，Jeli 会遍历整个时间线，在整个过程中应用这些标签，分析潜在的因果关系，并尝试根据事故参与者的对话来检测事故响应过程中的异常情况，最终对事故响应过程中一些重点和有问题的领域提出的一系列见解。这些自动创建的见解可以带到事后回顾会议上进行讨论。

9.5.3.3 起草事后回顾报告

在事后回顾之前，事故协调人应要求相关人员起草一份事后回顾报告。该草案需要从商定的事后回顾存储位置（例如，值班管理工具、SRE 维基页面、源代码控制库等）开始。初始草案也应该在会议前分发给事后回顾的参与者，以便快速了解。这样，在会议之前，每个人的思维就已经指向事后回顾过程最重要的交付物之一：事后回顾报告。从心理上，人们开始在报告草案中寻找漏洞和缺陷。在事后回顾会议上，这些会成为启动对话很好的起点。

9.5.3.4 处理好人际关系问题

事故期间出现的人际关系问题，需要以最谨慎的方式处理。要强调的是，这些问题应在事后回顾会议之前处理好。这一点非常重要，如果已知的人际关系问题得不到解决，那么就要延期原定的事后回顾会议。这是因为让彼此看不顺眼的人在其他人面前公开谈论所发生的事情，可能会使争端升级。他们可能变得非常情绪化，甚至破坏整个事后回顾会议。

为了避免这种紧张的局面，在事后回顾会议之前，事故协调人应该想办法分别约谈那些可能与其他人有人际关系问题的人。理想情况下，这应该在线下进行。但如果只能线上进行，那么双方都应该开摄像头。在讨论情绪问题的时候，如果看不到对方的表情，将不利于达成这次谈话的目的（找到解决冲突的方法）。

从表情获得的线索确实有利于展开谈话，能确保在正确的时间、以正确的深度讨论正确的问题，从而最终获得冲突解决方案。例如，如果事故协调人发现某人明显非常反感另一个人，则可以先避免深挖事故的细节，留下时间让对方发泄自己的不满。

在这种情况下，迅速放大事故的细节可能会适得其反，让当事人处于愤怒状态，让他们觉得没有人在听自己倾诉，让他们对事故协调人感到愤怒。在最坏的情况下，当事人甚至可能不愿意参加事后回顾，因为他们不愿意看到那些个让自己生气的人，不愿意在公共场合谈论发生的事情。为了避免这种情况，事故协调人可能需要花大量时间聆听愤怒的人在说什么，直到紧张的气氛似乎有所缓解。在这之后，再将谈话转移到当前的问题。

在其他情况下，如果事故协调人注意到一个人只是对别人的行为稍有不满，则需要确认。在倾听这个人一小会儿后，事故协调人可能会说："你好像对其他人的说法有点上火，但我又觉得你并不是特别生气。我想知道是不是这样，我想从你的角度了解这个问题严不严重。你觉得我的观察对吗？"

这套说辞是根据马歇尔·B.罗森伯格（Marshall B Rosenberg）的《非暴力沟通》[18]来组织的。根据该方法，为了和人展开富有成效的对话，一个有效的方法是使用以下公式：观察→感受→需要→请求。这意味着要陈述自己的观察；讨论观察后的感受；解释自己需要什么以及为什么重要；然后请求对方做一些事情，要非常具体。

事实证明，非暴力沟通在许多情况下都很有用：商业、个人、团体内部、谈判期间等[19]。在事后回顾的背景下，肯定能用这个方法来成功解决人际关系问题。

一旦事故协调人完成约谈，就需要在小团体中继续展开对话。通常，该团体包含相互之间有冲突的两个人，以及邀请他们参加会议并引导谈话的事故协调人。这样的谈话很重要，因为这两个人不应该在事后回顾会议期间在公共场合第一次见面和交谈。相反，冲突双方的第一次对话应该在一次更私密的会议中进行。

在会议中，事故协调人也最好遵循非暴力沟通方法。首先陈述事故期间和之后的个人谈话中的观察结果。然后，事故协调人表达在个人谈话后的感受。然后，强调因为以后还要合作共事，而需要做什么。最后，事故协调人请求冲突各方公开表达自己的观点，并就未来如何合作进行沟通。完成这些陈述后，事故协调人将发言权移交给冲突各方的每一方，让他们继续发言。

通常，在冲突各方展开讨论之后，能找到一种合适的方式在未来继续合作。如果事故协调人的努力没有为冲突获得预期的解决方案，则可以考虑让相应的部门经理介入谈话。但这应该是迫不得已的下下策。部门经理完全脱离实际情况，需要由事故协调人提供最新信息。与此同时，事后回顾会议仍然无法按事故响应过程的设想及时举行。

无论如何，都要做出一切努力在事后回顾会议之前化解紧张气氛。要不惜一切代价避免会议期间让各方陷入剑拔弩张的境地。

可以肯定的是，事故协调人可能不知道事故中的所有人际关系问题。这也不是我们的目标。我们的目标是解决最严重的问题，并确保化解破坏性最大的紧张气氛来使人们再度合作，进行事后回顾，以取得积极的成果。成果可以是多方面的：改善事故参与者之间的人际关系、改善过程、改善技术等。

为了帮助值班人员更愿意公开人际关系问题，事故协调人需要在真正的事故发生之前，尽一切努力与他们建立起良好的人际关系。如 9.3.12 节所述，一个有效的策略是定期举行事故协调人午餐会。

9.5.4 事后回顾会议

一旦完成事后回顾前的活动，就可以以一种精心准备的方式开始事后回顾会议。如有可能，应该对会议进行完整的记录。事故协调人要在会议开始时向大家问好，并衷心感谢大家在发现、处置和解决事故期间的付出。然后，事故协调人说明会议的要点，让大家对团队在会议过程中要做的事情保持一致。9.5.2 节展示了一个详细的事后回顾会议议程。

9.5.4.1 最高指导原则

第一项议程是让参与者建立正确的心态，其核心就是“不指责”。事故协调人必须传达出“不可以相互指责”的信息。为此，可以使用一个所谓的“回顾最高指导原则”。该最高指导原则由诺曼 • L.克尔思（Norman L. Kerth）在《项目回顾》[20] 中提出的，其内容如下所示。

“无论我们发现了什么，考虑到当时的已知情况、个人的技术水平和能力、可用的资源以及当时的状况，我们都要理解并坚信：每个人对自己的工作都已全力以赴。”

最高指导原则在敏捷社区得到了普及。在事后回顾会议开始时，把它放在显眼的位置是一个很好的实践。网上有很多关于最高指导原则的图片，在谷歌搜索引擎中按“回顾最高指导原则”关键词查找即可。另外，最高指导原则可以手写在白板上、打印后贴在墙上或者在演示幻灯片上设置成大字体。无论采用哪种媒介，都是向所有与会者突出展示最高指导原则。

事故协调人需要解释，这段文字是敏捷社区广泛采用的“回顾最高指导原则”。只有在与会者完全没有听说过的情况下，事故协调人才需要逐字逐句地把它读出来。否则，全文朗读最高指导原则会很乏味，也没有必要。事故协调人可以只是展示最高指导原则，并解释其目的，以确保团队意识到事后回顾会议的目的不是指责，而是接受现实，并尽可能从中学习更多经验教训。会议结束后，需要学以致用并评估行动成果。

如果事后回顾会议是线下进行的，而且最高指导原则是手在白板上写的，那么在会议期间，最好不要动这个白板，而是使用其他白板来做其他事情。这样一来，最高指导原则在会议期间始终可见，象征着它将贯穿于整个会议。在气氛紧张的时候，事故协调人可以在任何时候再次用它来强调最高指导原则。

9.5.4.2 审查时间线

事故协调人宣布下一个议程是完善和审查时间线，确保它反映每个人对所发生的事情和发生顺序的看法。在开始之前，事故协调人需要重申此前分配的责任。应该明确谁负责记录、谁应该贡献哪些知识以及谁应该主持讨论。

因为已经在事后回顾会议之前进行了时间线的重建，所以现在有了一个很好的讨论背景！在时间线上发生的事件应该逐一检查，并深思事实上是否正确，特别是叙述。如果有叙述内容，那么应该由涉及的每个人检查其正确性。

在时间线审查讨论中，在适当的时候提出下面这些模板化的问题很有帮助：

- 你认为事故优先级设置正确吗？
- 你认为事故严重性设置正确吗？
- 产品交付组织内部是否普遍理解这个缩写？
- 这是说明问题的最佳数据可视化吗？
- 没有参与事故的人是否能够理解这样的可视化？
- 所显示的可视化的日志查询是否已经存储下来，并在书面报告中提供了链接？
- 大多数人都能访问这些查询吗？
- 这段话是否应该写入事后回顾的外部书面报告中？

可能在讨论过程中出现的任何行动事项都是非常有用的，因为它们起源于一个深入的背景。它们需要放在一边，例如，在一个专门的白板上，以要点的形式记录成旁注。行动事项不宜干扰大家对时间轴的讨论。负责记录的人应该快速记录，同时让讨论继续进行。

9.5.4.3 生成行动事项

一旦时间线得到完善和审查，就该生成行动事项了。生成行动事项的一个很好的起点是在时间线讨论中作为要点记录下来的旁注。即时行动事项可以立即从这些旁注中生成。

一旦生成了即时行动事项，团队就需要再次审查时间轴，目的是提出更多行动事项，引发人员合作、过程和技术方面的改进。

下一步是审查更广泛的组织过程和实践，它们需要根据事故中发生的情况进行改进。因为可能有太多的组织过程和实践需要审查，而且有的实践可能根植于组织文化，所以这是生成行动事项时最模糊的来源。另外，由于行动事项涉及更广泛的组织过程、实践以及可能的文化规范，所以它们本身最终可能也是模糊的。在这种情况下，如果能在寻找和创造好的行动事项之间取得一个合适的平衡，就无异于找到了产品交付组织的核心价值。这也是要大力支持因事后回顾而引发的变革的原因。

事后回顾行动事项的生成基于三个输入源，图 9.12 对它们进行了总结。

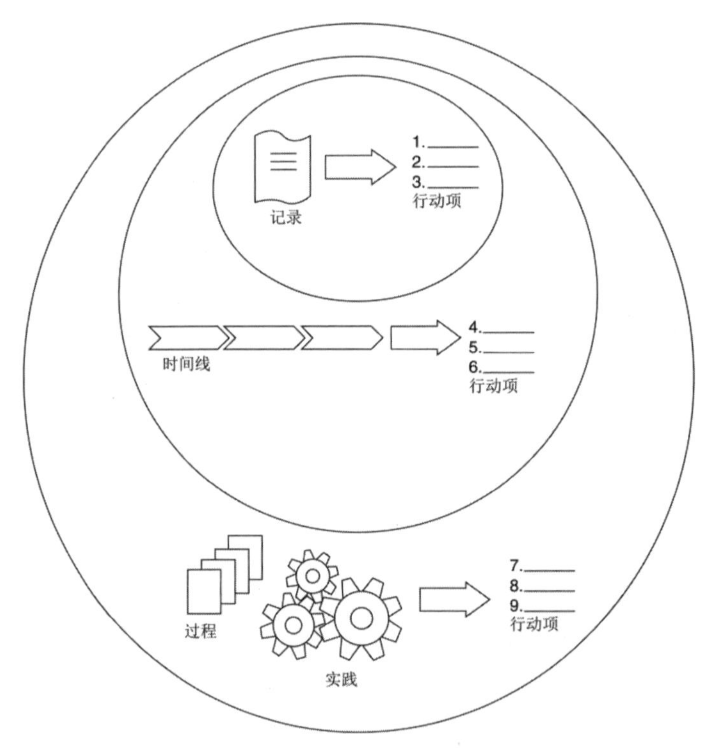

图 9.12　事后回顾行动事项的输入源

会议期间做的记录生成即时行动事项。为生成行动事项而进行的慎重的时间线审查生成额外的行动事项。对过程和实践的更广泛的审查，则生成最后一组行动事项。

为了支持从更广泛的过程和实践中生成行动事项，以下检查清单有望成为大家提供一些帮助：

1. 事故响应过程
   a. 是否有任何运行手册需要更新？
   b. 值班培训是否需要更新（7.7.3 节）？
   c. 轮流值班的设置是否需要更新？
   d. 基于优先级和严重性的事故分类是否需要更新？
   e. 是否有任何 SLO 需要更新/添加/删除？
   f. 是否有任何 SLI 需要更新/添加/删除？
   g. 是否有任何利益相关者通知需要更新/添加/删除？

2. SRE 基础设施
   a. 是否有任何仪表盘需要更新/添加/删除？
   b. 警报算法是否需要更新？
   c. 工具链是否需要更新？
   d. SRE 维基页面是否需要更新/扩展？

3. 架构
   a. 服务之间是否存在可以松动的依赖关系？
   b. 架构治理的某个方面是否需要更新/引入？

4. 组织方面
   a. 是否有任何责任需要变得更明确？
   b. 组织结构是否需要更新？
   c. 员工的入职培训程序是否需要更新？
   d. 是否需要减少工作量以免有一些人的精力被耗尽？

5. 协作
   a. 是否有阻碍协作的人际关系问题需要解决？
   b. 部门之间的协作方式是否需要更新？

6. 客户支持
   a. 一级支持和客户之间的互动是否需要更新？

7. 招聘

 a. 某一特定角色所需的技能清单是否需要更新？
 b. 某一特定角色所需的技术清单是否需要更新？

8. 采购

 a. 定制软件开发的供应商选择标准清单是否需要更新？
 b. 软件组件/服务的供应商选择标准清单是否需要更新？

我们的目标是，根据当前事故来广泛了解整个组织（总体工作系统）中哪些方面可以改进。特别是，在组织的各个层面工作的敏捷教练可能会对那些表面上与事故没有直接联系的领域提出改进建议。

编制好行动事项清单后，需要进行优先级排序。优先级的确定应该由每个行动事项事后回顾的参与者集体进行。一旦确定优先级，就需要通过两个要点来增强：

- 谁将是该行动事项的推动者？这需要由事后回顾报告的参与者之一担任；
- 在什么日期审查行动事项的进展比较合理？审查是由事故协调人和推动者进行的。其他人可以根据需要加入。

事后回顾会议结束后，生成如图 9.13 所示的表格。

事故 A：事后回顾行动事项清单					
优先级	ID	标题	推动者	审查日期	状态
1	……	……	……	DD.MM.YYYY	新

图 9.13　事故 A 的事后回顾行动事项

将行动事项输入工作项管理工具时，需要以合适的方式调出这样的表格。例如，可以使用一个超链接。这样一来，就可以很容易地为不同的事后回顾生成相应的、未完成的行动事项的概览。进行审查时，这个概览很重要。

9.5.4.4 事后回顾分发

事后回顾会议最后几步是决定如何分发事后回顾以及由谁分发。事故协调人、敏捷教练和事故参与者花了相当长的时间从事故中学习，并在许多方面确定改进措施以便基于学到的东西采取行动。现在，是时候以一种有效（effective）和高效（efficient）的方式在整个组织内分发这些学习成果了。

此时需要做出的第一个决定是，除了在组织内公布，是否还要向组织外部公开事后回顾。外宣的目的是让公众了解。如果决定这样做，那么对外的事后回顾报告需要基于对内事后回顾报告以书面形式撰写。这个对外事后回顾报告需要由事故沟通人起草，如果事故沟通人没有参与事故，则任命另一个人起草。

在对外事后回顾中，所有的人名、内部服务引用和行动事项表格都需要删除，取而代之的是组织外部可以识别的实体；例如，公司名称、对外提供的服务以及根据事后回顾所采取的行动的一般性陈述。对事故的具体叙述需要缩短和整理，只提及能够向外公开的。

接下来，对外事后回顾报告应该由事故响应过程中定义的一组人员进行审核，然后用事故响应过程规定的媒体发布。通常，外部事后回顾报告会在官网的“服务状态”区域公布。

至于内部公布的事后回顾，它的目标是促进整个组织从事后回顾中学习。为此，需要确定并决定可以在哪些潜在的讨论会上演示内部的事后回顾书面报告。一般来说，事后回顾可以在精益咖啡会等会议上向更多的人演示。另外，在 SRE CoP 这样的会议上，可以向更多的人演示事后回顾。

由于事后回顾报告的目的是促进其他人的学习，所以在内部事后回顾报告中，应该特别包括这方面的内容。这一部分的标题可以是“其他人能从这个事故中学到什么以及如何学习？”另外，还要包含具体的提示，告诉人们在他们的环境中可以做些什么，防止类似事故在他们的服务中发生。例如，以下陈述可以促使人们采取行动：

- 在你的服务中，对于一个重要的依赖项 X，检查它是否有足够的适应能力；
- 在你的运行手册中，按服务检查是否存在适用的自动扩展规则；
- 确保你的数据处理管道存在一个仪表盘，它针对每个数据集都显示了管道步骤，以及每个数据集的每个步骤的通过状态；
- 检查在非工作时间安排了谁轮值。

采用“你的”进行称呼是一个很好的方法，能缩短别人的服务中发生的事故与听/读事后回顾报告的人之间的距离。“我从别人的事故中学到了什么？”这个问题以这种方式得到了直接的回答。如果人们得到一份清晰的检查清单，说明他们可以做些什么来从事故中吸取教训，那么所有云里雾里的东西都消失了。取而代之的是，展现在他们面前的是一条清晰的道路。采取这种做法，更有可能刺激人们采取行动。

有的时候，如果在某个讨论会上适合讨论大量事后回顾行动事项，就可以考虑在这里演示事后回顾，因为参与讨论会的人将参与售后行动事项的工作。先让他们熟悉一下事后回顾，有助于建立对生产中发生的事情和起因达成共识。在会上，人们可以基于自己的背景提出问题。它为人们与手头上的主题建立了正确的知识和情感联系，使他们有动力真正采取行动。

例如，如果事后回顾的行动事项包含不同团队与架构相关的几个重构，那么在一轮架构师会议上演示事后回顾，有助于为接下来的重构工作设定场景。相比只联系个别架构师并要求他们优先做一些不是由他们创建的行动事项，这样做好得多。

另外，如果有一个 SRE 相关的新闻通讯或工程博客，则需要决定是否应该把参考资料或一篇短文放在那里，以进一步传播关于事后回顾的信息。

所有事后回顾分发活动都应作为定期的事后回顾行动事项捕获下来。这样一来，行动事项跟踪系统就可以介入，确保所讨论的活动不会被忽略和被遗忘。

9.5.4.5 快速反馈

每次事后回顾会议结束时，都应该留出大约三分钟的时间，获取会议对与会者是否有意义的快速反馈。例如，可以使用红色、黄色和绿色的圆形贴纸来进行这种反馈。与会者可以用这些贴纸来表示事后回顾会议无效（红色）、有点有效（黄色）或者非常有效（绿色）。如果是离线会议，这些贴纸可以放到白板上；如果是在线会议，则可以放到共享的演示幻灯片或者在线协作工具的共享板上。

每个与会者都可以投一票。一旦投票完成，就会用一张图来表示团队对事后回顾会议的共同意见。例如，如果有 7 个人参加了会议，投票结果如图 9.14 所示，那么总体的情绪是这场会议确实有值得改进的地方。

红色贴纸	黄色贴纸	绿色贴纸
2	3	2

图 9.14 事后回顾会议的快速反馈结果表明有待改进

这对事故协调人和敏捷教练来说是一种很好的反馈，表明需要会后做一些工作。但是，不要延长此次会议来讨论如何改进事后回顾会议，而是要求与会者会后发送或解释关于事后回顾会议有效性的额外想法。如有必要，敏捷教练可以再召开一次会议，专门讨论对事后回顾会议的改进。

但如果投票结果如图 9.15 所示，就不需要召开额外会议了。

红色贴纸	黄色贴纸	绿色贴纸
0	1	6

图 9.15 正面的事后回顾会议快速反馈

敏捷教练可以在会后与放黄色贴纸的人简单交谈，了解他们的观点，并将其反馈到事后回顾实践中。一般来说，正面的反馈为事故协调人和敏捷教练提供了一种确认，即事后回顾会议的实践方向上是正确的。

9.5.5 事后回顾之后

一旦事后回顾会议结束，行动事项中就包含进一步行动的明确路径。首先，需要检查工作项管理工具中的行动事项是否完整。在事后回顾会议上，很有可能并非所有细节都清楚到没有参加会议的人也能理解行动事项的描述。值班管理工具中的行动事项描述需要在会议结束后立即完成。在这个时候，行动事项推动者对当时的对话和背景还记忆犹新。行动事项推动者应该负责这项工作。

接下来，敏捷教练应该根据事后回顾会议上商定的审查日期来安排行动事项审查会议。这样一来，人们的日程表就会暂时为这一目的而服务，行动事项的提醒也会反映在日程表上。

重要的是，在每次审查会议结束时，与会者需要商定一个新的审查日期。同样，敏捷教练之后需要立即安排下一次审查会议。这种强力跟进对推动主题的完成是绝对必要的。如果没有这种严格的跟进制度，事后回顾的价值就会降低，执行的积极性会下降，士气也会受到影响。跟进系统为基于事后回顾知识的组织学习提供了驱动力。

除了行动事项审查会议，敏捷教练还应该在商定的讨论会上为事后回顾的演示预订时间。最简单的做法是在讨论会的 wiki 页面做一条记录。然而，这需要在事后回顾会议后立即进行，以便在一两周内约定一个时间，在人们对事故还记忆犹新的时候做这个演示。如果在事后回顾会议结束后两周后再做演示，那么传达出来的情感会更少，由此引发的行动也会更少。所以，做演示要趁早！

在演示之前，内部的事后回顾书面报告需要定稿。简明扼要的技术文章能条理清楚地传达信息，促使人们采取行动。这需要由事故沟通人或指定的其他人选完成。

一些技术准备工作也需要做。事故回顾会议的视频记录需要上传到内部视频分享服务，并加上相应的标签。事后回顾的录音也需要上传到内部音频分享服务，并加上相应的标签。这需要由敏捷教练来完成。

根据事后回顾会议的决定，需要联系各个新闻简报的负责人加入一篇关于事后回顾的文章。最后，如果决定对外宣传，则需要准备文章内容，并启动相应的审查程序。这需要由事故沟通人来完成。

9.5.6 分析事后回顾过程

前面几节探讨了如何在产品交付组织中发起事后回顾过程。这个过程需要时间和精力。因此，分析其有效性以了解通过该过程取得的成果，这对掌握成本效益比非常重要。这可以用来推动事后回顾的过程改进。本节将解释具体如何做。

9.5.6.1 行动事项的准备时间和周期时间

上一节讨论了事后回顾行动事项的生成过程。一旦行动事项进入工作项管理工具，就可以计算出相应的准备时间和周期时间。这些时间对 SRE 教练和敏捷教练非常重要，他们可以从中了解基于事后回顾活动进行学习的速度。表 9.23 总结了这两种时间。

表 9.23　事后回顾行动事项的准备时间和周期时间

	事后回顾行动项				
	已创建	已安排	已开始	已结束	已审查
状态	新建	就绪	工作中	已实现	已完成
			←—— 周期时间 ——→		
	←—— 准备时间 ——→				

事后回顾行动事项的周期时间从在某个主题上的实际工作开始时计算。它在工作结束、完成审查并正式宣布“已完成”时结束。周期时间表明在一个特定主题上进行的实际工作需要多长时间。

事后回顾行动事项的准备时间比其周期时间长，因为它还包括两个额外的时间段。首先，行动事项在“新建”状态下需要一段时间，此时虽然已创建，但尚未排入日程。其次，当行动事项被安排工作但实际工作还没有开始时，它在“就绪”状态下也需要一段时间。

现代工作项管理工具提供了一种方法，可以根据状态变化时间自动获取所存储的工作项的准备时间和周期时间。此外，准备时间和周期时间也可以通过聚合来获得。相应的可视化功能往往也能够直接使用。值得注意的是，累积流程图为趋势分析提供了良好的可视化功能。

事后回顾行动事项可以按类别进行标记。类别的例子有技术、过程、基础设施、协作和组织等。一旦分类完成，就可以按类别进行准备时间和周期时间分析。

敏捷教练不需要对事后回顾行动事项的准备时间和周期时间进行非常精确的统计。可以对它们做各种数据分析。例如，如果与过程相关的事后回顾行动事项在平均准备时间上随着时间的推移而增长，就可以把它作为一种数据驱动的观察结果来讨论为什么过程变革在减速。毕竟，这些行动事项来自真实事故的事后回顾。在事后回顾的启发下，一定会产生过程变革的紧迫性。在这种情况下，为什么平均准备时间还在增长？数据的价值在于回答这样的问题，而不在于创建完美绘制的累积流程图或者类似的东西。

另一个按类别进行有用事后回顾行动事项分析的例子是，看一看准备时间和周期时间之间是否存在巨大差异。如果发现这种情况，就意味着某类事后回顾行动事项的工作需要很长时间才能真正开始。利用这种数据驱动的观察结果，可以约上事故协调人、敏捷教练和参与此类工作的人员展开有意义的讨论。

例如，对于和架构师有关的事后回顾行动事项，如果准备时间和周期时间存在很大差异，那么和事故协调人、敏捷教练、架构师和产品负责人展开讨论可能就有较大的成效。可能出现这样的情况：团队纠结于功能开发工作和技术工作的优先级。这可能导致团队意识到创建错误预算策略的必要性。在错误预算策略中，可以包括一个关于事后回顾行动事项优先级的条款。

优先级的确定非常重要，因为如果一个团队只做事后回顾行动事项上的工作，那么该团队所“负责”或“拥有”的服务可能就会逐渐接近完美的可靠性。但从商业角度来看，只做事后回顾行动事项对团队来说并不可行，所以要用错误预算策略平衡工作的分配。

然后，可能相应地引入和执行错误预算策略。在以后某个时间，可以再次分析与架构相关的事后回顾行动事项的平均准备时间趋势，看看错误预算策略的引入是否促成了准备时间的减少。

一般来说，对于按类别划分的事后回顾行动事项，如果它们的准备时间和周期时间变得比较合理，那么表明组织正在以一个合适的速度从事后回顾工作中学习。另一个正在学习的迹象是事后回顾内容的使用（消费）统计。这是下一节的主题。

9.5.6.2 统计内容使用情况

前面概述的事后回顾过程会生成一些文本、视频和音频内容。这些内容由事后回顾的参与者制作，供产品交付组织中的其他人使用。也就是说，通过了解这些内容的使用，可以知道事后回顾过程的有用性是否超越了事故直接相关人员、他们的团队以及受事后回顾行动事项影响的团队。它表明事后回顾内容的质量和吸引力是否到了足够的高度，以至于引起了未受事故影响的团队关注并开始从其他人遇到的服务故障中学习。

那么，如何度量内容的使用情况？所有内容都是数字化的。因此，它的使用情况可以使用基于内容类型的标准 Web 内容和一些指标进行度量，如表 9.24 所示。

表 9.24　和事后回顾内容使用情况有关的指标

内容类型	内容使用情况指标
内部事后回顾书面报告	按事后回顾划分的月度页面访问量 流量来源细分 访问量最大的事后回顾 事后回顾电子邮件订阅人数
内部事后回顾视频	按视频划分的月度观看时间 平均观看时间 视频重看次数 观看次数最多的事后回顾 事后回顾视频频道订阅人数
内部事后回顾音频	月度收听次数 收听次数最多的音频 事后回顾音频频道订阅人数
内部事后回顾演示会	参加演示会的人数 演示会中提出的问题数
外部事后回顾书面报告	按事后回顾划分的月度页面访问量 按事后回顾划分的入站 Web 链接数 流量来源划分 访问量最大的事后回顾 按所提供的媒体的事后回顾订阅人数

表 9.24 的所有指标只适用于从中发现更大的趋势。这些趋势应该能直接从内容发布基础设施获得。产品交付组织决不要投资创建一个定制的基础设施（只是为了收集指标和趋势）。

下面让我们逐一讨论。

利用为博客内容分析而准备的一些指标，可以分析在 wiki 等网页上发布的内部事后回顾书面报告的使用情况。其中的核心指标是月度页面访问量。如果事后回顾没有任何人访问，那么它的有用性就仅限于事后回顾的参与者和受事后回顾行动事项影响的团队。这份书面报告并没有打破这个小圈子，使产品交付组织的其他团队从中受益。因此，SRE 和敏捷教练要关注的主要指标是按事后回顾划分的页面访问量。在 SRE 转型过程中，要想办法让更多的人浏览事后回顾报告，这是持续的事后回顾过程改进的一部分。

实战经验 刚开始引入事后回顾过程的时候，当最初的一批事后回顾报告上线时，报告页面的浏览量会非常低。SRE 和敏捷教练对此应有心理准备。需要专门做一些工作来塑造事后回顾过程及其相关文化，使更多的团队开始从其他团队遇到的服务故障中学习。

另一个指标是流量来源细分。只有页面浏览量指标显示出合理的用户参与度时，这个指标才有意义。注意，不是每个搜索引擎都能提供这个指标。如果提供这个指标，就可以用它来了解用户如何到达某个特定的事后回顾。是通过一般的 wiki 搜索吗？是通过组织的聊天管理服务上发布的链接？还是导航到 SRE 维基页面上的事后回顾区域，并从那里访问？了解用户最常接触事后回顾的方式，对 SRE 和敏捷教练来说非常有用。以后可以更好地优化，让更多的用户参与。

例如，如果事后回顾报告的最大流量来源是组织的聊天管理服务，那么可以考虑专门为事后回顾建立一个频道。事故沟通人可以将每个新的事后回顾的链接发布到该频道。这个频道可以在组织内进行宣传，对事后回顾感兴趣的人可以加入频道，通过这样的方式获取信息。

下一个指标是访问量最大的事后回顾。这个指标也只有在页面浏览指标显示合理的用户参与度时才开始有意义。可以借此了解哪种报告、主题和服务故障吸引的访客最多：可能是“叙述”部分写得比其他事后回顾好，也可能从故障中恢复的那个服务极其重要。所有这些情报都可能给 SRE 和敏捷教练带来一些思路，让他们知道如何调整事后回顾过程，生成更好的书面报告来提高用户参与度。

最后一个指标是事后回顾的电子邮件订阅人数。这表明人们是否主动订阅了新的事后回顾的报告。电子邮件订阅人数少，并不一定意味着对事后回顾报告的参与度低。看看页面访问量，结果可能刚好相反。如果是这种情况，则表明电子邮件作为事后回顾内容的分发渠道可能不合适。所以，换成其他分发渠道，可能会使人们进一步参与。

内部事后回顾视频的使用情况也可以通过多种指标来度量。其中，最重要的指标是月度观看时间。虽然没人看的事后回顾视频没有用，但这并不能证明事后回顾本身无用。如果相应的事后回顾的页面浏览量合适，可能意味着视频作为一种媒介还没有得到用户认可。然而，如果有合适的月度视频观看时间，那么其他视频指标就变得有意义了。

平均观看时间表明用户参与视频的时间有多长。这个指标趋势可以用来了解对视频内容的参与是否有意义。例如，如果趋势显示 60 分钟的视频只有 1 分钟的参与，那么可以得出结论，参与的意义不大，不足以促发学习。如果平均观看时间较长，那么接下来的视频重看指标可能就值得关注，它表明观众重新观看了视频的哪些部分。

例如，1:20~1:30 和 3:50~4:20 可能是事后回顾视频重看次数最多的时间段。基于这个结果，可以了解用户认为最有趣或者最不理解的内容。这进而可以触发广泛的后续行动，从而向团队更好地传播知识。

此外，最多观看次数指标可以让我们了解什么样的视频内容最能引起用户的共鸣。最后，事后回顾视频频道订阅人数表明有多少人想要获得新的事后回顾视频的发布通知。将此与月度观看时间联系起来，可以了解频道中的订阅者是否活跃。

内部事后回顾录音的指标与书面报告/视频的指标相似。其中包括月度收听次数、收听最多的录音以及录音频道订阅人数。从这些指标的趋势也可以得出同样的结论。

事后回顾演示会也有一组有趣的统计数据可用。参与人数很好地说明了人们是否有兴趣从一般的事后回顾报告中学习。在不同的演示会上，人们提出的问题数量表明他们是否在倾听和关注，这是学习的先决条件。

最后，对外发布的事后回顾报告也有一系列指标可用。利用这些指标，可以度量外部使用所发布内容的情况并用于分析。这些指标体现了外部对服务故障的关切。

月度页面访问量表明是否有人在看事后回顾。入站网页链接表明有哪些网站链接到对外发布的事后回顾。或许能借此发现新的用户兴趣小组，市场部门可以利用这个情报。同样的情况也适用于流量来源细分。

根据浏览量最高的对外发布的事后回顾，我们可以知道对大众来说什么内容最有用。如果通过不同的频道（例如电子邮件、RSS 和 webhook）提供对外部事后回顾报告的订阅，那么可以根据各自的订阅者数量来分析每种频道的有效性。没人用的频道未来不需要提供。

9.5.6.3 征求对成果的反馈

分析事后回顾过程的另一个办法是要求对事后回顾活动是否产生实际的成果提出反馈意见。根据反馈，可以得知团队取得的一些成果是否正在通过应用事后回顾过程得以落实；换言之，是否在合理时间范围内处理好事后回顾行动事项，并将从事后回顾学到的东西反馈给产品交付组织中对应的过程和团体去落地。若非事后回顾过程，成果可能得不到落实、很晚才落实或者很难落实。

这种反馈可以定期从团队获得。可以定期进行问卷调查，用少量精心设计的问题来评估事后回顾。在此之后，敏捷教练需要召开回顾会议。刚开始的时候，投票和回顾应该每月进行一次，以便快速调整事后回顾过程，使其开始产生成果。

之后，随着过程日益成熟，频率可以降至每两三个月一次。调查问卷应该发放给所有事故响应角色，特别是自上一轮反馈以来参与过事故响应的人。这一点同样适用于问卷调查后参与回顾会议的人员。

设计问卷时，尽量使问题有利于进行长期趋势分析。为此，可以先对问题进行分类并在一段时间内保持这种分类的相对稳定。表 9.25 展示了按类别划分的调查问卷的问题例子。

表 9.25　度量事后回顾过程成果的示例问题

类别	示例调查问卷问题
技术	在过去三个月里，你的团队是否基于一个事后回顾行动事项实现了技术上的改进？
流程	在过去三个月里，你的团队是否基于任何事后回顾行动事项实现或注意到了任何过程改进？
人员	在过去三个月里，你的团队是否根据一个事后回顾行动事项实现或注意到了责任的明确界定？

为上次问卷调查后的某个时期设计新的问题时，敏捷教练应关注这一时期内发生的事后回顾，并围绕这些事后回顾的主题和行动事项来确定问题的方向。这会使问卷更贴近现实。收到问卷的人参与事故和事后回顾并定义行动事项。现在，他们按要求对该过程所取得的成果进行评价。

如果通过调查问卷获得了正面反馈，就表明事后回顾成果正在得到落实。

9.5.7　事后回顾模板

将事后回顾模板作为事故响应过程的一部分来定义，这是一种良好的实践。如此一来，整个产品交付组织就能以一致的方式完成事后回顾的书面报告。然而，由于事后回顾书面报告的价值往往在于对事故发展过程进行良好的叙述，所以一个好的事后回顾模板既要有好的结构，也要允许一定程度的自由发挥。

在 GitHub 上可以找到一套很好的事后回顾模板[21]。一般来说，建议在事后回顾模板中包括以下部分：

1. 标题（句子）
    a. 事故 ID（编号）
    b. 事故优先级（编号）
    c. 事故严重性（编号）
    d. 检测日期和时间，含时区
    e. 解决日期和时间，含时区

2. 所发生的事情的摘要（叙述性段落）

3. 事故响应团队（名单）

   a. 事故协调人（姓名）

   b. 事故沟通人（姓名）

   c. 技术专家（人名列表）

4. 一次性快速修复

   a. 检测（叙述）

   b. 对客户的影响（叙述）

   c. 已确定的根本原因（叙述）

   d. 即时解决方案（叙述）

5. 可持续的改善

   a. 经验教训（叙述）

   b. 行动事项（清单）

   c. 其他人能从事故中学习什么以及如何学习？（检查清单）

模板最后一部分尤其适用于没有参与事后回顾的人，因为它直接回答了许多人在事故响应过程开始时提出的问题："我为什么要花时间了解其他团队的服务故障？"让事后回顾模板从正面提供理由，对这个问题进行一个初步的解答。阅读实际的事后回顾书面报告并从中学到有用的东西，这有助于坚定信心。

在微服务架构中，由于团队"负责"或"拥有"一个或多个属于同一领域的服务，使用类似的技术栈来实现，所以潜在的技术问题可能是类似的。因此，一个团队在经历故障之后，可以向其他团队建议能够做什么来确保同样的故障不会发生在他们的服务上。这种建议正是事后回顾模板中"其他人能从事故中学习什么以及如何学习？"部分的核心内容。使用检查清单来提供建议，以便阅读事后回顾报告的人采用。

这同样适用于过程问题。产品交付组织在引入事故响应过程的时候，各团队将经历类似的调整。因此，一个团队在某些方面遇到的问题，例如轮流值班、知识共享、规程的遵守等，可能也适用于其他团队。为了确保在一个团队中发生的过程问题不会在其他团队中发生，相应的建议也应放入事后回顾模板的"其他人能从事故中学习什么以及如何学习？"这些建议同样以检查清单的形式提供，为其他团队的行动铺平道路。

运营团队和 SRE 教练应该定义一个简洁的事后回顾原始模板。在此基础上，模板应根据持续的回顾和反馈进行演变。另外，模板中总是留空或者包含的信息很少有用，需要删除、重命名或者澄清。

一旦事后回顾实践有了好的势头，并且有了一些好的事后回顾书面报告，就应该放到SRE维基页面，供人们学习。事实上，对于一些事后回顾报告中写得不错的部分，应该在事后回顾模板中提供链接，以进行示范。

9.5.8 促进从事后回顾中学习

前几节展示了从事后回顾中学习的重要性。在参加事后回顾会议时，谁需要学习什么、何时学习、如何学习等，都是敏捷教练首要考虑的问题。这个思考过程为产品交付组织的各个团队和小组生成了行动事项。

此外，敏捷教练还可以通过事后回顾进行筛选并找出模式。在不同的情况下，在不同的团队和服务中，往往可以发现反复出现的共同主题。为了处理这些共同的主题，可能需要在整个组织内启动并执行一些涉及面更广的行动倡议。

像这样的行动倡议是敏捷教练的主场。他们知道如何在组织中牵线搭桥，以说服决策者并让大家采取行动，以合理的时间在多个团队中推出变革。以下是此类倡议的一些例子。

- 发生的事故越来越多，其中一个根本原因在于，对于不在容器中运行的应用程序，它们的资源管理效率非常低下。大多数团队都没有将应用程序打包并部署到容器中。为了进行必要的容器化，需要涉及范围较广的变动，其中包括容器知识的提升、build程序的变化、部署的变化以及新的调试方式。它需要资金和时间的投入。这样的倡议可以由整个组织的敏捷教练来推动。
- 越来越多的事故发生在晚上，恢复时间长到令人难以接受，因为团队只在工作时间内值班。团队人员在工作合同中没有规定可以在工作时间以外工作。另外，团队也没人愿意上夜班。这是一个涉及面更广的变动，包括HR、工会、法务和监管部门。它需要资金和时间的投入。它可能涉及组织的变化，而且肯定涉及文化的变化。这样的倡议可以由敏捷教练连同团队经理一起推动。

总而言之，在不同的事后回顾中寻找共同的主题，为组织确定更大的举措，这是一项非常有用的活动。敏捷教练应该按部就班地进行这个活动，最好每个季度做一次。

9.5.9 成功的事后回顾实践

如前所述，事后回顾要有效，其价值必须大于在它上面的时间投入。值班人员和敏捷教练在进行事后回顾、使用不同媒体准备记录以及推动行动事项方面的时间投入，需要与取得的成果成正比。

可以用一些方法来定性度量这个比例。表9.26总结了这些方法。

表 9.26　度量事后回顾实践

#	度量	解释
1	因相同的根本原因而反复发生的事故呈下降趋势	虽然这一成果不能完全归功于事后回顾活动，但它是事后回顾有效性的一个合理指标
2	值班人员对事后回顾有效性的反馈一般是正面的	首先，在事后回顾会议结束时，以红、黄、绿贴纸展示的快速反馈表明，会议本身是有意义的；其次，按类别就事后回顾的成果进行的定期反馈表明，团队通过事后回顾过程取得了令人满意的成果
3	人们使用事后回顾内容的趋势增大	越来越多的人参加事后回顾演示会，表明学习文化正在发展。人们发现花时间从其他团队的服务故障中学习是值得的。事后回顾报告页面浏览量、视频记录观看量和音频记录收听量不断提升，这表明事后回顾的内容对人们有用，有吸引力
4	事后回顾行动事项的平均准备时间没有增加	如果整个组织的事后回顾行动事项的平均准备时间没有增加，就表明组织正在以相对稳定的速度从事后回顾中学习

如果表 9.26 的 4 个度量结果都呈现出积极的态势，就表明产品交付组织的事后回顾实践是成功的。一个组织完全可以做到这样的程度：事后回顾的工作无处不在，非常有用，以至于人们无法想象把它停下来会怎样。一旦形成这样的气氛，人们就会真正地从事后回顾中学习，而且这种学习对产品可靠性的正面影响是可以度量的。

在 SRE 社区，事后回顾实践还存在着许多争论。因为从整个软件社区的角度来说，如何从事故回顾中进行有效的学习，仍然是一个没有得到充分解决的问题。值得注意的是，在线社区 Learning from Incidents in Software（LFI）[22] 是一个很好的资源，可以在这里了解不同组织在高可靠性要求下如何进行事后回顾。

9.5.10　事后回顾实例

网上有很多机会可以从不同公司的事后回顾中学习。本节介绍这样的一些资源。

在谷歌 SRE 的开山之作《SRE：Google 运维揭秘》[23] 中，可以找到谷歌经历的 66 分钟"莎士比亚搜索"故障的事后回顾 [24]。

SRE Weekly[25] 有一个 Outages（故障）专区，其中列出了最近一周内发生的故障，并提供了相关的链接。有的链接指向精心整理的事后回顾报告，例如：

- 需要谷歌 OAuth 访问权限的所有面向客户的谷歌服务中断了 47 分钟。[26] 无法验证身份验证请求，导致所有验证请求几乎都出现 5xx 错误。

- Slack 中断了 48 分钟，在此期间用户无法连接到 Slack[27]。有趣的是，需要向 Slack 发电子邮件（feedback@slack.com）申请一份原因分析（Root Cause Analysis，RCA）报告。

此外，许多在线服务以结构良好的方式在网上公开其事后回顾报告，下面是一些例子：

- Amazon Web Services[28]
- Microsoft Azure[29]
- Cloudflare[30]
- PagerDuty[31]

最后，GitHub 上有一个分好类的事后回顾报告合集[32]。

利用这些资源，可以看到全球最先进的软件公司如何应对故障并为公众撰写事后回顾报告。我们能从中学到许多东西。注意，外部事后回顾报告针对的只是对外公开的服务。当然，也有相应的内部故障报告，它们针对的是不对外公开的内部服务，其中包括"负责"或"拥有"这些服务的特定团队和个人的详细行动事项。

9.6 工具整合

前几节所讨论的各种工具为事故响应过程提供了极大的支持。通过整合工具，该过程能得到显著的精简。许多现代工具都支持整合。在本节中，将从概念上探索一些有用的工具整合，而不单独引用具体的工具。这个探索针对的是由现代工具组成的不同的工具搭配。本节末尾会展示一些可能的工具搭配。

前面几章展示了值班管理工具的重要性。该工具位于 SRE 实践和事故响应的核心位置，整个产品交付组织和所有利益相关者都要使用它。可以认为它是运营的中枢神经系统。从这一点出发，和人的神经系统相类比，可以认为和它连接的工具是运营的周围神经系统。

9.6.1 与值班管理工具连接

图 9.16 展示了哪些工具可以连接到值班管理工具。

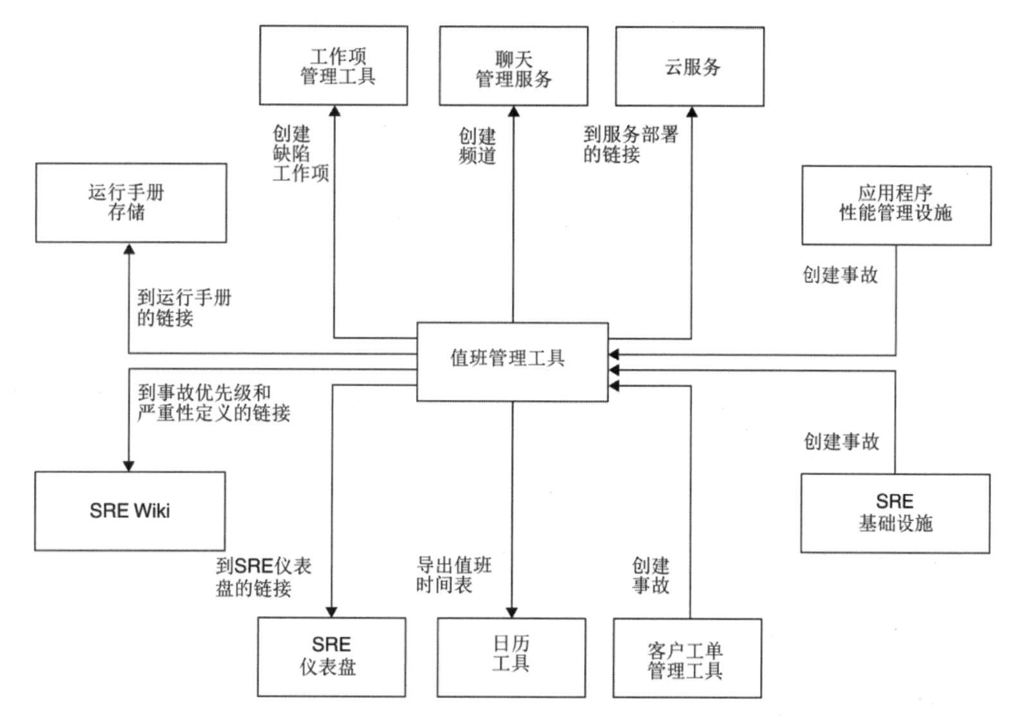

图 9.16　与值班管理工具的连接

表 9.27 按顺时针顺序解释了图 9.16 中的其他工具与值班管理工具的连接。

表 9.27　其他工具与值班管理工具的连接

工具	解释
工作项管理工具	值班管理工具与工作项管理工具连接，以同步事故和工作项。每次在值班管理工具中创建一个事故，都会在工作项管理工具中自动创建一个相应的缺陷工作项。每当事故的状态发生改变，缺陷的状态也会相应地改变。这种同步是为了在工作项管理工具中对团队正在进行的工作保持透明。此外，通过同步，还可以从工作项追溯到代码更改，这可能是监管合规所要求的
聊天管理服务	值班管理工具与聊天管理工具连接，以便自动为事故创建聊天频道。每当创建一个事故，都会创建名称中含有事故 ID 的一个相应的频道。这支持了事故的“单一沟通事实来源”
云服务	值班管理工具与云服务连接，以链接到与每个事故对应的部署。这使值班人员能快速进入部署并执行事故分析

续表

工具	解释
应用程序性能管理设施	应用程序性能管理设施与值班管理工具连接，以根据“基于资源的警报”自动创建事故
SRE 基础设施	SRE 基础设施与值班管理工具连接，以根据分配给 SLO 的优先级，自动创建基于“违反 SLO”的事故
客户工单管理工具	客户工单管理工具与值班管理工具连接，以根据客户对产品功能不工作的投诉自动创建事故
日历工具	值班管理工具与日历工具连接，以将轮值时间表导出到共享或个人日历中。这样一来，值班人员就可以在所选的单一日历中看到包括与 SRE 相关的在内的所有预约
SRE 仪表盘	值班管理工具从事故中链接到 SRE 仪表盘，减少值班人员出于分析的目的去寻找正确的仪表盘所需的时间
SRE 维基页面	值班管理工具链接到 SRE 维基页面，提供到事故优先级和严重性定义的快速链接
运行手册存储	值班管理工具链从事故中链接到运行手册，减少寻找特定服务的运行手册以开始行动所需的时间

通过整合这些工具，用户能无缝地工作，不必分别登录许多工具。这是用单点登录（Single Sigh-On，SSO）实现的，许多现代工具都支持单点登录。另外，取决于整合的深度，在一个工具中开展工作时，可能允许在同一个窗口中执行其他工具的工作。例如，在值班管理工具中工作时，也许能在工作项管理工具中打开一个缺陷工作项，同时不必离开值班管理工具本身。另一个例子是可以在不离开日历的情况下，查看来自值班管理工具的值班时间表。

9.6.2 其他工具之间的连接

9.6.1 节描述的整合围绕值班管理工具进行。除此之外，在连接到值班管理工具的工具之间，也可以进行类似的整合。表 9.28 展示了这种连接的例子。

表 9.28　值班管理工具之外的工具连接

连接来源	连接目标	用途
工作项管理工具	日历	导出时间轴日程。例如，为项目组合层级的工作项进行导出
	SRE 仪表盘	基于专用工作项的一个服务目录的实现；这种服务目录工作项可以是对已部署服务的良好描述，并且可以包含指向服务的 SRE 仪表盘的一个链接
聊天管理服务	值班管理工具	事故创建
	客户工单管理工具	客户工单创建
客户工单管理工具	工作项管理工具	新建工作项，以描述客户对新功能的请求或者对现有功能进行更改的请求（非 bug）
SRE 维基页面	运行手册存储	链接到运行手册以进行概览
	工作项管理工具	链接到工作项管理工具，解释来自值班管理工具的事故在那里是如何反映的
	聊天管理服务	链接到聊天管理服务，解释事故的频道创建策略
	云服务	链接到云服务，解释服务的部署地点，按区域划分
	应用程序性能管理设施	链接到应用程序性能管理设施，解释它在 SRE 背景下的作用
	客户工单管理工具	链接到客户工单管理工具，解释一级支持如何用它在值班管理工具中创建事故
	日历工具	链接到共享日历，值班管理工具将值班时间表导出到那里
	SRE 仪表盘	链接到按团队和服务划分的 SRE 仪表盘
运行手册	SRE 维基页面	引用事故优先级和严重性定义

通过表 9.28 总结的连接，可以创建工具的一个紧密整合。目标是准备好正确的信息在正确的时间供正确的人使用。为了实现这个目标，可以考虑借助于故事地图（6.2.4 节）。它们允许使用工具对特定用户旅程进行以用户为中心的分析。基于分析结果，只要技术上可行，就可以建立工具连接。

9.6.3　移动集成

工具连接的一个重要方面是使用移动应用进行整合。有的时候，虽然 Web 工具能实现深度集成，但与之对应的手机和平板移动应用却不能。然而，这是要考察的重点，因为使用手机和平板应用工作就像用笔记本电脑工作一样普遍。

如有可能，在移动设备和笔记本电脑上，工具搭配应该达到同等的整合度。这样一来，就可以在移动和固定工作模式之间进行无缝切换。这种切换经常都是有必要的。想象一下，正在外面购物的一名值班人员从值班管理工具收到了一个事故警报。该警报到达这个人的手机，他/她马上就能对该问题形成一个初步的了解。值班人员用手机确认了该事故。接着，在结账出来之后，值班人员把买的东西放上车，进入车内，拿出平板电脑，并对事故进行初步分析，确定这个事故不是一个大规模的灾难。开车回家，很快通过工作用笔记本电脑解决了事故。

9.6.4 示例工具搭配

表 9.29 展示了产品交付组织可能存在的两种工具搭配。示例工具搭配 1 倾向于微软产品，示例工具搭配 2 则倾向于 Atlassian 产品。一般来说，这些产品的许多组合都是可能的。

表 9.29 示例工具搭配

工具	示例工具搭配 1	示例工具搭配 2
值班管理工具	PagerDuty	Ops Genie
工作项管理工具	Azure DevOps	JIRA
聊天管理服务	Microsoft Teams	Slack
云服务	Azure	AWS
应用程序性能管理设施	Azure Monitor	Datadog
客户工单管理工具	ServiceNow	JIRA Service Management
日历工具	Outlook	Google Calendar
SRE 仪表盘	Power BI	Datadog
SRE 维基页面	Azure DevOps	Confluence
运行手册存储	Azure DevOps 源代码码控制的 wiki	Bitbucket

SRE 通常在成熟的组织中引入，其中一些工具已经在使用。在现有的工具搭配中增加新的工具，应该考虑到工具之间进行整合的可能性。深度整合能减少工具切换的认知开销，从而大幅精简事故响应过程。这有助于为值班人员提供一个愉快而高效的工作环境。

9.7 服务状态广播

此前建立的事故响应过程涉及事故优先级、事故严重性、事故响应角色、复杂的事故协调以及事后回顾过程的定义。为了建立可靠的事故响应过程，下一步是针对正在发生的事故及其影响的服务提供透明性。

这种透明性可以通过服务状态页面来提供。在服务状态页面中，应该按区域列出在生产中部署的所有服务。对于每个服务，都应该显示服务状态。在服务状态中，应该反映出具有一定优先级和严重性的、会对服务产生影响的事故。至于具体哪些事故优先级和严重性应导致服务状态页面的更改，则需要提前进行定义。该定义在整个产品交付组织中需要统一，而且需要由运营团队“负责”或“拥有”。

例如，可以决定如果发生优先级为 1 和 2 的事故，那么无论其严重性如何，都将状态页面上的服务状态更改为“受影响”（impacted）。如果没有发生与某项服务相关的此类事故，则该服务在状态页面上的状态显示为“健康”（healthy）。图 9.17 是服务状态页面的一个示意图。

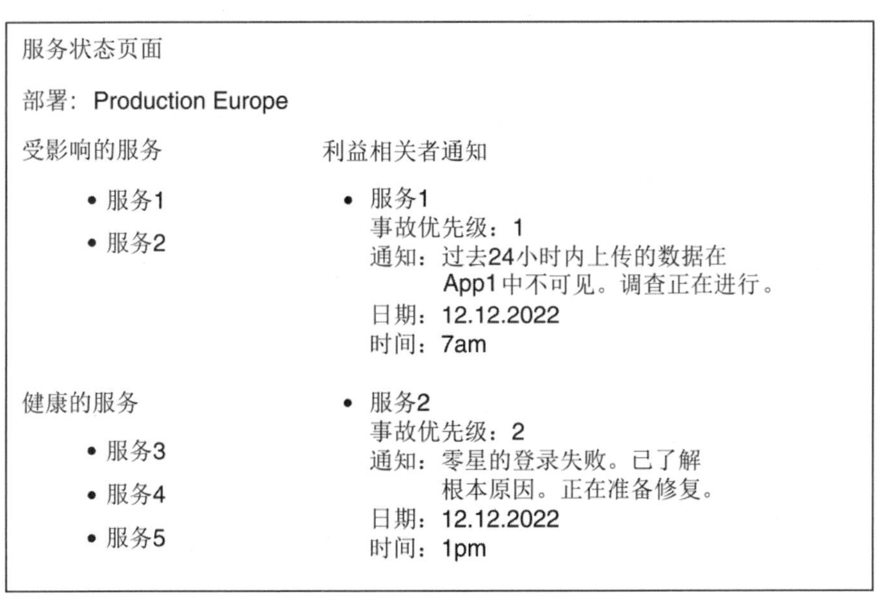

图 9.17　服务状态页面示例

该示例状态页面显示了欧洲生产部署中受影响的和健康的服务。服务 1 和服务 2 受到影响；服务 3、服务 4 和服务 5 是健康的。状态页面右侧列出了利益相关者通知。其中，服务 1 有一个优先级为 1 的事故，过去 24 小时内上传的数据在应用程序 1 中不可见。服务 2 有一个优先级为 2 的事故，发生了不多的登录失败，已经调查清楚并准备修复。

这是一种服务状态广播。为了在同一页面上向组织中的每个人——甚至更多的人——提供关于服务状态的单一事实来源，这种广播是必要的。

常见的值班管理工具包括一个状态页面。该页面的内容是根据值班管理工具已知的服务、与每个服务相关的事故以及从事故分类到状态页面上的服务状态的映射而自动生成的。

除此之外，一些值班管理工具还支持创建多个状态页面。每个都可以包括一组服务，并针对用户组相应地设置用户权限。这样一来，就可以为不同的群体创建专门的状态页：

- 针对产品交付组织的状态页面，包含所有外部和内部服务；
- 针对利益相关者的状态页面，包含所有外部服务和一些相关的内部服务；
- 针对外部用户的状态页面，包含所有外部服务。

由 Microsoft Azure 提供的外部用户状态页的例子可以参考 https://status.azure.com。Amazon Web Services 的外部用户状态页的例子请参考 https://status.aws.amazon.com。

除了值班管理工具中包含的状态页面功能外，还有一些单独的产品专门用于显示和分发服务状态。值得注意的是，Atlassian 的 Statuspage[33] 可以作为一个独立的工具使用。我们可以用它实时查看 Statuspage 服务自身的状态 [34]。

实战经验 开发团队可能已经习惯于使用聊天管理服务工作，按要求解决服务方面的问题。这个习惯可能如此根深蒂固，以至于一开始可能很难理解服务状态广播有什么好处。

毕竟，他们多年来一直这样工作，为在聊天管理服务的任何频道提出服务问题的任何人提供帮助。换言之，这些团队可能会讽刺地问："我同时打开了 10 个 Slack 频道，主动展开服务故障的相关对话，这难道还不够吗？"但是，这些团队可能并没有意识到，如果服务状态与来自值班管理工具的单一事实来源保持一致，进行广播并通过状态页面发布，那么他们在多个频道收到的请求数量就会大幅减少。考虑到这一点，SRE 教练应该花时间来解释广播服务状态的原因。他们不应如此假设：在不提醒的情况下，开发团队能自动理解拥有一个服务状态页面的原因。

另一方面，利益相关者通常非常理解对状态页面的需求。毕竟，是他们需要在聊天管理工具中追着团队问服务状态。因此，一旦状态页面上线，利益相关者通常都会急着用起来。

状态页面的另一个重要功能是它允许使用不同的媒介发布服务状态更新，例如电子邮件、短信、webhook 通知、RSS 或 Atom 源。这确保了感兴趣的用户可以通过自己首选的媒介获得服务状态更新。更重要的是，它通常还能减少一级支持收到的、询问服务状态的支持邮件和电话的数量，因为用户可以通过自助的方式更快获得该信息。

服务页面上显示的服务结构需要反映出业务视角。因此，许多值班管理工具都支持创建服务的层次结构。例如，可以定义一个逻辑数据接入服务，并链接到在生产中部署的所有服务，以确保数据接入能正常发生。这样一来，在状态页面上，逻辑数据接入服务的状态就可以作为链接的所有服务的状态的一个集合来显示。根据需要，用户可以单独探究所链接的其中一个服务。

9.8 撰写事故响应过程文档

事故响应过程文档的撰写首先要在 SRE 维基页面上进行。重要的是，要精心编写以下内容：

- 事故响应目的
  - 概述
  - 预期的成果
- 事故响应角色
  - 按角色划分的职责
  - 按角色划分的技能
- 事故分类
  - 事故优先级
  - 事故严重性
- 如何推动复杂的事故响应？
  - 过程动态
  - 团队幸福感
- 利益相关者通知
  - 利益相关者分组
  - 利益相关者名单
- 事后回顾过程
  - 责任
  - 事后回顾之前的活动
  - 事后回顾期间的活动
  - 事后回顾之后的活动
  - 事后回顾模板
  - 结果反馈
- 服务状态页面
  - 从事故分类映射到状态页面上的服务状态变化
- 工具
- 持续的过程改进

技术写作需要简明扼要，使过程得到理解和遵守。根据 SRE 维基页面的内容，事故响应过程需要成为值班培训的一部分（7.7.3 节）。

此外，事故响应过程很可能会受到监管合规的约束。在这种情况下，可能需要将 SRE 维基页面的内容导出到一个文档中，然后进行正式的审查、签署和存档。在过程发生重大变化时，该文档可能需要正式更新。

除此之外，还可能需要提供证据来表明遵守了所定义的过程。由于已将事故时间线上发生的事件永久保存到值班管理工具中，而且有可用的运行手册，并进行了事后回顾，所以应该很容易提供这种证据。

9.9 宣传成功

到目前为止，处理复杂事故的整个事故响应过程已经就位。组织现在有了一个可重复的、可靠的过程，可以按照事故的优先级和严重性对事故进行统一分类，并按照分类对事故做出适当的响应。更重要的是，组织通过事后回顾过程从事故中获取经验，从而推动了多种类型的改进。最后，在定期进行的反馈会议上，对通过应用事后回顾过程所取得的成果进行了定性评估。

这毫无疑问是一项很大的成就，所以有理由向产品交付组织中的更多人宣传成功。为了准备这个宣传，应该先检查在转型之初定义的 SRE 转型假设（4.7 节）的进展。事实上，到目前为止，一些或大多数团队的 SRE 能力应该已经发展到一定的程度，有了足够多的数据支撑，可以使用所定义的可度量信号来检验这些假设。一些或大多数假设的检验结果很有可能是正面的！

如果真是这样，那么就值得广而告之。这是因为它提供了数据驱动的证据，证明在 SRE 转型之初所设想的 SRE 过程在组织中确实如愿以偿地发挥了作用。所有帮助 SRE 转型进入组织项目组合的利益相关者（5.4.6 节）都应该知晓这个好消息。当时，SRE 只是一些对运营进行改善的想法，而正是他们选择了相信。是他们在没有证据的情况下，根据自己的信念，在艰难的项目组合优先级讨论中为 SRE 辩护。现在，我们有了切实的证据，利益相关者要加入到庆祝活动中。在这里，应该利用之前创建的利益相关者图表（5.4.1 节）来决定与利益相关者接触的方式以及合适的接触媒介。

这个宣传应该由 SRE 教练来组织。之前做宣传时运作良好的沟通渠道应该重新利用。

以下问题可以指导 SRE 教练就 SRE 转型进展做一次全面而简洁的宣讲。

- 在引入事故响应过程之前，复杂事故响应是如何驱动的？
- 现在如何驱动复杂事故响应（从较高的层次概述即可）？
- 定义了哪些事故响应角色？他们的职责和所需的技能是什么？

- 以什么过程来承担事故响应过程中定义的角色？
- 事故分类是怎样的，它如何运作？
- 事故优先级和严重性是什么？
- “违反 SLO”行为和“事故”之间是怎么映射的？
- 什么是复杂事故？
- 如何推动复杂事故的响应？
- 如何通知利益相关者？
- 什么是事后回顾？
- 如何进行一次事故回顾？
- 什么是服务状态页面？
- 所涉及的工具有哪些，它们是如何搭配的？
- 在过去三个月里，有哪些例子使用了所定义的事后回顾过程，对故障进行了良好的处理？
- 目前，SRE 转型假设的可度量信号有哪些？(公开感谢推动这些假设的每一个人。这其实就是参与 SRE 转型的每一个人。)

在宣讲会的最后，可以明确说明 SRE 转型的下一步行动。影音记录应该加上 SRE 标签，并在 SRE 维基页面中添加链接。

9.10 小结

在本章之前的活动中，我们已经在开发和运营团队中打下了良好的 SRE 基础；也就是说，团队以轮流值班的方式组织起来，以一致的方式响应“违反 SLO”，并将有关重大故障的信息通报给以分组和名单（圈子）的方式组织好的利益相关者。在本章开始的时候，缺少的是针对复杂事故的可靠和可重复的事故响应过程。这些事故对客户有特别不好的影响，需要多个团队参与解决。

本章定义了这样一个事故响应过程。它首先以事故优先级的形式对事故进行了分类。作为一个例子，我们定义了通用事故优先级来展示如何将 SLO 映射到通用事故优先级。另外，我们还澄清了“SLO 违反”与事故的对应关系。

本章展示了如何分析通用事故优先级，以发现现有 SLO 没有涵盖的新的用例。通过分析，可能会发现一些缺失的、需要添加的 SLO，也可能发现一些目前还没有被 SRE 基础设施支持的用例，这些用例可能需要用新的 SLI 来表示。在这些用例中，可以创建基于资源的警报，并将新的功能请求添加到 SRE 基础设施的待办事项中，以支持新种类的 SLI。

本章对复杂事故进行了定义，这种事故需要多个团队共同解决。我们介绍了以良好的结构化方式处理复杂事故所需的角色。然后，探讨了复杂事故处理过程的动态。它们一定要简单，使值班人员即使在压力最大的情况下，也能如常地遵循并得到过程的有效支持。另外，还讨论了如何确保事故响应团队拥有幸福感。

本章重点讨论了事故的事后回顾过程。通过这些讨论可知，生成、促进并传播学习是该过程的核心价值。用不同的手段促进学习——例如事后回顾、演示/宣讲、录像、录音和行动事项——能使学习网络变得尽可能的广泛和深入。至于从事后回顾获得的学习成果有多大，我们很难纯粹以定量的方式进行度量。然而，和定性评估结合起来是完全可以做到的。进行成果问卷调查，举行相应的回顾会议，统计书面报告、视频和音频记录的浏览量并统计会议出席人数，可以看出人们通过事后回顾过程取得成果的趋势。

整合各种工具并在自助服务状态页面上提供服务状态，可以使高效的事故响应过程变得更加完善。在产品交付组织中实现这样的过程，可以确保以可靠和可重复的方式来应对复杂事故。辅以适当的文档支持，该过程可以在监管合规的背景下使用并提供合规证据。

事故响应过程的建立标志着 SRE 转型旅程中的一个重要转折点。现在，SRE 基础已经完全就位。在此之后，我们要做的就是在此基础上进行增强。第一个增强是在 SRE 概念金字塔（3.5 节）上再攀登一个台阶，为每个团队设置一个错误预算策略。这是下一章的主题。

注释

扫码可查看全书各章及附录的注释详情。

第 10 章

设置错误预算策略

只有在打下了坚实的 SRE 基础之后，才能开始定义团队的错误预算策略。什么叫坚实的 SRE 基础？它的意思是说，SLO 已经定义，“SLO 违反”已进行了分析，而且 SLO 已经根据持续分析“SLO 违反”进行了多次调整。如果已经做到了这一步，那么就有经验证据表明当前定义的 SLO 已经具有了实际的意义，它们能很好地反映对用户体验的影响。反过来说，此时设置的错误预算也是有意义的。一个团队首先必须扎实地掌握了基本的 SRE 概念以及相关的 SRE 实践，然后才能着手设置错误预算策略。

本章将解释一个有效的错误预算策略应具备的要素，并归纳设置错误预算时的一些最佳实践。

10.1 动机

一旦团队有了坚实的 SRE 基础，就该开始讨论团队的错误预算策略了。在当前这个时候，团队可能以为 SRE 已经完全建好了，不需要再做进一步的完善。因此，SRE 教练可能需要继续激励团队，告诉他们应该以错误预算策略的形式，继续优化当前的 SRE 实践。

这种动机可以来自 3.5 节定义的“SRE 概念金字塔”。错误预算策略刚好位于金字塔顶层之下，它距离 SRE 完全成熟只差一步。因此，为了使团队的 SRE 实践完全成熟，必须先定义好错误预算策略。即使在最初的步骤中，也应该有这样的动机。

但是，错误预算策略的引入如何使团队的 SRE 实践成熟呢？为此，它需要指定在可靠性方面分配多大的工程能力，从而对违反 SLO 的后果进行规范。另外，还需要在运营工程师、开发人员、产品负责人以及一些可能的管理层利益相关者之间达成协议，即何时以及在何种程度上将团队的工程能力应用于可靠性方面的工作。

产品负责人会自然而然地将团队的全部能力都定向到功能开发。到目前为止，还没有人同意将团队的能力应用于可靠性方面的工作。但是，随着错误预算策略的定义和实行，这方面的协议将得到制定和执行。

例如，在谷歌的《SRE：Google运维解密》一书中，错误预算策略的最初想法是停止新功能的发布，直到完成可靠性方面的工作并使服务回归到SLO正常范围。“如果服务在前4周的窗口期中超过了错误预算，我们将叫停除 P0 问题或安全修复以外的其他所有更改和发布，直到服务回到其SLO正常范围。P0是最高优先级的bug；所有人都要参与，放弃其他一切，直到这个bug得到修复。”[1]

为此提供支撑的论据是，在一个现有功能不能可靠运行的服务中增加新功能是没有意义的。这听起来很合理。然而，这种想法在后来出版的*Implementing Service Level Objectives*一书中受到了质疑[2]。作者认为，如果叫停为服务发布新功能并直到服务的SLO回归正常范围，会导致后来新功能的集中发布。一旦服务的SLO回归正常范围，每个团队都会同时发布许多新功能。这就像滚雪球一样，会在生产中造成大量变更，而且都在很短时间内完成。这进而大大增加了失败的可能性，也增加了错误预算过早耗尽的可能性。事实上，这可能会使一个通常小批量发布软件的产品交付组织以类似于大型软件公司的方式进行“重磅”发布。

至于错误预算策略应该包含什么，由于存在不同的观点，所以应该根据每个团队的实际情况谨慎制定错误预算策略。该策略应该反映运营工程师、开发人员和产品负责人的观点。针对每个团队在可靠性上的投资，以及分配给可靠性工作的时间，应该做出用数据来驱动的决策，而错误预算策略应该为这个决策提供指导。

有了错误预算策略之后，团队对可靠性有了更长远的看法，这超越了对个别“SLO违反”的即时修复和事故解决。事实上，如果违反SLO的情况多次发生，以至于错误预算过早消耗（具体取决于对“过早”的定义），错误预算策略就会被实行。在错误预算策略中，应该包含以下条款：要进行的工作的类型，以及何时安排工作来使服务变得可靠（使SLO及时回归正常）。

错误预算策略的目标是做出定义，达成协议，并规定行动，以支持谷歌的《SRE：Google运维解密》提出的两个原则（1.1.5节）：

- “通过服务水平目标（SLO）进行管理”；
- “SRE需要有后果的SLO”。

事实上，错误预算策略定义的就是后果，这些后果将对产品交付组织内的可靠性工程能力分配产生显著且透明的影响。

要点 错误预算策略定义的是违反SLO的后果，这些后果将对产品交付组织内的可靠性工程能力分配产生显著且透明的影响。

在团队中引入错误预算策略的同时，还需要向团队说明在此背景下经常使用的术语。这些术语将在下一节进行解释。

10.2 术语

要在团队中实现有意义的错误预算，需要查看错误预算消耗图，看看哪些 SLO 被频繁违反以至于相应的错误预算被过早消耗。错误预算过早消耗需要具体进行定义。它可以定义为在错误预算期结束前耗尽错误预算，也可以定义为在给定的时间范围内错误预算被高速消耗（例如，一周内消耗 50%的月度错误预算）。还可能存在其他一些定义。

除了错误预算过早消耗，错误预算策略还经常使用下面这些术语。

术语	定义
错误预算授予	SRE 基础设施根据 SLO 提供的错误预算。一旦它被授予，基础设施就会根据发生的“SLO 违反”来跟踪剩余的错误预算
错误预算期	SRE 基础设施授予错误预算的一个固定期限
错误预算授予期	同“错误预算期”
错误预算消耗	错误预算的消耗。每发生一次“SLO 违反”，都会消耗一小部分错误预算
错误预算耗尽	错误预算消耗至零
错误预算过早耗尽	错误预算在约定期限结束前消耗至约定水平。例如，商定的错误预算水平可以是 10%或 50%。商定的期限可以是整个错误预算期的四周，也可以只是一周。基于这些假设，“错误预算过早消耗”可以定义为在四周内消耗了月度错误预算的 90%，或者在一周内消耗了月度错误预算的 50%
错误预算过早耗尽	错误预算在约定期限结束前消耗至零
错误预算策略	一份协议文件，说明在错误预算过早消耗的情况下，团队在可靠性工作上的优先级是什么

后续各节将循序渐进地探索如何引入错误预算策略。先从错误预算策略的结构开始。

10.3 错误预算策略的结构

错误预算策略需要有良好的结构，使读者能迅速理解团队中的可靠性工作相较于其他工作的优先级。为了提供这种结构，可以在产品交付组织中定义一个错误预算策略模板。

在错误预算策略模板中，需要指定错误预算策略的必要部分，并为其他自由形式的规范留出足够的空间，以便为团队提供灵活性，让他们来决定工作的优先级。表 10.1 总结了一个有效的错误预算策略的必要部分。

表 10.1　错误预算策略的组成

#	部分	解释
1	范围	错误预算策略的范围包括哪些服务？
2	目的	错误预算策略的目的是什么？
3	条件	在哪些具体条件下需要实行错误预算策略？
4	后果	错误预算策略所适用的每个条件会招致哪些具体后果？
5	升级策略	如果对条件、行动和更广义的可靠性工作优先级排定存在分歧，那么由谁来打破僵局，如何打破？
6	签署人	谁参与了错误预算策略的签署？
7	下次审查日期	下次审查错误预算策略的时间？

错误预算策略的“范围”通常是一个团队所“负责”或“拥有”的所有服务。所以，范围的定义通常不会涉及全面的讨论。但是，错误预算策略的“目的”则不一样。它的定义可能需要一段时间来进行澄清和同意。SRE 教练应该把讨论引向一个关键的点，即错误预算策略的定义在根本上是为了影响团队中的可靠性工作的优先级。换言之，根据可靠性工作的优先级排定，如果造成可靠性不足，那么后果就是要实行错误预算策略。

表 10.1 的第 3 部分和第 4 部分——条件和后果——构成了错误预算策略的核心。它们指的是具体在哪些条件下需要实行错误预算策略，以及基于可靠性工作的优先级，符合每个条件时所招致的后果。

第 5 部分是升级策略，它规定如果值班人员对错误预算策略应该适用的某个条件或者特定条件下的某个后果不一致，那么应该由谁来打破僵局。像错误预算策略这样的协议总是有解释的余地。我们预见不了未来可能发生的每一种情况。然而，一旦出现可能需要应用错误预算策略的新条件，而且根据策略当前的措辞，这种条件的描述并不十分清楚，就需要指定某人视具体情况迅速做出决定。在此之后，作为事后回顾的一部分，需要对错误预算策略进行审查和改进。

通常，工程经理或运营经理会被定义为错误预算策略的升级策略的一部分，成为打破僵局的首选。有的时候，产品交付组织更高层的人（例如工程副总裁、运营副总裁或者首席技术官）可能更合适。在错误预算策略的“范围”定义中，应说明最相关的破局人选。

在升级策略中，还可以概述一个破局规程。例如，谷歌的 SRE 实践是这样设置的：具有 SRE 角色的人可以拒绝对持续违反其错误预算的服务负责。在这种情况下，责任被移交给拥有这些服务的开发团队。在错误预算策略的“升级策略”部分，需要对这种规程进行详细描述。

错误预算策略的第 6 部分需要指定参与定义、审查和签署的人。这对实行策略的值班人员来说很重要。因为策略中可能包含一些在特定情况下不受欢迎的措施，所以需要让值班人员清楚，一旦他们采取这些措施，会有谁为他们提供掩护。

错误预算策略的最后一部分是计划的下次审查日期。对错误预算策略的审查应作为一次回顾会议进行，目的是根据反馈评估策略的有效性。因此，它可以由敏捷教练来推动。在回顾会议结束时，应定好策略的下次审查日期。另外，该日期还可定义为某个事件的函数，例如发生了具有特定优先级的一次故障之后的某个日期。

除了表 10.1 列出的那些，错误预算策略模板不需要添加别的结构。应该明确地鼓励团队试验该模板，并在他们的错误预算策略中自行增加其他部分，以满足他们在表达可靠性工作优先于功能工作时的独特需求。

这种轻量级的结构也使不同团队的错误预算策略有了足够的可比性。同时查看几个策略时，例如在事后回顾中，可以方便地比较不同团队的错误预算策略。另外，由于不同团队的错误预算策略具有共同的轻量级结构，所以有助于快速定位，以便在更换团队时尽快上手。

10.4 错误预算策略的条件

上一节介绍了如何规范错误预算消耗的条件和后果，这应该是有效的错误预算策略的核心。条件可以这样进行分类：

- 错误预算支出；
- 错误预算消耗率；
- 依赖项处理。

表 10.2 展示了每一类的示例条件。

表 10.2 错误预算策略的示例条件

条件类别	示例条件
错误预算支出	A. 在当前错误预算期（例如，当月）结束前，错误预算过早耗尽 B. 当前错误预算期中一定百分比的错误预算消耗（例如，消耗了月度错误预算期的 70%，消耗了月度错误预算期中合同约定的 SLA 的 80%） C. 在当前错误预算期，个别事故消耗了一定百分比的错误预算 D. 特定类型的故障消耗了一定百分比的季度错误预算

续表

条件类别	示例条件
错误预算消耗率	E. 24 小时内消耗了当前错误预算期授予的错误预算的一定百分比（例如，30%代表一个过快的消耗率） F. 7 天内消耗了为当前错误预算期授予的错误预算的一定百分比（例如，50%表示相对缓慢的消耗率）
依赖项处理	G. 由于所依赖的服务的故障，消耗了为当前错误预算期授予的错误预算的一定百分比（例如，50%）

如有可能，在指定条件的时候，要让它们可以由 SRE 基础设施触发警报。这样可以自动触发错误预算策略的实行。例如，表 10.2 的示例条件 A、B、E 和 F 可以被基本的 SRE 基础设施转化为自动警报。相反，示例条件 C、D 和 G 较难自动化，并且需要在 SRE 基础设施中引入一些加载项。错误预算策略中的每个条件都需要指定是自动还是手动触发。

手动条件需要由值班人员触发。所以，必须在每个团队中建立一个规程，定期检查手动触发的错误预算策略条件。例如，这可以在每次轮班时进行。值班人员迅速审查团队的错误预算策略，确定其中的手动条件，并检查它们是否仍然适用。在刚开始轮班时就这样做，有助于在整个值班期间对手动条件保持清醒的认识。

确保错误预算策略的条件确实已经触发（无论自动还是手动），这是使策略真正发挥作用的重要步骤。事实上，只有当策略根据指定的条件被触发时，才会真正有效并带来成果。如果错误预算策略虽然定义但没有触发，那么值班人员处理该策略的积极性很快就会降至零。

10.5 错误预算策略的后果

在为错误预算策略的实行条件定义后果时，应尽可能以可自动和可追溯的方式定义。这样一来，就能自动检查所定义的后果是否按照约定执行。

可以肯定的是，在错误预算策略的后果中，包含许多需要由人来解释的限定语句。但是，只要有可能，就应该定义可自动和可追溯的条款，以实现自动分析。

错误预算消耗的后果可以像下面这样分类：

- 分配人员；
- 开展活动；
- 停止活动。

表 10.3 展示了每一类的示例后果。

其中，后果D可以完全自动化。事实上，一些值班管理工具支持所谓的“运营手册自动化”，能在连接的工作项管理工具中自动创建工作项。后果I和J也可以自动化。这需要在SRE和部署基础设施中提供相应的功能。其他后果，例如A、B、C、E、F、G和H，则不能自动化。然而，其中一些后果，例如C、E和F，是可以追溯的。

表 10.3 错误预算策略的示例后果

后果类别	示例后果
分配人员	A. 将团队中一定比例的工程师分配到可靠性工作中，直到满足某些特定条件 B. 上报（升级）到上级领导，让他们去搞定为可靠性工作分配工程师的任务
开展活动	C. 开展事后回顾 D. 创建一个行动项 E. 以某种方式确定行动项的优先级 F. 在一定时间内完成一个行动项 G. 与依赖服务的所有者（内部团队或外部公司）接触 H. 将错误预算的状态传达给特定方
停止活动	I. 停止向模拟、环境发布新功能 J. 停止向生产、环境发布新功能

10.6 错误预算策略治理体系

策略条件和后果的叉积产生了一个由错误预算策略治理的总体行动集。条件和后果越是由数据驱动，一个策略就越具有可追溯性和透明性。图10.1对此进行了展示。

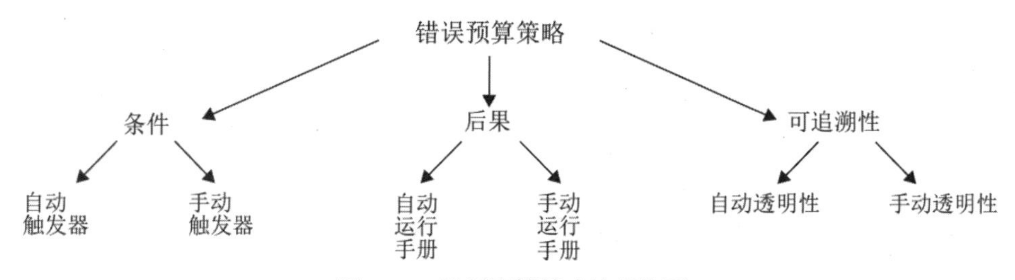

图 10.1 错误预算策略治理体系

错误预算策略由条件和后果组成。另外，它有一定程度的可追溯性。条件可以自动或手动触发。类似地，后果可以使用自动或手动来执行。因此而产生的可追溯性结合的自动和手动步骤。

作为一个例子，让我们考虑错误预算策略中的一个条款。策略的一个条件是队列中死信的可用性。这种死信代表消息处理器无法成功处理的队列消息。和它关联的后果可能是创建一个行动项，并让它在一周内得到优先处理。表 10.4 展示了如何指定该条款以实现可追溯性。

表 10.4　错误预算策略的一个示例条款

条件	在消息队列中，死信的错误预算在当前错误预算期结束前被过早耗尽
自动触发器	当错误预算在当前错误预算期结束前耗尽时，向值班人员发送警报
后果	• 生成一个行动项，将其放到团队待办事项清单的首位 • 建立行动项与错误预算策略的链接 • 在一周内完成待办事项
自动运行手册	该后果在自动运行手册中已经部分编码完毕。自动创建行动项，并自动把它链接到错误预算策略。值班人员需要让行动项得到优先处理
可追溯性	在工作项管理工具中，检查链接到错误预算策略的工作项。检查行动项的准备时间

在表 10.4 展示的错误预算策略条款中，SRE 基础设施警报可以采取完全自动化的方式触发该条件。这很好，因为值班人员将自动收到该条件被触发的通知，不需要牢记该条款。该条款的后果可以是半自动化的。设想中的行动项可以根据运行手册自动化来自动创建和链接。行动项的优先级需要手动设定。条款的可追溯性是存在的，因为行动项的准备时间可以从工作项管理工具中自动获得。整个过程如图 10.2 所示。

图 10.2 的顶部是错误预算策略的条件。一旦 SRE 基础设施检测到这个条件，就会生成一个警报，并分派给特定团队的值班人员。也就是说，策略条件的触发是完全自动化的。

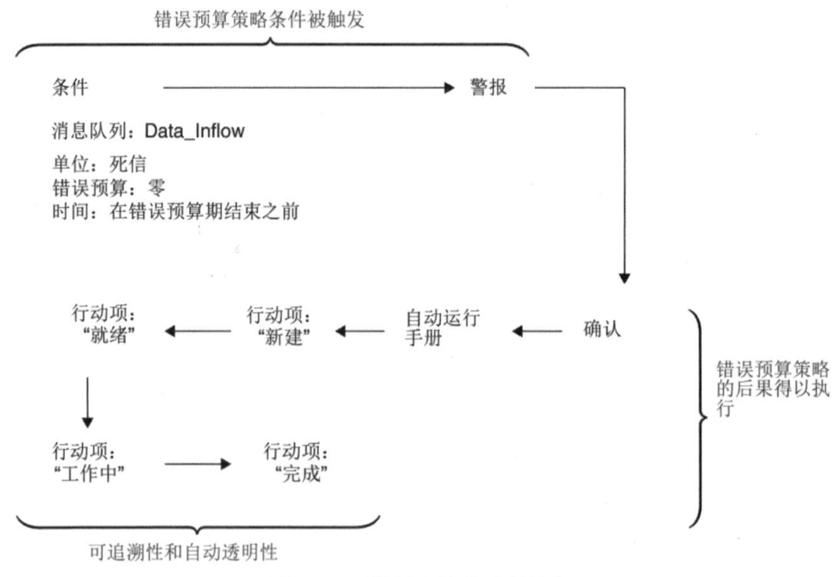

图 10.2　错误预算策略的执行

接着，警报由一名值班人员确认。然后，值班管理工具运行一个自动运行手册，创建一个行动项。行动项进入“新建”状态；一旦行动项获得优先处理，就会进入“就绪”状态。当行动项的实际工作开始时，就进入“工作中”状态。最后，一旦行动项的工作完成，就会进入“完成”状态。

这样，错误预算策略的后果就执行完毕了。该执行过程可以通过行动项的状态变化来自动追溯。它也是透明的，因为产品交付组织中的任何人都能在工作项管理工具中查看该行动项及其准备时间。

一般来说，错误预算策略对产品交付组织的价值在于基于它而执行的“后果”。如果在错误预算策略的基础上没有执行任何“后果”，那么可靠性工作的优先级就不会受到影响，因此也不会产生价值。在错误预算策略基础上采取的行动的透明度，对评估策略的有效性非常重要。越是以数据来驱动，透明度就越高，策略的有效性评估就越客观。

但这并不是说，整个错误预算策略都能以可自动和可追溯的方式指定。如果这是可能的，那么错误预算策略完全可以用编程语言来写。但是，愿望虽好，却不符合实际。错误预算策略针对的应该是复杂的“社会技术”情况，而这些情况并不总是适合编程。不过，但凡有可能，错误预算策略的条款就应该以可自动和可追溯的方式来指定，以简化措施的执行和有效性的度量。

在度量策略的有效性方面，很多度量将是定性而非定量的，并且在定期的错误预算策略审查中以回顾会议的方式完成。由于错误预算策略的一些条款做不到自动化和可追溯，所以策略的有效性将在很大程度上取决于团队对策略的重视程度。而这又将由团队的 SRE 文化决定。正如本章开头所提到的，错误预算策略位于 SRE 概念金字塔的顶层附近。不是每个团队都能达到这个层次。只有在 SRE 文化成熟的团队中，才需要定义并实行错误预算策略。在这样的团队中，最有可能应用策略来取得好的可靠性成果。

10.7 扩展错误预算策略

10.3 节讨论了有效的策略模板应包含哪些必要的部分，并暗示团队必须有扩展策略的自由，以他们认为合适的方式为可靠性工作设定优先级。

在这种情况下，错误预算策略中的“条件”最好用“错误预算消耗”来表达。然而，如果一个团队想用别的什么东西，也应该有这方面的自由。我们的目的是基于任何恰当的条件来制定一个能有效运作的错误预算策略，这比根本没有任何错误预算策略好得多。至于这个条件是不是“错误预算消耗”的一个函数，并不重要。其实最糟糕的情况是，虽然制定了错误预算策略但没有实行。在这种情况下，许多人花在策略制定上的时间完全被浪费了。

有的时候，策略条件之所以不能仅仅设置为错误预算消耗的一个函数，是源于这样的一个事实：除了 SLO 之外，团队可能还有一些“基于资源的警报”——例如，“CPU 占用率超过 80%”或者“内存占用率超过 90%”。SRE 基础设施目前可能还不支持全部必要的 SLI，或者不支持对现有 SLI 进行度量的全部方法，不能表达产品交付组织的每个服务的每个可靠性问题。因此，一些基于资源的警报仍有用武之地，它们起到了查漏补缺的作用。

有鉴于此，在错误预算策略中，可能还包含植根于“基于资源的警报”的一些条件：

- 在较长时间段内 CPU 的高占用率；
- 死信队列（DLQ）中的死信突然增加；
- 消息队列中的活动消息数突然增加；
- 后台作业重启次数陡增。

除此之外，团队还可能在错误预算策略中指定一些额外的点，这些点最初看起来可忽略。例如，团队可能列出发布生命周期的各个阶段，并为不同阶段指定不同的错误预算策略。如果团队的生产发布节奏相当不频繁，造成了每个阶段都需要大量时间，那么就可能出现这种情况。在这种情况下，许多团队通常在同一时间一起面向生产发布。

表 10.5 展示了发布生命周期的不同阶段及其持续时间的一个例子。

表 10.5　发布生命周期的不同阶段及其持续时间

发布生命周期的阶段	可能的持续时间
计划	几天
开发	几月
推出到“模拟”环境	几天
为监管合规而进行测试	几天至几周
向所有生产环境推出热修复补丁	几天
向所有生产环境推出功能发布（feature release）	几周

例如，产品交付组织中的团队可能会使用 Scaled Agile Framework（SAFe）所建议的 Program Increment（PI）来计划发布。[3] 在这种情况下，团队也可能组织成所谓的敏捷发布火车（ART）。在这种情况下，PI Planning 中包含同属一个 ART 的所有团队的所有成员。该计划的执行就像一个持续数天的会议。在这段时间里，所有团队成员都要专注于计划活动。因此，在团队的错误预算策略中，他们可能想要指定在 PI 计划期间适用的一些策略条件。

这听起来可能适得其反。错误预算策略应该管理团队的行动，以确保生产中的可靠性，而不管当前处于发布生命周期的什么阶段。毕竟，总是有一个以前的版本在生产中运行，其可靠性必须得到保证。为什么会有其他任何活动（例如 PI Planning）影响到错误预算策略对生产中的可靠性的保证？

这就是 SRE 转型过程中 SRE 教练需要密切关注其他框架（例如 Scaled Agile Framework）的原因。可能发生的情况是，在文化上，像 SAFe 这样的框架是非常强大的。在这种情况下，需要找到 SAFe 和 SRE 之间的交集。如果盲目上马，两者可能不存在交集，那么最初肯定会让大家感到紧张和焦虑。

事实上，Scaled Agile Framework 根本没有提到 SRE。在 SAFe 网站上搜索“SRE”，至少在本书写作的时候，搜索结果为零。反之亦然，SRE 社区从未谈论过 SAFe。现在，为了在一个 SAFe 文化浓厚的环境中引入 SRE，需要在两者之间建立起一座桥梁，桥上最初的垫脚石可能就是错误预算策略。

也就是说，如果团队想要创建特定的错误预算策略相比根据 SRE 创建一个规范的、完美的错误预算策略条款来反映他们目前在 Scaled Agile Framework 下的工作方式，SRE 教练应该允许他们这样做。相比根据 SRE 来创建一个规范的、完美的错误预算策略，在团队中开始建立 SAFe 和 SRE 之间的桥梁更重要。事实上，如果 Scaled Agile Framework 规定所有团队成员应该在几天内专注于 PI 计划，而 SRE 框架规定他们应该同时专注于可靠性，那么可借助于错误预算策略打破这个僵局！

SRE 教练应该表现出同理心，接受团队的运作环境，并利用错误预算策略条款来思考如何在特定环境中更好地适应 SRE。SRE 教练应该与敏捷教练展开这些对话。例如，PI 计划的方式可以进行调整，以实现在同一时间完成更多的错误预算策略活动。

另一个可以和敏捷教练对话的主题是针对监管合规进行的测试。如表 10.5 所示，测试可能需要几天到几周的时间。另外，所有团队成员都可能按要求全日制工作，以运行针对监管合规的测试。这一次，可能是监管合规制度要求团队采取这种方式。进一步挖掘，它实际可能是产品交付组织专门建立的监管合规制度，目的是满足行业标准所规定的监管要求。然而，用其他方式来满足监管要求的方式也是可能的。例如，可以使用更多的自动化测试来满足要求，从而将人们从长时间的测试活动中解放出来。这样一来，在进行监管合规测试时，就可以完成更多来自错误预算策略的活动。

基于表 10.5，SRE 教练和敏捷教练之间的另一个对话主题是推出（roll out）的速度。如果团队成员想在错误预算策略中把模拟、热修复和生产的推出作为不同的发布阶段，那么就要清楚地表明推出对团队来说相当痛苦。需要挖掘背后的原因。然后，团队需要在部署和测试自动化领域进行适当的变革。此外，还可能要对架构进行修改，将一个单体架构重构为更小的、可独立部署的单元。这是一种更大的变革，可能需要更长的时间来执行。

一旦有了可独立部署的单元，SRE 和敏捷教练之间的下一次对话可能就与发布节奏有关。有了较小的、可独立部署的单元，就可以启动较小的开发阶段，实现更频繁的发布。

如何确保监管合规、完成模拟和生产发布、规划开发节奏以及执行发布节奏的整个转型，这些可以作为一个更大的转型倡议来执行。例如，可以把这个倡议命名为“持续交付转型”或者“DevOps 转型”。考虑到转型的规模和需要付出的努力，它需要在倡议的项目组合层面上建立。这类似于 5.4.6 节详细描述的在倡议的组合层面上建立 SRE 转型。

本节讨论 SRE 转型如何影响产品交付组织现有的其他既定过程和方法。事实上，在 SRE 转型过程中，需要找到并建立 SRE 与现有过程和方法的交集，如图 10.3 所示。

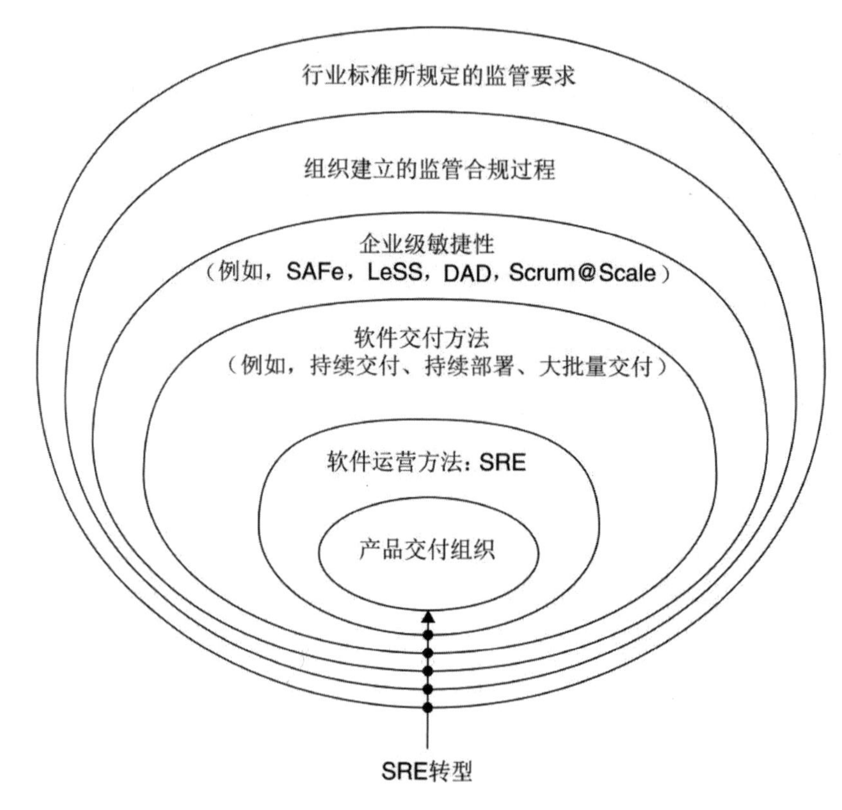

图 10.3　在 SRE 转型期间将 SRE 融入现有过程

如图 10.3 所示，SRE 转型触及几个既定的过程和方法。当 SRE 转型被注入组织时，转型会渗透到现有的过程和方法。例如，在 SRE 这个软件运营方法之外，还有一个软件交付方法决定着团队如何向生产交付软件。

这种方法可以是持续交付，始终保持软件的可发布状态，但实际的生产发布是在与业务达成一致的情况下频繁进行的。另外，也可以使用持续部署方法将软件交付到生产中。采用这种方法，每一个变更在通过部署管道的所有测试后都会自动部署到生产中。也可能采用大批量交付方式，即一个版本由许多团队在几个月内开发的软件组成。如表 10.5 所示，团队将软件交付给生产的方式可能影响到错误预算策略的内容。这正是 SRE 和软件交付方法的交汇点。

在软件交付方法论之外，还有企业级的敏捷性方法。这需要让企业的敏捷性超越开发团队，进入项目组合管理、合规管理、大客户解决方案创建、预算编制和组织 KPI 等领域。实现企业级敏捷性的流行框架有 SAFe、Large-Scale Scrum（LeSS）[4]、Disciplined Agile Delivery（DAD）[5]和 Scrum@Scale[6]。如表 10.5 所示，这些框架也可能影响团队构建错误预算策略的方式。

在企业级敏捷性方法论之外，还有产品交付组织为满足行业标准所规定的监管要求而建立的监管合规过程。这些过程可能要求在特定时间以特定方式进行某些测试和编制某些文件。这也可能对团队构建其错误预算策略的方式产生影响。

因此，考虑到团队所处的整体环境，SRE 教练应该在一定范围内给他们自由，使他们的可靠性工作在错误预算策略中系统化并设定准则。事实上，SRE 教练应该只为错误预算策略的内容提供单一的边界条件。也就是说，错误预算策略应该定义违反 SLO 的后果，对可靠性的工程能力分配产生显著的、透明的影响。如果团队成员想通过发布阶段来表达可靠性工程能力的分配，就放手让他们这样做。

10.8 签署错误预算策略

团队中的运营工程师、开发人员和产品负责人需要就错误预算策略达成一致，升级策略中规定的出现分歧时打破僵局的人也如此。最好分阶段推动这个协议，在适当的时间让适当的人参与进来。协议可以按以下方式分阶段进行：

1. 运营工程师和开发人员利用他们的专业技术知识创建一个错误预算策略草案；
2. 产品负责人参与进来，从用户和业务的角度审查错误预算策略草案；
3. 升级策略中指定的人参与进来，从清晰、具体、精确和数据驱动的度量角度审查错误预算策略。

SRE 教练应该发起并推动这个过程。首先，邀请参与错误预算策略范围内服务的运营工程师和开发人员进行讨论，讨论的基础是服务过去发生的事故和更大的故障。这个讨论将是相当技术性的。在讨论开始的时候，SRE 教练应该重申背景和动机，并解释如何激发讨论。

可以从回顾和讨论其他团队的错误预算策略的例子开始。第一个例子可以直接从谷歌的《SRE：Google 运维解密》[7]中提取。如果有的话，进一步的例子可以来自其他团队的错误预算策略。

对这些例子的讨论可引发对话，让大家说一说错误预算策略对团队来说可能是怎样的。SRE 教练需要引导这些对话来创建一个错误预算策略草案。对条件和后果的细化应该成为中心议题。另外，如果当前“负责”或“拥有”服务的团队需要使用组织已经建立的其他框架和方法，那么草案也会相应地受到它们的影响。

SRE 教练应该密切关注其他框架和方法对团队的影响，学习其中的一些具体细节并在与其他团队展开错误预算策略讨论时利用这些学习成果。此外，这些方面为与敏捷教练的讨论提供了一个良好的基础，以推动更广泛的组织改进。

在 SRE 教练的引导下，运营工程师和开发人员最终就错误预算策略草案达成一致。在此之后，SRE 教练应该邀请产品负责人参与草案的讨论。

在这个时候，技术讨论已经结束，错误预算策略所涉及的“条件”已经明确，相应的“后果”也已确定。产品负责人现在可以从客户和业务的角度审查当前的错误预算策略草案。也就是说，错误预算策略是否在可靠性工作和新功能工作之间取得了良好的平衡，能提供最佳的用户体验和商业利益？它是否规定团队应该在需要时进行可靠性工作，以确保现有的功能具有良好的用户体验？它是否允许团队在现有功能的可靠性达到标准时进行新功能的开发？在产品负责人参与审查之后，也有助于将错误预算策略写得让没有深厚技术背景的人也能理解。这对“升级策略”中指定的那些“破局者”来说尤其需要。

一旦产品负责人与运营工程师和开发人员就错误预算策略草案的内容达成一致，SRE 教练应该邀请“升级策略”中指定的人员参加讨论草案。这些人应该检查策略的精确性、完整性、清晰性和通俗性，使协议尽可能清晰和明确。另外，他们还应该检查条件和后果是否已尽力做到了能以程序化的方式进行（自动）评估。

一旦运营工程师、开发人员、产品负责人和来自“升级策略”的人都认可错误预算策略，就需要将其存储起来。这是下一节的主题。

10.9 存储错误预算策略

一般来说，错误预算策略是每个团队特有的一种文档。然而，公开存储它可能是有益的。例如，可以在 SRE 维基页面中开一个专区，以透明的方式存储所有团队的错误预算策略。公开存储这些策略有以下几个方面的好处。

- 拥有一个有效的错误预算策略，这属于一种高级 SRE 实践。因此，团队可能需要很长时间才能开始采用。出于同样的原因，网上也没有很多的例子来帮助我们学习如何创建一个有效的错误预算策略。通过分析产品交付组织中的其他团队的策略来进行学习，这对其他团队采用这一概念有很大的促进作用。
- 在事后回顾中，当几个团队参与一个故障的修复时，让事后回顾的参与者查询所涉及的不同团队的错误预算策略非常有益。这可能会产生新的事后回顾行动项来调整现有策略。这个过程还可能推动尚未建立错误预算策略的团队创建一个这样的策略。

- “升级策略”中指定的人需要能随时访问它。另外，这些利益相关者可能需要同时批准几个团队的错误预算策略。例如，在几个团队的错误预算策略的“升级策略”清单中，可能都出现了一个工程副总裁的名字。这些利益相关者更希望有一个中心位置来存储他们所参与的所有团队的错误预算策略。

在存储介质方面，将错误预算策略存储在源代码控制的 wiki 中可能是一个不错的选择。它结合了更新日志的透明度和 wiki 编辑的便利性。此外，如果将错误预算策略存储在一个更大的“应用程序生命周期管理系统”的 wiki 页面上，那么与 wiki 页面链接的工作项能自动显示在页面上，同时还会显示它们的状态、最后更新日期以及所有者（负责人）等细节。这有助于增加“条件”和“后果”的透明度。这些“条件”和“后果”可以表示为工作项，并按照策略中的规定来执行。

顺便提一句，将错误预算策略存储在 wiki 上，有利于查看页面浏览统计。这个统计功能通常是直接提供的，不用安装插件。SRE 教练和敏捷教练可以利用这些数据来了解错误预算策略是否有人在查询。

不过，尽管有这些优势，如果一个团队希望他们的错误预算策略保持私有，那么 SRE 教练也应该尊重这个决定。重申一下，拥有有效的错误预算策略是一种高级 SRE 实践。为了培养这种能力及其相应的团队文化，SRE 教练应该了解不同团队的具体情况，始终持有同理心，谨慎地进行推进。

错误预算策略存储好之后，要让每个为实现错误预算策略协议作出贡献的人知道它的位置。下一步是将策略付诸行动。这是下一节的主题。

10.10 实行错误预算策略

一旦就错误预算策略达成一致，SRE 教练就应该提醒团队明确启动并予以实行。这是因为错误预算策略很容易成为一份简单的文档。一旦人们忙于日常工作，就很容易忽视它。

团队应该决定开始实行的日期。从这一天起，错误预算策略开始管理团队中关于可靠性工作优先级的决定。选择日期时，应该事先设置好可行的自动策略检查。

这意味着，错误预算策略中所有适合自动处理的条件和后果都应该被设置为自动触发和执行。其中很可能包括在 SRE 基础设施中设置新的警报和在值班管理工具中设置通知。另外，还可能包括在值班管理工具中设置自动运行手册。作为这个过程的一部分，可以向 SRE 基础设施提出新的功能请求，以增加未来的自动化程度。

最后，团队需要检查下一次的错误预算策略审查日期，并根据需要进行更新。如何进行错误预算策略审查是下一节的主题。

10.11 审查错误预算策略

最好是以回顾会议的形式进行错误预算策略的审查。这是由于回顾会议提供了一种结构化的方式，能在短时间内征求过程的反馈，而不需要进行大量的准备。这正是错误预算策略审查所需要的。审查不仅仅是为了加强所定义的条款。在更大程度上，审查的目的是调查所定义的错误预算策略是否有效——换言之，在可靠性工作的优先级排序方面是否取得了成果。

以专业的方式做好回顾是敏捷教练的主场。因此，可以考虑让敏捷教练对错误预算策略进行回顾。敏捷教练应该邀请当时签署该策略的人以及自上次回顾会议以来为该策略下服务值班的人。邀请应在回顾会议召开的前两周发出，以便人们安排好时间。

在回顾会议上，应讨论错误预算策略的有效性。可以运用下面的问题指导这个讨论：

- 错误预算策略到底有没有实行？
  - 如果错误预算策略没有实行，可能的原因是什么？例如，自动实行策略的触发器是否尽可能地做到了自动化？
  - 如果错误预算策略确实实行了，它是否透明？
- 用于触发错误预算策略的条件是否适当？
- 为每个条件规定的后果是否按设想的那样执行？
- 应用这些后果所取得的成果是什么？
  - 可靠性工作的优先级排序是否按预期发生？
  - 如果是这样，那么优先级排序是否导致了可靠性的提高？
- 条件和后果是否需要更新？
  - 创建新的条件/后果。
  - 更新现有条件/后果。
  - 删除现有条件/后果。

在回顾会议上，应该定义行动项，根据会议的讨论结果对策略进行改进。最重要的是，会上应确定由谁来更新实际的错误预算策略、如何通报更新以及向谁通报。

在回顾会议的最后，商定错误预算策略的下一次审查日期。另外，可以将这种会议指定为一个事件的函数。例如，它可以这样指定：“下一次审查日期是 DD.MM.YYY，或者范围所涉及的服务发生了优先级 1 的故障之后；以最先发生的为准。”这种规定是有意义的，因为错误预算策略的目的是推动可靠性工作成为优先事项，确保优先级 1 的故障基本上不会发生。如果真的发生了，表明策略没有取得成效，需要进行审查。

10.12 相关概念

在错误预算策略的背景下，还有其他一些概念也许能提供帮助。它们可以在文献和网上文章中找到。本节概述这些概念，目的是帮助你更全面地认识错误预算策略领域的现状。表10.6 对这些概念进行了总结。

表 10.6　错误预算策略背景下的其他概念

概念	解释
Code Yellow	• 谷歌允许宣布进入一种称为 Code Yellow 的状态。[8]这意味着每个受影响的人都需要停止进行功能方面的工作，转为进行可靠性方面的工作。Code Yellow 仅适用于团队的工作时间 • 在错误预算策略中，宣布进入 Code Yellow 状态可以被指定为某个条件的后果在错误预算策略中指定 Code Yellow 的好处是，该工作模式的退出标准是由触发它的条件自动指定。若条件不再适用，Code Yellow 工作模式则不再适用
Code Red	• 领英也支持一个 Code Yellow 状态。除此之外，它还支持一个称为 Code Red 的状态。Code Red 是全天候应用的[9]。换言之，一旦宣布进入 Code Red 状态，那么每个受影响的人都需要停止在功能方面的工作，开始全天候地进行可靠性方面的工作 • 在错误预算策略中，可以将 Code Red 指定为一个后果。
银弹	• 《实施 SLO》介绍了“银弹”这个概念。如果错误预算策略规定，除非有一定水平的错误预算可用，否则禁止新功能的发布，那么就可以考虑应用这个概念 • 在这种情况下，错误预算策略可以包含一个协议，即每年有一定数量的银弹可用（例如，三个）。企业可以使用银弹来允许一个新功能的发布，即使策略当前已经禁止了新功能的发布。如果一年内商定的银弹数量用光，企业就不能再解除对新功能发布的禁令了
解冻税	• 《实施 SLO》还引入了解冻税的概念。解冻税也适合在错误预算策略宣布禁止新功能发布时应用。它的工作方式如下所示：在错误预算策略已经宣布禁止新功能发布的情况下，每花一天的时间去做新功能发布，都会在解冻税上加 1。换言之，对于违反禁令的每一天，禁令的持续天数都会增加 1 天的解冻税。解冻税在错误预算策略中定义，目的是在违反错误预算策略的情况下，延长只允许进行可靠性工作的时间 • 例如，假定将解冻税设为半天。另外，已在错误预算策略中宣布一个策略条件的后果是禁止新功能发布。假定该条件得到满足，并宣布禁止新功能发布。在禁令期间，在三个不同的日子里进行了三次新功能发布。那么对于每一天，都会增加半天的解冻税。这意味着，现在的每一天都算作 1 天 + 半天的解冻税 = 1.5 天。 • 因此，对于在禁令下仍然进行新功能发布的这三天，总共会加上 $3 \times 1.5 = 4.5$ 天的禁令时间。这些天，只允许进行可靠性方面的工作

续表

概念	解释
错误预算补足	● 如果团队的错误预算消耗被发现是因为团队的外部依赖项造成的，那么Nobl9[10]会应用一个称为“错误预算补足”（error budget top-up）的概念。这些依赖项可以是同一产品交付组织内的另一个团队的服务，也可以是外部公司的服务。所以，如果一个团队消耗了一些错误预算，然后发现是因为外部依赖项的原因，那么损失的错误预算会被补足 ● Nobl9 没有提供这个概念的进一步细节。然而，错误预算的补足需要在当前错误预算期内完成，否则会发生错误预算的囤积，造成无法正确反应相应的SLO所允许的错误数量

SRE 教练需要评估在一个给定的产品交付组织中引入这些概念是否有益，以及执行这些概念是否现实。Code Yellow 和 Code Red 需要一个全组织范围内的协议。一旦宣布，它就会应用于所有受影响的团队。这意味着一个团队的错误预算策略如果包含 Code Yellow 和 Code Red 后果，就可能会对其他团队产生影响。其他团队需要准备好根据另一个团队的错误预算策略，以 Code Yellow 或 Code Red 的工作模式工作。

银弹、解冻税和错误预算补足概念可以在单独单个团队的范围内应用。银弹和解冻税需要一些透明的手段来保持当前的分值。对于像“今年还剩下多少银弹？”和“上个月增加了多少解冻税务的天数？”这样的问题，必须允许用户以完全自助的方式进行查询，从而提供完全的透明度。

错误预算补足概念需要对相应的 SRE 基础设施进行改造，以便精确进行补足。另外，这个概念可能导致团队失去紧迫感，懒得精心选择和使用依赖性服务，确保其错误预算不会被过早地消耗。SRE 教练需要找到缓解这种情况的办法。

上述概念必须根据需求、引入成本和执行成本进行权衡。可以认为它们都是一些高级概念。因此，只有在有定义和执行简单错误预算策略的基本工作实践之后，才应考虑引入它们。

10.13 小结

错误预算策略是靠近 SRE 概念金字塔顶端的第二个概念（3.5 节）。作为一种高级概念，它不会像 SLI、SLO 和错误预算等基本 SRE 概念那样被广泛应用。要想建立错误预算策略，首先必须在团队中扎实掌握基本的 SRE 概念以及相关的 SRE 实践。

本章展示了一个准备就绪的团队如何建立一个有效的错误预算策略。首先是动机。这个动机就是运营工程师、开发人员、产品负责人和其他一些人，就团队中的可靠性工作的优先级达成正式协议。一旦协议开始实行，就会约束值班人员和其他人员的行动，以恢复服务的可靠性为优先事项，使 SLO 及时回归正常。

本章还讨论了错误预算策略的结构。对于一个有效的错误预算策略，其核心是一套条件和后果。其中，条件规定了错误预算策略适用的具体情形，而后果是针对每个条件所采取的行动，目的是使相应的可靠性工作成为优先事项。

这些条件可以表示为“错误预算消耗”的一个函数。另外，它们可以根据资源消耗来指定。只要有可能，在表示条件和后果的时候，都应该确保它们能程序化地处理。这确保了一些条件能够自动触发，一些后果能够自动执行。这样一来，错误预算策略执行的透明度就得到了保证。

对于那些不适合自动处理的条件和后果，则需要在团队中建立一个规程，以手动的方式落实。特别是，这些条款可能受到产品交付组织针对规模化敏捷（SAFe）、软件交付、确保监管合规等而建立的其他治理框架的影响。

本章最后讨论如何定期进行错误预算策略审查，指出它们应该在由敏捷教练牵头的回顾会议上进行。这使团队能够评估策略的有效性，并以一种结构化但灵活的方式，有节奏地发起对策略的改进。

有了错误预算策略之后，我们就可以在团队中正式确立可靠性工作的优先级排定规程，从而大幅增强之前的 SRE 基础设施。对 SRE 基础设施的下一个逻辑性增强是引入基于错误预算的决策。这是下一章的主题。

注释

扫码可查看全书各章及附录的注释详情。

第 11 章

实现基于错误预算的决策

“基于错误预算的决策”是 SRE 概念金字塔最顶端的概念（3.5 节）。它建立在其他所有概念的基础之上：错误预算策略、SLO 和 SLI。在启用基于错误预算的决策后，产品交付组织就会以数据驱动的方式在多个层面上指导在可靠性上的投入。那么，哪些可靠性方面的决策能由基于错误预算的决策来驱动？这个问题的答案非常宽泛。我们将在下一节进行探讨。

11.1 可靠性决策的分类法

在可靠性领域，基于错误预算的决策可以像下面这样分类：

- 确定优先级的决策；
- 开发决策；
- 部署决策；
- 对话决策；
- 测试决策；
- 需求决策；
- 预算决策；
- 法律决策。

表 11.1 展示了每一类决策的例子及其相关问题。

表 11.1　基于错误预算的决策类别

决策类别	示例和相关问题
优先级确定	● 是否因为错误预算的消耗而满足了错误预算策略的条件？ ● 实行错误预算策略的决策： - 实行错误预算策略导致的错误预算消耗是否会造成用户在可靠性方面不满意？ ● 调整错误预算策略的决策：

续表

决策类别	示例和相关问题
优先级确定	- 错误预算策略是否实行得太晚了，以至于错误预算消耗不能保证用户感受到令人满意的可靠性？ ● 使最需要改进可靠性的服务成为优先事项的决策： - 在过去三个错误预算期内，哪些服务一直在过早地耗尽其错误预算（无论什么 SLI）？ - 哪些服务在过去三个错误预算期内过早耗尽了其可用性错误预算？ - 在过去三个错误预算期内，哪些服务过早耗尽了其延迟错误预算？ - 哪些是按服务划分的最关键的 SLI？ - 在过去三个错误预算期内，如果按 SLI 划分的话，最快过早耗尽错误预算的服务有哪些？ - 是面向客户的服务吗？
开发	● 使用一个 API 的决策： - 为 API 定义的可靠性是什么？ - 为 API 定义的 SLO 是什么？ - 为 API 定义的 SLA 是什么？ - 定义的 SLO 和 SLA 是否足以为打算实现的用例提供良好的用户体验？ - 在目标部署环境中，对所定义的 SLO 和 SLA 的历史遵守情况如何？ ● 在服务之间实现适应能力的决策： - 在目标环境中，一段时间内使用的服务对所定义的 SLO 的遵守情况如何？ ● 对所实现的可靠性改进是否导致了错误预算消耗下降进行检查的决策： - 和之前各期相比，在实现了可靠性改进后的错误预算期内，服务的错误预算消耗是否减少？
部署	● 关于拒绝生产部署的决策： - 一项服务的错误预算消耗模式是否与错误预算策略的一个条件相对应，从而导致拒绝生产部署？ ● 关于拒绝在非生产环境中部署的决策： - SLO 集合是否被定义为允许在非生产环境进行部署的准入标准？
对话	● 与拥有依赖服务的团队对话，使依赖服务的 SLO 变得更严格的决策： - 一个新的客户场景导致团队的服务和依赖服务之间有了新的交互，是否需要使依赖服务的 SLO 变得更严格？
可靠性	● 为团队的服务设置 SLO 的决策： - 内部依赖服务的 SLO 和 SLA 是什么？ - 外部依赖服务的 SLA 是什么？ - 目前，在团队的服务和依赖服务之间实现的适应能力如何？

续表

决策类别	示例和相关问题
测试	• 选择一个假设，通过混沌工程进行测试的决策： - 哪些服务的可用性错误预算消耗速度最慢？ - 在过去三个错误预算期内，哪些服务没有过早耗尽延迟错误预算？ - 在过去三个错误预算期内，哪些服务的可用性错误预算消耗得最少？ - 在过去三个错误预算期内，哪些服务的延迟错误预算消耗得最少？ - 哪些服务有最严格的 SLO 定义？
需求	• 增加新的 BDD（行为驱动开发）场景的决策： - 在最后一个错误预算期，哪些 SLI 的错误预算被服务消耗得最多？ - 根据过去三个错误预算期的事后回顾，可以添加哪些新的 BDD 场景来测试在生产之前的其他部署管道环境中经常被破坏的用例？
预算	• 将更多 SRE 分配给一个团队的决策： - 在过去三个错误预算期中，哪个团队总是提前耗尽了他们的一些错误预算？ - 该团队是否有轮流值班制度？ - 团队里有多少人在实践 SRE？ - 对于该团队所“负责”或“拥有”的服务，12 个月中的客户支持工单趋势是什么？ • 将更多 SRE 分配给一个组织单位的决策： - 问题和上一个决策的问题相同，但针对的是组织单位层面。 • 为可靠性的改进分配一个（项目）预算的决策： - 在过去三个错误预算期中，有多少服务总是提前耗尽了它们的一些错误预算？ - 有多少服务的客户支持工单数量在 12 个月内呈现增长趋势？ • 为故障的成本分配一个商业计划成本位置的决策： - 对于每时间单位产生一定数量收入的一组服务，其恢复时间的趋势是什么？
法律	• 为自有服务设置 SLA（服务水平协议）的决策： - 为自有服务设置的 SLO 是什么？ - 为自有服务设置的 SLO 的历史遵守情况如何？ - 是否有收紧 SLA 的空间？能否证明它们的合理性？ - 某项服务的 SLO 和 SLA 之间的合理安全边际是多少？ • 同意违反 SLA 时的合同处罚的决策： - 事故发现时间的趋势是什么？ - 事故恢复时间的趋势是什么？ - 鉴于目前的事故数量趋势和恢复时间趋势，每月潜在的收入损失是多少？
监管	• 在监管审计中使用 SRE 数据点的决策： - 为不同服务定义的 SLI、SLO 和 SLA 在哪里说明？ - 谁决定了所定义的 SLI、SLO 和 SLA？由所有决策者签署的决定记录在哪里？ - 与客户和合作伙伴签订的包含 SLA 的合同在哪里？ - 证明所定义的 SLO 和 SLA 已得到履行的数据在哪里？ - 违反 SLO 和 SLA 的后果在哪里说明？ - 谁决定了这些后果？由所有决策者签署的决定记录在哪里？ - 对于任何任务，人们如何查看其 SLO 和 SLA 当前的履行状态？

表 11.1 总结了所有“基于错误预算的决策”及其能够回答的问题。通过追踪服务的错误预算消耗情况，我们能以数据驱动的方式在这么多不同的领域做出决策，这确实很了不起！事实上，这些决策从技术到法律，覆盖软件交付生命周期的所有阶段。

这证明了值得在 SRE 概念金字塔（3.5 节）上一路攀登到最顶端。任何产品交付组织在金字塔的下层实现 SLI、SLO、错误预算和错误预算策略，无疑都有助于提高可靠性。而在金字塔顶层基于错误预算的决策中，SRE 的全部潜力得到充分释放。因此，SRE 教练应该鼓励团队不要在金字塔的中途停止 SRE 转型。相反，团队应该一路攀登到金字塔的顶端，在面对表 11.1 列出的各类决策时收获数据驱动下可靠性决策的全部好处。

为了实现基于错误预算的决策，SRE 基础设施需要实现一套 SRE 指标。这些指标供产品交付组织的所有人自助访问，而且应该是不言自明的。为了使人们下定决心用这些指标来做出基于预算的错误决策，必须要有这样的前提。什么是 SRE 指标以及如何实现它们是下个小节的主题。

11.2 实现 SRE 指标

上个小节说到，使用基于错误预算的决策，可以通过数据驱动的方式在许多方面做出决策。有用的是，大多数决策都可以使用一套标准的 SRE 指标来做出，或者至少为决策提供支持。接下来将描述如何实现这些指标。

11.2.1 SRE 指标的维度

SRE 指标有一套共同的维度。在讨论指标本身之前，有必要先对这些维度做一个概述，如表 11.2 所示。

表 11.2 SRE 指标的维度

维度	解释
SLI	大多数 SRE 指标需要显示按 SLI 分类或者跨越一组 SLI 的数据
SLO	大多数 SRE 指标需要显示按 SLO 分类或者跨越一组 SLO 的数据
错误预算期	所有 SRE 指标都需要显示一段时间内的数据。最常用的时间段是“错误预算期”。在 SRE 的背景下，往往需要按错误预算期或跨错误预算期显示数据
部署环境	大多数 SRE 指标需要按部署环境显示数据。有的时候，还需要显示跨部署环境的数据。最常见的环境将是生产环境。然而，使用 SRE 指标来探索预生产环境也是很有用的

取决于想以什么方式显示数据，SRE 指标可以实现表 11.2 列出的任何数量的维度。实现指标的 SRE 基础设施要求能将所有维度的数据可视化。SRE 教练需要与“负责”或“拥

有”SRE 基础设施的运营团队合作以引入这些指标、解释其背后的目的并在实现过程中与用户建立紧密的反馈回路。

下面将逐一介绍 SRE 指标。

11.2.2 “按服务划分的 SLO”指标

按服务显示 SLO 清单或许是最实用的 SRE 指标。然而，不要低估这种清单的作用。让产品交付组织的每个人都能以自助的方式调取这种清单有以下几个方面的好处。

1. SRE 活动的透明度大大增加。
2. 团队和服务定义的可靠性级别可以供每个人访问。
3. 借助于该清单，可制定一个使用一个服务 API 的决策。
4. 借助于该清单，可制定一个在服务之间实现适应能力的决策。
5. 借助于该清单，可制定一个为自有服务设置 SLO 的决策。
6. 借助于该清单，可制定一个为自有服务设置 SLA 的决策。
7. “负责”或“拥有”SRE 基础设施的运营团队和使用该基础设施的开发团队之间的沟通得以减少。

图 11.1 展示了一个按服务划分的 SLO 清单的例子。图的右侧是清单的设置。可以选择团队、服务、SLI 和部署作为实体。此外，默认 SLO（6.7 节）可以设置为在清单中显示或隐藏。如前所述，默认 SLO 可以自动应用于没有明确定义 SLO 的端点。团队可为一个 SLI 定义默认 SLO。然后，SRE 基础设施将默认 SLO 分配给没有显式定义 SLO 的端点。

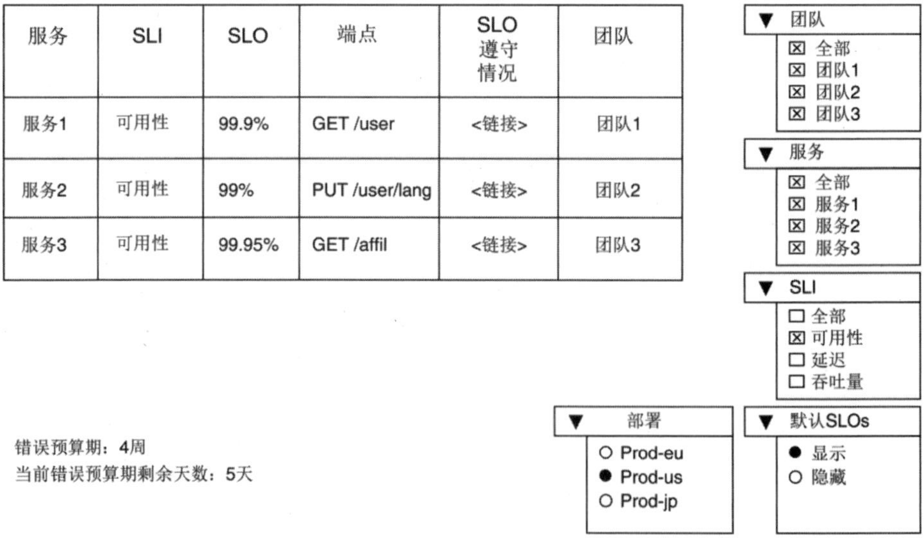

服务	SLI	SLO	端点	SLO 遵守情况	团队
服务1	可用性	99.9%	GET /user	<链接>	团队1
服务2	可用性	99%	PUT /user/lang	<链接>	团队2
服务3	可用性	99.95%	GET /affil	<链接>	团队3

错误预算期：4周
当前错误预算期剩余天数：5天

▼ 团队
☒ 全部
☒ 团队1
☒ 团队2
☒ 团队3

▼ 服务
☒ 全部
☒ 服务1
☒ 服务2
☒ 服务3

▼ SLI
☐ 全部
☒ 可用性
☐ 延迟
☐ 吞吐量

▼ 部署
○ Prod-eu
● Prod-us
○ Prod-jp

▼ 默认SLOs
● 显示
○ 隐藏

图 11.1 “按服务划分的 SLO”指标

图 11.1 的左下角显示了两个静态字段。第一个字段指出错误预算期的持续时间为 4 周，第二个字段指出当前错误预算期还剩 5 天。刚接触 SRE 的人可以通过这两个字段了解 SRE 在组织中具体如何设置。

在图 11.1 的表格中列出了三个服务。其中，服务 1 为端点 GET /user 设置了 99.9%的可用性 SLO。该服务和 SLO 由团队 1 拥有。使用“SLO 遵守情况”一栏中的链接，用户可以导航到“SLO 遵守情况”指标（下一节描述），显示 SLO 遵守情况随时间的变化。

服务 2 为端点 PUT /user/lang 设置了 99%的可用性 SLO。该服务和 SLO 由团队 2 拥有。利用“SLO 遵守情况”一栏中的链接，可以看到 SLO 遵守情况随时间的变化。

与此类似，服务 3 为端点 GET /affil 设置了 99.95%的可用性 SLO。该服务和 SLO 由团队 3 拥有。利用“SLO 遵守情况”一栏中的链接，可以进一步了解该团队是否在一段时间内成功保持了 SLO。

11.2.3 “SLO 遵守情况”指标

“SLO 遵守情况”指标显示了在选定的部署环境中，服务随时间的推移对 SLO 的遵守情况。如图 11.2 所示，遵守情况可以用表格形式很好地表示。

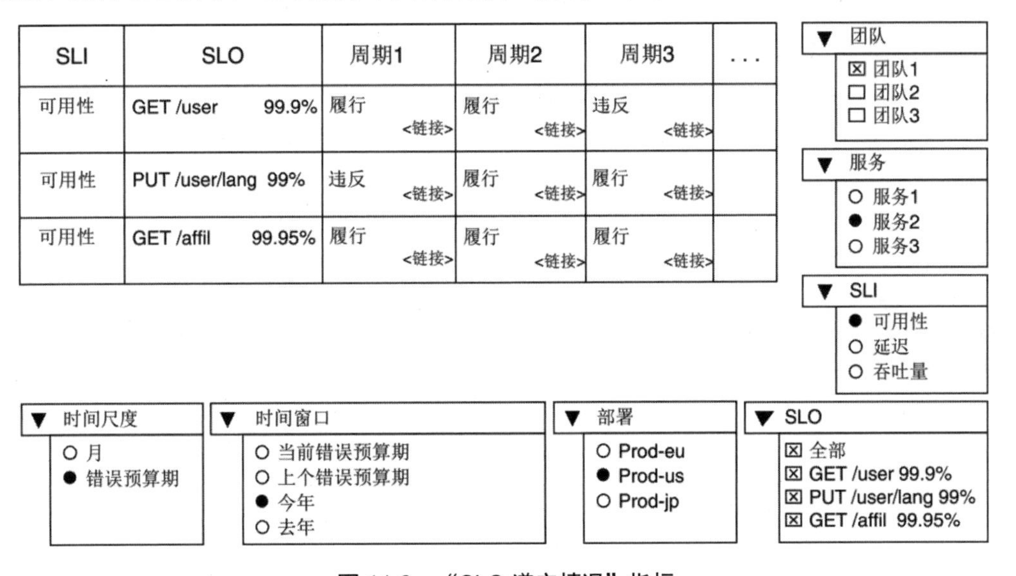

图 11.2 “SLO 遵守情况”指标

图 11.2 的右侧和底部显示了表格的设置。团队、服务、SLI、SLO、部署、时间窗口和时间尺度设置可由用户指定。在本例中，针对 Prod-us 部署中的服务 2 的可用性 SLI，我们选择显示当年所有错误预算期内的全部 SLO。这些设置产生了图 11.2 顶部所示的表格。

在选定的时间窗口（当年）中，存在着三个错误预算期。每个周期在表格中都有对应的一列。相应的表格单元格说明了错误预算是得到履行还是发生了违反。另外，每个单元格都包含一个链接，可通过它访问相应的 SLO 错误预算消耗指标，以便进行进一步的探索。具体如何探索是下一节的主题。

在考虑是否使用 API，或者在使用 API 时是否实现一定程度的适应能力时，“SLO 遵守情况”指标可以为这些决策提供支持。另外，为自有服务设置 SLO 和 SLA 时，该指标可以通过显示依赖服务的 SLO 遵守情况来支持决策。

11.2.4 “SLO 错误预算消耗”指标

“SLO 错误预算消耗”指标显示 SLO 错误预算随时间而消耗的情况。为了扩大适用范围，该指标应该允许用户选择服务、SLI、SLO 和部署环境以及时间窗口和时间尺度。值得注意的是，如果要分析即时错误预算消息，那么将时间尺度设为小时，将时间窗口设为 24 小时会很有用。将时间尺度设为一个错误预算期，将时间窗口设为年度，有助于分析长期的错误预算消耗趋势。另外，将时间尺度设为周，将时间窗口设为当前错误预算期，则有助于分析当前错误预算期的错误预算消耗趋势。

本节展示了实现 SLO 错误预算消耗指标的两种方法：作为图和作为表格。

11.2.4.1 用图来表示

图 11.3 展示了一个 SLO 错误预算消耗图的例子，其设置可以更改，以便对数据进行切片（slice）和切块（dice）。

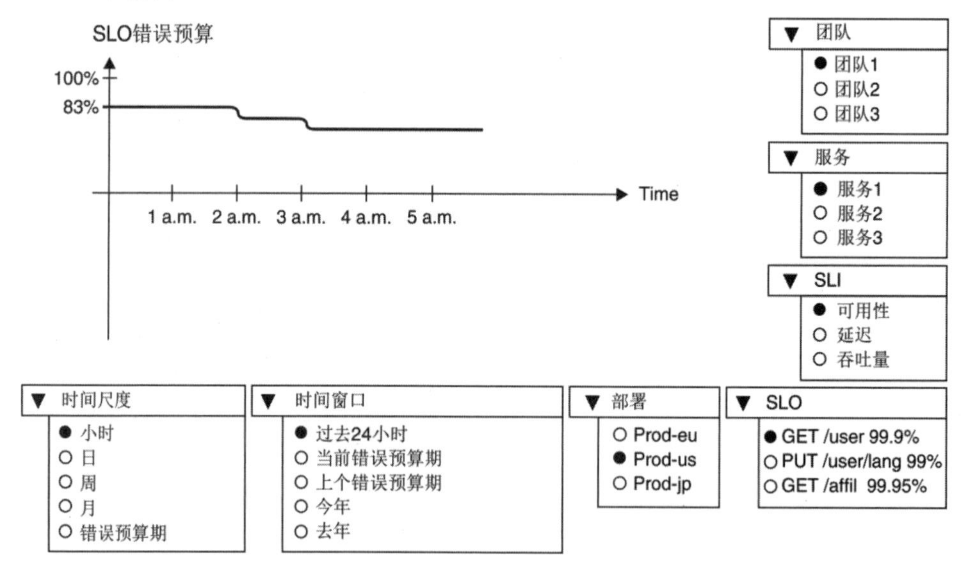

图 11.3　过去 24 小时的“SLO 错误预算消耗”指标图

图 11.3 的右侧和底部显示了图的设置。需要对这些进行设置，使图能显示出用户需要的数据。本例在“团队”下拉列表中选择了“团队 1”。在“服务”下拉列表中选择了“服务 1”。在 SLI 下拉列表中选择了“可用性”SLI。在 SLO 下拉列表中，选择了端点 GET /affil 的 99.95%可用性 SLO。该端点返回用户隶属度。此外，在“部署”下拉列表中，本例选择了位于美国的生产部署 Prod-us。在底部的时间设置中，选择了过去 24 小时的时间窗口，并以小时为尺度显示。

基于这些选择，图中显示了过去 24 小时内的错误预算消耗。从凌晨 0 点开始，有 83%的错误预算可用。在凌晨 2 点和 3 点左右，有一点错误预算的消耗。从凌晨 3 点开始，就没有进一步的错误预算消耗了。

图 11.4 展示了另一个 SLO 错误预算图，时间窗口改成了“当前错误预算期”，将时间尺度改成了“周”。除了时间设置外，图中右侧的其他所有设置与图 11.3 相同。

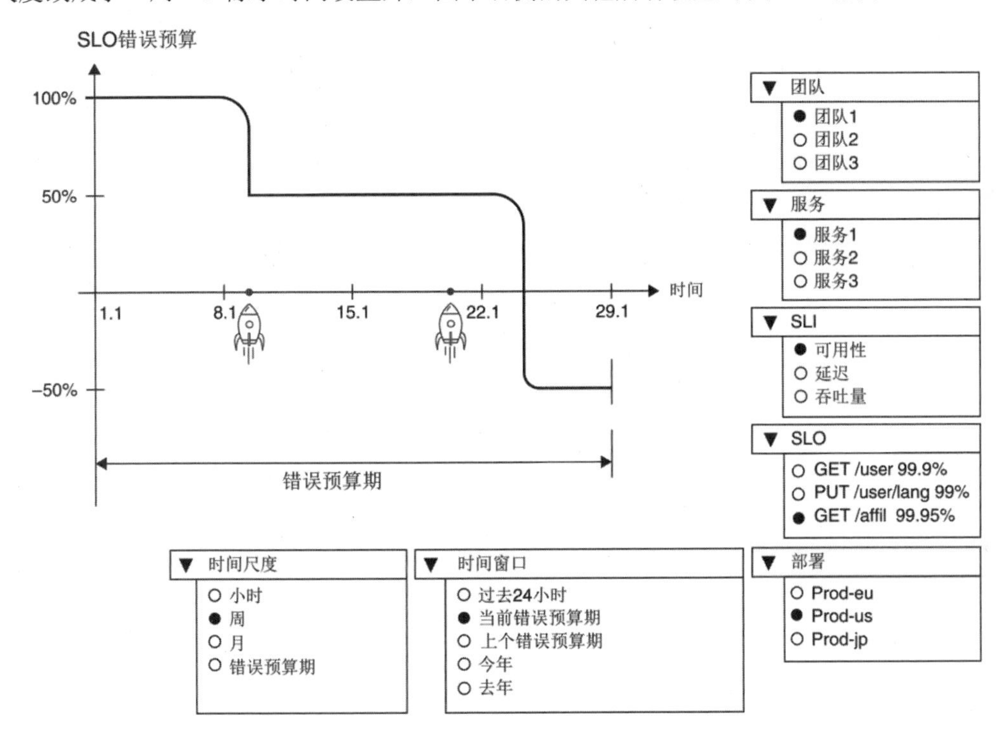

图 11.4 当前错误预算期的“SLO 错误预算消耗”指标图

图中所示的 4 周分别从 1 月的 1 日、8 日、15 日和 22 日开始。在 1 月 1 日的那周，没有发生错误预算消耗。在 1 月 8 日的那周开始的时候，发生了一次严重的故障，导致消耗了 50%的错误预算。为了修复故障，向环境 Prod-us 进行了一次部署。

在那之后，直到 1 月 22 日那一周，都没有发生错误预算消耗。在这一周开始之前，又向 Prod-us 环境进行了一次部署。在部署后不久，出现了比上一次更严重的故障。这次故障在一天内消耗了 100%的错误预算！这可能就是因为不久前的那次部署造成的。

故障开始时，错误预算的消耗是 50%。继续消耗 100%的错误预算后，服务最终的错误预算变成-50%。直到错误预算期结束，该服务没有再进一步消耗错误预算。因此，在错误预算期结束时，服务的错误预算就是-50%。在下一个错误预算期，这样的服务肯定会被考虑优先进行可靠性工作。为了展开相应的讨论，可以用图 11.4 的图作为参考。

之前展示的图可以使用商业智能或数据分析软件来绘制，例如 Power BI、Qlik Sense 或 Tableau。这要求“负责”或“拥有”SRE 基础设施的运营团队具备相应的专业知识，而运营团队可能暂时还没有准备好。因此，刚开始的时候，可以考虑实现不太复杂的 SLO 错误预算消耗图。

我们的目标是让人能尽快做出基于错误预算的决策。这可以使用比图 11.4 更简单的图来实现。在这种情况下，速度比漂亮的图更重要。例如，为每个服务、SLI、SLO 和当前错误预算期的部署分别提供一个错误预算消耗图，就足以快速实现基于错误预算的决策。虽然这样做会生成大量单独的图，但优点是可以快速看到结果。

除此之外，通过为图使用易于记忆的 URL 命名惯例，可以简化在不同图之间的导航。例如，“/服务/SLI/部署”这个命名惯例就很容易记忆。导航到这样一个 URL，会把用户带到一个网页，其中显示了为 URL 中指定的服务、SLI 和部署而设置的所有 SLO 的错误预算消耗图。这些图将显示当前错误预算期的数据；例如，以小时为时间尺度。

最后，每个图的链接都可以放在单一的 wiki 页面上。这样一来，任何人都能导航到 wiki 页面，从那里访问任何服务的错误预算消耗图。

实战经验 相比图是否漂亮，创建图的速度更重要。SRE 教练应该与运营团队合作，尽快实现最简单的错误预算消耗图。一旦有了基本的图，SRE 教练应该与团队合作，开始基于错误预算的决策过程。同时，运营团队可以努力做出更专业的图，基于团队的反馈进行迭代，并改善整体用户体验。

11.2.4.2 用表格来表示

错误预算消耗数据也可以用表格的形式呈现，如图 11.5 所示。如果采用这种做法，那么可以使用图 11.3 和图 11.4 相同的表格设置。

服务	SLI	SLO	周期	周期结束时的错误预算	平均错误预算均消耗速度	最高错误预算消耗速度
服务2	可用性	GET /affil 99.95%	1.1. – 29.1.	20%	1.1	2.3
服务2	可用性	GET /affil 99.95%	30.1. – 27.2.	40%	0.6	0.6
服务3	可用性	GET /user 99.9%	28.3. – 26.4.	–10%	1.7	1.9
服务3	可用性	GET /user 99.9%	28.3. – 26.4.	80%	1.0	1.2
...						

▼ 团队
- ☒ 全部
- ☒ 团队1
- ☒ 团队2
- ☒ 团队3

▼ 服务
- ☒ 全部
- ☒ 服务1
- ☒ 服务2
- ☒ 服务3

▼ SLI
- ☒ 全部
- ☒ 可用性
- ☒ 延迟
- ☒ 吞吐量

▼ 时间尺度
- ○ 月
- ● 错误预算期

▼ 时间窗口
- ○ 当前错误预算期
- ○ 上个错误预算期
- ● 今年
- ○ 去年

▼ 部署
- ☒ 全部
- ☒ Prod-eu
- ☒ Prod-us
- ☒ Prod-jp

图 11.5　“SLO 错误预算消耗”指标表

在图 11.5 的右侧和底部，可以指定团队、服务、SLI、部署和时间设置。例如，本例选择了全部团队、服务、SLI 和部署。在时间设置上，则指定今年的每个错误预算期。通过这些设置，最终呈现的是一个带有其 SLO 错误预算消耗数据的服务列表。

表格中的每个服务都显示了 SLI、SLO 和错误预算期；错误预算期结束时剩余的错误预算；给定错误预算期的平均和最高错误预算消耗速度。

表格中的每一列都可以用来对表格进行排序。列的排序对于回答决策过程中的不同问题很有用。例如，可以根据这个表格决定使用混沌工程选择要测试的假设。“假设”是基于系统的稳定状态来定义的。这个稳定状态可以使用错误预算消耗来确定。在本例中，通过使用“最高错误预算消耗速度”和“周期结束时的错误预算”这两列对表格进行排序，很容易回答以下关于最少错误预算消耗的问题：

- 哪些服务的可用性错误预算消耗最慢？
- 在过去三个错误预算期，哪些服务消耗的可用性错误预算最少？
- 在过去三个错误预算期，哪些服务消耗的延迟错误预算最少？

此外，通过回答关于最多错误预算消耗的问题，可以支持为定期测试增加新的行为驱动开发（Behavior-Driven Development，BDD）场景的决策。例如，以下问题可以支持新的 BDD 方案的构思过程：“在上个错误预算期，哪些 SLI 的错误预算被服务消耗得最多？”为了回答这个问题，可以按“周期结束时的错误预算”、SLI 和服务对图 11.5 的表格进行排序。

此外，图 11.5 的表格可以支持有关可靠性优先级的决策。例如，对“最高错误预算消耗速度”一列按降序排序，可以很容易地确定在最近错误预算期或者跨越多个错误预算期，哪个服务消耗错误预算最快。在拥有各自服务的团队的下一个计划期内，前 10 个表行可以优先考虑进行可靠性方面的改进。

表中各列的平均和最高错误预算消耗速度是用专门的公式计算出来的。例如，错误预算消耗速度可以用以下公式计算：

错误预算消耗速度 = 消耗的错误预算百分比 / 消耗的时间间隔

在一个 SLO 错误预算期内，可能会发生几个事故。每个事故都有自己的错误预算消耗速度。在这种情况下，每个错误预算期的平均错误预算消耗速度用以下公式计算：

每个周期的平均错误预算消耗速度 = 该周期所有事故的错误预算消耗速度之和 / 该周期的事故数量

每个错误预算期的最高错误预算消耗速度用以下公式计算。

每个周期的最高错误预算消耗速度 = 该周期内所有事故的最高错误预算消耗速度

在这种情况下，“周期”可以是错误预算期，也可以是使用图 11.5 的时间设置来选择的其他任何周期。表 11.3 展示了错误预算消耗速度的一些计算实例。

表 11.3　计算错误预算消耗速度

错误预算期	事故	消耗的错误预算百分比	消耗的时间间隔（小时）	错误预算消耗速度
1	1	70	52	70 / 52 = 每小时 1.3%
1	2	50	26	50 / 26 = 每小时 1.9%
1	3	25	70	25 / 70 = 每小时 0.4%

表 11.3 的三个事故发生在错误预算期 1 内。因此，错误预算期 1 的平均和最高错误预算消耗速度可以这样计算：

平均错误预算消耗速度 =（1.3+1.9+0.4）/ 3 = 每小时 1.2%

最高错误预算消耗速度 = Max（1.3，1.9，0.4）= 每小时 1.9%

这使得错误预算期在平均错误预算消耗速度的基础上具有了可比性。与财务季度的好坏取决于季度财务结果一样，错误预算期的成功与否取决于错误预算过早耗尽或者平均错误预算消耗速度。

一个高的错误预算消耗速度，例如表 11.3 中的事故 2，给出了故障的大爆炸半径的证据。较大的爆炸半径证明系统缺乏适应能力。有了适应能力，系统才会健壮：系统的一个组件的错误、错误或故障不会迅速传播到系统的其他组件；相反，损害被控制，部分功能被保留，从而防止整个系统完全失效。

适应能力可以使用分布式系统的稳定性模式引入系统。《发布！》[1] 一书对此进行了深入讲述。在这本书中，健壮的系统是这样定义的：“健壮的系统能继续处理事务，即使瞬时的冲击、持续的压力或者组件的故障扰乱了正常处理。这就是大多数人所说的‘稳定性’。它不仅指你的个别服务器或者应用程序保持运行，还指用户仍然能完成他们的工作。”

因此，为了识别缺乏适应能力的系统组件，错误预算消耗速度是一个重要指标。以这种方式确定的系统组件可以优先实现稳定性模式。在图 11.5 的表格中，错误预算消耗速度为每小时 1.9%的服务 3 是最近的错误预算期中错误预算消耗最快的。此外，服务 3 在错误预算期结束时的错误预算为-10%。因此，它应该被优先考虑——例如，在该服务的“所有者”团队的下一个计划期中实现稳定性模式。

错误预算消耗速度与消耗时间间隔的分析是一个有趣的话题。就用户体验中的可靠性而言，哪种方法更好：是在短时间内快速消耗错误预算，还是在很长一段时间内缓慢消耗？表 11.4 展示的两个事故在完全不同的时间间隔内消耗了同样多的错误预算。

表 11.4　对比在一段时间内快速与缓慢的错误预算消耗

事故	错误预算消耗百分比	消耗的时间间隔（小时）	错误预算消耗速度
A	80	2	80 / 2 = 每小时 40%
B	80	336	80 / 336 = 每小时 0.2%

事故 A 在两小时内消耗了 80%的错误预算。事故 B 也消耗了 80%的错误预算，但却是在 336 小时内，这相当于两周，或者说四周错误预算期的一半。事故 A 的错误预算消耗速度为每小时 40%。相比之下，事故 B 的错误预算消耗速度仅为每小时 0.2%。

仅仅通过比较错误预算的消耗速度，就可以说事故 1 大概是陷入了一个严重缺乏适应能力的系统区域。如果有适应能力的话，那么或许就不会在两小时内消耗 80%的错误预算了。

但是，两周消耗 80%的错误预算又是一种什么情况呢？可以说，从该事故中恢复的时间非常长。由于该事故缓慢地消耗错误预算，所以错误预算的消耗大概没有触发警报。因此，在错误预算消耗开始后，事故被发现的时间要晚得多。客户支持工单图可能有助于从客户的角度了解事故的影响（将在 11.2.9 节详述）。

一般来说，很难纯粹依据错误预算消耗速度来比较事故 A 和 B 对可靠性用户体验的影响。《实施 SLO》[2]一书对错误预算消耗速度这一主题进行了更深入的分析。

11.2.5　“SLO 错误预算过早耗尽”指标

SLO 错误预算过早耗尽是“不可靠性”的重要指标。为了做出 SRE 决策，我们要了解哪些服务和端点在错误预算期内过早耗尽了 SLO 错误预算。这是一种数据驱动的决策，目的是确定哪些地方需要立即进行可靠性方面的投资，哪些地方可以进行新功能开发的投资（因为服务的可靠性令人满意）。这里可以考虑对两种类型的信息进行可视化：用于探索性目的的一幅图以及将重点放在决策上的一张表格。在接下来的几个小节中，我们将探讨 SLO 错误预算过早耗尽图及其对应的表格。

11.2.5.1 用图来表示

如果一个服务频繁发生错误预算过早耗尽的情况，就适合用“SLO 错误预算过早耗尽”图来分析。图 11.6 展示了这样一幅图。

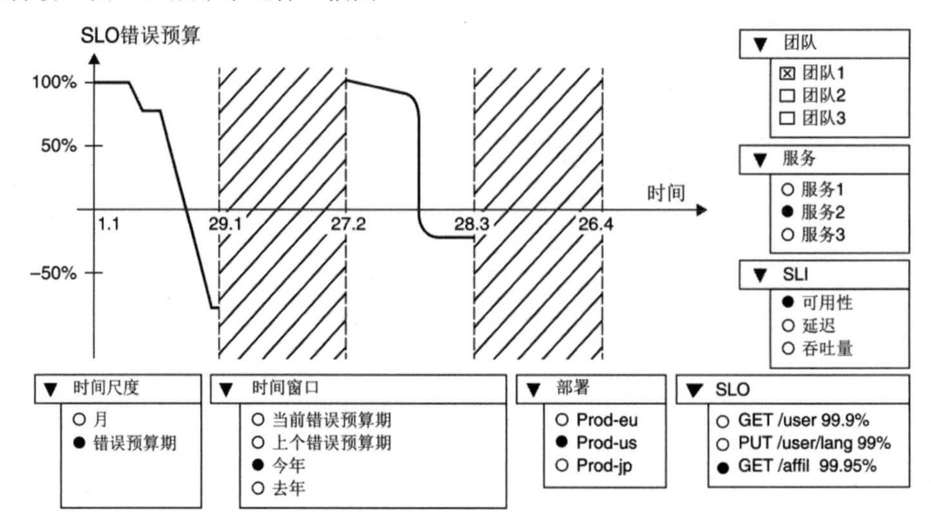

图 11.6 “SLO 错误预算过早耗尽”图

图 11.6 的右侧和底部显示了图的设置。利用这些设置，可以选择一个团队、服务、SLI、SLO、部署、时间窗口和时间尺度。这些设置与前几节讨论的其他图的设置是一致的。图 11.6 选择了团队 1，并为 Prod-us 部署中的服务 2 选择了端点 GET /affil 的 99.95%可用性 SLO。图中显示的是今年各个“错误预算期”的数据。

基于这些设置，图中显示四个错误预算期。只有发生了错误预算过早耗尽的两个错误预算期才会显示曲线：1 月 1 日~1 月 29 日以及 2 月 27 日~3 月 28 日。其他两个错误预算期用斜线图案覆盖。由于没有发生错误预算过早耗尽，所以这些错误预算期不是我们分析的重点。

错误预算过早耗尽的模式在不同错误预算期内也有很大的区别。第一个错误预算期发生了两个事故。第一个事故在相当短的时间内消耗了错误预算的大约 25%。第二个事故运行了相当长的时间。它消耗了大约 150%的错误预算，使它不可避免地进入了图的负值区域。由于该事故，在第一个错误预算期结束时，错误预算短缺约为-75%。

第二个错误预算期没有发生错误预算的过早消耗。然而，进入第三个错误预算期后，它又出现了。首先是几周内错误预算的缓慢消耗。到错误预算期的一半左右，发生了一个事故，一天内几乎消耗了错误预算的 100%。该事故被迅速解决，因此在错误预算期结束前没有发生进一步的消耗。此外，在下一个错误预算期，也没有发生过早的错误预算消耗。

通过对图进行分析，可以支持对最需要提高可靠性的服务进行优先排序的决策。诸如以下的问题可以通过该图来回答。

- 在过去三个错误预算期内，哪些服务过早耗尽了其可用性错误预算，错误预算的消耗模式是怎样的？
- 在过去一年内，对于特定组织单位所拥有的服务，延迟错误预算的过早耗尽模式是怎样的？

这些本质上都是一些探索性的问题。利用图的设置，可以很好地支持这种探索。数据可以按组织单位（表示为团队和服务），以及按 SILI、SLO、时间窗口和时间尺度进行切片（slice）和切块（dice）。

从技术上讲，“SLO 错误预算过早耗尽图”可以使用和“SLO 错误预算消耗”指标（11.2.4 节）一样的基础设施来实现。也可以通过向用户提供一个额外的设置来合并这两个图：“仅显示发生了错误预算过早耗尽的周期”。该设置使用户只看到发生了错误预算过早耗尽的周期。其他所有周期都用斜线图案覆盖，如图 11.6 所示。

11.2.5.2 用表格来表示

过早耗尽了 SLO 错误预算的服务可以用表格来表示，这对支持服务网络中的可靠性优先级决策非常有用。要知道哪些服务最需要改进可靠性，直接看表就可以了，如图 11.7 所示。

服务	SLI	SLO	周期	周期结束时的错误预算	错误预算耗尽时间	平均错误预算消耗速度	部署	团队
服务2	可用性	GET /affil 99.95%	1.1. – 29.1.	–70%	3天	0.6.	Prod-us	团队1
服务2	可用性	GET /affil 99.95%	30.1. – 27.2.	–30%	5天	1.7.	Prod-us	团队1
服务3	可用性	GET /user 99.9%	28.3. – 26.4.	–43%	8天	1.5.	Prod-us	团队2
服务3	可用性	GET /user 99.9%	28.3. – 26.4.	–51%	20天	2.1.	Prod-eu	团队2

▼ 团队
☒ 全部
☒ 团队1
☒ 团队2
☒ 团队3

▼ 服务
☒ 全部
☒ 服务1
☒ 服务2
☒ 服务3

▼ SLI
☒ 全部
☒ 可用性
☒ 延迟
☒ 吞吐量

▼ 时间尺度
○ 月
● 错误预算期

▼ 时间窗口
○ 当前错误预算期
○ 上个错误预算期
● 今年
○ 去年

▼ 部署
☒ 全部
☒ Prod-eu
☒ Prod-us
☒ Prod-jp

图 11.7 “SLO 错误预算过早耗尽”指标表

图 11.7 的右侧和底部显示了表格的设置。可供设置的包括团队、服务、SLI、部署和时间。表格本身包含 9 列：服务、SLI、SLO、时间尺度周期、周期结束时的错误预算、错误

预算耗尽时间、平均错误预算消耗速度、部署和团队。每一列都可以按升序或降序进行排序。通过对列进行排序，可以回答很多问题，为可靠性优先级的决策提供支持。

图 11.7 中的表格包含 4 行，按错误预算期升序排序。在第一行，服务 2 在三天内过早耗尽了 Prod-us 部署的可用性错误预算，并在 1 月 29 日结束了错误预算期，此时的错误预算短缺为-70%。在第二行，服务 2 在下一个错误预算期的五天内，在同一部署中过早耗尽了相同的可用性 SLO。这一次，在 2 月 27 日错误预算期结束时，错误预算短缺为-30%。

在第三行，服务 3 过早耗尽了一个可用性错误预算。它发生在 Prod-us 部署中。错误预算期在 4 月 26 日结束，错误预算短缺为-43%。有趣的是，同一服务在 Prod-eu 部署中也过早耗尽了同样的可用性错误预算。在那个部署中，4 月 26 日结束错误预算期时，错误预算短缺 为-51%。Prod-us 的错误预算在 8 天内就耗尽了。相比之下，Prod-eu 的错误预算在 20 天内耗尽。

通过分析该表可以得出以下结论。

- 最大的、最新的可用性错误预算消耗者是服务 3。在 3 月 28 日~4 月 26 日的错误预算期内，比 Prod-us 和 Prod-eu 这两个部署所允许的错误预算超出了 43% + 51% = 94%。
- 服务 2 在 1 月和 2 月的错误预算期有可用性错误预算过早耗尽的问题。然而，在 3 月和 4 月，服务 2 没有过早耗尽任何可用性错误预算。
- 根据这一分析，服务 3 应该优先考虑进行可靠性改进。一般来说，以下这种与优先级有关的问题可以通过这个表来回答：
  - 在过去三个错误预算期内，哪些服务一直在过早耗尽其错误预算（无论什么 SLI）？
  - 在过去两个错误预算期内，哪些服务过早耗尽了其可用性错误预算？
  - 哪些服务在过去一年中过早耗尽了其延迟错误预算？
  - 哪些服务最快耗尽其错误预算（按不同的 SLI）？

此外，在决定哪个团队应该为其分配更多的 SRE 时，可以使用这个表格。像“在过去三个错误预算期，哪个团队一直在过早地耗尽他们的一些错误预算？”这样的问题可以通过这个表格直接回答。

最后，这个表格可以支持可靠性改进上的项目预算分配的决策。在这种情况下，像“在过去三个错误预算期，哪个团队一直在过早地耗尽他们的一些错误预算？”这样的问题可以通过选择相应的表格设置来回答。

除此之外，对表格的“平均错误预算消耗速度”一列进行降序排序，可在表格的顶部显示消耗错误预算最快的服务（参见 11.2.4 节，了解如何计算平均错误预算消耗速度）。对于这些服务，可以优先考虑它们在可靠性上的投入。

从技术上讲，“SLO 错误预算过早耗尽”表格可以使用和“SLO 错误预算消耗”指标（11.2.4 节）那样的基础设施来实现。也可以通过向用户提供一个额外的设置来合并这两个图：“仅显示发生了错误预算过早耗尽的周期”。该设置使用户只看到发生了错误预算过早耗尽的周期。

到目前为止，我们讨论的 SRE 指标围绕的都是 SLO。还可以为 SLA 创建一套类似的指标。从技术上讲，SLA 错误预算的消耗与 SLO 是一样的。然而，SLA 错误预算消耗指标需要有一些不同的设置才能发挥作用。下一节讨论针对 SLA 的 SRE 指标时，会具体进行讨论。

11.2.6 “按服务划分的 SLA”指标

按服务划分的 SLA 清单是产品交付组织对客户和合作伙伴的合同义务的一个重要指标。这里需要关注两点：写在客户合同中的合同 SLA，以及相应的端点级 SLA。首先必须满足端点级 SLA，然后才能满足合同 SLA。图 11.8 以表格形式展示了一个例子。

在图 11.8 中，表格右侧显示了表格的设置。可以使用这些设置选择 SLI、合同 SLA、服务和部署。选择合同 SLA 时，“服务”下拉列表会自动筛选出签署了 SLA 的服务。

图 11.8 的底部指出错误预算期是 4 周，并指出当前错误预算期还剩余 5 天。这些数字对于我们了解基本情况很重要。

在图 11.8 中，通过对表格进行设置，我们要求显示在 Prod-us 部署中的一些服务，它们通过合同来约定了以下端点级的延迟 SLA：“90%工作流的数据的往返时间低于 15 秒。”有两项服务符合这些条件：服务 1（两个 SLA）和服务 2（两个 SLA）。

服务	SLI	SLA	端点	SLA 遵守情况	团队
服务1	延迟	95%的调用低于5秒	GET /tenant/{id}/studies/{id}/attachments	<链接>	团队1
服务1	延迟	90%的调用低于10秒	POST /tenant/{id}/studies/{id}/attachments	<链接>	团队1
服务2	延迟	93%的调用低于3秒	GET /tenant/{id}/query/{id}/status	<链接>	团队2
服务2	延迟	91%的调用低于7秒	POST /tenant/{id}/study/{id}/queries	<链接>	团队2

错误预算期：4周
当前错误预算期剩余天数：5天

▼ SLI
☐ 全部
☐ 可用性
☒ 延迟
☐ 吞吐量

▼ 合同SLA
☒ 90%工作流的数据的往返时间少于15秒
☐ 99.9%的工作流的数据在5分钟内接入

▼ 部署
☐ 全部
☐ Prod-eu
☒ Prod-us
☐ Prod-jp

▼ 服务
☒ 全部
☒ 服务1
☒ 服务2
☒ 服务3

图 11.8 “按服务划分的 SLA”

服务 1 在端点 GET /tenant/{id}/studies/{id}/ attachments 上的延迟 SLA 为 5 秒。使用"SLA 遵守情况"列中的链接，用户可以导航到一个页面，查看一定时间内的 SLA 遵守情况。服务 1 还为端点 POST /tenant/{id}/studies/{id}/attachments 定义了另一个延迟 SLA，即在给定错误预算期内，90%的调用在 10 秒内返回。

服务 2 也有两个以类似方式定义的延迟 SLA。分布于服务 1 和服务 2 的四个延迟 SLA 需要得到维持，以履行"90%工作流的数据的往返时间低于 15 秒"这一总体合同 SLA。"负责"或"拥有"服务 1 和服务 2 的团队需要适当地设置轮流值班，对"SLA 违反"做出及时响应。

基于这个表格，我们可以做出许多数据驱动的决策。例如，根据表格中的数据，可以决定是否使用一个 API，如何为自己的服务定义 SLA，以及服务之间所需的适应能力水平是什么。

另外，这个表格减少了产品交付组织内各方之间的沟通量。这是因为任何人都能以自助方式调取有关合同约定的 SLA 及其细分为端点级 SLA 的数据。这满足了不同角色对信息的需求，同时不会增大沟通开销。

11.2.7 "SLA 错误预算消耗"指标

SLA 错误预算消耗对各利益相关者来说非常有用。由于 SLA 是通过合同来约定的，所以 SLA 与合同惩罚直接挂钩，SLA 错误预算消耗图会有很多非技术性的利益相关者。这些人来自法律和监管部门，另外还有一些管理层人员。他们正在寻找类似以下问题的答案：

- 我们离因违反 SLA 而受到合同处罚还有多远？
- 我们怎样才能避免因违反 SLA 而受到的合同处罚？
- 我们上个季度是否因违反 SLA 而不得不支付合同罚款？

为了尝试回答这些以及其他问题，SRE 基础设施需要实现 SLA 错误预算消耗图。这是下一节的主题。

11.2.7.1 用图来表示

图 11.9 展示了一个 SLA 错误预算消耗图的例子。图的右侧和底部显示了图的设置。右上角的第一个设置是 SLI。SLI 下方的设置是合同 SLA。几乎肯定不会针对单个服务签署合同 SLA。大多数时候，SLA 针对的都是客户和合作伙伴能够识别的一个更大的功能部分。

例如，在图 11.9 中，"数据往返"是使用 SLA 合同约定的功能。对于 90%已执行的工作流，数据往返所需的时间不能超过 15 秒。

在这个时候，有一个新的额外的方面需要考虑。在以共享方式向各种客户提供服务（SaaS）的常见情况下，这些服务将受制于许多合同。这些合同可能完全一样。然而，每个客户都要与服务提供商签订他们自己的那一份合同。

在这种情况下，如果与客户 A 合同约定的 SLA 是“90%已执行的工作流的数据往返时间需要少于 15 秒”，它指的是为客户 A 而且只为客户 A 执行的所有工作流。事实上，如果其他客户的所有工作流都超过了 15 秒，那么虽然会违反与其他这些客户的合同，但不会违反与客户 A 的合同。

在这种情况下，SRE 基础设施需要提供一种手段来区分客户。它可以通过另一个设置来实现，即允许列出所有客户，并可选择其中一个客户。如果法务利益相关者必须以专门的方式处理与客户的个别合同，他们就特别需要选择对客户进行选择的功能。

然而，以专门的方式处理与客户的个别合同可能是不现实的。在规模较大的企业中，由于需要将 SaaS 提供给成千上万的客户，所以有可能遇到这种情况。每个客户都会与 SaaS 提供商签订一个标准合同。根据标准合同，因违反 SLA 而产生的退款可以根据客户的要求以自动方式记入。具体退款金额通常根据一个给定的服务信用公式计算。

这一合同规定使法务部门能以更可控的方式处理合同。在这种情况下，不需要在 SLA 错误预算消耗图中对客户进行区分。

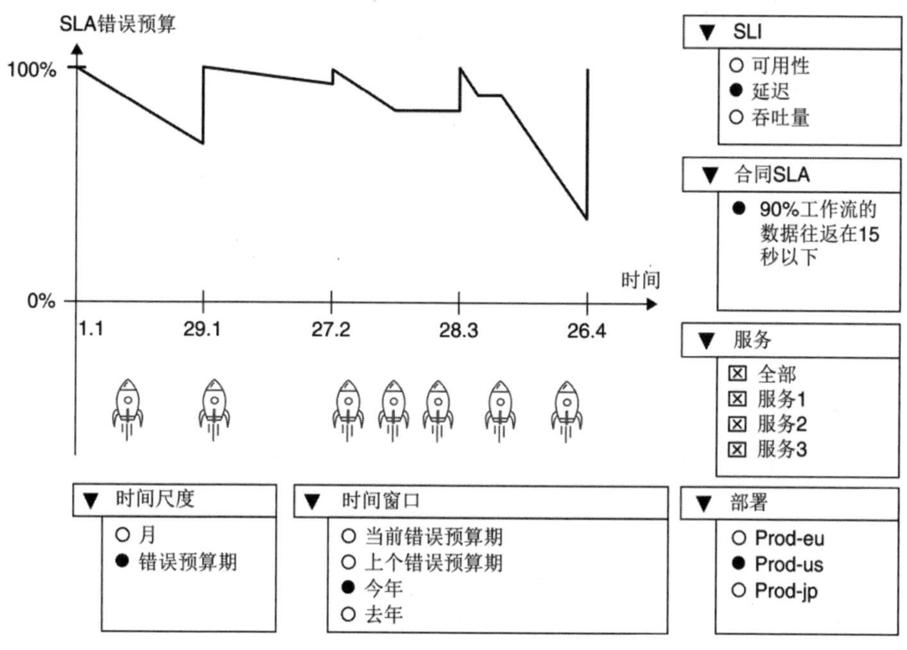

图 11.9 “SLA 错误预算消耗”指标图

在图 11.9 中，合同 SLA 的下方是服务列表。服务列表需要根据合同 SLA 设置中选择的内容来填充。在大多数情况下，每个合同 SLA 都是多个单独服务的 SLA 的聚合。合同 SLA 及其影响的个别服务之间的映射应该为 SRE 基础设施所了解。因此，受所选合同 SLA 影响的“服务”下拉列表应自动填充。

如果选择了“全部”服务，该图应显示合同SLA所涉及的全部服务的平均SLA错误预算消耗。如果选择单个服务，该图应显示该服务的SLA错误预算消耗。如果选择一组服务，该图应显示这一组服务的平均SLA错误预算消耗。在分析与技术领域相关的服务时，就可以利用这一功能。例如，可以看看所有网络服务的SLA错误预算消耗。

在服务下拉列表下方，可以选择一个部署。在部署下拉列表的左边，可以选择时间设置。可选择的时间窗口是错误预算期和年。可选择的时间尺度是月和错误预算期。

基于本例的设置，图11.9显示了针对Prod-us部署中的合同SLA“90%工作流的数据往返少于15秒”，今年每个错误预算期的延迟SLA错误预算消耗情况。

图中显示了四个SLA错误预算期。错误预算期1始于1月1日，错误预算期2始于1月29日，错误预算期3始于2月27日，错误预算期4始于3月28日。也就是说，每个SLA错误预算期都是四周。在每个错误预算期的开始，SLA错误预算得到完全补充。

此外，该图显示了在选定的部署环境中，在选定的时间窗口内进行的部署(以图标形式)。显示的部署是针对所选服务的。由于当前选择显示的是“全部”服务的数据，所以“服务”列表中的任何服务的部署都会导致图表上出现部署图标。

错误预算期1进行了一次部署。这一期消耗了大约20%的SLA错误预算。错误预算期2在开始时进行了另一次部署。在这次部署之后，SLA错误预算的消耗明显放缓。

错误预算期3进行了三次部署。在第一次部署后，SLA错误预算消耗曲线再次变得陡峭。该时期的第二次部署使错误预算消耗停止。该期间的第三次部署没有导致错误预算的消耗。

错误预算期4进行了两次部署。在第一次部署后，SLA错误预算的消耗变得非常剧烈。在大约三周内，它从大约90%变成了大约30%。不过，仍然在SLA错误预算没有过早耗尽的前提下完成了这个错误预算期。

SLA错误预算消耗图可以用来检查已实现的可靠性改进是否导致了SLA错误预算消耗的减少。这可以通过查看错误预算期的SLA错误预算消耗来方便地完成。

另外，在准备进行SLA合同谈判的时候，SLA错误预算消耗图非常有用。可以通过它来了解谈判所涉及服务的历史SLA遵守情况。

11.2.7.2 用表格来表示

SLA错误预算消耗也可以用表格的形式呈现。这对于获得快速决策所需的详细数据很有用。图11.10展示了一个SLA错误预算消耗表。

表的右侧和底部是表格的设置。可供设置的包括SLI、合同SLA、服务、部署、时间窗口和时间尺度。在图11.10中，我们选择了合同延迟SLA“90%工作流的数据往返在15秒以下”。显示了在当年的不同错误预算期内，Prod-us部署所涉及的全部服务的SLA错误预算。

SLI	SLA	端点	SLA类型	服务	周期	周期结束时的错误预算	平均错误预算消耗速度	最高错误预算消耗速度
延迟	90%工作流的数据往返在15秒以下	—	合同	—	1.1 – 29.1	30%	0.3	0.4
延迟	95%的调用低于5秒	GET /tenant/{id}/studies/{id}/attachm	端点级	服务1	1.1 – 29.1	40%	1.0	1.2
延迟	93%的调用低于3秒	GET /tenant/{id}/query/{id}/status	端点级	服务2	1.1 – 29.1	25%	0.7	0.7

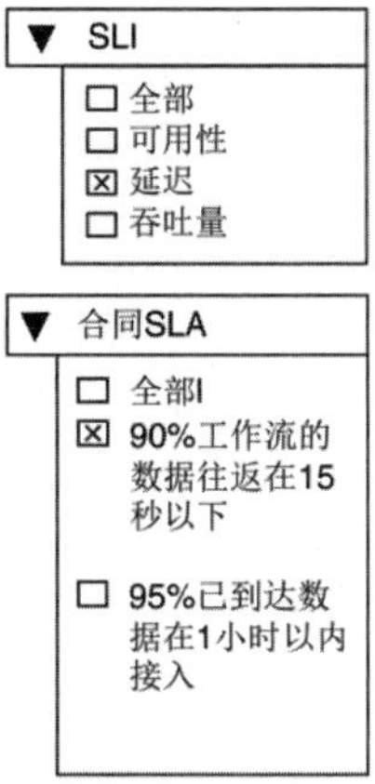

▼ SLI
☐ 全部
☐ 可用性
☒ 延迟
☐ 吞吐量

▼ 合同SLA
☐ 全部I
☒ 90%工作流的数据往返在15秒以下
☐ 95%已到达数据在1小时以内接入

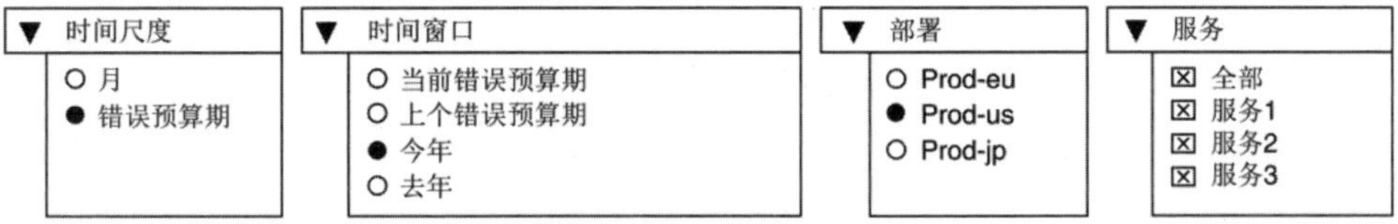

▼ 时间尺度
○ 月
● 错误预算期

▼ 时间窗口
○ 当前错误预算期
○ 上个错误预算期
● 今年
○ 去年

▼ 部署
○ Prod-eu
● Prod-us
○ Prod-jp

▼ 服务
☒ 全部
☒ 服务1
☒ 服务2
☒ 服务3

图 11.10 “SLA 错误预算消耗”指标表

由此生成的表格显示了按错误预算期划分的合同和端点级错误预算消耗情况。表中显示的第一个 SLA 是合同性的。1 月 1 日结束错误预算期时，错误预算剩余 30%。每小时 0.3%的平均错误预算消耗速度相当低。同期每小时 0.4%的最高错误预算消耗速度也相当低。

表格底部的两个 SLA 是端点级 SLA。1 月 1 日结束错误预算期时，它们的剩余 SLA 错误预算分别为 40%和 25%。

这种数据在 SLA 谈判中非常有用。期末的结余错误预算意味着谈判时可以为更严格的 SLA 留下空间。如果在相当多的错误预算期结束时一直剩余充足的错误预算，那么 SLA 谈判人员可以同意将 SLA 再收紧一些（更严格一些）。

11.2.8 “SLA 遵守情况”指标

SLA 遵守情况可从“按服务划分的 SLA”指标内引用（11.2.6 节），后者提供了合同所定义的 SLA 的一个清单。为了探索一个 SLA 的细节，用户可以通过链接查看该 SLA 的遵守情况。该链接将用户带到“SLA 遵守情况”指标，后者以表格的形式说明了 SLA 在一定时间内的履行情况，如图 11.11 所示。

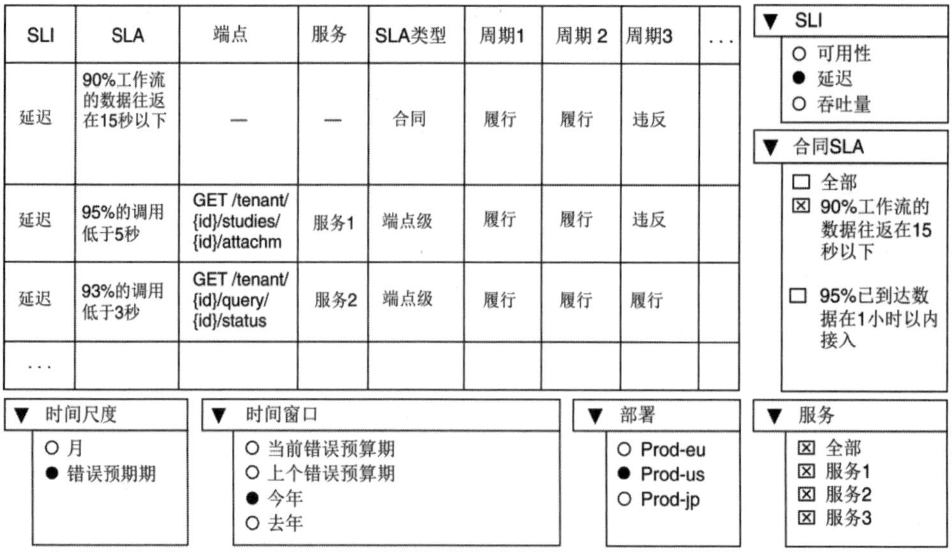

SLI	SLA	端点	服务	SLA类型	周期1	周期 2	周期3	. . .
延迟	90%工作流的数据往返在15秒以下	—	—	合同	履行	履行	违反	
延迟	95%的调用低于5秒	GET /tenant/{id}/studies/{id}/attachm	服务1	端点级	履行	履行	违反	
延迟	93%的调用低于3秒	GET /tenant/{id}/query/{id}/status	服务2	端点级	履行	履行	履行	
. . .								

▼ SLI
- ○ 可用性
- ● 延迟
- ○ 吞吐量

▼ 合同SLA
- ☐ 全部
- ☒ 90%工作流的数据往返在15秒以下
- ☐ 95%已到达数据在1小时以内接入

▼ 时间尺度
- ○ 月
- ● 错误预期期

▼ 时间窗口
- ○ 当前错误预算期
- ○ 上个错误预算期
- ● 今年
- ○ 去年

▼ 部署
- ○ Prod-eu
- ● Prod-us
- ○ Prod-jp

▼ 服务
- ☒ 全部
- ☒ 服务1
- ☒ 服务2
- ☒ 服务3

图 11.11 “SLA 遵守情况”指标

图 11.11 的右侧和底部显示了表格的设置。可供设置的包括 SLI、合同 SLA、服务和部署。此外，可以灵活地设置时间窗口和时间尺度。基于这些设置，该表显示了一个包含两类 SLA 的列表：合同 SLA 和一个相应的端点级 SLA 列表。对任何类型的每个 SLA 的遵守情况在表格右侧按时间尺度期分列显示。

在图 11.11 中，我们同时选择了延迟 SLI 和“90%工作流的数据往返在 15 秒以下”合同延迟 SLA。然后，选择显示 Prod-us 部署中工作流涉及的所有服务的 SLA 遵守情况。时间选择的是今年的每个错误预算期。

在最终的表格中，第一行显示的是合同 SLA。在错误预算期 1 和 2 中，SLA 得以履行。然而，在错误预算期 3，SLA 发生了违反。在这种情况下，两个端点级 SLA 对合同 SLA 有影响。第一个端点级 SLA 在错误预算期 1 和 2 得以履行，但在错误预算期 3 发生了违反。第二个端点级 SLA 在所有错误预算期都得到了履行。由此可见，合同 SLA 在错误预算期 3 中发生违反，是因为第一个端点级 SLA 在此期间发生了违反。

在做出关于使用 API 或者在服务之间实现适应能力的决策时，SLA 遵守情况指标表很有用。

11.2.9 “客户支持工单趋势”指标

客户支持工单趋势帮助我们了解客户对系统可靠性的感知。该趋势描述了客户支持工单数量随时间的变化。虽然光凭客户支持工单数量的增大就认定是系统可靠性出了问题，但它仍然是一个有效的指标。

之前讨论的 SRE 指标反映的都是对内部定义的一些数值（例如 SLO 或 SLA）的遵守情况。相比之下，客户支持工单直接反映客户对产品的满意程度。毕竟，快乐的客户只会使用产品，不会提交客户支持工单！因此，客户支持工单的增长趋势是一个值得关注的指标。

对系统的可靠性进行评估时，应在考虑其他 SRE 指标的同时考虑客户支持工单的趋势。该趋势可以用图和表格的形式来显示。在接下来的两个小节中，将对这两种可视化方式进行探讨。

11.2.9.1 用图来表示

图 11.12 展示了一个可由 SRE 基础设施提供的示例客户支持工单图。

图 11.12 的右侧和底部显示了图的设置。右上角可以选择一个团队。团队的选择决定了它下方的“服务”下拉列表中显示的服务。如果选择了具体的团队，那么“服务”下拉列表只会列出由所选团队“负责”或“拥有”的服务。如果没有选择具体团队，那么会显示 SRE 基础设施已知的所有服务。

可以同时选择多个服务。类似地，在“部署”下拉列表中可以选择多个部署。还可以进行时间窗口和时间尺度的选择。可以按年或按错误预算期显示数据。

在图 11.12 顶部的折线图中，我们选择显示今年每个错误预算期的数据。所以，可以在图中看到四个错误预算期。在第一个错误预算期，客户支持工单的数量下降了。同样的趋势发生在第二个错误预算期。在第三个和第四个错误预算期，这个趋势发生了反转。在第四个错误预算期结束时，客户支持工单的数量达到历史最高水平。

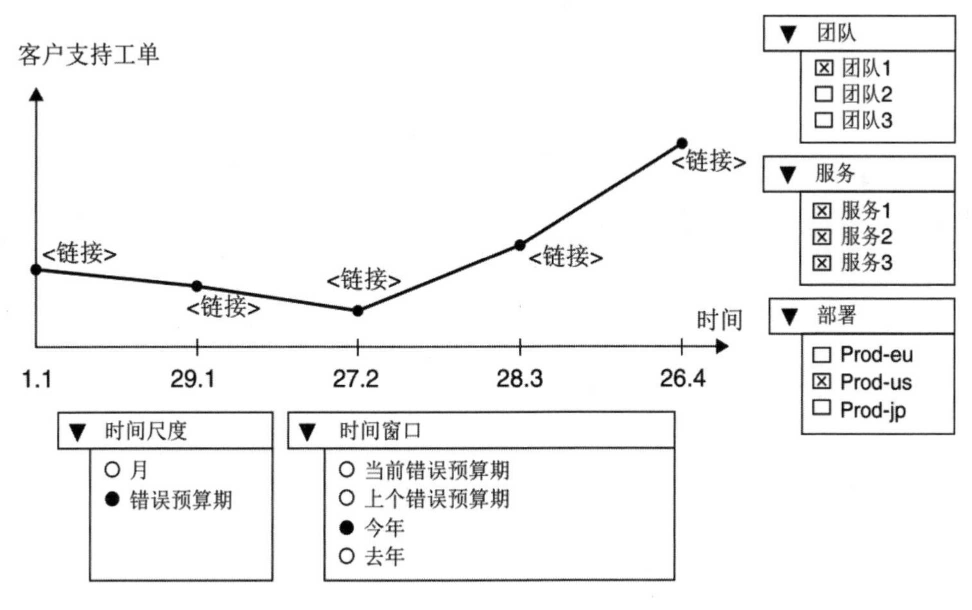

图 11.12 “客户支持工单趋势”指标图

每个错误预算期开始时的数据点都提供了链接，它们通向管理客户支持工单的工具。这种连接非常重要，可以帮助用户浏览实际的支持工单列表。图中显示的普通数据只能作为分析的起点和了解工单背景的触发点。

在一个错误预算期内，是否有来自不同客户的大量客户支持工单引用了同一个技术问题？是否大多数工单都集中引用了几个技术问题？是否有一些技术问题在不同错误预算期被许多客户支持工单引用？像这样的问题将由分析图表的人提出。只有在这些问题能被当场回答时，客户支持工单图才有价值。

也就是说，客户支持工单图不仅需要从管理客户支持工单的工具中提取数据，还需要允许通过深度链接（deep link）跳转回工具，将用户带到相应的工单列表中。列表中的每个客户支持工单都需要可以查看，以获得所报告问题的全部细节。

客户支持工单一般可以引用不同类型的问题。有的问题明确归因于功能损坏。有的问题可能归因于与可靠性无关的、不充分的用户体验。然而，还其他一些问题可能归因于功能缺失，造成不可能完成目标用户任务，或者完成非常麻烦。

取决于管理客户支持工单的工具，也许可以对工单进行分类。工单分类非常有用，它能确保和可靠性问题无关的工单不会干扰到图上显示的工单数据。如果支持工单分类，客户支持工单图应该只计算涉及可靠性问题的工单。另外，图中的数据点链接应该指向过滤后的、涉及可靠性问题的工单列表。

工单也许能根据优先级或严重性进一步分类。如果允许从客户工单管理工具中检索到这种分类，那么可以大大丰富客户支持工单图的内容。如果图表能显示工单分类和工单编号，那么我们可以做更进一步的分析。例如，可以看到在不同错误预算期内，最高优先级和严重性的客户支持工单的数量，并与该期的部署情况联系起来。

使用客户支持工单图还可以做出其他决策。例如，错误预算策略的有效性可以通过查看客户支持工单进行一部分度量。错误预算策略的实行与工单数据有什么联系？在实行错误预算策略的周期，预期客户工单数量可能上升。在不需要实行错误预算策略的周期，则预期工单数量则可能不会上升。

这就是观察到的客户工单增长模式吗？如果是，这是否意味着错误预算策略有效？如果这不是观察到的模式，是否意味着错误预算策略无效？通过绘制不同错误预算期内的客户工单数量，大大方便了团队和 SRE 教练寻找错误预算策略有效性的证据。

另一个可以用到客户工单数据的问题是，错误预算策略是否实行得太晚了，以至于错误预算的消耗不能保持令人满意的用户体验？如果在发生错误预算过早耗尽并实行了相应的错误预算策略后，客户支持工单没有随之下降，那么应该引起注意。如果这种模式反复出现，那么就值得去调查一番。

11.2.9.2 用表格来表示

可以用表格形式呈现客户支持工单趋势，从而有效地支持预算和工作分配决策。图 11.13 展示了这样的一个表格。该表的设置大体上与上一节讨论的客户支持工单趋势指标图中的设置一致。

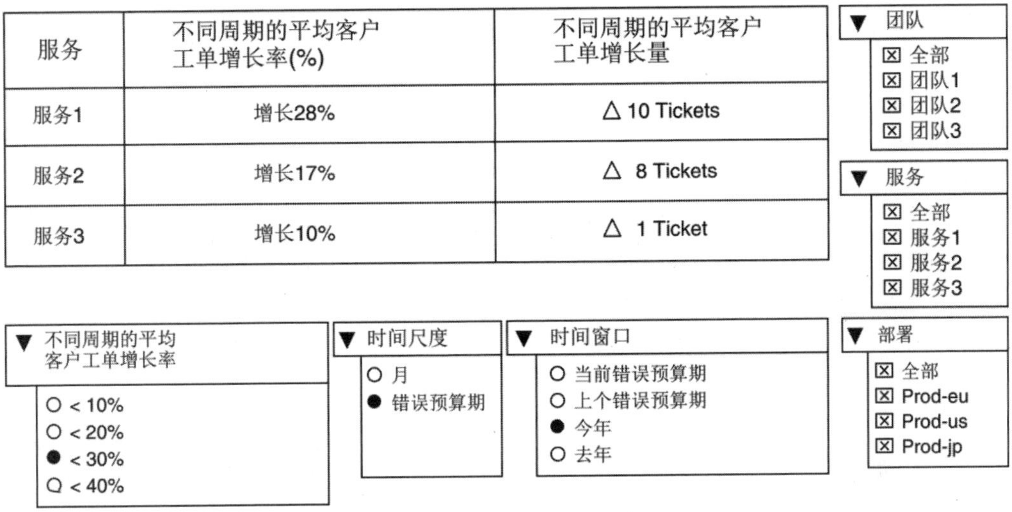

服务	不同周期的平均客户工单增长率(%)	不同周期的平均客户工单增长量
服务1	增长28%	△ 10 Tickets
服务2	增长17%	△ 8 Tickets
服务3	增长10%	△ 1 Ticket

▼ 团队
☒ 全部
☒ 团队1
☒ 团队2
☒ 团队3

▼ 服务
☒ 全部
☒ 服务1
☒ 服务2
☒ 服务3

▼ 不同周期的平均客户工单增长率
○ < 10%
○ < 20%
● < 30%
○ < 40%

▼ 时间尺度
○ 月
● 错误预算期

▼ 时间窗口
○ 当前错误预算期
○ 上个错误预算期
● 今年
○ 去年

▼ 部署
☒ 全部
☒ Prod-eu
☒ Prod-us
☒ Prod-jp

图 11.13 “客户支持工单”指标表

预算分配决策往往需要整个组织的数据。因此，这里在“团队”下拉列表中选择了“全部”。随后，“服务”下拉列表中的“全部”会被自动选中。

图 11.13 的左下角出现了一个新设置。它表示在当前选定的时间窗口内，每个时间尺度周期的平均客户工单增长率。

例如，在有三个时间尺度期（P1、P2 和 P3）的情况下，它们之间会发生两次过渡：P1→P2 和 P2→P3。P1→P2 过渡期的工单增长率与 P2→P3 过渡期的工单增长率取平均值。这个数字与当前选择的设置“<30%”进行比较。随后，在图顶部的表格中列出符合要求的服务。

在示例服务列表中，服务 1 在本年度的错误预算期内具有最高的平均客户工单增长率，为 28%。这导致从一个时间尺度期到下一个时间尺度期平均增加 10 个工单。在本年度的所有错误预算期内，服务 2 的平均客户工单增长率第二高，为 17%，即在时间尺度期之间平均增加了 8 个工单。列表最后是服务 3，它在各期之间的平均客户工单增长率为 10%，平均增加一个额外的工单。

这个服务列表有助于我们做出预算分配决策。为一个将使用现有服务的新项目分配预算时，该列表可以帮助估算客户支持成本。每个客户支持工单都需要处理和解决。了解 12 个月内客户支持工单增长趋势的服务数量，可以理解每年需要解决的潜在工单数量。处理和解决工单的成本可以根据历史成本数据来估算。

此外，如果显示的列表非常长，那么可能表明在改善了列表顶端的服务的可靠性之前，不应该开始新的项目。只有基于更可靠的服务来开始新项目，客户支持工单的趋势数据才会好看。

图中的服务列表也可以用来支持对 SRE 职位人数（head count）的分配决策。极有可能的一种情况是，“负责”或“拥有”列表顶端服务的团队只是缺乏 SRE 能力。在一个产品交付组织中，如果由开发人员执行 SRE 工作，那么可能意味着团队需要一个额外的开发人员 head count。在产品交付组织中，如果团队中有专门的 SRE 人员，那么可能意味着需要再将一个专门的 SRE 人员需要分配给团队。

在任何情况下，对服务列表的决策都是以数据来驱动的，这些数据是客户与服务互动并表达其关注的真实数据。如果服务列表可以通过对客户工单的分类来进行增强，那么还能进一步扩展决策支持。

11.2.10 “团队轮流值班”指标

一个重要的 SRE 指标是各个团队是否安排了轮流值班、覆盖了多少服务以及参与轮值的人数。通过这些数据，我们可以了团队为支持其“负责”或“拥有”的服务而设置的轮值。这些数据可以用表格形式呈现，如图 11.14 所示。

轮班#	覆盖的时间段	覆盖的服务	人数
1	7a.m. – 7p.m. UTC	服务1	2
2	8a.m. – 4p.m. UTC 7a.m. – 9p.m. UTC	服务2, 服务3	2
3	1a.m. – 5a.m. UTC	服务1	1
4	1a.m. – 4a.m. UTC	服务2	1
5	2a.m. – 5a.m. UTC	服务3	1

▼ 团队
○ 团队1
● 团队2
○ 团队3

▼ 服务
☒ 服务1
☒ 服务2
☒ 服务3

▼ 时间窗口
○ 当前错误预算期
○ 上个错误预算期
● 今年
○ 去年

▼ 部署
○ Prod-eu
● Prod-us
○ Prod-jp

图 11.14 “团队轮流值班”指标

图 11.14 的右侧和底部显示了表格的设置。可供设置的包括团队、服务、部署和时间窗口。本例选中了 Prod-us 部署中由团队 2 拥有的全部服务，表格显示了团队 2 本年度的轮值情况。

安排了五轮值班，覆盖了服务 1、2 和 3。服务 1 在 UTC 时间上午 7 点至晚上 7 点由轮班 1 覆盖，轮值人员有 2 人。服务 1 在凌晨 1 点至 5 点由轮班 3 覆盖，由 1 人轮值。

服务 2 和服务 3 在上午 8 点至下午 4 点和晚上 7 点至 9 点由轮班 2 覆盖，人员有 2 人：一名主要值班人员和一名后备值班人员。在非工作时间，服务 2 由轮班 4 覆盖，时间是凌晨 1 点至 4 点。服务 3 在非工作时间由轮班 5 覆盖，时间为凌晨 2 点至 5 点。每班都只有 1 人。

注意，没有任何一项服务是 24/7 轮值的。这可能没有必要。要想详细了解不同服务所需的值班支持水平，请参考 7.6 节。

为了实现图 11.14 中的表格，SRE 基础设施需要连接到值班管理工具。它包含该表所需的全部数据。这些数据可以通过大多数现代值班管理工具提供的 API 进行访问。有的工具还支持报表功能，允许用户生成如图 11.14 所示的表格式数据视图。

“团队轮流值班”指标可以支持为团队分配 SRE 的决策。如果发现一个团队根本没有安排轮值，那么可以肯定该团队“负责”或“拥有”的服务存在可靠性方面的危险。SRE 教练需要与没有安排任何轮值的团队合作，找出他们不安排的原因，并支持他们建立第一次轮流值班。在这种情况下，SRE 教练需要和团队经理合作，确保最需要 SRE 人力的团队首先获得这种人力支持。

通过轮值表，还有可能发现重要服务当前的轮值覆盖时间不足。具有高可用性目标（例如，大于 99.99%的可用性）和高生产部署频率（例如，每天）的服务可能需要 24/7 值班。这个表格清楚显示了一天中哪些时间没有为某项服务安排值班。

相应地，根据轮值表中的数据，我们可能发现，对于一些可用性目标和生产部署频率相当低的服务，居然安排了非常饱和的值班时间。例如，对于可用性目标低于 99%、生产部署频率低于“每月”的服务，16/7（每天 16 小时，每周 7 天）的值班覆盖是没有必要的。只有具有更高可用性目标和更高生产部署频率的服务，才需要这么饱和的轮值覆盖。

轮值指标反映出的另一个信号可能是参与值班的团队人数过少。例如，在本例由 5 个轮班组成的表格中，最多有 7 个人参与。这个数字大致相当于拥有一个服务的完整生命周期的敏捷团队的规模。记住，几乎每个团队成员都应参与值班，体验他们所开发的服务的生产运营，并相应地提供支持。

如果一个团队中参与轮值的人数相当少，那么 SRE 教练应该和团队接触并找出原因。他们应该指导团队，逐渐让越来越多的人参与轮流值班。

11.2.11 “事故恢复时间趋势”指标

事故恢复时间是指事故产生和事故解决之间的时间。这两个数据都是由现代值班管理工具自动跟踪的。因此，从事故中恢复的时间可以在值班管理工具中直接以图表形式显示，如图 11.15 所示。

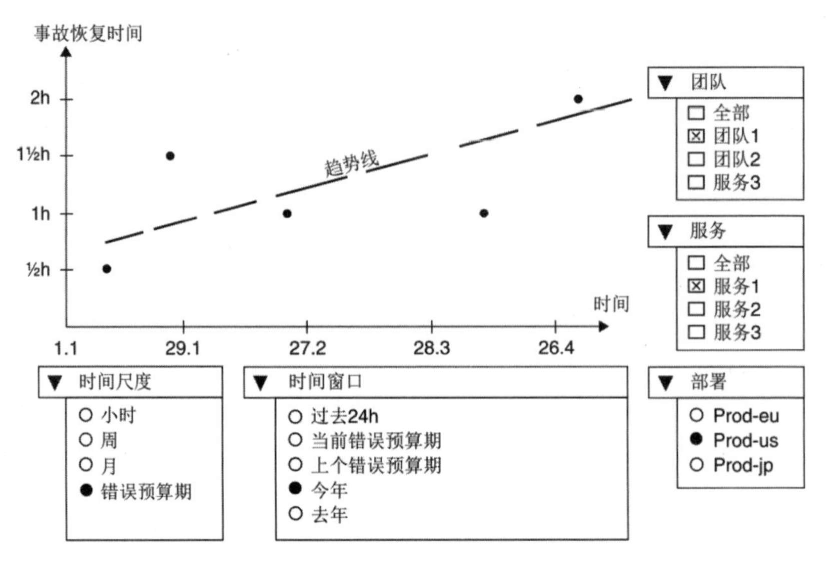

图 11.15 “事故恢复时间趋势”指标

图 11.15 的右侧和底部显示了图的设置。可供设置的包括团队、服务、部署、时间窗口和时间尺度。本例选择了 Prod-us 部署中由团队 1 拥有的服务 1，并指定显示今年每个错误预算期的数据。

基于这些设置，图 11.15 显示了服务 1 发生事故后的恢复时间。第一个错误预算期发生了两个事故。第一个事故在 30 分钟内恢复，第二个在 90 分钟内恢复。第二个错误预算期发生了一个事故，在 60 分钟内恢复。在第三个错误预算期，服务 1 无事故。在第四个错误预算期，再次发生了一个事故。和上个事故一样，它在 60 分钟内恢复了。在最后一个错误预算期，发生了另一个事故。由于花了两个小时才恢复，所以它是今年发生的所有事故中恢复时间最长的。

图中的 5 个数据点生成了一条具有上升趋势的趋势线。基于观察到的服务 1 的事故恢复时间上升趋势，在进行涉及服务 1 的 SLA 谈判时，决策可以得到数据的支持。由于从服务 1 的事故中恢复的时间呈上升趋势，所以在就服务 1 进行谈判时，不可能再要求更严格的 SLA。如果要签署更严格的 SLA，那么为了安全起见，需要假设会发生更多的“SLA 违反”。而更多的“SLA 违反”意味着有更多的事故需要解决。

如果团队 1 在目前的 SLA 和事故中具有不断增长的事故恢复时间趋势，那么为了 SLA 谈判的目的，需要假设如果 SLA 被收紧，趋势线会变得更加陡峭。团队 1 将被越来越多的事故和更长的恢复时间所占据。在这种情况下，团队 1 将无法履行收紧的 SLA。

然而，如果事故恢复时间呈坚定的下降趋势，那么可能表明，由于收紧的 SLA 而导致的越来越多的事故可能不会使团队不堪重负。在这种情况下，SLA 谈判小组需要查看的下一组数据是历史 SLA 遵守情况（11.2.8 节）。如果 SLA 遵守情况数据表明团队 1 能成功履行当前的 SLA，那么下一个要看的数据集是 SLA 错误预算消耗（11.2.7 节）。

如果 SLA 错误预算消耗显示在不同错误预算期都剩余了一些 SLA 错误预算，就会为 SLA 谈判者提供必要的信心，可以考虑对一套更严格的 SLA 达成合同协议。所有历史数据都提供了证据，证明团队 1 可能有能力履行收紧的 SLA。

事故恢复时间趋势也可用于决定如何为估算的故障成本（cost of outages）分配一个商业计划成本位置（business plan cost position）。为此，需要知道或估算一组服务产生的收入。然后，利用图 11.15，可以发现这一组服务的事故数量和事故恢复时间趋势。选择一个适当的时间范围，例如一年，就可以获得进行估算所需的数据。

例如，假设有一组提供了数据分析能力的服务。在按月订阅的基础上，它们每年产生 100 万美元的收入。如果发生服务不可用的情况，则按合同约定退费。每 30 分钟服务不可用，按客户每月订阅费用的 50%退费。

选择图 11.15 的数据分析服务，并将时间窗口设为“去年”，可能会得到以下数据：去年发生了 10 次故障。从故障中恢复的时间呈上升趋势，平均为 3 小时。

假设所有客户都受到这 10 次故障的影响，故障成本可以粗略计算如下：10 次故障×平均 3 小时=去年共计 30 小时故障。为了计算对所有客户的退费，首先要算出服务产生的每小时收入：1 000 000 美元 / 365 天 / 24 小时 = 每小时 114 美元。所以，30 小时故障所产生的退费是：30 小时 × 114 美元 × 1/2 = 1710 美元。

由于从故障中恢复的时间呈上升趋势，而且未来的故障次数不详，所以应在商业计划中加入更高的退费成本。为安全起见，对于故障的估计成本，其成本位置可以定为每年 5000 美元。

11.2.12 “最不可用服务端点”指标

另一个支持可靠性优先级决策的 SRE 指标是在给定时间段内“最不可用服务端点”。它为 SLO 错误预算过早耗尽指标（11.2.5 节）提供了补充。

“最不可用服务端点”指标可以用表格形式呈现，如图 11.16 所示。支持的表格设置包括团队、服务、部署、时间窗口和时间尺度。

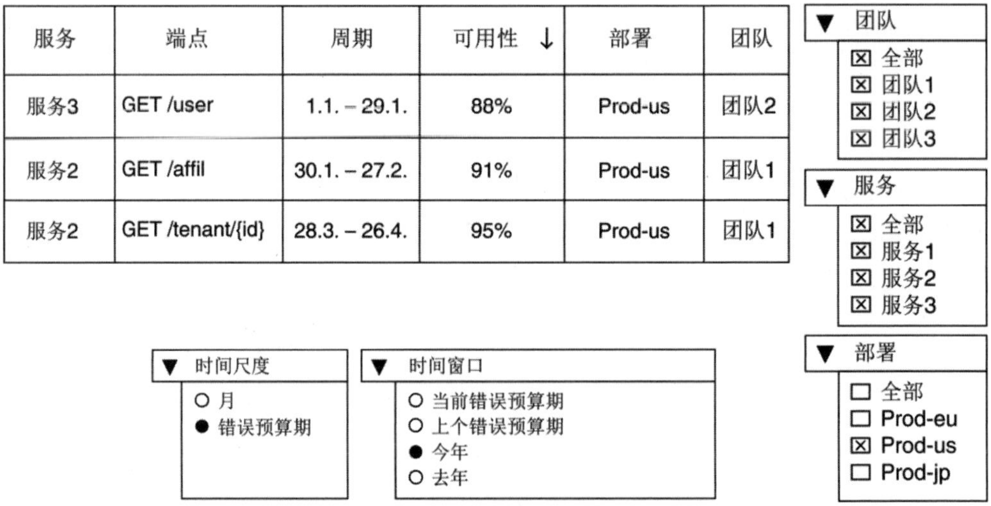

服务	端点	周期	可用性 ↓	部署	团队
服务3	GET /user	1.1. – 29.1.	88%	Prod-us	团队2
服务2	GET /affil	30.1. – 27.2.	91%	Prod-us	团队1
服务2	GET /tenant/{id}	28.3. – 26.4.	95%	Prod-us	团队1

▼ 团队
☒ 全部
☒ 团队1
☒ 团队2
☒ 团队3

▼ 服务
☒ 全部
☒ 服务1
☒ 服务2
☒ 服务3

▼ 时间尺度
○ 月
● 错误预算期

▼ 时间窗口
○ 当前错误预算期
○ 上个错误预算期
● 今年
○ 去年

▼ 部署
☐ 全部
☐ Prod-eu
☒ Prod-us
☐ Prod-jp

图 11.16 “最不可用服务端点”指标

在这个表格中，所有团队和服务都被选中。选择的部署是 Prod-us。时间窗口设为今年，时间尺度是错误预算期。基于这些设置，表格中列出了三个服务端点。端点按给定错误预算期的可用性从低到高进行排序。

最不可用的端点是 GET /user，可用性为 88%。第二个最不可用的端点是 GET /affil，可用性为 91%。第三个是 GET /tenant/{id}，可用性为 95%。对端点的可用性提升进行优先排序时，这些数据可以为决策提供支持。

首先，可以使用 SLO 错误预算过早耗尽指标（11.2.5 节）来确定持续违反其可用性 SLO 的端点。这个列表可以根据图 11.16 的表格数据进一步筛选或排序。在结果列表中，所有服务总是过早耗尽其可用性 SLO 错误预算，而且在给定的时间段内是最不可用的。产品负责人对服务可用性的改进进行优先排序时，这个结果服务列表可以提供极大的支持。

11.2.4 讲过，基础设施支持将 SLO 错误预算消耗指标可视化为表格。在技术上，同样的基础设施也可以用来实现如图 11.16 所示的表格。两个表格甚至可以合并，为用户提供额外的表格设置，以打开和关闭一些表列。

除此之外，这个表格的数据可以一字不漏地在向产品交付组织发送的可用性周报中抄送。只需提供一个包含了必要的表格设置的深度链接，以访问为某一期周报生成的数据。该链接可以直接包含在周报中。只要基础数据可用，这个链接就会一直有效。

11.2.13 “最慢服务端点”指标

另一个支持可靠性优先级决策的 SRE 指标是特定时间段内最慢的服务端点。它为 SLO 错误预算过早耗尽指标（11.2.5 节）提供了补充。

"最慢服务端点"指标可以用表格形式呈现，如图 11.17 所示。支持的表格设置包括团队、服务、部署、时间窗口和时间尺度。

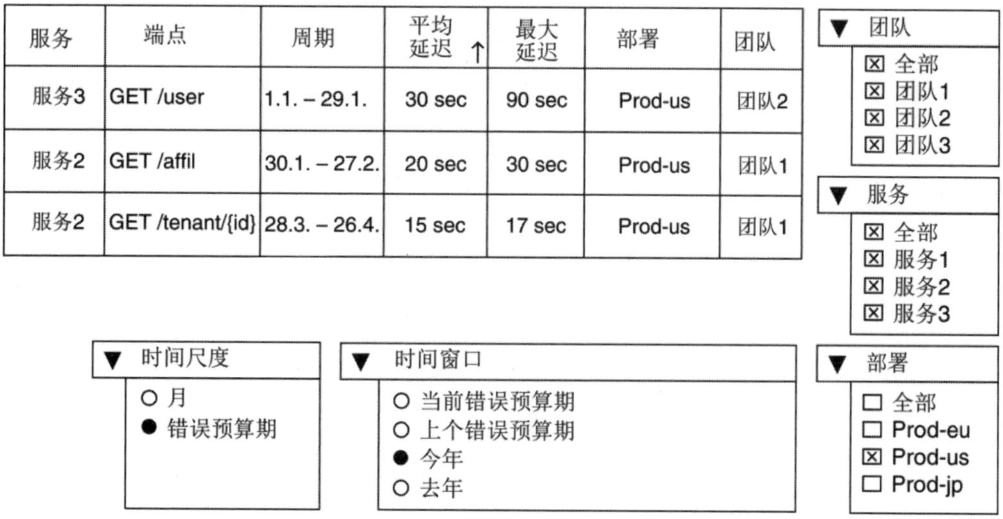

服务	端点	周期	平均延迟 ↑	最大延迟	部署	团队
服务3	GET /user	1.1. – 29.1.	30 sec	90 sec	Prod-us	团队2
服务2	GET /affil	30.1. – 27.2.	20 sec	30 sec	Prod-us	团队1
服务2	GET /tenant/{id}	28.3. – 26.4.	15 sec	17 sec	Prod-us	团队1

▼ 团队
☒ 全部
☒ 团队1
☒ 团队2
☒ 团队3

▼ 服务
☒ 全部
☒ 服务1
☒ 服务2
☒ 服务3

▼ 时间尺度
○ 月
● 错误预算期

▼ 时间窗口
○ 当前错误预算期
○ 上个错误预算期
● 今年
○ 去年

▼ 部署
☐ 全部
☐ Prod-eu
☒ Prod-us
☐ Prod-jp

图 11.17 "最慢服务端点"指标

在这个表格中，所有团队和服务都被选中。选择的部署是 Prod-us。时间窗口设为今年，时间尺度是错误预算期。基于这些设置，表格中列出了三个服务端点。端点按给定错误预算期的平均延迟从高到低进行排序。

最慢的端点是 GET /user，平均延迟为 30 秒。第二慢的端点是 GET /affil，平均延迟为 20 秒。第三慢的端点是 GET /tenant/{id}，平均延迟为 15 秒。对减少端点延迟进行优先排序时，这些数据可以为决策提供支持。

首先，可以使用 SLO 错误预算过早耗尽指标（11.2.5 节）来确定持续违反其延迟 SLO 的端点。这个列表可以根据图 11.17 的表格数据做进一步的筛选或排序。在结果列表中，所有服务总是过早耗尽其延迟 SLO 错误预算，而且在给定的时间段内是最慢的。产品负责人对服务延迟的改进进行优先排序时，这个结果服务列表可以提供极大的支持。

图 11.17 的表格在技术上可以使用 SLO 错误预算消耗表（11.2.4 节）的基础设施来实现。它甚至可以与那个表合并，为用户提供额外的表格设置，以打开和关闭一些表和列。

11.3 过程指标（而非人员的 KPI）

SRE 指标需要看作是组织正在执行的"可靠性工程过程"（reliability engineering process）的指标。它们不应该被用作对人员进行评估的关键绩效指标（KPI）。这一点很重要，因为如果用它们来进行人员考核，人员很可能会倾向于调整 SRE 指标数据，以获得有利于自己的评价。

SRE 教练需要确保领导团队和人事经理了解这一重要方面。然后，他们必须向整个产品交付组织表明，SRE 指标将不会被用作人员评估之目的。因此，产品交付组织中没有人应该担心 SRE 指标会被用于绩效评估。只有这样，才能期望、确保和实现无偏差的数据质量和数据评估。

歪曲 SRE 指标所显示的数据实际上并不难，比如下面几个例子：

- 每项服务的客户支持工单数量受制于工单的创建方式；
- “SLO 违反”数量受制于 SLO 的设置方式；
- 从事故中恢复的时间受制于如何确定已经恢复。

所以，和其他过程指标一样，SRE 指标受制于古德哈特定律：“当一个政策变成目标后，它将不再是一个好的政策，一旦用于控制目的，就会走向崩溃。”该定律后来被玛丽莲·斯特拉森（Marilyn Strathern）概括为：“一个指标一旦成为目标，它就不再是一个好指标了。”[3] 之所以发生这种情况，是因为人们会预期错过目标的不利后果。所以，他们可能会倾向于采取行动，修改指标，以达到目标。

为了确保产品交付组织中的人不会花费宝贵的工程时间来修改数据，每个人都应该清楚，SRE 指标并不影响个人的职业。事实上，服务是由团队拥有的。因此，SRE 指标也需要由团队拥有。

基于这个出发点，SRE 指标是团队会议上的一个很好的讨论话题。如果指标显示出改进的潜力（几乎每次都会是这样），那么团队的整体工作就是讨论、定义和实现改进。最后，在实现了改进之后，也是由团队负责使用 SRE 指标来度量是否真的获得了设想的成果。

11.4 决策与指标

如 11.1 节所述，利用前几节描述的 SRE 指标，我们可以做出许多基于错误预算的决策。表 11.5 总结了哪些 SRE 指标可以支持哪些决策。另外，该表还说明了使用这些指标进行决策的主要角色。

表 11.5 由 SRE 指标支持的决策

类别	支持的决策	SRE 指标	主要角色
优先级决策	对最需要改进可靠性的服务进行优先级决策 实行或调整错误预算策略的决策	SLO 错误预算过早耗尽指标(11.2.5 节)。 SLO 错误预算消耗指标（11.2.4 节） SLO 遵守情况指标（11.2.3 节） 客户支持工单趋势指标（11.2.9 节） 最不可用服务端点指标（11.2.12 节） 最慢服务端点指标（11.2.13 节）	产品负责人、开发人员及运营工程师

续表

类别	支持的决策	SRE 指标	主要角色
开发决策	使用 API 的决策 在服务之间实现适应能力的决策 检查可靠性改进的有效性的决策	“按服务划分的 SLO”指标（11.2.2 节） SLO 错误预算消耗指标（11.2.4 节） SLO 遵守情况指标（11.2.3 节） “按服务划分的 SLA”指标（11.2.6 节） SLA 遵守情况指标（11.2.8 节）	开发人员和架构师
部署决策	关于拒绝向环境中部署的决策	SLO 错误预算消耗指标（11.2.4 节）	开发人员和运营工程师
对话决策	决定与拥有依赖服务的团队进行对话，使 SLO 变得更严格	“按服务划分的 SLO”指标（11.2.2 节）。 SLO 错误预算消耗指标（11.2.4 节） SLO 遵守情况指标（11.2.3 节）	开发人员、架构师和产品负责人
可靠性决策	为自有服务设置 SLO 的决策	“按服务划分的 SLO”指标（11.2.2 节）。 SLO 遵守情况指标（11.2.3 节） “按服务划分的 SLA”指标（11.2.6 节） SLA 遵守情况指标（11.2.8 节）	运营工程师、开发人员和产品负责人
测试决策	使用混沌工程选择一个假设进行测试的决策	“按服务划分的 SLO”指标（11.2.2 节） SLO 遵守情况指标（11.2.3 节） SLO 错误预算消耗指标（11.2.4 节）	开发人员和运营工程师
需求决策	增加新的 BDD 场景的决策	SLO 错误预算消耗指标（11.2.4 节）	产品负责人和开发人员
预算决策	为一个团队或组织单位分配更多 SRE 的决策 为可靠性改进分配预算的决策 为故障分配商业计划成本位置的决策	SLO 遵守情况指标（11.2.3 节） SLO 错误预算过早耗尽指标（11.2.5 节） “团队轮流值班”指标（11.2.10 节） 客户支持工单趋势指标（11.2.9 节） 事故恢复时间趋势指标（11.2.11 节）	开发经理和运营经理
法律决策	为自有服务设置 SLA 的决策 同意违反 SLA 的合同处罚的决策	“按服务划分的 SLO”指标（11.2.2 节） SLO 遵守情况指标（11.2.3 节） “按服务划分的 SLA”指标（11.2.6 节） SLA 遵守情况指标（11.2.8 节） SLA 错误预算消耗指标（11.2.7 节） 事故恢复时间趋势指标（11.2.11 节）	法律顾问、总经理（GM）和产品负责人
监管决策	在监管合规审计中使用 SRE 数据点的决策	“按服务划分的 SLO”指标（11.2.2 节） SLO 遵守情况指标（11.2.3 节） “按服务划分的 SLA”指标（11.2.6 节） SLA 遵守情况指标（11.2.8 节）	合规经理、监管过程负责人和审计人员

表中这些决策的覆盖范围之广，令人印象深刻。它们的范围从优先级确定、开发、部署到法律和监管。在后续小节中，将详细介绍使用了 SRE 指标的决策工作流。这些工作流展示了基于错误预算的决策具体如何进行。

11.5 决策工作流

在本节中，我们将展示如何使用 SRE 指标进行基于错误预算的决策，以支持最重要、也是最频繁的以下可靠性决策：

- 使用一个 API 的决策；
- 收紧一个依赖服务的 SLO 的决策；
- 是向新功能还是可靠性投资的决策；
- 设置一个 SLO 的决策；
- 设置一个 SLA 的决策；
- 为团队分配 SRE 能力的决策；
- 为混沌工程选择一个假设来测试的决策。

每个决策都可以使用由一组 SRE 指标提供支持的工作流来做出。这些工作流将在下面几个小节解释。

11.5.1 “使用 API”决策工作流

是否使用一个 API 的决策可由包含三个步骤的工作流来支持。该工作流基于以下三个问题。

1. 为服务定义了哪些 SLO？
2. 这些 SLO 的遵守情况如何？
3. SLO 错误预算消耗趋势是怎样的？

对这些问题的回答直接由前几节定义的三个 SRE 指标提供支持，如表 11.6 所示。

表 11.6 为 API 使用决策提供支持的三步工作流

步骤	SRE 指标	解释
1	“按服务划分的 SLO”指标（11.2.2 节）	针对要使用其 API 的那个服务，显示为其定义的 SLO
2	SLO 遵守情况指标（11.2.3 节）	显示在一段时间内对定义的 SLO 的遵守情况
3	SLO 错误预算消耗指标（11.2.4 节）	显示可用于探索目的的错误预算消耗趋势

图 11.18 展示了受到这三个 SRE 指标支持的三步决策工作流。

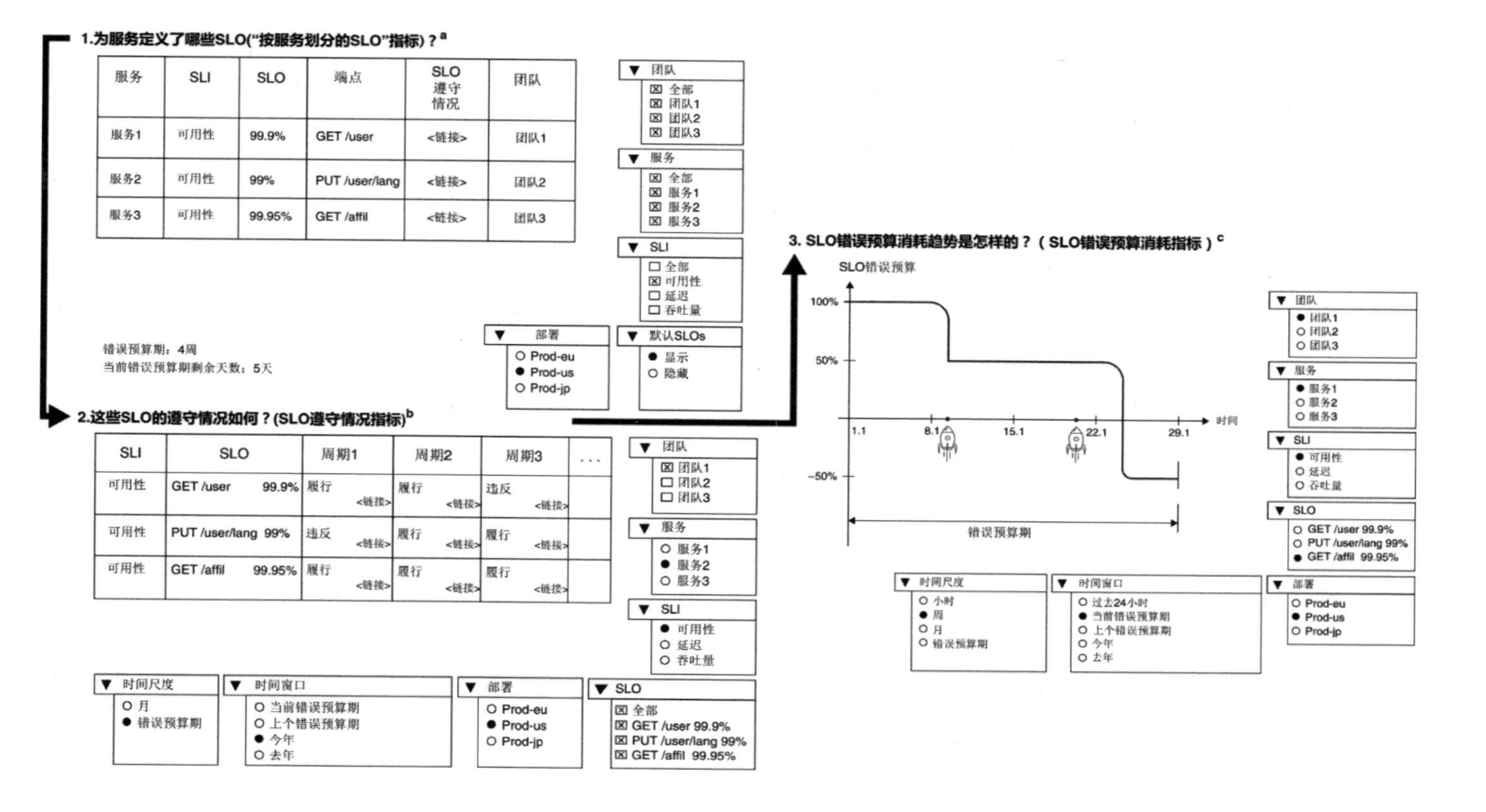

图 11.18 “使用 API”决策支持；a. 大图请参考图 11.1；b. 大图请参考图 11.2；c. 大图请参考图 11.4

在考虑是否使用一个服务所公开的 API 时，首先要弄清楚是否有为该 API 定义的任何 SLO。这可以方便地使用 “按服务划分的 SLO”指标来完成（图 11.18 的步骤 1）。利用表格设置，用户能轻松地找到正确的服务、选择感兴趣的目标部署并按 SLI 探索 SLO。

针对要使用的 API，如果没有定义任何 SLO，工作流就不能执行。团队如果考虑使用该 API，就需要与拥有该服务的团队取得联系并要求他们为 API 设置 SLO。这是一个很好的机会，大家可以一起定义 SLO，讨论要完成的客户应用场景。

如果已经为该 API 定义 SLO，就可以分析它们是否适合完成预期的客户用例。在下一步，可以单击“按服务划分的 SLO”指标表的“SLO 遵守情况”一栏中的链接，查看该服务在一段时间内的 SLO 遵守情况。

该链接将用户带到 SLO 遵守情况指标（图 11.18 的步骤 2）。SLO 遵守情况指标自动过滤以显示正确的 SLO。在表格中，用户可以看到一组预先选择的时间段。每个时间段对应专门的一列，列中指出 SLO 在该时间段内是得到履行还是发生了违反。用户可以更改表格设置，特别是预选的时间设置，按照指定时间尺度，显示指定时间窗口内的 SLO 遵守情况。

为了更深入地挖掘数据和探索 SLO 的遵守情况，用户还可以显示 SLO 错误预算消耗图，了解更小时间尺度上的错误预算消耗趋势。在 SLO 遵守情况表中单击相应单元中的链接，即可自动显示该图。图中显示了错误预算随时间推移的消耗情况（图 11.18 的步骤 3）。

使用错误预算消耗图，用户可以按错误预算期查看历史错误预算消耗趋势。尽管一个 SLO 可能在一个错误预算期内得到履行，但错误预算可能几乎被耗尽。相反，尽管一个 SLO 可能在一个错误预算期内发生违反，但错误预算可能只是略微变成负值。错误预算消耗图是做这种探索性分析的完美工具。

使用三步工作流，并根据需要循环进行，用户可以获得想要使用的 API 的大量历史可靠性数据。这样一来，以下问题就变得很容易回答：

- 为 API 定义的 SLO 有哪些？
- 在预定的目标环境中，所定义的 SLO 的历史遵守情况是怎样的？
- 在 SLO 得到履行的错误预算期内，错误预算的消耗趋势如何？
- 在 SLO 发生违反的错误预算期间，错误预算的消耗趋势如何？
- 错误预算消耗趋势与服务部署的相关性如何？
- 错误预算消耗平均多快停止？

利用服务的如此丰富的可靠性知识，我们的决策过程会变得非常靠谱。值得注意的是，这种可靠性知识是在任何 API 集成工作开始之前，使用 SRE 指标来积累的。这与过去的方法形成了鲜明对比。过去，API 往往是在没有深入研究其历史可靠性的情况下就盲目整合进来了。

此外，如果打算使用的 API 的可靠性被证明足以做出开始整合的决策，积累的可靠性知识也可以用来确定服务之间必要的适应能力水平。如果 SLO 一般都能得到履行，并且错误预算消耗趋势显示没有明显的消耗，那么可以考虑在适应能力上进行较少的投资。另一方面，如果 SLO 不时被发生违反，或者错误预算消耗趋势显示总体上有明显的消耗，则有理由对适应能力进行大量投资。需要实现断路器、隔板、背压和其他稳定性模式，确保在依赖服务变得不可靠时向用户提供降级的服务。这样一来，对这些技术能力的投资需求对产品负责人来说就是透明的，而不是开发人员说是什么就是什么。

如果定义的 SLO 不足以满足服务集成想要实现的新客户用例，那么需要在团队之间进行对话，看看是否可以收紧 SLO（变得更严格）。下一节将讨论如何设计这种对话。

11.5.2 “收紧依赖项的 SLO”决策工作流

团队在查看了正在考虑使用的另一个团队的 API 的 SLO 定义、在目标环境的 SLO 遵守情况以及 SLO 错误预算的消耗情况后，他们可能会得出结论：SLO 需要收紧。这可能是必要的，因为两个服务以新的方式集成后，会形成一个新的客户用例（例如，服务 A 调用服务 B：A→B）。只有当服务 B 收紧了服务 A 要使用的端点的 SLO 后，该用例才会让用户满意。例如，用例可能要求服务 B 的响应有一定的低延迟；如果超出这个延迟，用户会选择离开。

让我们假设有两个团队 A 和 B，它们分别拥有服务 A 和 B，而且 A 想要使用 B 的 API。在这种情况下，团队 A 应该调查历史上在大多数错误预算期结束时，服务 B 是否还有富余的一些错误预算。这个调查可以使用如图 11.19 所示的 SLO 错误预算消耗指标来方便地完成。

1. 历史上有富余的错误预算吗？(SLO错误预算消耗指标)

服务	SLI	SLO	周期	周期结束时的错误预算	平均错误预算均消耗速度	最高错误预算消耗速度
服务2	可用性	GET /affil 99.95%	1.1. – 29.1.	20%	1.1	2.3
服务2	可用性	GET /affil 99.95%	30.1. – 27.2.	40%	0.6	0.6
服务3	可用性	GET /user 99.9%	28.3. – 26.4.	–10%	1.7	1.9
服务3	可用性	GET /user 99.9%	28.3. – 26.4.	80%	1.0	1.2
...						

▼ 团队
☒ 全部
☒ 团队1
☒ 团队2
☒ 团队3

▼ 服务
☒ 全部
☒ 服务1
☒ 服务2
☒ 服务3

▼ SLI
☒ 全部
☒ 可用性
☒ 延迟
☒ 吞吐量

▼ 时间尺度
○ 月
● 错误预算期

▼ 时间窗口
○ 当前错误预算期
○ 上个错误预算期
● 当年
○ 去年

▼ 部署
☒ 全部
☒ Prod-eu
☒ Prod-us
☒ Prod-jp

图 11.19 是否收紧依赖项 SLO 的决策

如果大多数错误预算期在结束时都有一些有代表性的错误预算富余，团队 A 可以自信地使用该数据与团队 B 发起对话。例如，服务 2 的 GET /affil 端点在不同的错误预算期表现出了这样的错误预算消耗模式。在 1.1（1 月 1 日）的错误预算期，期末的剩余错误预算为 20%。在 30.1（1 月 30 日）的错误预算期，期末剩余的错误预算是 40%。

团队 A 应该向团队 B 解释，使用 A→B 服务集成方式，如果服务 B 能够收紧他们的一些 SLO，那么可以满足新的客户用例。团队 A 应该进一步展示服务 B 的历史错误预算消耗数据。错误预算期结束时的富余错误预算应在团队之间展开讨论，而且要探讨诸如以下问题：能否按要求收紧 SLO，同时不会因为当前剩余的错误预算而给团队 B 带来额外的工作？为了履行收紧后的 SLO，团队 B 是否需要一些额外的可靠性实现？是否需要对服务 B 的轮流值班覆盖时间做出任何改变？

然而，如果大多数错误预算期结束时都没有剩余任何值得注意的错误预算，那么团队 A 仍应与团队 B 联系，讨论如何使服务 B 的可靠性达到支持新客户用例所需的水平。例如，如果可用性 SLO 被打破，那么可以考虑为服务 B 的依赖项增加一些适应能力。例如，如果延迟 SLO 被违反，那么优化数据库索引可能会有一些帮助。无论采取什么措施，团队 A 的目标都是使服务 B 变得更可靠。因此，团队 A 可以提议在团队 B 的代码库中进行一些内部源代码工作，以便更快地提高服务 B 的可靠性。

这样一来，团队之间就有了一个全新的对话层次。这就是 DevOps 的核心。开发人员在他们的日常开发工作中谈论运营。此外，开发人员在运营数据的基础上做出实现决策。

实战经验 并不是说有了 SRE 指标之后团队之间才可以展开新的对话。为了让新的对话一直发生，他们需要得到 SRE 教练的帮助。最开始的时候，这意味着教练要在定期的 SRE 辅导会议上，与每个团队展开对话。

在会议上，SRE 教练需要询问团队有没有使用其他团队拥有的 API 的计划。基于这些计划，教练们需要使用 SRE 指标来促进使用 API 的决策。他们需要展示新的决策工作流，如“使用 API”决策工作流（11.5.1 节）和“收紧依赖项的 SLO”决策工作流（11.5.2 节）。

每个团队都要像这样重复几次。取决于 SRE 指标的易用性以及团队之间的对话是否富有成效，团队会或快或慢地熟悉用新的方法来考虑是否使用一个 API。

如果团队 A 不能说服团队 B 收紧相关的 SLO，就需要做出决策。如果有服务 B 的替代品，那么可以考虑使用另一个服务来达到同样的目的。如果没有，那么可以考虑修改用户旅程，使服务 B 的可靠性不至于那么影响用户想要达成的目标。

无论什么情况，上述决策工作流都使团队 A 能在任何真正的集成工作开展之前，非常清醒地提前做出是否使用一个 API 的决策。

11.5.3 “功能与可靠性优先级排序”工作流

至于未来一段时期是投资新功能还是投资可靠性，这方面的决策是 SRE 的核心。这些决策构成了产品负责人要定期执行的核心优先级排序工作流。在做出这方面的决策时，SRE 指标以数据驱动的方式提供了大量支持。

投资于功能还是可靠性的决策可以由一个 5 步工作流来支持。该工作流基于下面 5 个问题。

1. 哪些服务端点在大多数错误预算期出现了错误预算违反？
2. 在错误预算期结束时，哪些服务端点在最短的时间内耗尽了错误预算，可用的错误预算最少（即错误预算短缺最多）？
3. 哪些服务端点的错误预算消耗速度最高？
4. 哪些服务端点的可用性最低？
5. 哪些服务端点最慢？

对这些问题的回答直接由前几节定义的 5 个 SRE 指标提供支持，如表 11.7 所示。

表 11.7 为功能/可靠性投资决策提供支持的五步工作流

步骤	SRE 指标	解释
1	SLO 遵守情况指标（11.2.3 节）	显示在一段时间内，不同错误预算期对定义的 SLO 的遵守情况
2	SLO 错误预算过早耗尽指标（11.2.5 节）	显示过早耗尽了 SLO 错误预算的服务端点、错误预算耗尽时间以及每个错误预算期结束时的错误预算短缺情况
3	SLO 错误预算消耗指标（11.2.4 节）	按服务端点显示错误预算消耗速度
4	最不可用服务端点指标（11.2.12 节）	显示最不可用的服务端点
5	最慢服务端点指标（11.2.13 节）	显示最慢的服务端点

每个指标都会返回一组服务端点。为了限制返回的结果数，建议从每个指标的结果列表的顶部抽取一定数量的服务（例如，三个）。我们将优先考虑为这些服务端点采取可靠性改进措施。

图 11.20 展示了由这 5 个 SRE 指标支持的五步决策工作流。

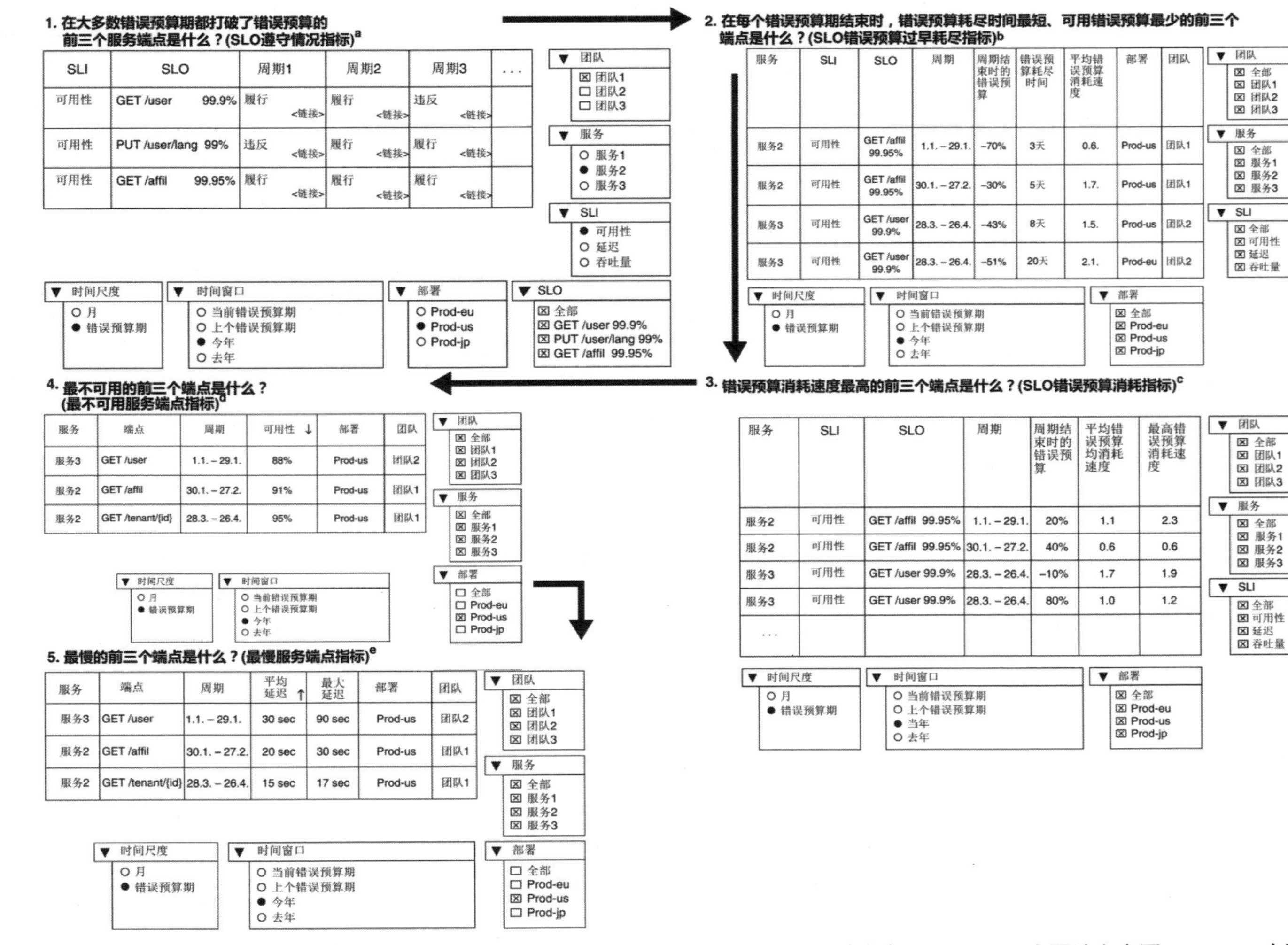

图 11.20 “投资于功能还是可靠性”决策支持：1. 大图请参考图 11.2； 2. 大图请参考图 11.7；3. 大图请参考图 11.5；4. 大图请参考图 11.16；5. 大图请参考图 11.17

在工作流的步骤 1 中，由“错误预算遵守情况”指标表返回的排序列表包含在许多错误预算期都打破其错误预算的端点。这些服务最需要可靠性投资。如果强行为服务添加新功能，那么用户几乎肯定认定服务不靠谱。

在工作流步骤 2 中，由“错误预算过早耗尽”指标表返回的排序列表包含在每个错误预算期结束时，错误预算耗尽时间最短、可用错误预算最少（或者说错误预算短缺最多）的端点。错误预算耗尽时间最短的端点经历了严重故障，以至于整个月度错误预算在几天内耗尽。

在步骤 1 的端点列表中，显示的是在几个错误预算期内持续打破其错误预算的端点。相比之下，步骤 2 的列表包含至少一个错误预算期内快速耗尽错误预算的端点。当然，来自步骤 1 和步骤 2 的端点列表可能有关联性。这也是在五步工作流的五个指标中筛选出最需要提高可靠性的端点的目的。列表越长，就越需要在可靠性方面投入更多时间。列表越短，能在功能上投入的时间越多。这就是基于预算的错误决策的强大之处！

来自工作流步骤 2 的端点列表还包含在错误预算期结束时可用错误预算最少（或错误预算短缺最多）的端点。换言之，可用的错误预算将是负数，因为列表中只包含过早耗尽了错误预算的端点。该列表回答了这样一个问题：在一个错误预算期结束时，错误预算会透支多少?这个指标不一定与耗尽错误预算所需的时间相关。很有可能的一种情况是，错误预算不会在整个错误预算期的大部分时间逐渐耗尽，然后最后突然就透支很多。

透支得越多，相应的服务就需要更多的可靠性投资。这种错误预算的消耗表明存在一个严重的问题，例如可能有一个不可靠的硬性依赖项。这个问题需要得到解决，以确保未来的用例具有良好的用户体验。

工作流的步骤 3 探讨了一个类似的问题。在 SLO 错误预算消耗指标返回的排序列表中，包含错误预算消耗速度最高的端点。在工作流步骤 2 返回的列表中，错误预算消耗速度是以错误预算**耗尽**来考虑的。相反，步骤 3 是常规意义上的错误预算消耗速度。一个端点可能在错误预算期内只是常规地消耗错误预算，而不一定耗尽。然而，这并不妨碍该端点在所有服务中拥有最高的错误预算消耗速度——无论最终是否耗尽了错误预算。

例如，如果一个事故在一小时内消耗了 50%的月度错误预算，这可能是 6 个月内所有服务中错误预算消耗最快的一次。在发生事故的错误预算期，经历事故的服务可能在错误预算期结束时仍有 10%的错误预算可用。6 个月内的其他服务则可能会过早耗尽其错误预算。然而，其他事故都没有在一小时内消耗 50%的月度错误预算。

在工作流的步骤 3 中使用 SLO 错误预算消耗指标检测这样的情况，是识别需要改进可靠性的服务问题的好方法。根据定义，快速的错误预算消耗与快速的用户体验恶化相关。这就证明从商业角度来看，可靠性的改进优先于新功能的开发。

在工作流的步骤 4 和步骤 5 中，我们考虑了两个最重要的 SLI：可用性和延迟。在步骤 4 中，我们使用最不可用的端点指标表来列出可用性最差的端点。在步骤 5，则使用最慢服务端点指标表来列出最慢的端点。这两个列表与之前工作流步骤中的其他列表有很大的关联。尽管如此，将这些列表作为一个安全网还是有好处的，这样可以避免由于 SLO 尚未完全校准以反映用户体验而错过需要改进可靠性的重要端点。

工作流步骤 4 和步骤 5 生成的列表不一定依赖于 SLO。它们是对大多数服务的最重要特征的直接度量。如果一项服务不可用，说明它就是不可靠的。这对所有服务都如此。类似地，如果一项服务可用，但速度太慢，以至于被认为不可用，那么该服务就是不可靠的。这对大多数服务来说如此。

总之，寻找最需要改进可靠性的服务的五步工作流产生了具有表 11.8 所示特征的服务端点。

表 11.8　最需要改进可靠性的服务端点的特征

工作流步骤	指标	依赖于 SLO	跨越多个错误预算期	特征
1	SLO 遵守情况指标（11.2.3 节）	是	是	多个时期都打破了错误预算
2	SLO 错误预算过早耗尽指标（11.2.5 节）	是	否	短期内最快耗尽错误预算；在不同错误预算期，短期内短缺的错误预算最多
3	SLO 错误预算消耗指标（11.2.4 节）	是	否	短期内最快消耗错误预算
4	最不可用服务端点指标（11.2.12 节）	否	否	短期内最不可用的端点
5	最慢服务端点指标（11.2.13 节）	否	否	短期内最慢的端点

在决定需要提高可靠性的端点时，由此得到的端点列表绝对值得优先考虑。按照本节描述的 5 步工作流，产品负责人可以做出精细的、数据驱动的决策。我们的目的是在最重要的地方提高服务端点的可靠性，将余下的开发能力用来开发新的、面向客户的功能。

通过这 5 个 SRE 指标，我们可以将可靠性方面的数据分析得清清楚楚，这样的服务工具是独一无二的。可以说，目前绝大多数产品负责人都无法获得这种数据，因而也无法获得优先级排定工作流。他们在可靠性上的投资决策基于架构师和开发人员的对话并以一种不太系统化的方式进行。

但是，使用 5 步工作流，这些对话就有了一个坚实的由数据驱动的基础。架构师和开发人员可以以一种更有说服力的方式提出各自的理由。产品负责人不需要单纯依赖架构师和开发人员的陈述来做出优先级决策。他们可以主动深入研究数据，并以团队技术成员的身份参与可靠性优先级决策对话。

其结果是更好的决策，在最重要的地方改善可靠性，最终在用户过去最痛苦的地方及时提供良好的用户体验。

11.5.4 “设置 SLO”决策工作流

6.6.1 节提到，好的 SLO 需要满足多方面的条件。最重要的是，好的 SLO 需要充分体现特定用户旅程中特定步骤的用户体验，并且能够在发生违反时快速而清晰地了解用户体验是如何受到影响的。也就是说，设置 SLO 需要以用户体验为基础。

从技术上说，与服务交互时的用户体验取决于服务本身的可靠性和所依赖的服务的可靠性。《实施 SLO》[4]一书和题为 The Calculus of Service Availability[5] 的文章都深入探讨了如何基于依赖项的 SLO 来计算服务的 SLO，作者指出：“你的可用性只相当于依赖项的总和。”

然而，所依赖的服务可以是不同种类的。为了使服务可用，它的一些依赖服务强制要求可用。而另一些依赖服务允许在一段时间内不可用，这不会影响服务本身的可靠性，因为我们已经在对不同服务实现了适应能力。此外，服务可能会通过向其用户提供可靠但降级的功能来缓解依赖服务的一些不可用、缓慢等问题。

另一个需要考虑的层面是，依赖的各个服务可能在同一时间或者不同时间变得不可用。这可能影响到向用户提供的服务水平。基于这个考虑，SRE 可靠性倡导者以及谷歌云解决方案架构师史蒂夫·麦吉（Steve McGhee）在 SLO Math 演讲中[6]说了一句话：“你可以在不太可靠的东西上面建立更可靠的东西。”

继续深入挖掘，会发现一些依赖服务可能已经发布 SLO 或 SLA，其他的可能没有。另外，一些依赖服务可能发布 SLO 或 SLA 的历史遵守情况，而其他的可能没有。

上述讨论表明，设置 SLO 并不是一个非常直观的过程。我们的目的是以一种能够充分体现用户体验的方式来设置 SLO。为此，可以将最初的 SLO 设为一个看似合适的值并根据 SLO 违反情况进行快速迭代，这是一种经验方法。虽然对 SLO 违反进行迭代是达到理想 SLO 的必经之路，但在设置初始的 SLO 时，仍然可以得到一些数据支持。

在服务网络中，产品交付组织提供的服务 SLO 和 SLA 是公共信息，其 SLO 和 SLA 历史遵守情况也不例外。利用这些数据，我们可以估计服务的可靠性对设置 SLO 的服务有何影响。

至于不属于产品交付组织的依赖服务，其中一些可能也公布了 SLA。SLA 的历史遵守情况可能也已经公布。也就是说，通过分析内部和外部依赖服务的 SLO 与 SLA 的可用数据和历史遵守情况，可以为服务设置 SLO 提供支持。

如果一项服务已经定义了 SLO 和 SLA，我们就要关注这两项内容及其遵守情况。SLO 的服务水平通常设置为高于 SLA，其目的是使 SLO 作为高于其合同约定 SLA 的内部目标，如图 11.21 所示。

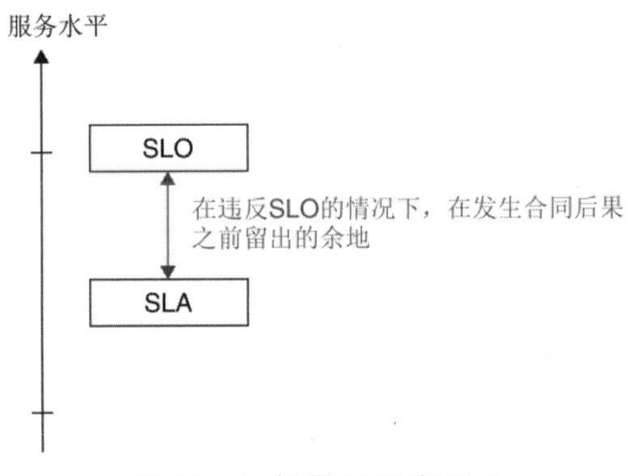

图 11.21 设置 SLO 和 SLA

一旦作为内部目标的 SLO 发生违反时，并不会导致 SLA 协商的合同后果，因为 SLA 更宽松，是外部目标。因此，有 SLO 和 SLA 的服务有两个目标。第一个目标是提供由 SLO 来表示的高服务水平。第二个目标是至少提供由 SLA 来表示的比 SLO 更宽松的服务水平，如图 11.22 所示。

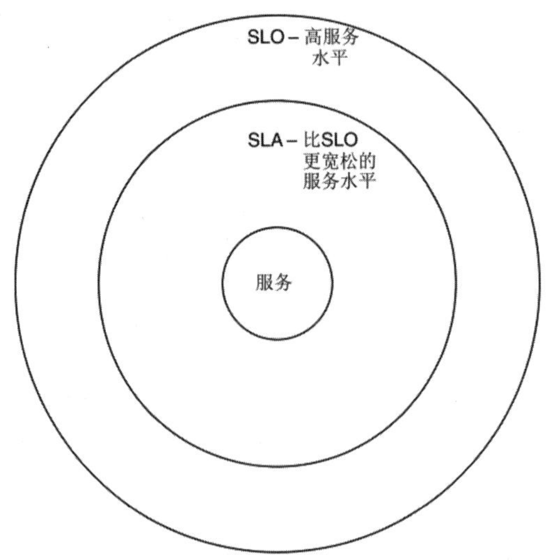

图 11.22 一个服务同时设置 SLO 和 SLA

也就是说，如果较好遵守了 SLO，那么必然也较好遵守了 SLA，因为后者是一个更为宽松的目标。对 SLO 遵守不足并不意味着对 SLA 遵守不足。一项服务完全可能出现 SLO 违反却依然遵守 SLA，而履行其合同义务。

为服务设置 SLO 的决策可由为每个服务执行的 4 步工作流来支持。该工作流基于以下 4 个问题。

1. 服务是否有 SLA？它们是什么？
2. SLA 是否随时间的推移而得以履行？

3. 依赖服务是否有 SLO？它们是什么？

4. 这些 SLO 是否随时间的推移而得以履行？

对这些问题的回答直接由前几节定义的 4 个 SRE 指标提供支持，如表 11.9 所示。

表 11.9　为设置 SLO 决策提供支持的 4 步工作流

步骤	SRE 指标	解释
1	“按服务划分的 SLA”指标（11.2.6 节）	显示为服务定义的 SLA（如果有的话）
2	SLA 遵守情况指标（11.2.8 节）	按错误预算期显示对所定义的 SLA 的遵守情况
3	“按服务划分的 SLO”指标（11.2.2 节）	显示为一项服务定义的 SLO（如果有的话）
4	“SLO 遵守情况”指标（11.2.3 节）	按错误预算期显示对已定义的 SLO 的遵守情况

使用这些指标，可以发现依赖服务所提供的最高服务水平。服务水平可以划分为以下几类。

- 未定义：服务既没有设置 SLO，也没有设置 SLA。
- 低：虽然定义了 SLA 和 SLO，但都被打破了（发生了违反）。
- 中：SLA 被定义且得以履行
- 高：SLO 被定义且得以履行

图 11.23 展示了受到 4 个 SRE 指标支持的四步工作流。

在工作流的步骤 1 中，首先找出为一个服务定义的所有 SLA。对于产品交付组织自己拥有的服务，可以使用“按服务划分的 SLA”指标来完成这一工作。对于外部服务，SLA（如果有的话）将是与服务提供商签订的合同的一部分。合同的这一相关部分通常是在服务提供商的网站上引用的“主服务协议”的一部分。

在工作流的步骤 2 中，可以看到随时间推移对 SLA 的遵守情况。同样地，对于产品交付组织自己拥有的服务，可以使用 SLA 遵守情况指标。对于外部服务，如果有的话，SLA 遵守情况会在服务提供商的网站上列出。

工作流的步骤 3 和步骤 4 只适用于产品交付组织自己拥有的服务。这是因为外部服务不会公开其内部的 SLO。在步骤 3，可以找出为一个服务定义的所有 SLO。在步骤 4，则可以看到 SLO 在一段时间内的遵守情况。

这个四步工作流需要对每个依赖服务重复进行。利用每个依赖服务确保的最高服务水平的数据，我们可以着手进行分析，看它是如何影响整体可靠性的。这具体要取决于依赖性是强、弱还是介于两者之间。基于这个分析，我们可以设置初始 SLO，并根据 SRE 基础设施报告的 SLO 违反情况进行迭代。

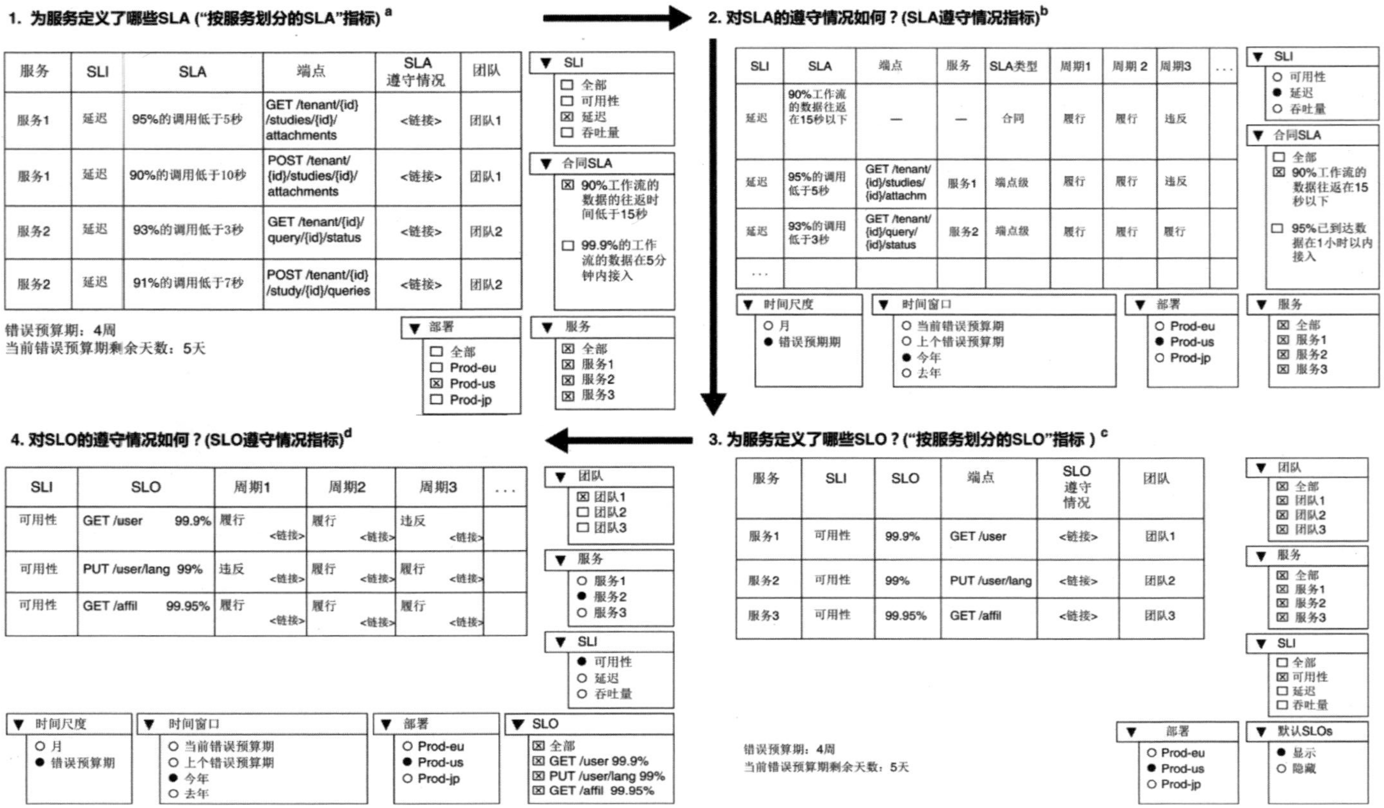

1. 为服务定义了哪些SLA ("按服务划分的SLA"指标) [a]

服务	SLI	SLA	端点	SLA遵守情况	团队
服务1	延迟	95%的调用低于5秒	GET /tenant/{id}/studies/{id}/attachments	<链接>	团队1
服务1	延迟	90%的调用低于10秒	POST /tenant/{id}/studies/{id}/attachments	<链接>	团队1
服务2	延迟	93%的调用低于3秒	GET /tenant/{id}/query/{id}/status	<链接>	团队2
服务2	延迟	91%的调用低于7秒	POST /tenant/{id}/study/{id}/queries	<链接>	团队2

错误预算期：4周
当前错误预算期剩余天数：5天

▼ SLI
☐ 全部
☐ 可用性
☒ 延迟
☐ 吞吐量

▼ 合同SLA
☒ 90%工作流的数据的往返时间低于15秒
☐ 99.9%的工作流的数据在5分钟内接入

▼ 部署
☐ 全部
☐ Prod-eu
☒ Prod-us
☐ Prod-jp

▼ 服务
☒ 全部
☒ 服务1
☒ 服务2
☒ 服务3

2. 对SLA的遵守情况如何？(SLA遵守情况指标) [b]

SLI	SLA	端点	服务	SLA类型	周期1	周期 2	周期3	…
延迟	90%工作流的数据往返在15秒以下	—	—	合同	履行	履行	违反	
延迟	95%的调用低于5秒	GET /tenant/{id}/studies/{id}/attachm	服务1	端点级	履行	履行	违反	
延迟	93%的调用低于3秒	GET /tenant/{id}/query/{id}/status	服务2	端点级	履行	履行	履行	
…								

▼ SLI
○ 可用性
● 延迟
○ 吞吐量

▼ 合同SLA
☐ 全部
☒ 90%工作流的数据往返在15秒以下
☐ 95%已到达数据在1小时以内接入

▼ 时间尺度
○ 月
● 错误预期期

▼ 时间窗口
○ 当前错误预算期
○ 上个错误预算期
● 今年
○ 去年

▼ 部署
○ Prod-eu
● Prod-us
○ Prod-jp

▼ 服务
☒ 全部
☒ 服务1
☒ 服务2
☒ 服务3

3. 为服务定义了哪些SLO？("按服务划分的SLO"指标) [c]

服务	SLI	SLO	端点	SLO遵守情况	团队
服务1	可用性	99.9%	GET /user	<链接>	团队1
服务2	可用性	99%	PUT /user/lang	<链接>	团队2
服务3	可用性	99.95%	GET /affil	<链接>	团队3

错误预算期：4周
当前错误预算期剩余天数：5天

▼ 团队
☒ 全部
☒ 团队1
☒ 团队2
☒ 团队3

▼ 服务
☒ 全部
☒ 服务1
☒ 服务2
☒ 服务3

▼ SLI
☐ 全部
☒ 可用性
☐ 延迟
☐ 吞吐量

▼ 部署
○ Prod-eu
● Prod-us
○ Prod-jp

▼ 默认SLOs
● 显示
○ 隐藏

4. 对SLO的遵守情况如何？(SLO遵守情况指标) [d]

SLI	SLO	周期1	周期2	周期3	…
可用性	GET /user 99.9%	履行 <链接>	履行 <链接>	违反 <链接>	
可用性	PUT /user/lang 99%	违反 <链接>	履行 <链接>	履行 <链接>	
可用性	GET /affil 99.95%	履行 <链接>	履行 <链接>	履行 <链接>	

▼ 团队
☒ 团队1
☐ 团队2
☐ 团队3

▼ 服务
○ 服务1
● 服务2
○ 服务3

▼ SLI
● 可用性
○ 延迟
○ 吞吐量

▼ 时间尺度
○ 月
● 错误预算期

▼ 时间窗口
○ 当前错误预算期
○ 上个错误预算期
● 今年
○ 去年

▼ 部署
○ Prod-eu
● Prod-us
○ Prod-jp

▼ SLO
☒ 全部
☒ GET /user 99.9%
☒ PUT /user/lang 99%
☒ GET /affil 99.95%

图 11.23　“设置 SLO”决策支持：1. 大图请参考图 11.8；2. 大图请参考图 11.11；3. 大图请参考图 11.1；4. 大图请参考图 11.2

11.5.5 “设置 SLA”决策工作流

SLA 的设置涉及两个部分：技术和合同。从技术上讲，如果一个服务已经有了定义好的 SLO，那么它可以而且应该被用作技术 SLA 定义的基础。在这种情况下，SLA 就是 SLO 的宽松版。否则，按照 11.5.4 节的描述，为设置 SLA 的技术决策提供支持。使用那个工作流，我们可以确定每个服务需要达到的最高服务水平。

“设置 SLA”的合同部分涉及与客户和合作伙伴的协商，其基础可以是 SRE 指标提供的数据。协商过程中，重点在于了解产品交付组织能够接受的风险，具体如下：

- 收紧合同中的 SLA；
- 违反 SLA 带来的违约处罚。

收紧合同中的 SLA 所带来的风险可以用 11.2.11 节中概括的工作流来估计。该工作流包括三个步骤，它基于以下三个问题。

1. 事故恢复时间的趋势怎样？
2. 如果事故恢复时间的趋势是下降的，那么 SLA 遵守情况的趋势又怎样？
3. 如果 SLA 的历史遵守情况可以接受，那么按不同的错误预算期，通常又有多少余下的 SLA 错误预算？

对这些问题的回答直接由前面几个小节讨论的三个SRE指标提供支持，如表11.10所示。

表 11.10　为“收紧 SLA”合同决策提供支持的三步工作流

步骤	SRE 指标	解释
1	事故恢复时间趋势指标（11.2.11 节）	显示历史事故恢复时间趋势
2	SLA 遵守情况指标（11.2.8 节）	显示历史 SLA 遵守情况
3	SLA 错误预算消耗指标（11.2.7 节）	显示历史 SLA 错误预算消耗情况

图 11.24 展示了这三个 SRE 指标支持的、用于评估 “收紧 SLA”风险的三步工作流。

工作流的步骤 1 是为参与 SLA 协商的团队和服务确定事故恢复时间趋势。这个指标表明，如果团队的 SLA 被收紧，他们的负担是否会过重。该趋势显示了基于当前 SLA 的事故的恢复时间。如果 SLA 被收紧，那么必然就需要假设发生更多的事故，从而为谈判留下安全空间。如果当前的事故恢复时间呈上升趋势，那么出于谈判的目的，就需要假设团队中更多的事故会导致恢复时间更长。也就是说，基于事故恢复时间的增长趋势，需要假设更多的事故和更长的恢复时间。基于这些情况，我们在签署合同时不能确定团队能够履行更严格的 SLA。

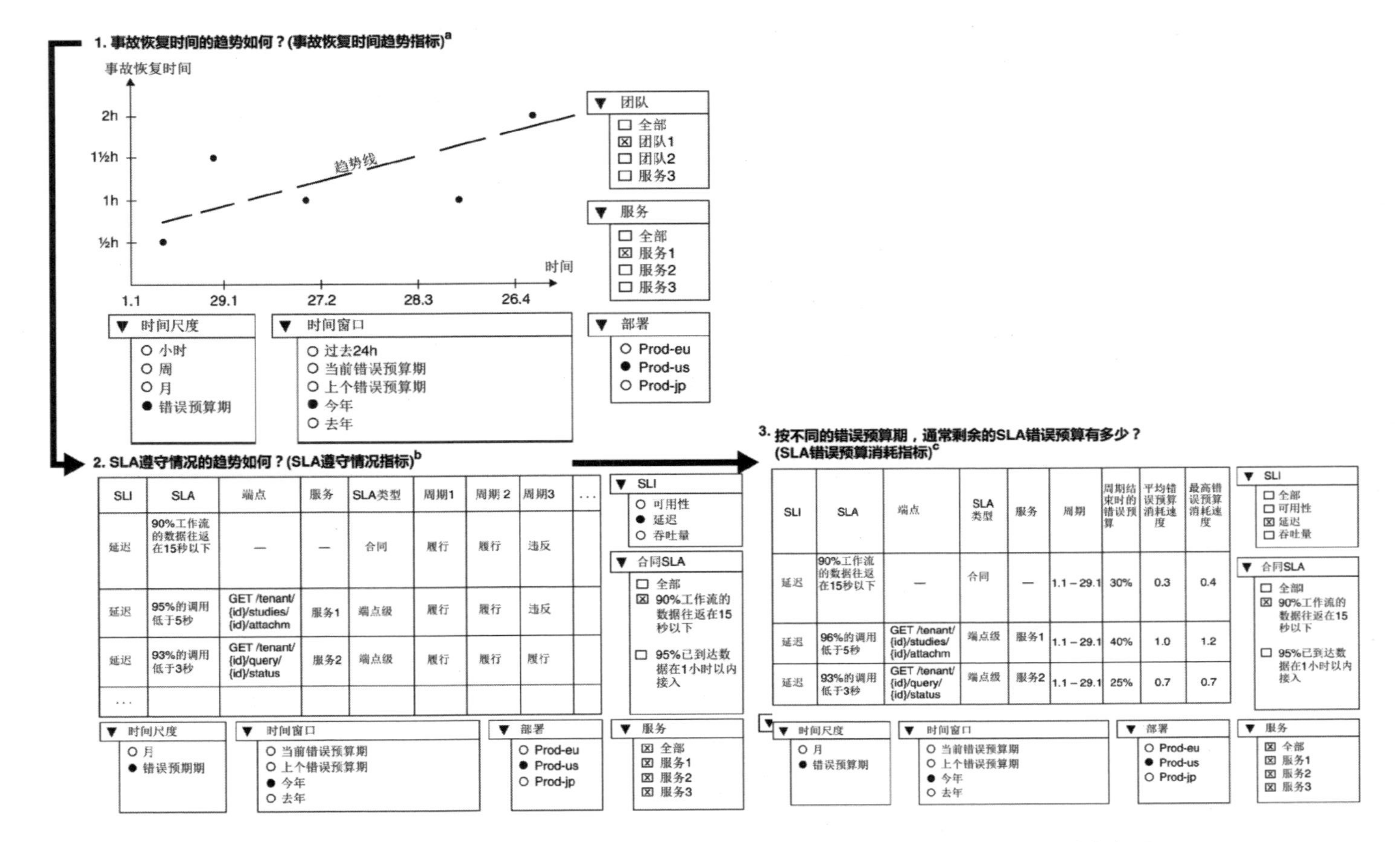

SLI	SLA	端点	服务	SLA类型	周期1	周期 2	周期3	. . .
延迟	90%工作流的数据往返在15秒以下	—	—	合同	履行	履行	违反	
延迟	95%的调用低于5秒	GET /tenant/{id}/studies/{id}/attachm	服务1	端点级	履行	履行	违反	
延迟	93%的调用低于3秒	GET /tenant/{id}/query/{id}/status	服务2	端点级	履行	履行	履行	
. . .								

SLI	SLA	端点	SLA类型	服务	周期	周期结束时的错误预算	平均错误预算消耗速度	最高错误预算消耗速度
延迟	90%工作流的数据往返在15秒以下	—	合同	—	1.1 – 29.1	30%	0.3	0.4
延迟	96%的调用低于5秒	GET /tenant/{id}/studies/{id}/attachm	端点级	服务1	1.1 – 29.1	40%	1.0	1.2
延迟	93%的调用低于3秒	GET /tenant/{id}/query/{id}/status	端点级	服务2	1.1 – 29.1	25%	0.7	0.7

图 11.24　“收紧 SLA”决策支持：1. 大图请参考图 11.15；2. 大图请参考图 11.11；3. 大图请参考图 11.10

然而，如果当前的事故恢复时间呈稳步下降趋势，则表明即使收紧 SLA 之后发生了更多的事故，团队或许也能搞定。为了进一步探究这个问题，在工作流的步骤 2 中，我们可以查看 SLA 遵守趋势。如果历史上对 SLA 的遵守是理想的，即在所选时间窗口的大多数错误预算期间，SLA 都得以成功履行，则表明团队也许能履行收紧后的 SLA。

为了测试这个假设，在工作流的步骤 3 中，我们可以查看错误预算期结束时余下的 SLA 错误预算。如果在选定的错误预算期结束时余下的错误预算比较理想（例如，超过 25%），则有理由相信收紧的 SLA 不会使团队负担过重。事实上，有三个指标暗示了这一点。

1. 团队的事故恢复时间呈下降趋势。
2. 当前 SLA 遵守情况是理想的。
3. 按错误预算期计算的余下 SLA 错误预算相当充裕。

所有参与履行相关 SLA 的团队都要重复这个三步工作流。如果所有参与的团队都通过该工作流产生了积极的结果，就可以做出一个有数据支持的决策，以合同形式同意收紧 SLA。数据为我们提供了信心，相信这些团队能履行合同。

在 SLA 谈判中需要做的另一个风险估计是违反 SLA 时的合同处罚。这种估计可以通过“事故恢复时间趋势”指标来支持。如果事故恢复时间呈上升趋势，那么 SLA 谈判人员就没有很大的谈判空间了。事实上，如果发生了违反 SLA 的情况，团队需要越来越长的时间从中恢复。恢复的时间越长，SLA 错误预算的消耗就越大。因此，合同处罚的影响就越大。

在这种情况下，SLA 谈判人员不能承担风险。他们只能同意一些最低的合同处罚。另一方面，如果事故的恢复时间呈下降趋势，那么就有可能通过谈判达成稍大的惩罚来承担稍高的风险。这是因为随着恢复时间的缩短，SLA 错误预算在事故中的消耗也越来越小。由于违反 SLA 的合同惩罚往往是基于 SLA 错误预算的消耗，所以 SLA 错误预算消耗的减少趋势避免了发生大的惩罚。

换言之，产品交付组织可以同意在合同中签署更大的惩罚，因为知道这些条款不会因为事故恢复时间的下降而被触及。同意因违反 SLA 而给予更大的惩罚，可以为合同中有利于产品交付组织的其他条款提供谈判空间。例如，现在就可以为自己提供的服务报出更高的价格，从而加强自己在谈判桌上的优势。

11.5.6 “为团队分配 SRE 能力”决策工作流

将 SRE 能力分配给一个团队的人事决策存在一些限制因素。下面这些限制可能妨碍我们做出透明的决策：预算可用性的限制、预算分配的困难、不同的人对预算和人数的不同说法、高风险对话（可能会有追责的情况）等等。在做出 SRE 能力分配决策的时候，SRE 指标以数据驱动的方式提供了很好的帮助。

一个为团队分配 SRE 能力的决策可由一个四步工作流来支持。该工作流基于以下 4 个问题。

1. 该团队所拥有的服务在不同错误预算期的 SLO 遵守情况如何？
2. 如果有的话，有多少人参与了轮流值班？
3. 团队所拥有的服务的客户支持工单趋势是什么？
4. 团队中的事故恢复时间趋势是什么？

对这些问题的回答直接由前几节定义的 4 个 SRE 指标提供支持，如表 11.11 所示。

表 11.11　为“分配 SRE 能力”决策提供支持的四步工作流

步骤	SRE 指标	解释
1	SLO 遵守情况指标（11.2.3 节）	按错误预算期显示对定义的 SLO 的遵守情况
2	“团队轮流值班”指标（11.2.10 节）	按团队显示参与轮值的人数
3	客户支持工单趋势（11.2.9 节）	显示一个团队所拥有的服务的客户支持工单增长趋势
4	事故恢复时间趋势（11.2.11 节）	显示一个团队的事故恢复时间趋势

图 11.25 展示了由 4 个 SRE 指标支持的四步决策工作流。

一个团队如果需要分配更多的 SRE 能力来充分支持他们在生产中拥有（负责）的服务具体会有以下迹象：

- 在不同错误预算期的 SLO 遵守率很低；
- 团队的轮流值班没有足够的人手；
- 团队所拥有的服务的客户支持工单趋势正在增长；
- 事故恢复时间正在增长。

使用来自这 4 个 SRE 指标的数据，可以看出这些迹象，并将其用于决策对话。可以肯定的是，SRE 指标数据只能协助这些对话。数据本身不应直接决定人事和预算分配决策！一旦做出决策，SRE 能力的分配可以采取不同的方式执行，这具体取决于产品交付组织中的 SRE 设置。

如果要由开发人员在团队中进行 SRE 的工作，可能会做出在团队中增加一名开发人员的决策。另外，也可能决定要重新分配服务的所有权，为每个团队都提供足够的能力来进行 SRE 工作。如果运营工程师也要为产品服务进行 SRE 的工作，可能决定为团队分配一名运营工程师。

上述工作流还应用于检查几个月后决策的有效性。到那个时候，工作流中的问题的答案应该会发生一些变化。在工作流的基础上形成假设并定期检查，是检查 SRE 人员和预算分配决策有效性的好方法。

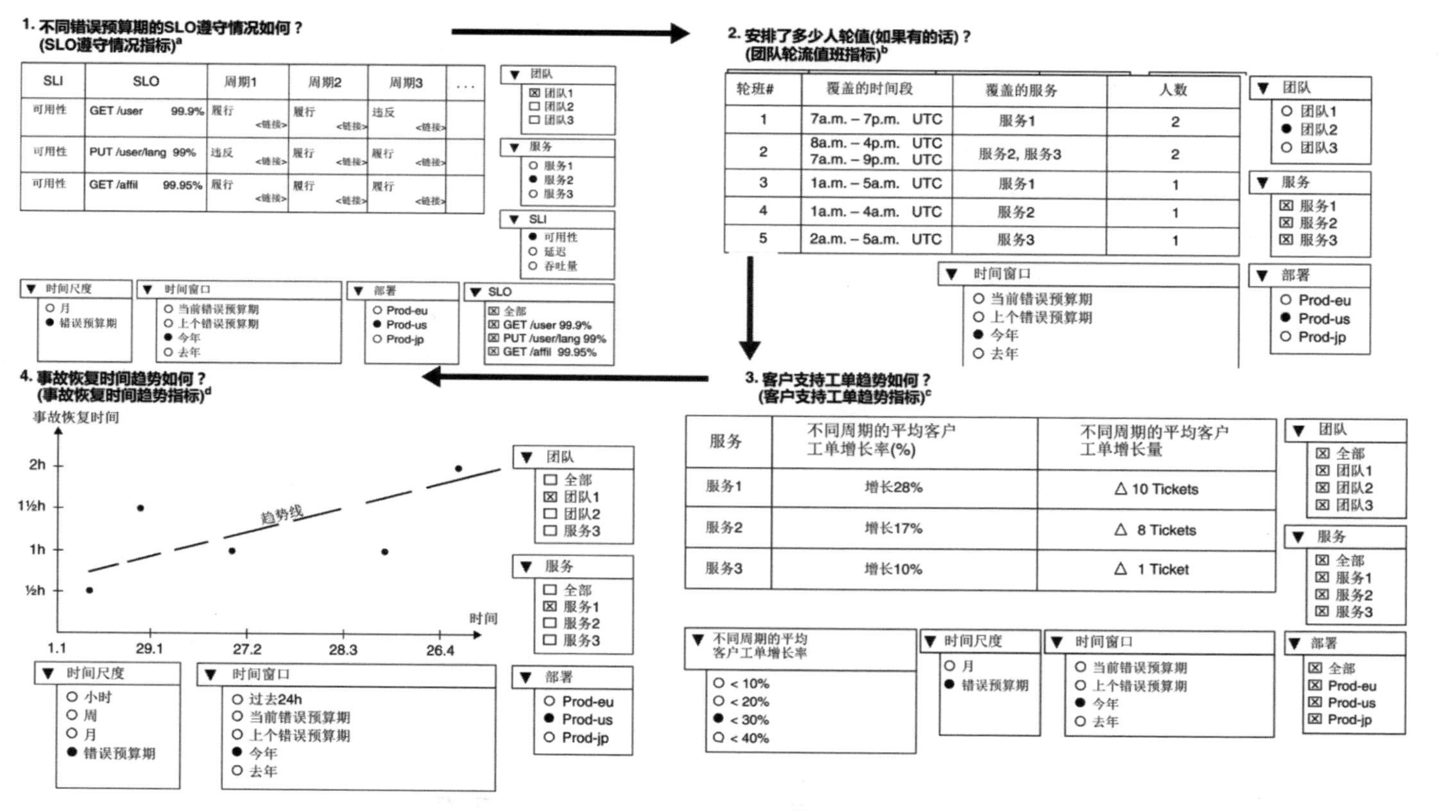

图 11.25 “为团队分配 SRE 能力”决策支持：1. 大图请参考图 11.2；2. 大图请参考图 11.14；3. 大图请参考图 11.13；4. 大图请参考图 11.15

11.5.7 “选择混沌工程假设”工作流

混沌工程是 2010 年代末形成的一门软件学科，目的是提高系统的弹性。“混沌工程原则”将其定义为：“在系统上进行实验的学科，目的是建立对系统抵御生产环境中失控条件的能力以及信心。”[7]传统的 SRE 说法是“希望并不是一种策略”（hope is not a strategy）[8]，这与混沌工程的实验哲学非常吻合。

前面 1.3 节讲过，SRE 方法之所以有效，要归功于它采取了科学方法。科学方法也是混沌工程的核心，即通过实验产生关于系统弹性的知识。混沌工程中的实验被设计成一个四步过程，如表 11.12 所示。

表 11.12 混沌工程实验结构

步骤	描述	解释
1	定义系统的稳定状态	这可以使用实时度量的相关业务指标来定义，显示出系统按照用户的观点健康工作
2	形成一个假设	当系统受到一些伤害时，关于稳定状态大体保持不变的假设。假设可以使用<能力>/<结果>/<可度量的信号>三要素来指定（4.7 节）。其中，能力是系统计划会受到的伤害。预期的结果是稳定状态的维持。可度量的信号则指定了在实验中如何度量稳定状态
3	模拟真实世界的事件	这是对假设中的系统造成伤害的阶段。它可以包括所有种类的敌手技术行动。例如，关闭一个数据中心区域、成倍增加网络延迟以及随机关闭服务是模拟真实世界事件的典型例子
4	检验假设	在这个阶段，将伤害发生时的实际系统状态与第一步定义的稳定状态进行比较。如果稳定状态在伤害发生后仍然保持，那么假设被证明。我们获得的学习成果是，系统和之前的假设一样可靠。如果稳定状态没有被维持，那么假设就被推翻了。学习成果是发现新的系统弱点。这些需要优先考虑，以提高系统的可靠性

需要注意的是，如果对系统造成的伤害预计会显著改变其稳定状态，那么这些用例并不适合进行混沌实验。对于这些用例，可靠性改进可以作为常规开发过程的一部分来实现和测试。在混沌工程能真正发挥作用之前，应该先完成这一步。

混沌实验需要涉及实际的未知情况。使用一个假设时，需要做出一个真正的猜测，只有通过运行实验才能在现实生活中检验该猜测。因系统的复杂性而产生了一些用例。在这些用例中，伤害所造成的后果事先并不明显。围绕这些用例的假设特别适合用混沌工程来进行探索。

在本质上，使用传统软件工程进行了强化并认为可靠（或许基于来自生产的数据）的系统领域最适合运用混沌工程。混沌实验提出的问题是，以前的可靠性是不是由于系统没有受到足够的伤害，而一种新的伤害会显示出它的不可靠性？

也就是说，混沌工程是基于良好定义的假设来进行良好定义的实验。这与“混沌”一词可能暗示的情况相反，也就是使用随机的、无监督的、未预料到的或疯狂的实验来破坏生产。混沌工程实验可以在生产或其他内部环境中执行。实验的目的是当混乱在用户面前意外爆发之前，以可控的方式提前揭示混乱。

在设计一个混沌工程实验时，步骤 1、步骤 2 和步骤 4 可以得到 SLO 的支持。表 11.13 解释了具体做法。

表 11.13　使用 SLO 为混沌工程实验的设计提供支持

步骤	描述	解释
1	定义系统的稳定状态	系统的稳定状态可以用 SLO 错误预算消耗来定义。例如，可以简化定义为："稳定状态：服务 1 所有端点每周的延时 SLO 错误预算不会过早耗尽"
2	形成假设	可以使用 SLO 错误预算消耗来定义一个假设。例如，使用<能力>/<结果>/<可度量的信号>三要素，可以这样定义假设： 能力：在服务 1 和服务 2 之间，网络 A 的延迟增加 25%，持续 24 小时 结果：尽管延迟增加，服务 1 所有端点的每周延迟 SLO 错误预算不会过早耗尽 可度量的信号：使用 SLO 错误预算消耗指标的延迟 SLO 错误预算消耗
3	模拟真实世界的事件	这是在不诉诸 SLO 的情况下照常进行的
4	检验假设	为了对步骤 2 定义的假设进行校验，需要将做实验的那一周结束时的延迟 SLO 错误预算消耗水平与服务 1 授予的每周延迟 SLO 错误预算进行比较。这是用 SLO 错误预算消耗指标完成的

也就是说，可以用 SLO 来定义系统的稳定状态，也可以使用 SLO 定义一个要测试的假设。对假设的检验可以用 SRE 指标来完成。此外，使用混沌工程实验寻找要测试的假设也可以由 SRE 指标支持。

选择一个假设的决策可由一个三步工作流来支持。该工作流基本以下三个问题。

1. 为哪些服务定义了哪些 SLO？
2. 不同时间尺度的 SLO 遵守情况如何？
3. 对于成功履行的 SLO，是否有任何不寻常的错误预算消耗模式？

我们的目标是找出那些始终成功履行了 SLO 的服务，并尝试使用混沌实验来打破它们；在探索的基础上，调查错误预算消耗模式，找出错误预算防御很强，但原因不明或不透明的情况。

对这些问题的回答直接由前几节定义的 3 个 SRE 指标提供支持，如表 11.14 所示。

表 11.14　为"选择混沌工程假设"决策提供支持的三步工作流

步骤	SRE 指标	解释
1	"按服务划分的 SLO"指标（11.2.2 节）	显示为某项服务定义的 SLO，如果有的话
2	SLO 遵守情况指标（11.2.3 节）	显示不同错误预算期对所定义的 SLO 的遵守情况
3	SLO 错误预算消耗指标（11.2.4 节）	显示可用于探索目的的错误预算消耗趋势

图 11.26 展示了由 3 个 SRE 指标支持的三步决策工作流。

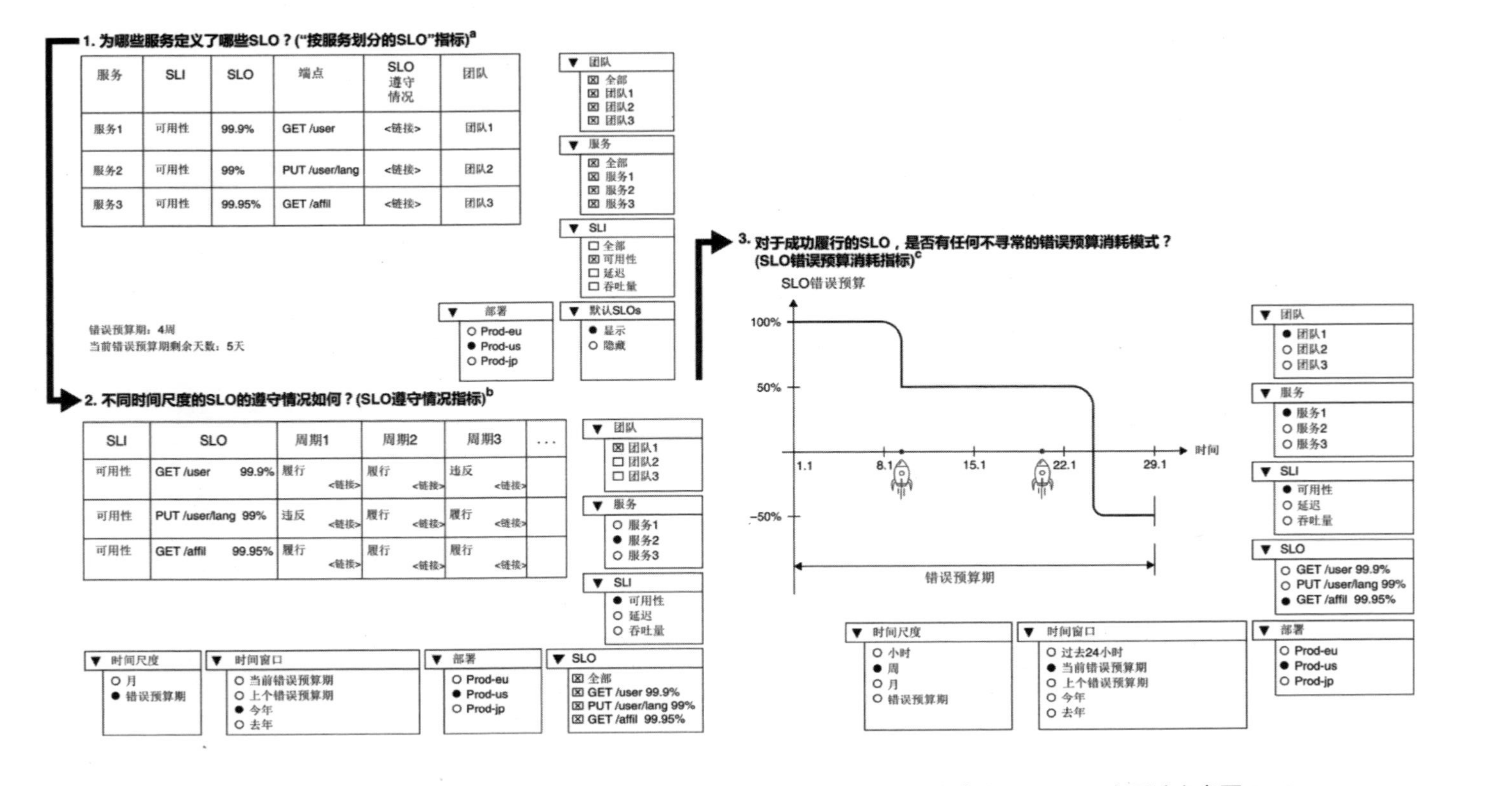

图 11.26 “选择混沌工程假设”决策支持：1. 大图请参考图 11.1；2. 大图请参考图 11.2；3. 大图请参考图 11.4

工作流的步骤 1 旨在找出使用 SLO 定量地定义了可靠性的系统领域。步骤 2 能找出 SLO 被成功履行的系统领域。步骤 3 则开始进行探索性工作，为成功履行的 SLO 找出不寻常的错误预算消耗模式。例如，一个 SLO 可能在所有错误预算期都被成功履行，在每个周期结束时都有大量的剩余错误预算。然而，在每个周期可能有一些小的但有规律的突发事故消耗了错误预算。这些突发事故不能通过观察依赖服务的错误预算消耗趋势而轻易解释。围绕这些突发事故可以形成一个假设，即它们可能是由于云提供商的基础设施服务扩展（scale-out）机制没有被调整到最佳状态。这个假设可以通过混沌实验来测试。

在混沌实验结束时，如果一个假设被证明是错误的，那么系统的稳定状态就会发生重大变化。这为拥有各自服务的团队提供了宝贵的数据来提高服务的可靠性。另外，这些数据可能会产生新的 SLO，或者要求对现有 SLO 进行调整。

题为 How to Use Chaos Engineering to Break Things Productively[9] 的文章中，提出了一个关于构建混沌实验的建议。表 11.15 对此进行了总结。

表 11.15　结构化混沌实验的建议

	已知	未知
已知	测试“已知的已知”（Known Knowns） ● 认识：存在 ● 理解：存在	实验“已知的未知”（Known Unknowns） ● 认识：存在 ● 理解：不存在
未知	检查“未知的已知”（Unknown Knowns） ● 意识：不存在 ● 理解：存在	查看“未知的未知”（Unknown Unknowns） ● 意识：不存在 ● 理解：不存在

“已知的已知”的一个例子是在开启了自动重启设置的前提下，云服务在服务关闭时自动重启。一旦开启了这个设置，那么就会理解到服务重启可能发生。之所以开启自动重启设置，是因为我们认识到必要时需要重启。

“已知的未知”的一个例子是开启自动重启设置后，服务关闭时云服务自动重启的时间期限。对于重要用例的可靠性来说，这个时间期限可能很关键。我们意识到服务自动重启会发生。然而，由于云提供商没有公布自动重启持续时间的 SLA，所以不了解它具体需要多长时间。

“未知的已知”的一个例子是在共享服务计划中部署的云服务，它和其他许多服务共享资源，例如内存、存储等。云提供商可能对计划中的最大服务数量提出了建议，以优化资源消耗并避免所部署服务的资源饥饿。然而，可能没有一种原生的方法来强制建议的限制。在这种情况下，当服务自动重启后，我们不知道服务计划是否会为服务分配足够的资源。事实上，资源匮乏可能是服务自动重启的首要原因。我们理解这种情况，但在服务自动重启后，资源分配方面究竟会发生什么，则是未知的。

至于“未知的未知”，一个例子是在云提供商的计算服务同时出现故障时，我们没有体会过云服务自动重启时会发生什么。该故障可能是小规模的，也可能覆盖整个数据中心区域。根据云提供商的 SLA，这种情况是可能发生的。然而，过去并没有经历过这种情况。我们不甚了解在这种情况下会发生什么，也很少会意识到这种情况的发生。

通过使用 SLO 错误预算消耗指标（11.2.4 节），以探索性的方式分析 SLO 错误预算消耗，以及研究相应的事后回顾，我们可以发现“已知的未知”和“未知的已知”。“已知的已知”是最明显的，因此可能不需要深入分析即可发现。而“未知的未知”最不明显，即使进行了深入的分析，也可能难以发现。

在题为 Chaos Engineering: the history, principles, and practice[10] 的文章中，先后提出失败即服务（Failure as a Service，FaaS）和“恢复能力即服务”（Resilience as a Service）的公司 Gremlin 认为，混沌实验应该按照以下顺序进行：

1. 已知的已知；
2. 已知的未知；
3. 未知的已知；
4. 未知的未知。

一般来说，使用 SLO 错误预算消耗指标（11.2.4 节），可以为混沌工程实验寻找假设的过程提供极大的支持，借此正确认识被测系统的可靠性及其改进。

11.6 小结

本章展示了如何通过基于错误预算的决策为各种主题做出数据驱动的决策。涉及的主题从开发和优先级设定，一直到预算和法律决策。这些决策可以得到许多 SRE 指标的支持。大多数指标提供了关于错误预算随时间消耗的不同视图。对于 SLO，有“按服务划分的 SLO”指标、SLO 错误预算消耗指标、SLO 错误预算过早耗尽指标以及 SLO 遵守情况指标。对于 SLA，则有“按服务划分的 SLA”指标、SLA 错误预算消耗指标和 SLA 遵守情况指标。

在实现方面，SRE 指标支持以图或表格的形式进行可视化。图对于探索性决策很有用。表格为重点决策提供了一个更集中的数据视图。SRE 指标的图和表格可以结合使用，以推动决策工作流。一些最常见和最常用的工作流包括“使用 API”决策工作流、“收紧依赖项的 SLO”决策工作流、“功能与可靠性优先级级排序”决策工作流以及“设置 SLO”决策工作流。通过遵循这些工作流，以前看似困难的决策过程现在达到了一种全新的透明度和客观性。

在团队中实现基于错误预算的决策，提供 SRE 指标只是第一步。SRE 教练需要让团队熟悉各个指标和可以用这些指标执行的工作流。在特定团队的领域内执行工作流，可以促进团队成员理解和熟悉 SRE 指标。这是团队独立和定期运行工作流的前提。

有了基于错误预算的决策，整个 SRE 概念金字塔（3.5 节）在产品交付组织中得到全面实现。SRE 转型之旅的下一步是将金字塔嵌入一个更正式的组织结构中。为了长期维持 SRE 实践，需要实现一个合适的 SRE 组织结构。这的确是一个很大的工程。它涉及很多方面和选择，我们将在下一章深入探讨。

注释

扫码可查看全书各章及附录的注释详情。

第 12 章

实现组织结构

到目前为止，我们的 SRE 实践实现了 SRE 转型的承诺，使产品交付组织能规模化地、可靠地进行软件的运营。SRE 实践可以在不进行重组或引入新的正式角色的情况下引入。这是正确的策略，因为它允许组织通过实验找到自己实践 SRE 的方式，跨越现有的组织边界进行合作。

如果在实验 SRE 之前就思考组织结构的问题，会导致组织做出一些决策。而如果没有基本的 SRE 实践经验，这些决策以后将难改变。然而，一旦 SRE 实践实证有效，并且正在逐渐巩固，就真的需要开始思考如何通过正确的组织结构来支持和长期保持 SRE。

在讨论如何为 SRE 实现一个恰当的组织结构时，表 12.1 列出的问题可以提供很大的帮助。

表 12.1　推动 SRE 组织结构的问题

类别	问题
角色和责任	• 在 SRE 领域的责任有哪些？ • 在 SRE 领域有哪些角色？ • 角色所需的技能是什么？
业务愿景	• SRE 的长期业务目标是什么？ • SRE 基础设施的长期愿景是什么？ • SRE 活动是否有投资回报率的期望？
领导	• SRE 需要什么样的领导？ • 是否需要业务/产品/技术方面的领导？ • 是否需要一个新的 C 级/VP 级领导？
职业	• 在 SRE 领域中，各角色的职业道路是什么？ • 如何吸引组织内部和外部的人加入 SRE？ • 如何从其他角色过渡或转换到 SRE 职业？
组织性	• SRE 的组织能见度应该是怎样的？ • SRE 是否应该成为一个新的、专门的组织单位？ • 在 SRE 的领域里，角色的报告线是什么？ • 按角色划分的正式权威是什么？ • 按角色划分的正式权力应该是什么？ • 如何度量 SRE 的成功？

续表

类别	问题
预算	• SRE 应该得到它自己的专门预算吗？ • 谁应该对预算负责？ • 谁应该负责预算的分配？ • 在 SRE 的领域里，按角色和地点的工资是多少？
计划	• 未来一到三年内，SRE 领域需要多少人？ • 需要在全球的什么地方雇用这些人？ • 完全远程工作是否能够接受？
监管	• SRE 实践有多正式？ • SRE 可以被用于审计目的吗？ • SRE 是否有助于履行软件运营的法规？
决策	• 哪些组织决策应该由 SRE 来管理？ • 哪些组织决策应该由 SRE 支持？ • 哪些组织决策不属于 SRE 的范围？

这些问题是多维的，对组织结构、预算分配和人们的职业生涯有广泛的影响。因此，在 SRE 转型的后期，一旦组织成功实践了 SRE，就有必要专门讨论这些问题。

这些问题会在 SRE 转型过程中自然出现。SRE 教练应尽可能关注这些讨论。如果在组织稳定实践 SRE 之前出现了围绕组织结构的严肃讨论，SRE 教练就应该建议人们暂缓决定。

取决于不同的情况，SRE 教练可能很难阻止这方面的讨论，因为他们可能根本没有参与其中。在这个时候，教练就需要与那些将 SRE 纳入组织倡议项目组合的管理人员取得联系。有关组织的事项总是在管理层面上讨论。因此，经理知道围绕 SRE 的组织结构讨论，让教练有机会陈述他们的观点，解释 SRE 实践是否成熟到足以支持对组织结构进行变更。

12.1 SRE 原则与组织结构

为了开始讨论组织结构，我们有必要回到最初的 SRE 原则，看看它们如何影响这个问题。《SRE：Google 运维解密》[1] 一书列出的 SRE 原则如下：

- 运营是软件问题；
- 通过服务水平目标（SLO）进行管理；
- 尽量减少加班；
- 将今年的工作自动化；
- 通过减少故障的成本来快速行动；

- 与开发人员分享所有权；
- 使用相同的工具，不分职能或职称。

此外，还有三个 SRE 实践原则。

1. SRE 需要有后果的 SLO；
2. SRE 必须有时间使明天比今天更好；
3. SRE 团队有能力调节他们的工作负荷。

在研究这些原则时，需要注意的一个重点，实现 SRE 所需要的组织结构并不在这个清单中。这意味着 SRE 原则可由具有不同组织结构的软件交付组织来实现。

事实上，通过 *Seeking SRE: Conversations About Running Production Systems at Scale*[2] 一书中的对话，我们可以清楚地理解这一点。一些公司（例如谷歌）建立了中央 SRE 团队。其他公司（例如亚马逊）将 SRE 职责完全嵌入到实际的开发团队中。还有一些公司（例如 Facebook）建立了一个单独的 SRE 组织，但实际的 SRE 工作主要都嵌入开发团队中。

由此可见，关于合适的组织结构的讨论需要与 SRE 原则分开进行。组织需要使用适合它的组织结构来实现 SRE 原则。实现 SRE 原则优先，组织结构其次。

SRE 误区：SRE 只能由一个中央 SRE 团队完成。

SRE 误区：做 SRE 需要一个专门的 SRE 团队。

相反，组织结构会不会影响 SRE 原则的实现？确实如此！组织结构当然决定人们的合作方式。对一些人来说，它简化了合作和沟通；对另一些人来说，它则阻碍了合作和沟通。这种影响在很大程度上取决于组织机器员工。

因此，关于建立正确的组织结构为贯彻 SRE 原则的一般性建议没有价值。有价值的是理解实现组织结构以实现 SRE 原则的各种选项。这些选项需要评估其在特定组织中的适用性。

基于这个上下文，必须决定的一个核心问题是谁来构建和运行服务。虽然具体由谁来构建的答案通常可以直接提供，但由谁来运行的答案可能没那么清楚。有不同的选项可供考虑。这些将在下一节探讨。

12.2 谁构建，谁运行

本节的标题受到了亚马逊首席技术官维纳 • 沃格斯在 2006 年接受 ACM Queue 采访时的一句话的启发："你构建，你运行（You build it, you run it）。"这使开发人员能接触到其软件的日常运营。这还使他们与客户有了日常的联系。这种客户反馈回路对于提高服务质量至关重要。[3]

"你构建，你运行"将运行服务的责任交给那些构建它们的人，也就是开发团队本身。它最大限度地激励了开发团队在可靠性方面的投资。因为开发人员要为他们的服务进行 24/7

值班，所以不一定喜欢在半夜被吵醒来修复 bug。因此，他们会在可靠性的实现和测试方面竭尽所能，以防止这种令人恼火的情况发生。除了亚马逊，Netflix 以及其他许多公司也采用了“你构建，你运行”这一模式。

12.2.1 “谁构建，谁运行？”谱系

“你构建，你运行”描述了“谁构建，谁运行？”谱系的一端。在另一端，是对服务进行运营的相反方式。它可以称为“你构建，运营运行”（You build it, ops run it）。这句话或许是由史蒂夫·史密斯（Steve Smith）在一篇同名博文中首创的[4]，是 Who Runs It[5] 系列博文的一部分。采用“你构建，运营运行”，开发团队负责构建服务，运营团队则负责在生产中运行服务。开发团队不会因为实现可靠的服务而受到直接的激励。因为他们不会为他们在生产中运行的服务值班，所以这方面的责任完全由运营团队承担。

图 12.1 对“谁构建，谁运行？”谱系进行了展示。

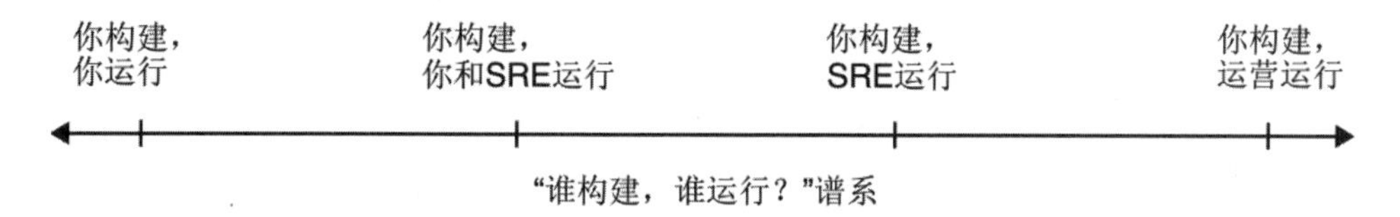

图 12.1 “谁构建，谁运行？”谱系

除了最左侧的“你构建，你运行”和最右侧的“你构建，运营运行”选项，图的中间还显示了另外两个选项：

- “你构建，你和 SRE 运行”（You build it, you and SRE run it）；
- “你构建，SRE 运行”（You build it, SRE run it）。

如果采用“你构建，SRE 运行”，就需要建立一个专门的 SRE 团队。它配备拥有开发和运营知识的人员。也就是说，他们可以像开发人员一样开发服务，并像有软件开发背景的运营工程师一样运营它们。开发团队构建服务，SRE 团队运行。SRE 团队为了将一个服务带入运营，服务需要满足严格的可靠性标准。另外，一旦 SRE 团队开始运营服务，可靠性标准需要一直得以满足。如果服务经常不能保持在其错误预算之内，SRE 团队就会把服务退回给开发团队。然后，开发团队就必须自己运行，直到服务的可靠性恢复。

在谷歌公司，“你构建，SRE 运行”模式被应用于大多数流行的谷歌服务。对于新的服务，谷歌默认采用的是“你构建，你运行”模式。如果服务越来越受欢迎，开发团队可能会寻求 SRE 团队的支持，由后者评估服务并决定是否由自己运营。

在“谁构建，谁运行？”谱系内，最后一个要讨论的模式是“你构建，你和 SRE 运行”。采用这种模式，可以建立一个共同值班模式。构建服务的开发人员与来自 SRE 团队的 SRE

人员共同为服务值班。共同值班责任的细节可能因团队而异。分摊的比例可能是 50 比 50，即开发人员和 SRE 人员为服务值班相同的时间；也可能是 25 比 75 或 75 比 25。一般来说，只要每一方贡献的时间份额大于零，任何分摊比例都是可能的。

Facebook 采用的就是“你构建，你和 SRE 运行”模式。在 Facebook，SRE 人员被称为生产工程师（Production Engineers，PE），他们属于一个独立的生产工程（Production Engineering）组织，但必须和他们当前支持的开发团队在一起办公。这种支持是长期的，然而，PE 被鼓励定期更换他们支持的开发团队。团队的流动性和相互交换经验是 Facebook 的 PE 参与模式的重要特征。

12.2.2 混合模式

除了图 12.1 所示的选项，一些额外的混合模式也是可能的，例如：

- “你构建，运营有时运行”；
- “你构建，你运行，但一些特定的用例由运营进行额外的监控”；

同名博文[6]描述了“你构建，运营有时运行”（You build it, ops sometimes run it）模式。它是“你构建，你运行”和“你构建，运营运行”模式的结合体。在“你构建，运营有时运行”模式下，一些服务由开发团队运行，另一些由运营团队运行。具体哪些服务应该由哪个团队运行，可以根据服务可用性目标来决定。

具有高可用性目标的服务才需要由开发团队运行，因为业务需求高而需要从事故中快速恢复。可用性目标低的服务则可以由运营团队运行，因为它们的业务需求较低，因此从事故中恢复的时间较长也许能够接受。

“你构建，你运行，但一些特定的用例由运营进行额外的监控”模式是一般由开发团队在生产中运行他们的服务。在此基础上，有一些非常具体的跨团队用例由运营部门监控。例如，大量用户可能在应用程序中采取特定的路径，而这跨越了许多团队的边界。运营团队可能要监控这个特定的路径。在发生故障的时候，运营团队会试图判断哪些团队更有可能解决这些问题，并通知这些团队相应的值班人员。

由于这些团队是自己运行他们的服务，所以他们可能已经意识到了这些问题，并正在努力解决。运营部门进行额外监测的价值在于，他们有更多的能力来检测跨团队的问题，这些问题抑制了系统中最常用或最关键的工作流的执行。

12.2.3 改善可靠性的动力

对于“谁构建，谁运行？”的各种模式来说，一个根本区别是开发团队在其服务中实现可靠性的动力水平（激励）。图 12.2 展示了在各种情况下的动力水平。

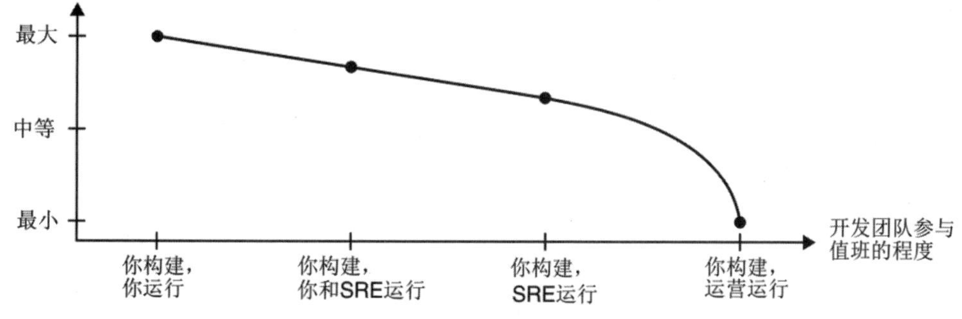

图 12.2　开发团队实现可靠性的动力水平

在“你构建，你运行”的情况下，开发团队有最大的动力在其服务中实现可靠性，因为他们是首当其冲的 24/7 轮值人员。

在“你构建，你和 SRE 运行”这种共同值班模式中，动力则可能稍有减弱。在这种情况下，只有部分 24/7 的值班责任由开发团队承担。在“你构建，SRE 运行”模式中，开发人员的动力再次减弱。在这个模式中，如果开发人员的服务满足了约定的可靠性标准，他们就完全不需要值班。如果未达标准，那么开发团队会按要求恢复可靠性。只有当错误预算被反复超过时，SRE 团队才停止运行服务，并将责任交还给开发团队。

在“你构建，运营运行”模式中，开发团队实现可靠性的积极性会降至冰点。图 12.2 最右侧对此进行了演示。在这个模式中，开发和运营之间的割裂是最明显的。开发团队只是将构建的服务交给运营团队，让他们在生产中运行。运营团队进行 24/7 轮流值班。这意味着开发团队从不参与值班。对于运营团队来说，服务不需要满足任何可靠性标准即可运营。相反，无论服务的可靠性如何，一切都由运营团队来操作。

根据图 12.2 展示的实现可靠性的动力水平，我们可以比较开发人员在服务运行过程中涉入多深，这具体取决于所采用的模式，如图 12.3 所示。

在“你构建，你运行”模式中，开发人员全力投入服务的运行。在“你构建，你和 SRE 运行”这种共同服务运行模式中，开发人员部分投入。在“你构建，SRE 运行”模式中，开发人员在服务的运行方面进行少量投入，因为只要服务保持在错误预算内，他们一般不需要值班。最后，在“你构建，运营运行”模式中，开发人员根本不负责服务的运行。

“你构建，运营运行”是运行软件产品/服务的一种传统方式。正是因为这种模式存在的各种问题，才导致 DevOps——特别是 SRE——在软件行业中变得越来越受欢迎。表 12.2 中总结了它存在的典型问题。

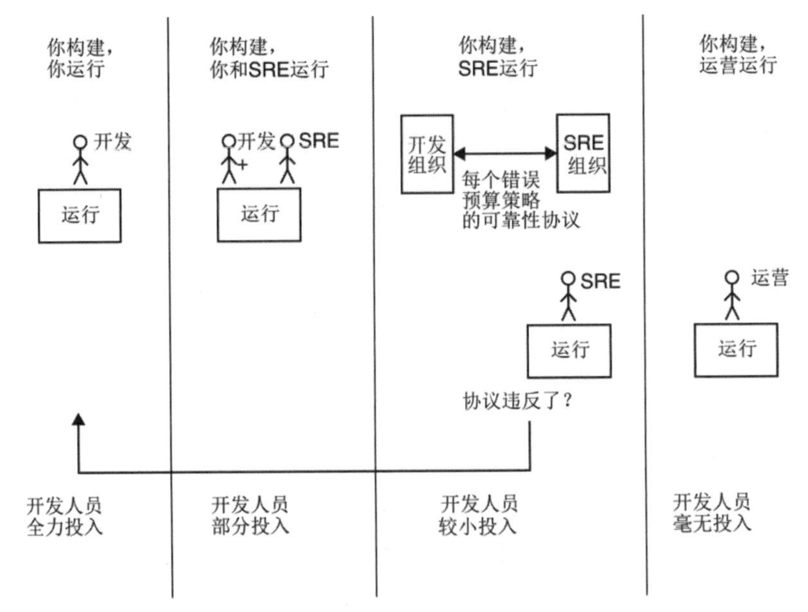

图 12.3　开发人员在服务运行中的投入程度

表 12.2　“你构建，运营运行”模式存在的问题

问题	解释
事故解决时间长	运营团队对生产中的服务了解有限。因此，有许多事故他们不能直接解决。相反，需要咨询开发团队。首先，将事故发送到开发团队需要时间。其次，开发团队需要时间来确定事故的优先级。开发团队从不值班。所以，一旦有事故发生，关于事故的工作几乎肯定不会立即开始。所有这些都会导致事故解决时间的延长
大量的临时变通方案	开发团队需要很长的时间来解决一个事故。然而，客户往往等不了那么久。因此，运营团队在生产中创建变通方案，使服务能临时凑合着用。一旦开发团队修复了问题，在部署期间或者在部署完成之后，修复补丁可能会干扰现有的变通方案
缺乏知识同步	开发和运营团队之间的知识差距非常大。他们实际上生活在两个不同的世界里。为了连接这两个世界，需要全面的知识同步。在实践中，这很少能实现
架构有限的适应能力	服务在架构上没有足够的适应能力。因此，它们对生产中的故障没有弹性。一个故障很容易造成连锁问题。故障的爆炸半径没有技术手段（例如稳定性模式）进行限制
有限的遥测	日志记录不足以快速调查生产中的产品故障，因为它是由开发人员实现的，他们从来不会值班。基于不充分的日志记录和可用的黑盒资源消耗指标，运营团队可以构建仪表盘并实现警报，但这只能反映出运营中的服务的一些非常表面的东西

续表

问题	解释
对基础设施和服务的相互作用理解有限	由于运营团队对生产中的服务只有有限的知识，他们对服务和底层基础设施之间的相互作用的理解也是有限的。这种相互作用需要掌握关于部署、流量、安全性、认证和授权基础设施的特殊知识。运营团队通常对这种知识的掌握程度不深，不足以有效和快速地解决事故
事故响应期间的协作问题	开发和运营团队通常有不同的工作方式。此外，开发团队无法访问生产。运营团队则能访问。因此，运营团队很可能拥有一套不同于开发团队的工具。这些因素将导致事故响应期间开发和运营团队之间的协作问题

考虑到表 12.2 列出的问题（更多细节请参见 2.1 节），越来越多的公司正在向“谁构建，谁运行？”谱系的左侧移动。至于一个特定的产品交付组织具体应该定位到“你构建，运营运行”模式左侧的什么位置，这个问题没有一个通用的答案。相反，需要在组织的独特背景下进行探索。

这种探索需要使用一套标准来彻底比较各种模式。下一节将详细讨论这些标准。

12.2.4 模式比较标准

在比较“谁构建，谁运行？”的各种模式时，有许多标准可以考虑。这些标准的选择应有助于产品交付组织选择合适的模式。下面列出一套示例比较标准，它们颇有代表性：

- 开发团队参与值班的程度；
- 团队之间的知识同步；
- 事故解决时间；
- 运营的服务交接；
- 组建一个独特的 SRE 组织；
- SRE 基础设施的所有权；
- 可用性目标和产品需求；
- 经费；
- 成本。

表 12.3 对这些问题逐一进行了解释。解释的重点是“你构建，你运行”、“你构建，你和 SRE 运行”和“你构建，SRE 运行”模式。前面已经详细解释了“你构建，运营运行”模式及其缺点。

表 12.3 “谁构建，谁运行？”谱系中各种模式的比较标准

比较标准	解释
开发团队参与值班的程度	开发团队参与值班的程度决定了他们在实现可靠服务时的动力。如果要使这个动力最大化，开发团队需要像“你构建，你运行”或“你构建，你和 SRE 运行”模式那样参与值班。在动力最大化的情况下，开发团队会主动和深入地关心一些问题，比如自适应架构、广泛的产品遥测、健壮的自动化测试、基础设施知识的积累（部署、流量、调试、安全性、认证、授权）、反映用户体验的良好 SLO 等
团队之间的知识同步	如果开发和运营服务的人不在同一个团队，那么他们需要更大程度上的知识同步。在“你构建，你运行”模式中，知识同步的工作量最小。最多的是在“你构建，SRE 运行”模式中
事故解决时间	事故解决时间越短，值班人员和实现服务的人员之间的距离越短。所以，最短的事故解决时间发生在“你构建，你运行”模式中。最长的发生在“你构建，SRE 运行”模式中。即使如此，在大多数情况下，“你构建，SRE 运行”模式的事故解决时间还是足够快的，因为 SRE 团队的工作人员都是具有开发和运营背景的工程师，他们了解并希望捍卫服务的错误预算
运营的服务交接	运营的服务交接在“你构建，SRE 运行”模式中发生。针对给定的服务部署频率，必须正确地设置交接。在“你构建，你运行”模式中，严格意义上并不需要交接，因为实现服务的团队也在运营它。而在“你构建，你和 SRE 运行”模式中，可能需要一个轻量级的交接，使 SRE 团队能跟进服务的最新变化
组建一个独特的 SRE 组织	“你构建，你和 SRE 运行”和“你构建，SRE 运行”模式均要求组建一个 SRE 团队。SRE 团队可以作为现有开发组织中的一个新团队来组建，也可以作为现有运营组织中的一个新团队来组建。另一个选择是为 SRE 组建一个新组织，在那里进行所有 SRE 活动。这些活动可能包括内部的 SRE 指导、SRE 咨询、服务共同设计、SRE 教练、SRE 基础设施所有权、服务共同值班以及服务的整个所有权。SRE 指导、咨询，共同设计、教练和基础设施甚至可以对外作为一项服务提供给其他公司。也就是说，一个 SRE 组织可以在内部和外部产生自己的收入。它有自己的目标，并可能在产品交付组织的更广泛的文化氛围中建立自己的文化
SRE 基础设施的所有权	SRE 基础设施的所有权需要澄清。在“你构建，你运行”模式中，开发团队的基础设施需要由一个专门的团队拥有（负责）。一种典型的情况是，SRE 基础设施由运营组织内部的一个团队所有。在“你构建，你和 SRE 运行”和“你构建，SRE 运行”模式中，SRE 基础设施的所有权可以在组织中的不同地方。如果有一个专门的 SRE 组织，基础设施的所有权将归它。或者，如果 SRE 在运营组织内部，那么基础设施的所有权将归该组织。如果 SRE 在开发组织内部，那么开发或运营组织都可能有该基础设施的所有权

续表

比较标准	解释
可用性目标和产品需求	在题为 Implementing You Build It, You Run It at scale[7] 的文章中，作者建议使用可用性目标和产品需求来选择服务的运营支持方法。其论点是，具有高可用性目标和高产品需求的服务应该用“你构建，你运行”模式来运营，因为它可以最大限度地激发开发团队的运营动力，最大限度地减少知识同步和事故解决时间，并且不需要为运营进行服务交接。可以对这个思路进行扩展，根据服务可用性目标和产品需求从各种“谁构建，谁运行？”模式中选择一种。一般来说，“你构建，你和 SRE 运行”和“你构建，SRE 运行”模式也能很好地支持具有高可用性目标和产品需求的服务
经费	“你构建，你运行”、“你构建，你和 SRE 运行”和“你构建，运营运行”的经费属于资本支出（CAPEX）。开发人员和 SRE 人员的工资代表该领域的大部分投资。CAPEX 预算将进行定期的资金更新。值班管理工具或应用程序性能管理设施等工具的许可证费用则属于营业费用（OPEX）
成本	大部分成本来自开发人员和 SRE 人员的工资。一般来说，这方面的成本是非常高的。可以根据服务可用性目标和产品需求，以专门或领域特有的方式为服务创建轮流值班制度，以便优化成本

12.2.5 模式比较

可用上一节的比较标准对“谁构建，谁运行？”谱系中的模式进行比较，如表 12.4 所示。

表 12.4　比较“谁构建，谁运行？”谱系中的不同模式

标准	你构建，你运行	你构建，你和 SRE 运行	你构建，SRE 运行	你构建，运营运行
开发团队在值班工作上的参与度	最大	持续	服务在错误预算之内则无	无
团队之间的知识同步	无	部分需要	需要	不实际
事故解决时间	最小	短	短	最大
运营的服务交接	不适用	部分需要	需要	需要
组建一个独特的 SRE 组织	不适用	可选	可选	不适用
SRE 基础设施的所有权	运营组织	SRE 或运营组织	SRE 或运营组织	
可用性目标和产品需求	最高目标和需求	最高目标和需求	最高目标和需求	较低目标和需求

续表

标准	你构建，你运行	你构建， 你和 SRE 运行	你构建， SRE 运行	你构建， 运营运行
经费	CAPEX	CAPEX	CAPEX	OPEX
成本	高	高	高	低

综上所述，“你构建，运营运行”模式的成本虽然低，但没有表现出规模化地、可靠地运营服务所需要的特征。其他三种模式——“你构建，你运行”，“你构建，你和 SRE 运行”和“你构建，SRE 运行”——虽然成本较高，但能确保服务规模化地、可靠地运营。这三种模式代表三种各具特色的替代方案。它们主要区别在于开发团队参与值班的程度以及 SRE 团队的报告线。这两个方面是相互关联的，具体将在接下来的小节中探讨。

12.3 “你构建，你运行”

在“你构建，你运行”模式中，开发团队在生产中运营他们的服务。为此，他们要使用运营团队提供的 SRE 基础设施，如图 12.4 所示。

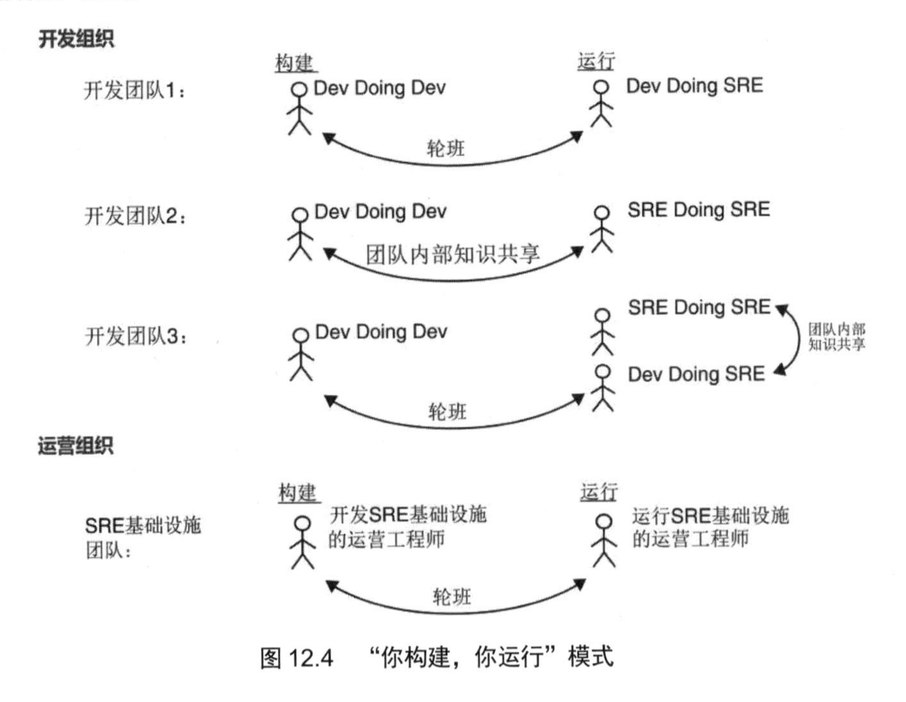

图 12.4 “你构建，你运行”模式

图 12.4 的上半部分显示了开发组织。该组织负责构建和运行服务。不同团队可能以稍微不同的方式完成这个任务。开发组织中有三个开发团队。这些团队履行 SRE 职责的方式略有不同。

开发团队 1 没有一个专职 SRE 角色。相反，运行服务的责任由整个团队承担，开发人员轮流从事某些 SRE 方面的工作。例如，开发人员可以采取轮流值班制度。团队 1 这个配置的一个显著特点是，团队没有配置专职 SRE 角色或人员。

开发团队 2 的组织方式不同。团队有一个专职 SRE 角色，由专人承担。团队中的开发人员构建产品，SRE 人员负责运行。团队内部的知识共享规程确保了开发知识从开发人员流向 SRE 人员，反之亦然。

也就是说，团队 2 的显著特点是，有一个专职 SRE 人员作为开发团队的一部分。SRE 人员参与所有团队活动：每日站会、待办事项梳理、演示、回顾、概念讨论等。因此，在大多数情况下，通过持续的团队仪式和活动，SRE 和开发人员之间的知识是自然流动的。其实，在“你构建，运营运行”模式中，缺少的正是这样的知识分享。该模式中的运营工程师不是开发团队的一部分。他们必须在其背景知识不如构建团队丰富的情况下运行服务。

要点 如果配备一名专职 SRE 人员作为开发团队的一部分，由他来运行“你构建，你运行”模式下团队所拥有的服务，那么通过持续的团队仪式和活动，SRE 人员和开发人员之间的知识在大多数情况下可以自然流动。SRE 人员是开发团队的正式成员，和其他团队成员一样参加团队所有仪式和活动。

开发团队 3 的组织方式是开发团队 1 和 2 的结合。团队 3 也有一名专职 SRE 人员运行服务。在此基础上，开发人员也要加入 SRE 人员，轮流运行服务。当他们一起运行服务时，SRE 人员和开发人员之间的运营知识将作为共享的值班工作的一部分自然地流动。

图 12.4 的下半部分显示了运营组织。这里有一个 SRE 基础设施团队负责构建和运行 SRE 基础设施。对于 SRE 基础设施团队来说，一种很常见的情况是，谁负责实现 SRE 基础设施，就由谁负责运行它。然而，一般来说，本图讨论的开发团队 1、2、3 的配置在这里也是适用的。

值得注意的是，在“你构建，你运行”模式中，在团队中运行服务的不同方式可以由团队灵活决定。更重要的是，团队可以随着时间的推移改变配置，以适应当前的具体情况。例如，团队开始时可能没有专职 SRE 人员，运营工作由开发人员轮流完成。在某个时候，团队可能决定增加一名专职 SRE 人员，以更好地应对因为服务的普及而造成的日益繁忙的运营工作。后来，当 SRE 人员离开组织去谋求其他职业机会时，团队可能会改回在没有专职 SRE 人员的情况下运行服务。在未来某个时候，在另一名新的 SRE 人员加入团队时，他们可能安排 SRE 和开发人员轮值。

这里有很大的灵活性。团队可以快速做出适合自己的决定。开发经理需要支持团队在“你构建，你运行”模式下以他们喜欢的方式工作。这种支持需要以开放人员预算、批准预算以及招聘活动的形式体现出来。

“你构建，你运行”这个模式扩展性非常好。它可以随着开发组织中开发团队数量的增加而轻松扩展。例如，在一个组织中，开发团队按照领域驱动的设计原则组织，每个团队拥有一个在很大程度上独立的子领域。这样一来，就可以在各团队之间没有广泛依赖关系的情况下构建具有良好扩展性的组织。由于每个团队都要运行各自的服务，所以在组建团队之初就要考虑到这个方面——而且最重要的是配备合适的人手。对运营进行扩展时，不需要做出其他组织方面的变化。SRE 基础设施由所有团队共享。

表 12.5 总结了“你构建，你运行”模式的不同运行方式。

表 12.5 “你构建，你运行”模式的运行方式

	你构建，你运行		
开发团队中谁运营服务？	开发人员运营服务	SRE 人员运营服务	SRE 人员和开发人员运营服务
SRE 人员是正式的开发团队成员吗？	无	是	是
SRE 人员的报告线是什么？	无	开发经理→开发主管	开发经理→开发主管
SRE 人员的动力在哪里？	无	动力与开发团队的目标一致	动力与开发团队的目标一致
可扩展性如何？	扩展开发团队数量	扩展开发团队数量。每个团队得到一名专职 SRE 人员	扩展开发团队数量。每个团队都得到一名专职 SRE 人员

下一节将深入探讨“谁构建，谁运行？”谱系中的另一种模式“你构建，你和 SRE 运行”。

12.4 “你构建，你和 SRE 运行”

“你构建，你和 SRE 运行”的模式有两个显著的特点：有一个 SRE 团队和一个共享的值班轮值。SRE 团队与相应开发团队的开发人员一起共享轮流值班。SRE 团队本身可以放在开发、运营或专门的 SRE 组织中。本节将对这三种方案进行探讨。

12.4.1 开发组织内的 SRE 团队

图 12.5 展示了“你构建，你和 SRE 运行”模式，其中的 SRE 团队安排在开发组织内部。

图 12.5 的上半部分显示了开发组织。开发组织有三个团队：开发团队 1、开发团队 2 和 SRE 团队。SRE 团队由为各个开发团队提供支持的 SRE 人员组成。一个 SRE 人员支持开发团队 1，另一个 SRE 人员支持开发团队 2。这种支持的体现包括与相应团队的开发人员共同轮流值班。

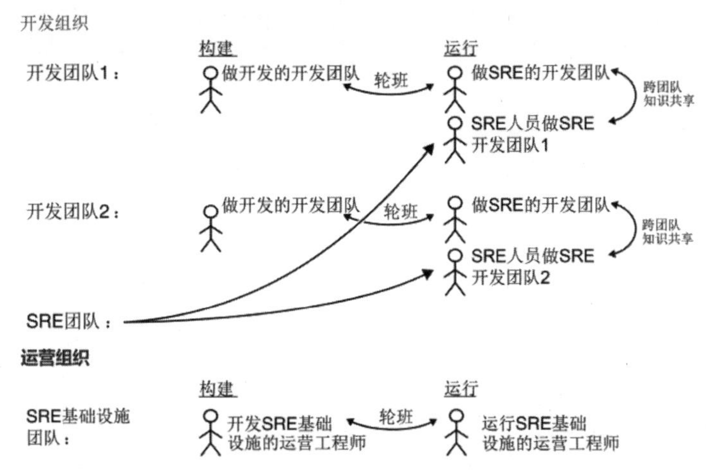

图 12.5 “你构建，你和 SRE 运行”模式，SRE 团队安排在开发组织内部

开发团队 1 有一名开发人员轮流与 SRE 团队的一名 SRE 人员运行团队 1 拥有的服务。开发团队 2 也有一名开发人员轮流与 SRE 团队的另一名 SRE 人员运行团队 2 的服务。

SRE 团队要决定哪些 SRE 人员去支持哪个开发团队及其在特定开发团队中的驻留期限——通常为长期。通过与开发团队的长期接触，SRE 人员可以了解自己所支持的服务。只要与 SRE 相关，他们就会为开发团队提供支持。事实上，在开发团队响应事故的过程中，SRE 人员是不可或缺的关键成员。

但是，SRE 并没有成为开发团队的正式成员。他们不参加开发团队的所有仪式。相反，在组织上，SRE 仍然是 SRE 团队的成员。在开发团队之间轮换 SRE 人员是 SRE 团队的一种常规操作。

在开发团队和 SRE 团队之间，需要签订常规的协议来管理 SRE 人员的参与。根据协议，SRE 团队可以自由决定何时开始和停止支持一个开发团队。如果有选择，在决定与开发团队合作时，SRE 团队会把要支持的服务的可靠性水平作为关键因素。SRE 团队可能提出可靠性标准，开发团队拥有的服务必须满足这些标准，SRE 团队才会支持它们。另外，SRE 团队可能会提出退出标准，当满足这些标准时，将导致 SRE 从开发团队撤回支持。

在“你构建，你和 SRE 运行”模式的可扩展性方面，如果 SRE 团队中的 SRE 人员数量小于开发团队的数量，一些开发团队将不得不按照“你构建，你运行”模式运作。这就提出了如何对“你构建，你和 SRE 运行”模式进行扩展的问题。为了扩展它，SRE 团队的数量需要随着开发组织中开发团队数量的增长而增长。

为了估计支持一定数量的开发团队所需的 SRE 团队数量，可以假设 SRE 团队的规模为 8 人。这符合软件行业的共识，即敏捷团队的成员数量应少于 10 人。基于这个假设，需要按表 12.6 所示的比例来调整 SRE 团队的数量。

表 12.6 扩展 SRE 团队数量的例子

<table>
<tr><th>开发团队的数量</th><th>SRE 团队的数量</th></tr>
<tr><td>1</td><td rowspan="4">1</td></tr>
<tr><td>3</td></tr>
<tr><td>5</td></tr>
<tr><td>7</td></tr>
<tr><td>9</td><td rowspan="4">2</td></tr>
<tr><td>11</td></tr>
<tr><td>13</td></tr>
<tr><td>15</td></tr>
<tr><td>17</td><td rowspan="4">3</td></tr>
<tr><td>19</td></tr>
<tr><td>21</td></tr>
<tr><td>23</td></tr>
</table>

随着 SRE 团队的数量超过两个并不断增长，开发组织需要开始认真审视自己的目的。开发组织的目的是构建和运行产品吗？如果是，那么 SRE 团队的数量可以在开发组织内增长。否则，就应该讨论 SRE 团队的归属问题。将 SRE 团队安置在运营组织中是否合适？创建一个单独的 SRE 组织，并在其中容纳 SRE 团队是否更符合未来的发展目标？接下来的小节将讨论这些问题。

12.4.2 运营组织内的 SRE 团队

将 SRE 团队放在运营组织内部，也可以实现“你构建，你和 SRE 运行”模式。图 12.6 展示了这样的配置。

图 12.6 的上半部分显示了开发组织。它由开发团队 1 和开发团队 2 组成。图的下半部分显示了运营组织。它由 SRE 团队和 SRE 基础设施团队组成。SRE 基础设施团队负责构建和运行 SRE 基础设施。SRE 团队为开发组织的开发团队提供支持。

采用这个配置，开发团队 1 由一名 SRE 人员提供支持，开发团队 2 由另一名 SRE 人员提供支持。值得注意的是，这种支持是以跨组织的方式进行的。这意味着，采用这种配置，SRE 团队有更多的组织权力来决定为哪些开发团队提供支持。同样地，SRE 团队有更多的组织权力来取消对某个开发团队的支持。

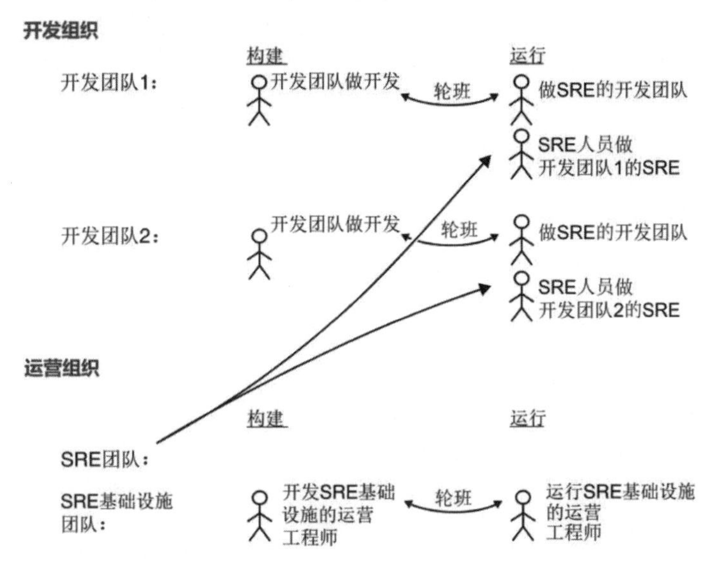

图 12.6 “你构建，你和 SRE 运行”模式，SRE 团队在运营组织内部

SRE 团队对开发团队的支持协议变得更加正式。这反映在开发团队的错误预算策略中。事实上，SRE 团队可能需要制定一个新的错误预算策略，或调整现有策略，在与开发团队接触之前落实 SRE 支持协议。

12.4.3 专门的 SRE 组织内部的 SRE 团队

“你构建，你和 SRE 运行”也可以通过将 SRE 团队放在一个专门的 SRE 组织中来实现。这样的配置如图 12.7 所示。

图 12.7 的上半部分显示了开发组织。它由开发团队 1 和开发团队 2 组成。图的下半部分显示了一个专门的 SRE 组织。它由 SRE 团队和 SRE 基础设施团队组成。

SRE 基础设施团队构建和运行 SRE 基础设施。构建基础设施的工程师也可以称为 SRE 人员或简称 SRE，因为他们的人事关系在 SRE 组织内部。SRE 团队也由 SRE 人员组成。SRE 团队的 SRE 人员为开发组织的开发团队提供支持。

在 SRE 组织内部，会鼓励 SRE 团队和 SRE 基础设施团队之间进行轮换。这样一来，SRE 人员能在 SRE 基础设施内部和外部获得广泛和深入的知识，这些知识被来自不同子领域的开发团队使用。

这样，SRE 组织就成了一个专门的 SRE 知识集散地。现在，这个地方有基础设施、最佳实践、知识共享、事故响应和 SRE 文化。

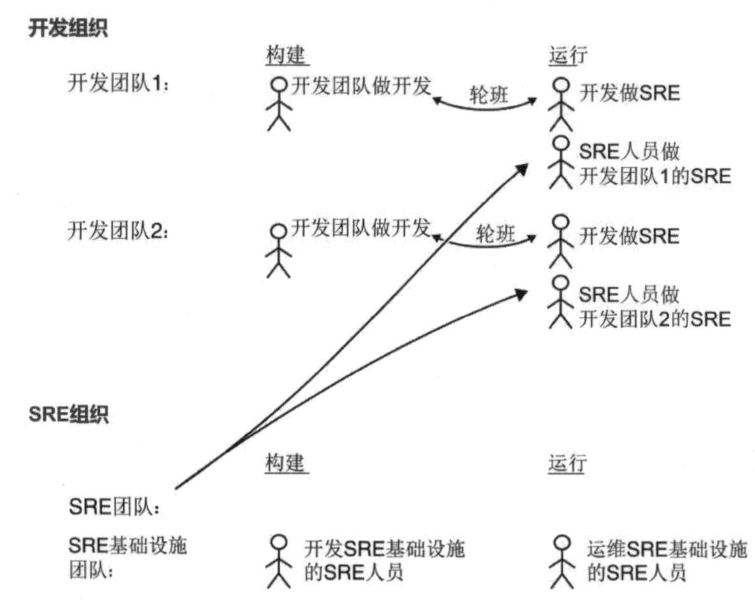

图 12.7 “你构建，你和 SRE 运行”模式，SRE 团队在一个专门的 SRE 组织内部

以此为基础，SRE 组织可以成长为一个更实质性的实体，能向各个开发团队提供可靠性服务。表 12.7 总结了一些服务的例子。

表 12.7 SRE 组织提供的服务

服务	解释
SRE 指导	为组织和团队提供可靠性建议。这通常是在没有正式交付物的情况下进行的
SRE 咨询	为团队提供具体的可靠性咨询。通常会协商一些具体的交付物
服务共同设计	与一个团队一起设计服务，重点放在可靠性上
SRE 转型	提供 SRE 教练，在组织或团队内部进行 SRE 转型
共同值班	提供 SRE 人员，团队中实现“你构建，你和 SRE 运行”值班模式
专职值班	提供 SRE 人员，为一个组织实现完全的生产所有权，并严格定义进入和退出标准，这些标准基于服务的可靠性来描述
SRE 基础设施	“SRE 基础设施即服务”，以订阅的方式提供给其他组织使用

这 7 种参与模式都是可能的。SRE 组织作为一个组织单位来探索所有这些可能性。如果服务能在内部成功提供，它们也可能在外部提供。如果成功，SRE 组织将产生自己的外部收

入，并可能以自己的名义实现盈利。这是在内部磨炼和证明能力之后，将服务外部化的一个典型例子。

最后，图 12.7 并没有显示运营组织。这是因为所有与服务的运行相关的活动都在 SRE 组织内发生。然而，涉及工具的一些支持工作，例如工具采购、许可和管理，还是由运营组织来完成。这一点适用于 SRE 需要的工具，例如值班管理工具、应用程序性能管理设施、日志记录设施和聊天管理服务。

12.4.4 对比

表 12.8 总结并对比了实现“你构建，你和 SRE 运行”模式的三种方式。

表 12.8 “你构建，你和 SRE 运行”模式的运行方式

	“你构建，你和 SRE 运行”		
SRE 团队在产品交付组织中的位置	SRE 团队在开发组织中	SRE 团队在运营组织中	SRE 团队在专门的 SRE 组织中
SRE 团队报告线	开发经理→开发主管	运营经理→运营主管	SRE 主管
SRE 团队的动力？	与开发组织的目标一致	与运营组织的目标一致	与 SRE 组织的目标一致
SRE 团队人数	占开发组织人员预算的一部分	占运营组织的人员预算的一部分	SRE 组织自己的人员预算
SRE 团队预算	占开发组织的部分预算	占运营组织的部分预算	SRE 组织自己的预算
SRE 团队成本核算	开发组织自己的成本核算	运营组织自己的成本核算或跨组织的成本核算	SRE 组织内的成本核算、跨组织的成本核算或者按提供的服务进行成本核算
SRE 团队的关键绩效指标（KPI）	由开发组织来设置	由运营组织设定	由 SRE 组织来设置
可扩展性	扩展 SRE 团队的数量	扩展 SRE 团队的数量 扩展 SRE 团队的数量	

SRE 团队在产品交付组织中的位置极大地影响了报告线、团队的动力、人数限额、预算限额、成本会计和团队 KPI。无论 SRE 团队所处的位置如何，唯一不变的是可扩展性方面。“你构建，你和 SRE 运行”要求 SRE 团队中至少有一名 SRE 人员专门分配给开发团队。在这之后，SRE 团队的数量随需要支持的开发团队的数量而扩展。

在后续小节中，会详细探讨将 SRE 团队放到不同组织之后有哪些差异。

12.4.5 SRE 团队的激励、身份和自豪感

前面提到，SRE 团队的激励（即动力来自哪里）与团队所属组织的目标一致。在开发组织中，SRE 团队的目标更多以产品为中心，而且针对的是特定的产品。在运营组织中，目标更多地以运营术语来表达，例如事故恢复时间。在 SRE 组织中，目标则以 SRE 术语来表达，例如错误预算消耗。

每个组织都有自己的方言（其实就是一种亚文化）。将 SRE 团队放到一个特定的组织中，需要考虑到这方面的问题。该团队将与同一组织的其他团队共享一些思维方式。

另外，SRE 团队的身份会受到其所在组织的影响。在开发组织中，SRE 团队的身份可能与他们支持的产品有关。在运营组织中，它可能与从事故中恢复的效率和严重事故的数量是否较少有关。在 SRE 组织中，它可能与用户体验有关，即服务在其错误预算内时提供的可靠性。

基于受所在组织影响的团队身份，可以养成团队的自豪感。在开发组织中，SRE 团队可能对正在交付的特定产品的可靠性感到自豪。也就是说，给定两个不同的开发组织，每个组织中都有一个 SRE 团队，每个 SRE 团队都可能对他们所在的开发组织所交付的特定产品的可靠性感到自豪。这些团队的 SRE 人员可能特别关心产品本身和个别功能，而不仅仅是一般意义上的可靠性。

在运营组织中，针对他们支持的产品，SRE 团队可能对重大事故鲜有自豪感。支持的具体产品可能不是他们觉得自豪的重点。相反，团队可能对生产环境（产品在其中部署和使用）的总体稳定性感到自豪。

在 SRE 组织中，SRE 团队可能对精心校准的错误预算感到自豪，这些错误预算充分体现了用户在可靠性方面的体验。这可以使 SRE 人员和开发人员能在晚上睡个好觉，因为他们相信只要服务在错误预算之内，用户就会很高兴。

SRE 团队的身份和自豪感来自几个因素，其中包括同一组织内其他团队的人，线下和线上的聊天以及公司的办公空间。另外，这些因素还包括组织内员工大会的主题和组织内建立的一些仪式，例如计划周期、发布节奏、专家讲座、团建、普遍接受的工作纪律等。

此外，组织的领导者对内部所有团队都有深刻的影响。有意或者无意，领导者在很大程度上塑造了组织的文化。

总之，SRE 团队的身份和自豪感可能会受团队所在组织的影响，表 12.9 对此进行了总结。

表 12.9　SRE 团队的身份和自豪感

SRE 团队在产品交付组织中的位置	SRE 团队在开发组织中	SRE 团队在运营组织中	SRE 团队在专门的 SRE 组织中
团队身份和自豪感	可能围绕产品	可能围绕事故	可能围绕可靠性方面的用户体验

总的来说，人们在很大程度上会受环境的影响。这包括人们所在团队的组织环境，它可能对人们的行为、动力水平、情绪、沟通模式和压力水平产生影响。在决定 SRE 团队在产品交付组织中的位置时，所有这些因素都应该考虑到。

12.4.6 SRE 团队的人数和预算

在 SRE 人数和预算方面，最大的问题是 SRE 团队的经费从何而来。一般来说，它可能来自整个部门或部门内产品交付组织的预算增加。另外，经费也可能来自对部门或产品交付组织现有预算的优化。

图 12.8 是整个公司的总体资金流选项的一个例子。这张图展示了整个组织的层级结构。从公司最高层开始，一直到产品交付组织所在的部门。从产品交付组织开始，这个层级结构一直向下延伸到开发、运营以及可能的 SRE 组织。

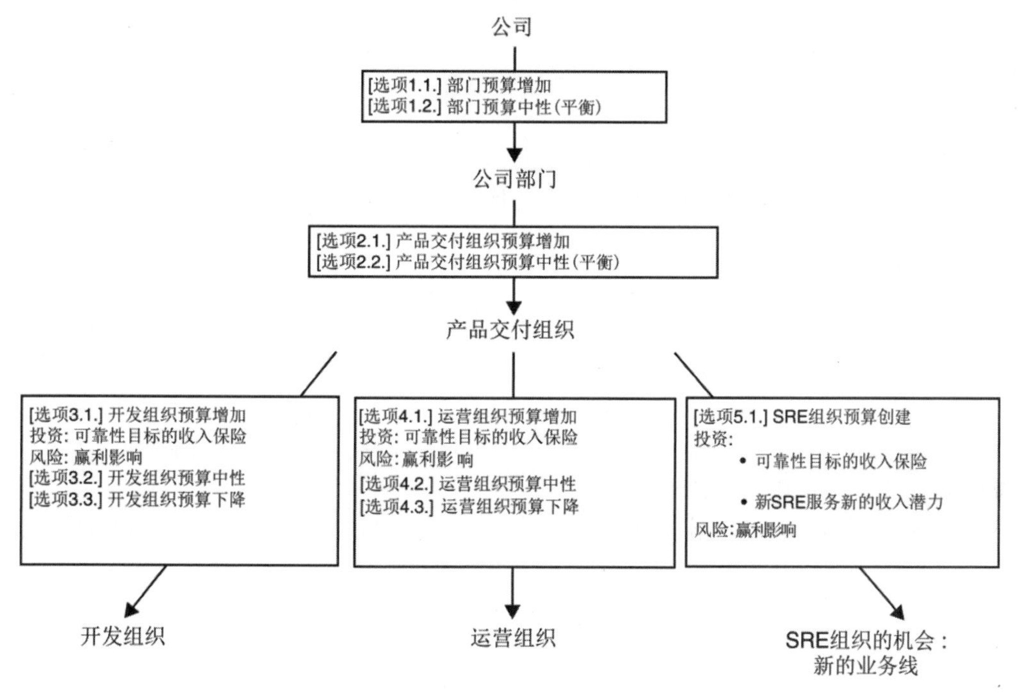

图 12.8 贯穿整个公司的资金流

在“公司”这一级，增加部门预算可能是为 SRE 团队提供经费的一个选项（选项 1.1）。预算的任何增加都需要有一个商业案例来证明其合理性。向 SRE 团队投资的商业案例可以由两个方面来支持：保险和收入。

1. [保险] 对 SRE 团队的投资是可靠性目标的收入保险。这个思路要归功于史蒂夫·史密斯在 You Build It, You Run It[8] 中创造了“生产支持作为可用性目标的收入保险”这一说法。可靠性目标被表述为不同 SLI 的 SLO。为了实现它们，需要投资建立一个 SRE 团队。这种投资是一种保险费，可以保护现有的公司收入不受可靠性的损害。也就是说，该保险覆盖了可靠性损害的收入影响风险。

2. [收入] 对 SRE 组织的投资是为了抓住机会，开始一个新的业务线，提供新的 SRE 服务。这些服务包括 SRE 指导、咨询、服务共同设计、转型、共同值班、专职值班以及“SRE 基础设施即服务”。

可能需要对商业案例进行计算，才能决定增加部门预算，并在公司内部走完所有必要的程序。或者（选项 1.2），对 SRE 团队的投资以部门预算中立（平衡）的方式进行。“预算中立”是一个财务术语，指的是对预算没有影响的一个项目或工程。在这种情况下，需要对部门的现有预算进行重新分配，以便腾出 SRE 团队需要的经费。

无论是通过部门预算增加（选项 1.1），还是通过部门预算重新分配（选项 1.2），最终都可能造成产品交付组织预算的增加（选项 2.1）。在这里，也需要进行商业案例计算。或者可以重新分配产品交付组织现有的预算，从而为 SRE 团队腾出足够多的经费（选项 2.2）。

要注意的一个重点在于，在组织的任何一级对现有预算进行重新分配，都可能付出代价：牺牲其他正在进行或者正在计划的活动。在这种情况下，各自的经理可能会就预算和人数展开争论。SRE 教练应事先预料到这种情况，并尽可能调解。对 SRE 团队的作用做一个可靠的解释，并提供一个可信的商业案例从理性上说服大家。讲讲过去没有处理好的一些事故，不仅对客户造成了影响，还导致公司的声誉受损，这或许能从情感上说服大家。

在产品交付组织中，开发和运营组织现有的预算可能会增加、减少或保持中立（平衡）。如果将 SRE 团队放在开发组织中，那么可以增加它的预算，为其提供充足的经费(选项 3.1)。也可以增加预算，但只够 SRE 团队部分需要的部分经费(也是选项 3.1)。剩余的经费可能需要通过重新分配人员和项目来腾出。

在开发组织中，整个 SRE 团队的经费也可以通过预算中立的方式获得（选项 3.2）。这虽然很难，但也是有可能发生的。除此之外，经费可能会减少，以投资于运营组织中的 SRE 团队或者一个新的 SRE 组织（选项 3.3）。

如果将 SRE 团队放在运营组织中，也会发生类似的预算分配过程。运营组织的预算可以增加，SRE 团队提供充足的经费(方案 4.1)。这笔经费也可能来源于交付组织预算，或者来源于开发组织预算的减少。或者，运营组织增加的预算只够 SRE 团队部分需要的部分经费(也是选项 4.1)。剩余的经费可能需要对整个运营组织的预算进行重新分配。

一种可能的情况是，SRE 团队需要在运营组织中完全以预算中立的方式获得全部经费（选项 4.2）。为了加速运营组织中的 SRE 转型，领导层可能会选择这样的举措。然而，这个举措可能非常危险。它可能导致以前做手动运营工作的运营工程师被转岗为 SRE，他们的团队变成 SRE 团队。除了职位上的变化，结果可能没有什么变化。

职位的改变可能会导致运营工程师有了更高的工资预期。然而，它不会导致运营工程师充分地配合开发团队进行共同值班——这是“你构建，你和 SRE 运行”模式的一部分。开发和调试技能对于 SRE 人员来说是必不可少的。一个习惯了手动运营工作的运营工程师可能不具备这些技能。SRE 教练应该密切关注这一点，不遗余力地防止这种情况的发生。

在题为 Aim for Operability, not SRE as a Cult[9] 文章中，作者说道：“2020 年，我了解到一个系统管理员团队被改名为 SRE 团队，获得了小幅加薪……然后继续做同样的系统管理员工作。”为了应对这种状况，SRE 团队必须由结合了开发和运营能力的工程师组成。这就是 SRE 比运营工程师工资高的核心原因和理由。SRE 方法是可以学习的，应用它的经验也是可以获得的。然而，只有先有了健全的开发和运营能力，它才能有效地发挥作用。

上述讨论展示了预算决定会对 SRE 转型产生什么样的影响。持有预算的经理和控制预算的财务主管的意图可能与推动 SRE 转型的 SRE 教练的观点相冲突。因此，SRE 教练应该培养与经理和财务主管的关系，以达成对 SRE 的共同理解，让他们做出适当的预算分配决定。

回到预算分配方案，运营组织的预算也可能减少，以便投资于开发组织中的 SRE 团队或者一个新的 SRE 组织（方案 4.3）。通常，如果要将 SRE 团队放到一个新的 SRE 组织中，那么预算可以来自产品交付、开发或运营组织，或者来自它们的部分组合。SRE 组织是新成立的，所以它的预算是首次创建（选项 5.1）。因此，这是一个纯粹的投资案例，其动机是可靠性目标的收入保险，以及想要用新的 SRE 服务来打开新的收入流。

总之，在产品交付组织内，SRE 团队的经费可能来自开发或运营组织的预算增加。增加的预算可能包括 SRE 团队的全部或部分费用。作为一个选项，经费可能来自开发或运营组织对现有预算的优化。表 12.10 中总结了不同的选项。

表 12.10 SRE 团队的经费选项

SRE 团队在产品交付组织中的位置	SRE 团队在开发组织中	SRE 团队在运营组织中	SRE 团队在专门的 SRE 组织中
SRE 团队的人数和预算	增加预算以完全/部分覆盖成本，或者不增加开发组织的预算	增加预算以完全/部分覆盖成本，或者不增加运营组织的预算	增加预算以完全/部分覆盖成本，或者不增加产品交付组织的预算

人数（head count）一般由预算决定。然而，在某些情况下，除了预算的限制，因为财务上的控制，也会对人数做出限制。这可能是出于对组织的 KPI 的考虑，这些指标衡量的是收入与人数的比率以及利润与人数的比率。

如果一个组织存在人数限制（head count），那么招聘时的余地就不大。例如，一个组织可能无法通过校招来聘用两个刚从大学毕业的新手，而只能通过社招来聘用一个老手。原因不是因为这样做会打破预算限制，而是因为会打破人数限制。另外，即使一个老手离开了团队，也不可能用两个新手来代替他们——即使这样做不会影响到预算。

为了安全起见，人数限制的问题需要和 SRE 团队的预算一起讨论。取决于打算将 SRE 团队安排在开发、运营还是一个单独的 SRE 组织中，人数限制可能确实会有所不同。如果真是这样的话，那么可以利用这个因素来决定 SRE 团队在产品交付组织中的位置。因此，应该认真对待人数限制的问题。SRE 教练应该意识到这一点，并努力确保决策不会因为人数限制而对 SRE 转型造成反作用。

上述讨论展示了 SRE 教练与财务控制人员联系的重要性。和他们建立良好的合作关系，进行有意义的交流，使最终的决策不仅从财务角度看合适，还能很好地支持 SRE 转型。

12.4.7 SRE 团队成本核算

SRE 团队的成本核算取决于团队在产品交付组织中的位置。如果 SRE 团队在开发组织内，那么成本核算发生在开发组织本身。开发组织在产品交付组织内有一个成本中心。SRE 团队的成本和开发组织内的其他团队一样，被归入该成本中心。

如果 SRE 团队在运营组织内，成本核算可能以两种不同的方式进行。例如，它可以在运营组织内部进行，这意味着成本被分配到运营组织的成本中心。

或者，开发和运营组织可能同意将 SRE 的成本归于开发组织。换言之，虽然在组织上，SRE 在运营组织内，他们的工资由运营组织支付。但是，SRE 花在支持开发团队上的时间（几乎是他们所有的工作时间）是根据协商的转移价格向开发组织收费的。这个费用由开发组织的成本中心支付给运营组织的成本中心，这意味着在产品交付组织内出现了跨组织的成本核算。图 12.9 对此进行了展示。

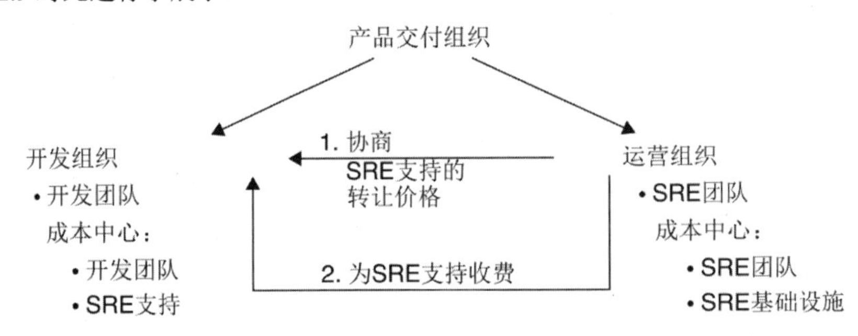

图 12.9　SRE 服务的跨组织成本核算

图 12.9 的顶部展示了产品交付组织，下方是开发和运营组织。开发组织包含开发团队，而运营组织包含 SRE 团队。运营组织与开发组织就 SRE 支持协商一个转移价格（图 12.9 的步骤 1）。通常，这个价格是为开发团队提供支持的一名 SRE 人员的固定小时费率（flat hourly rate）。这个价格是固定的，无论一名 SRE 人员的实际时薪是多少。它不仅可以覆盖一名 SRE 人员的平均时薪，还覆盖了 SRE 基础设施的一些成本。

根据协商的转移价格，运营组织根据 SRE 团队每月向开发组织提供支持的时间收费。因此，开发组织的成本中心包含开发团队和 SRE 支持的成本。而运营团队的成本中心包含 SRE 团队和 SRE 基础设施的成本。

最后，如果 SRE 团队在一个专门的 SRE 组织内，那么有两种方法来做成本核算。首先，SRE 团队的成本可以只在 SRE 组织内部核算。其次，SRE 组织可与开发组织就 SRE 支持协商一个转移价格，并按月收取相应费用。

除此之外，SRE 组织可以提供多样化的服务，而不是只是作为“你构建，你和 SRE 运行”模式的一部分单纯地提供值班支持。这些服务可能以不同的方式定价和核算。表 12.11 对此进行了总结。

表 12.11　不同 SRE 服务的价格模型

服务	公司内部可能的价格模型
SRE 指导	项目价格
SRE 咨询	项目价格
服务共同设计	以协商的费率为基础的转移价格
SRE 转型	以协商的费率为基础的项目价格或转移价格
共同值班	以协商的费率为基础的转移价格
专职值班	以支持的服务为基础的价格
SRE 基础设施	“软件即服务”的经常性收费

也就是说，当 SRE 组织成为能提供许多服务的一个真正的服务提供商时，其定价结构和成本核算变得更加复杂，需要为每个服务单独定义。

12.4.8　SRE 团队 KPI

团队所在的组织会对 SRE 团队的 KPI 产生很大影响。类似于 12.4.5 节的讨论，对于开发团队中的 SRE 团队，其 KPI 可能基于当前正在开发的产品。对于运营组织中的 SRE 团队，KPI 则可能以事故为基础。对于 SRE 组织中的 SRE 团队，KPI 则可能基于可靠性用户体验。表 12.12 展示了按组织划分的示例 KPI。

表 12.12　SRE 团队示例 KPI

SRE 团队在产品交付组织中的位置	SRE 团队在开发组织中	SRE 团队在运营组织中	SRE 团队在专门的 SRE 组织中
SRE 团队 KPI	基于开发中的产品	基于事故	基于可靠性用户体验
示例 KPI1	97%的客户对产品 A 的投诉与可靠性无关	平均故障间隔时间（MTBF）小于两周	90%支持的服务在错误预算之内
示例 KPI2	产品 B 的 NPS（净推荐值）至少为 75 分	事故平均恢复时间（MTTR）小于一天	对于支持的服务，95%的事故所消耗的月度错误预算小于 30%
示例 KPI 3	从一开始就在新产品 C 中实现可靠性工程	事故数量每季度呈下降趋势	对于支持的服务，95%的客户投诉与可靠性无关

运营组织中的 SRE 团队的示例 KPI 正在经历业界的批评。按照 *Implementing Service Level Objectives*[10] 一书的说法，计算事故的数量是没有用的，因为许多对用户体验影响小的事故可能比对用户体验影响严重的单一事故的影响小。所以，并不是说事故数量少就一定好！

但是，对事故进行分类非常困难，因为复杂系统中的事故往往是独一无二的。在复杂系统中，事故每次出现时都有多种不同的原因。根本原因可能是技术上的，也可能与人有关。因此，通过分类来对事故进行计数也很困难。

度量 MTTR 可能隐藏用户在可靠性方面的体验。虽然 MTTR 可能很短，并且随着时间的推移越来越短，但并不表明可靠性方面的用户体验得到了改善。虽然有点反直觉，但可以用一个例子来证明（基于 *Implementing Service Level Objectives* 提供的一个相似的例子）。假定在周期 1 发生了 6 个事故。每个事故都在 30 分钟内得到恢复。在周期 1 中，6 个事故的 MTTR 是 30 分钟。周期 1 的停机时间是 6 个事故×30 分钟 =180 分钟。

再来看看周期 2。这个周期只发生了一个事故。该事故在 120 分钟内得到恢复。周期 2 的 MTTR 是 120 分钟。周期 2 的停机时间是 120 分钟。

根据 MTTR、停机时间和可靠性用户体验对这两个周期进行比较，可以得到如表 12.13 所示的结果。

表 12.13　MTTR 与可靠性用户体验

	MTTR	停机时间	可靠性用户体验
周期 1	30 分钟	180 分钟	比周期 2 差
周期 2	120 分钟	120 分钟	比周期 1 好

周期 1 的 MTTR 最低，但停机时间最长。周期 2 的 MTTR 最高，但停机时间最短。因此，周期 2 的可靠性用户体验要好于周期 1。

此外，Resilience as a Continuous Delivery enabler[11] 一文认为："为健壮性进行优化——将 MTBF 置于 MTTR 之上——是一种过时的、有缺陷的 IT 可靠性方法，它导致了不连续交付和运营上的脆性，最终导致失败。"当组织对以 MTBF 衡量的健壮性进行优化时，它倾向于使用端到端测试、变更咨询委员会（change advisory boards）和变更冻结（change freezes）来控制生产中的变更。这些做法减缓了交付速度。它们基于这样的假设：放慢生产中的变更会导致故障的减少，所以能提高 MTBF。《加速》[12] 一书的研究表明，这种假设是不正确的。事实上，高性能软件交付组织同时实现了交付速度和稳定性。换言之，组织的速度越快，软件交付就越稳定。这是因为软件和基础设施中存在适应能力。适应能力和值班实践使得 MTTR 很低，并支持低的 MTBF。

相比之下，使用端到端测试、变更咨询委员会和变更冻结来减缓变更的组织往往对适应能力投资不足，例如自适应架构、自动化基础设施配置、遥测和值班实践。然而，The Future of Monitoring 一文中说："成功是因为存在适应能力，而不是因为不存在故障。"

如果一个问题要通过统计事故数量和度量 MTTR/MTBF 来回答，那么该问题实际上应该围绕着可靠性用户体验来解决。这种问题可以通过 SLO、错误预算和错误预算消耗率来更有针对性地回答，而不是通过 MTTR 和 MTBF。

12.5 你构建，SRE 运行

"你构建，SRE 运行"模式的一个显著特点是存在一个 SRE 团队，他们自己运行服务。也就是说，在这种模式下，SRE 团队完全负责运行由开发团队开发的服务。

随之而来的是该模式的另一个显著特点，即 SRE 团队和开发团队之间签署的一个协议。针对开发团队在生产中运行的服务，该协议规定了服务需表现出的最低可靠性，基于这个协议，SRE 团队只运行可靠性符合规定的服务。如果服务不符合协议所规定的可靠性标准，SRE 团队就不会将它们投入运营。同样地，如果 SRE 将服务投入运营后，发现它不再符合协议所规定的可靠性标准，那么 SRE 团队可以将服务退回给开发团队，让他们自己运营并提高可靠性。

SRE 团队和开发团队之间的协议应该基于错误预算策略。在这个策略中，要规定当错误预算发生过早消耗的情况下应该采取什么行动，而且双方要就此取得一致。

从组织的角度说，SRE 团队本身可以放到开发，运营或者专门的 SRE 组织中。本节将探讨这三种方案。

12.5.1 开发组织内的 SRE 团队

图 12.10 展示了"你构建，SRE 运行"模式，其中的 SRE 团队是放在开发组织内部的。

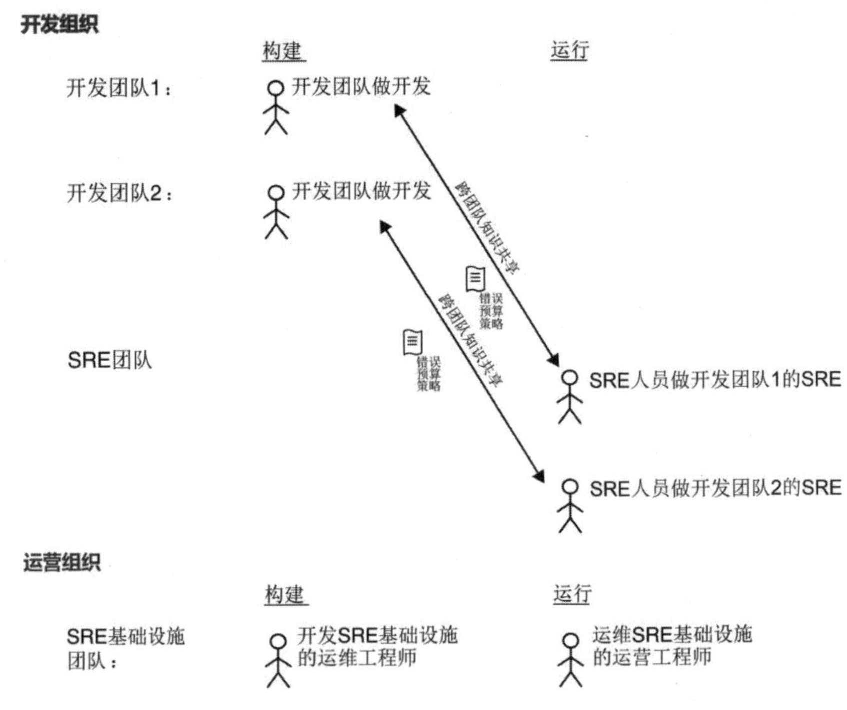

图 12.10 "你构建，SRE 运行"模式，SRE 团队在开发组织内部

图 12.10 的上半部分显示了开发组织。它由两个开发团队和一个 SRE 团队组成。开发团队 1 和开发团队 2 专注于构建产品。SRE 团队为开发团队 1 和开发团队 2 运营产品。为了运营产品，在 SRE 团队和开发团队 1 和 2 之间有持续的跨团队知识共享。

SRE 团队只在规定的错误预算消耗范围内运营服务。这些限制是在错误预算策略中规定的。开发团队 1 有一个错误预算策略。类似地，开发团队 2 有另一个。策略中包含了团队之间关于错误预算消耗种类的协议，SRE 基于该协议运行服务。

如果服务在错误预算策略规定的错误预算消耗限制之内，SRE 团队继续运营服务。否则，SRE 团队将服务运营责任移交给开发团队。在这种情况下，服务运营模式从"你构建，SRE 运行"切换到"你构建，你运行"。

图 12.10 的下半部分显示了运营组织。运营组织中有一个 SRE 基础设施团队，它负责构建和运行 SRE 基础设施。SRE 团队在这个基础设施上运行由开发团队开发的服务。

12.5.2 运营组织内的 SRE 团队

将 SRE 团队放在运营组织内部，也可以实现“你构建，SRE 运行”模式。图 12.11 展示了这样的配置。

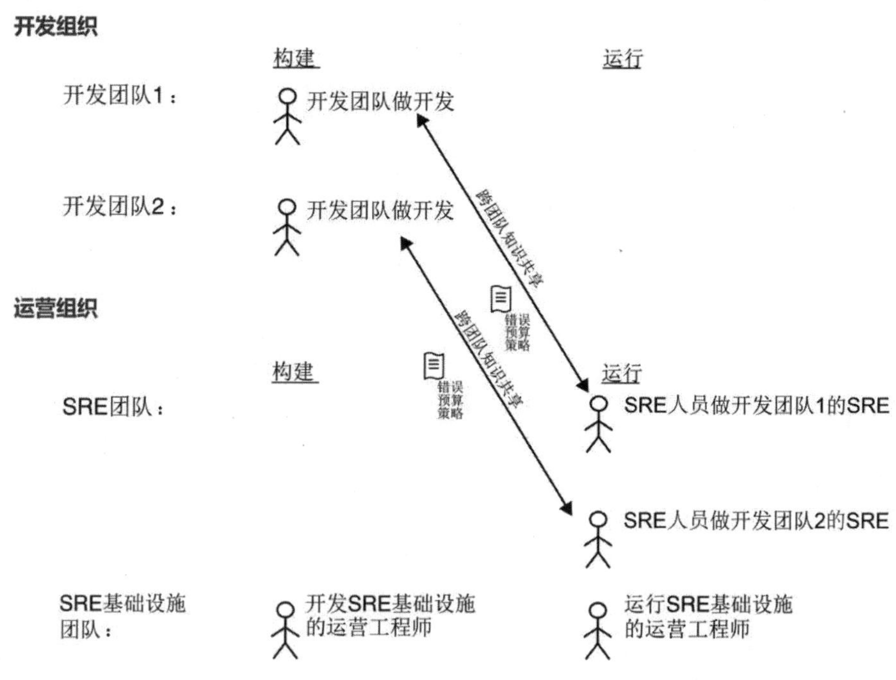

图 12.11 “你构建，SRE 运行”模式，SRE 团队在运营组织内

图 12.11 的上半部分显示了开发组织。开发组织中的开发团队构建产品。图 12.11 的下部部分的运营组织运营服务并拥有 SRE 基础设施。

SRE 基础设施团队负责构建和运行 SRE 基础设施。SRE 团队负责运行由开发团队开发的服务。错误预算策略根据错误预算消耗来管理 SRE 团队和开发团队的关系。如果发生持续的错误预算过早消耗，那么会导致 SRE 团队将服务运营责任移交给相应的开发团队，直到可靠性得到改善。

12.5.3 专门的 SRE 组织内部的 SRE 团队

“你构建，你和 SRE 运行”也可以通过将 SRE 团队放在一个专门的 SRE 组织中来实现。这样的配置如图 12.12 所示。

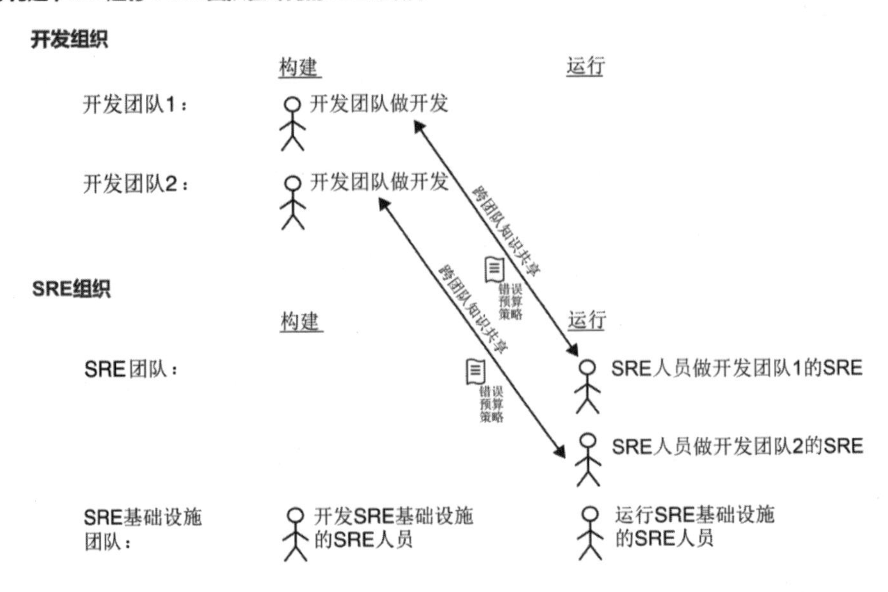

图 12.12 “你构建，SRE 运行”模式，SRE 团队在一个专门的 SRE 组织内部

在图 12.12 上半部分的开发组织中，开发团队负责构建产品。在图 12:12 的下半部分，SRE 组织运行服务并拥有 SRE 基础设施。基础设施由 SRE 基础设施团队构建和运行。它的工作人员是具有基础设施知识的 SRE 人员。

产品服务的实际运营由 SRE 团队完成。拥有必要知识的 SRE 人员为开发团队开发的产品服务值班。为了保持知识的更新，SRE 团队和开发团队之间定期进行跨团队的知识共享。

错误预算策略被用来调节服务可靠性水平。如果不满足，SRE 团队可以将服务运营责任移交给相应的开发团队。

12.6 成本优化

来自“谁构建，谁运行？”谱系的模式承担了不同的成本。通过对模式进行比较（12.2.5 节），我们知道“你构建，运营运行”是一种低成本的运营模式，但它存在很多缺点。另外，通过比较可知，“你构建，你运行”“你构建，你和 SRE 运行”以及“你构建，SRE 运行”都是高成本模式。他们在重要的标准上得分很高，例如开发团队对值班工作的参与度、团队之间的知识同步、事故解决时间、运营的服务交接以及可用性目标。

可用性目标为高成本模式的成本优化提供了余地。You Build It You Run It at scale[13] 一文探讨了团队轮流值班与领域轮流值班的概念。对于具有高可用性目标的服务，建议采用团队轮值。这种轮值可以通过“你构建，你运行”和“你构建，你和 SRE 运行”模式来实现。团队轮值的成本很高。但为了达到高可用性目标，这是值得的。

对于具有中等可用性目标的服务，建议进行成本优化。这是通过构建一个领域轮值而不是团队轮值来实现的。领域轮值支持来自不同团队的几个服务，它们共享一个逻辑知识领域。也就是说，一个领域轮值的人需要对几个团队所拥有的服务的“SLO 违反”做出响应。只有当这个人对该领域的服务有扎实的知识时，这个机制才能有效地工作——无论某个特定的服务具体是由哪个团队拥有的。

例如，假定领域轮值涉及三个团队，那么在任何时候都可能有一个人为这三个团队值班。相比之下，如果采用团队轮值，那么任何时候都会有三个人为这三个团队值班。这在图 12.13 中得到了说明。

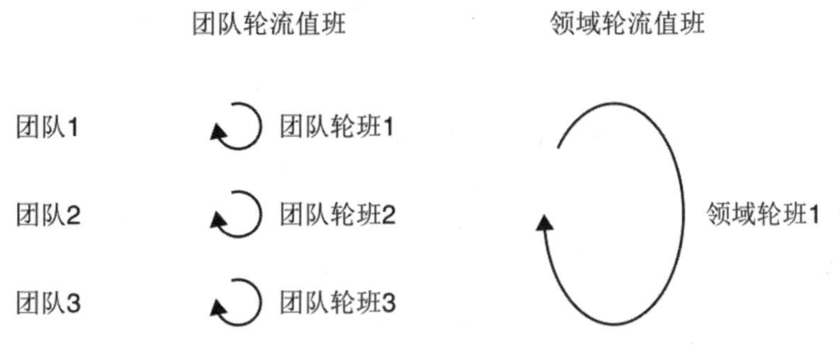

图 12.13　对比团队轮值与领域轮值

因此，领域值班轮换的成本优化来自在一个领域内的每组团队中投入更少的人值班。领域轮值保护的是中等可用性目标。由于可用性目标降低了，所以错误预算更多。而错误预算越多，留给事故恢复（同时不会过早耗尽错误预算）的时间越充裕。这意味着相较于需要保护高可用性目标的团队轮值同行，领域轮值人员通常有更多的时间从事故中恢复。

为了优化“你构建，你运行”模式的运行成本，一个相当普遍的尝试是引入由几个人组成的试点，他们进行 24/7 轮值，如图 12.14 所示。

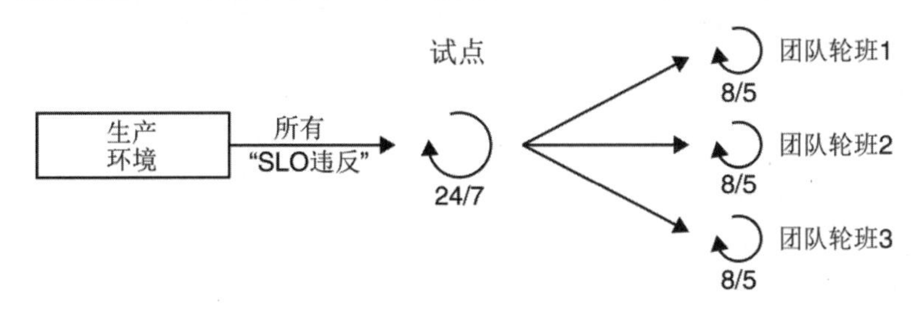

图 12.14　薄层的人接收所有“SLO 违反”

来自薄层的人负责接收来自所有团队的“SLO 违反”。一旦收到，就对“SLO 违反”进行分类。一些“SLO 违反”可由薄层人员使用运行手册来响应。至于其余的“SLO 违反”，由于缺乏知识或能力，薄层无法做出响应，所以会转交给相应团队的轮班人员。轮值团队通常不是 24/7 值班，而是 8/5（一周 5 天，每天 8 小时）或 8/7（一周 7 天，每天 8 小时）值班。

这里的成本优化策略是只向薄层的少数人支付非工作时间的支持费用。但是，这种成本优化策略是不会奏效的，因为它削弱了开发团队改善可靠性的积极性。反正不是防止不可靠的第一道防线。在心理上，他们会将来自薄层的人看成是进行 24/7 生产支持的人。他们不会把自己看成是生产中的可靠性的推动者和守护者。因此，在适应能力、架构进化和运行手册方面的投入将受到很大影响。

只有当薄层专门负责非常具体的客户用例时，薄层轮值制度才有可能作为一种成本优化技术发挥作用，这些用例是跨团队的，用 SLO 进行了充分的表示，并且在运行手册中提供了很好的文档。

另一种成本优化方法是在 SRE 基础设施中严格实现产品交付组织的大多数团队中都能普遍使用的功能。这样一来，SRE 基础设施投资的规模经济就得以实现。至于那些只有一个团队受益的特殊功能请求，在大多数情况下，它应该由发起请求的团队自行实现。当然，该团队也可以稍微等待一下，直到有更多的团队对该功能发生了兴趣，证明了在中心 SRE 基础设施中实现的合理性。

12.7 团队拓扑结构

前几节探讨的团队拓扑结构可以总结为“谁构建，谁运行？”谱系的各种模式和产品交付组织中相关部门的交叉点。表 12.14 对此进行了总结。

表 12.14 团队拓扑结构

	你构建，你运行	你构建，你和 SRE 运行	你构建，SRE 运行
开发组织	• 选项 1：没有专职 SRE 角色。SRE 职责由所有开发人员轮流承担 • 选项 2：团队有专职 SRE 角色 • 选项 3：团队有专职 SRE 角色和一名专职开发人员轮值	选项 1：SRE 团队在开发组织中。SRE 基础设施团队在运营组织中。没有 SRE 组织	选项 1：SRE 团队在开发组织中。SRE 基础设施团队在运营组织中。没有 SRE 组织
运营组织	SRE 基础设施团队	选项 2：SRE 团队和 SRE 基础设施团队在运营组织中。没有 SRE 组织	选项 2：SRE 团队和 SRE 基础设施团队在运营组织中。没有 SRE 组织

续表

	你构建，你运行	你构建，你和 SRE 运行	你构建，SRE 运行
SRE 组织	无	选项 3：SRE 团队和 SRE 基础设施团队在 SRE 组织中。SRE 工具链的采购和管理在运营组织中	选项 3：SRE 团队和 SRE 基础设施团队在 SRE 组织中。SRE 工具链的采购和管理在运营组织中

12.7.1 报告线

根据团队的拓扑结构，我们可以确定开发人员、SRE 基础设施工程师和 SRE 人员的报告线。表 12.15 对此进行了总结。其中，选项的编号对应于上一节描述的团队拓扑结构选项。

表 12.15 报告线

	你构建，你运行	你构建，你和 SRE 运行	你构建，SRE 运行
开发组织报告线	• 开发人员(选项 1) • SRE 人员(选项 2，选项 3)	• 开发人员 • SRE 人员(选项 1)	• 开发人员 • SRE 人员(选项 1)
运营组织报告线	SRE 基础设施工程师	• SRE 人员(选项 2) • SRE 基础设施工程师(选项 1，选项 2)	• SRE 人员(选项 2) • SRE 基础设施工程师(选项 1，选项 2)
SRE 组织报告线	无	• SRE 人员(选项 3) • SRE 基础设施工程师(选项 3)	• SRE 人员(选项 3) • SRE 基础设施工程师(选项 3)

报告线很重要，因为它们决定了团队和人员的组织目标、动力来源和 KPI。例如，在一个没有专职 SRE 人员的组织配置中，开发人员轮流履行 SRE 的职责（“你构建，你运行”模式中的选项 1），在一个团队中工作的所有人都有相同的产品目标、动力来源和 KPI。这些需要反映产品的所有方面，其中包括可靠性。确保产品的可靠性成为每个人的目标。

在另一个组织配置中，可以在开发人员和 SRE 人员之间故意插入一条报告线，或者说组织边界，为开发团队和 SRE 团队提供不同方面的动力来源。开发团队可以专注于产品功能，而 SRE 团队可以专注于产品可靠性。

如果采用这种配置，开发人员和 SRE 人员就得找到合适的平衡来配合彼此的工作。取决于目标，这种平衡可能对整个产品有利，也可能不利。平衡具体是否有用，取决于开发团队和 SRE 团队的目标联动程度。这进而取决于开发和 SRE 组织在目标设定过程合作程度。此外，平衡是否有用还取决于 SRE 文化在产品交付组织中是否浓厚。

12.7.2 SRE 身份三角

在这种情况下，SRE 人员的身份问题扮演了一个重要角色。SRE 人员应该有一个更多以产品为中心的身份，以事故为中心的身份，还是以可靠性用户体验为中心的身份？结合起来，SRE 人员应该有包括了产品、事故和可靠性用户体验的身份。这在图 12.15 中显示为一个三角形。

图 12.15 SRE 身份三角

在 SRE 身份三角中，SRE 人员关注的重点受组织的影响。让我们在开发、运营和 SRE 组织的背景下探索 SRE 身份三角。

图 12.16 展示了开发组织内可能的 SRE 身份三角关系。

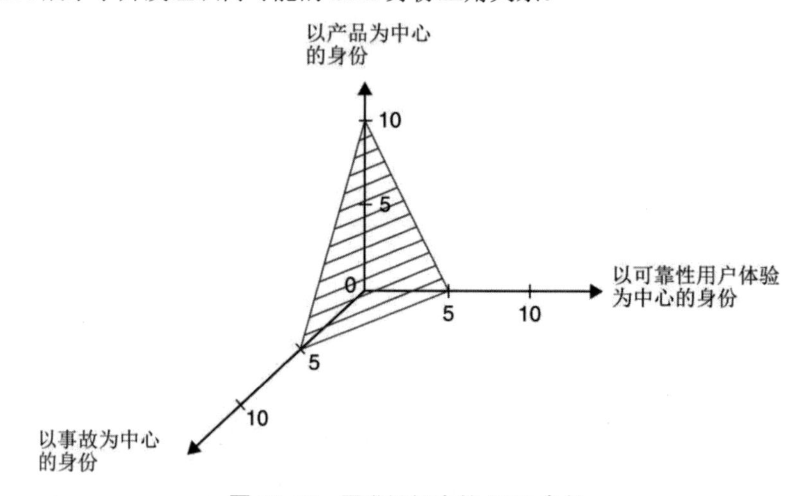

图 12.16 开发组织内的 SRE 身份

这个身份关注的重点是产品。可靠性用户体验和事故虽然也是身份的重要组成部分，但都在 SRE 运营的范围内。产品本身对 SRE 人员也很重要。在产品内部，可靠性用户体验和事故是第二重要。注意，取决于实际情况，这个三角关系可能不同，但对于以产品为中心的 SRE 身份来说，它的决定性特征是产品轴上的分数最高。

图 12.17 展示了运营组织内可能的 SRE 身份三角关系。

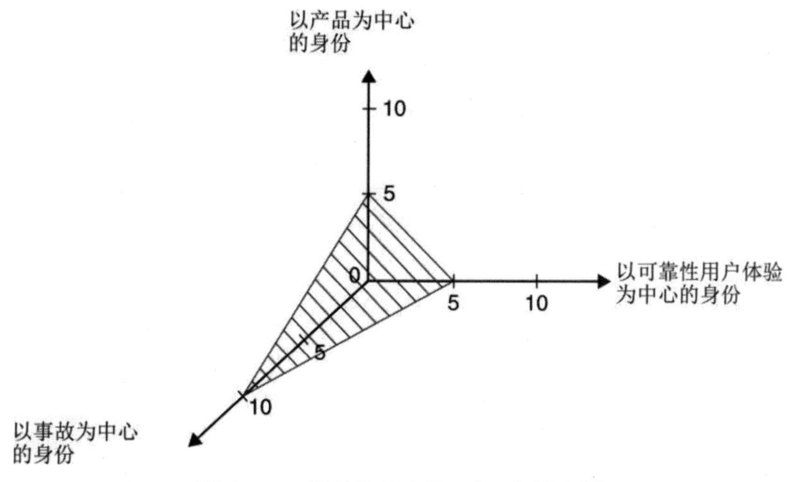

图 12.17　运营组织内的 SRE 身份示例

该身份倾向于事故。无事故、对事故的有效响应以及恰当的事后回顾是重点。产品和可靠性用户体验也很重要。在这种类型的身份中，这些方面更多是用事故来表达的。三角本身的形状可能要视情况而定，但对于以事故为中心的身份，它的决定性特征是事故轴上的分数最高。

最后，图 12.18 展示了 SRE 组织内一个可能的 SRE 身份。

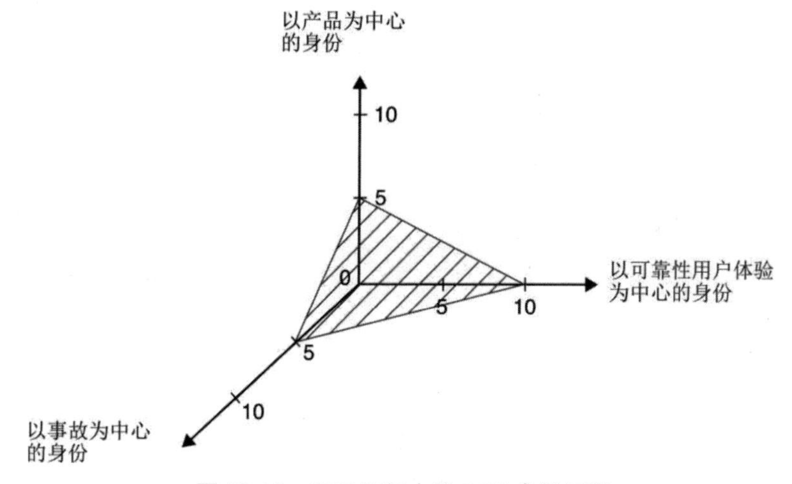

图 12.18　SRE 组织内的 SRE 身份示例

该身份倾向于可靠性用户体验。用户体验到的产品可靠性是这个身份所关注的重点。产品本身和事故也很重要，但这些方面是以可靠性用户体验来表达和度量的。三角本身的形状可能视情况而定，但对于以可靠性用户体验为中心的身份，它的决定性特征是可靠性用户体验轴上的分数最高。

在决定 SRE 的组织结构之前，可以画一下 SRE 身份三角，了解自己有哪些选择来塑造 SRE 身份。在决定了组织结构之后，SRE 教练应该将 SRE 身份三角介绍给开发人员。如果有 SRE 人员的话，也要介绍给他们。这样一来，就可以开启关于所选组织结构中适合的人员身份的讨论。

当然，最终是由实践 SRE 的人来决定和发展 SRE 身份/SRE 文化的成分，这会是产品交付组织普遍发生的一种现象。SRE 身份三角也许是为讨论提供支持一个有用的工具，但它肯定不是管理者将某种身份或文化强加给 SRE 从业人员的工具。

12.7.3 合弄制：无报告线

在为 SRE 划定报告线时，一种新的企业组织方式特别值得留意：合弄制。维基百科对它的定义如下："合弄制是一种去中心化的管理和组织治理方式，它通过由自组织团队构成的合弄结构来分配权力和决策，而不是把这些权力和决策归于管理层。" [14]

合弄制企业没有老板或传统意义上的管理层级。相反，它是由敏捷的自组织网络窗口来管理的。要想具体了解如何实现这一上传，Holacracy.org 网站是一个很好的窗口。

此外，《激进型企业》[15] 对合弄制企业进行了研究。作者指出："全球发展最快、最具竞争力的组织没有官僚机构，也没有老板。它们的数量最近翻了一番，目前约占全球企业的 8%。"

下面是一些开拓性的激进型企业。

- 海尔 [16]，全球销量最大的白色家电零售商，有 80 000 名员工。
- 晨星 [17]，全球最大的西红柿加工厂，有 400 名员工。
- 博客组（Buurtzorg）[18]，荷兰居家护理服务商，有 15 000 名员工。

书中描述的激进型企业由数以千计的微型企业组成。每个微型企业都是完全自主的、自组织的、自管理的、自分配的并自链接到其他微型企业。

激进企业以激进合作为基础。为了实现激进合作，需要能自由地为有内在动机的同伴给予承诺。换言之，这种合作始终都是自愿的。作者在书中为激进合作列出了 4 个必要条件。

1. 团队在实践、分配/角色和时间表上有自主权。
2. 在治理、报酬等方面的管理权力下放或去中心化。
3. 满足人的匮乏需求。这些匮乏需求包括可预测性、选择、公平和积极的自我形象的需求，以及对其他人信任自己的需求。
4. 作为防御推理反面的坦诚脆弱性。

激进企业通过融合这 4 个必要条件而取得成功。虽然如此，在本书写作的时候，还不清楚如何在激进或合弄制企业中引入 SRE。但可以肯定的是，必然要通过实验来探索出一种新的方法。

由于没有在合弄制企业中引入 SRE 的行业经验，所以本书后面的章节不会再触及这个话题。不过，它对行业来说仍然非常重要，因此应该多留心。

12.8 选择一个模式

从“谁构建，谁运行？”谱系中选择一个模式的过程要受几方面因素的影响。首先，如果将 SRE 引入一个新的产品计划，就没有现成的组织结构可供考虑或迁移。12.2.5 节对各种模式的比较有助于选择最合适的配置。

另一方面，如果有一个现成的运营组织，那么从当前配置转换为一个新配置才是重点。模式比较仍然有用。然而，它只是比较了“谁构建，谁运行？”谱系中的各种模式，没有考虑到在转换时要考虑的各种方面以及成本问题。

12.8.1 模式转换选项

对于运营，目前的组织结构可能根本没有运营组织，也可能采用了“谁构建，谁运行”谱系中的任何一种模式。基于这一点，存在着许多可能发生的转换。表 12.16 对它们进行了总结。其中，表行显示了转换的起点，而表列显示了转换的终点。

表 12.16 “谁构建，谁运行？”谱系中的各种模式之间的转换选项

		转换的终点				
		无组织	“你构建，运营运行”	“你构建，SRE 运行”	“你构建，你和 SRE 运行”	“你构建，你运行”
转换的起点	无组织	-	可能	可能	可能	可能
	“你构建，运营运行”	没有理由	-	可能	可能	可能
	“你构建，SRE 运行”	没有理由	不可能	-	可能	可能
	“你构建，你和 SRE 运行”	没有理由	不可能	可能	-	可能
	“你构建，你运行”	没有理由	不可能	可能	可能	-

表 12.16 的第一个分析结果表明，从任何配置转换为无组织配置是不切实际的。这是因为没有理由陷入混乱。但是，反方向的转换，即从无组织的配置转换为其他任何配置，则都是可能的。事实上，“谁构建，谁运行？”谱系中的任何一种配置，都胜过以“无组织”方式进行运营。

此外，从“你构建，SRE 运行”“你构建，你和 SRE 运行”或者“你构建，你运行”模式转换为“你构建，运营运行”模式都是不太可能的。这是因为通过模式比较（12.2.5 节），我们知道这三种模式在以下重要标准上的得分都高于“你构建，运营运行”：

- 开发团队在值班工作上的参与度；
- 团队之间的知识同步；
- 事故解决时间；
- 运营的服务交接；
- 可用性目标；
- 产品需求。

而在“你构建，SRE 运行”“你构建，你和 SRE 运行”和“你构建，你运行”列中，其他所有转换都是可能的。事实上，具体选择什么模式，完全可以以服务为基础。它不一定要成为产品交付组织中所有服务的模式。

按照表 12.16 的说明进行一次转移时，要考虑另一个层面是相关人员的报告线。组织的报告线对权威的分布、权力和决策都有影响。在一般化的运营决策方面，特别是在 SRE 方面，当生产数据显示出需要在可靠性上进行投资时，倡导可靠性的组织权力是非常重要的。

报告线和来自“谁构建，谁运行？”谱系的各种模式的交叉，结果是为 SRE 选择合适的组织配置而需要做出的二维决策表。这将在下一节进行探讨。

12.8.2 决策维度

让我们考虑一下，在“谁构建，谁运行？”决策中，哪些难以改变，哪些则容易改变。表 12.17 对此进行了说明。

表 12.17 “谁构建，谁运行？”谱系中的决策变化

		模式可视服务而定。 决策能轻松改变。		
		你构建，你运行	你构建，你和 SRE 运行	你构建，SRE 运行
报告线已由产品交付组织决定。 决策很难改变。	开发组织的 SRE 报告线	可能	可能	可能
	运营组织的 SRE 报告线	可能	可能	可能
	SRE 组织的 SRE 报告线	-	可能	可能

从“谁构建，谁运行？”谱系中选择一个模式时，要注意这个决策是二维的。其中，一个维度是“谁运行？”，其中包括“你构建，你运行”“你构建，你和 SRE 运行”“你构建，SRE 运行”或者三者的某种混合形式。这具体显示在表 12.17 的顶部。这个决策可以按服务、团队、产品等来做出，而且能轻松地改变。

事实上，一项服务最初可能是由开发团队运营的（“你构建，你运行”）。后来，开发团队可能与 SRE 团队合作，以共同值班的方式联合运营该服务（“你构建，你和 SRE 运行”）。又到了某个时候，同样的服务可能完全交由 SRE 团队运营，并由错误预算策略所达成的可靠性协议支持（“你构建，SRE 运行”）。

从“谁构建，谁运行？”谱系中选择一种模式时，要考虑的另一个维度是组织。这显示在表 12.17 的左侧。这个决策很重要，它是为整个产品交付组织做出的，需要为 SRE 画出报告线。所以，这个决策以后很难改变。

图 12.19 展示了模式决策的二维性。

图 12.19 “谁构建，谁运行？”模式决策的两个维度

虽然决策的“谁运行？”维度从一开始就很重要，但如果它被证明是错误的，以后很容易纠正。但是，决策的组织维度虽然从一开始也很重要，因为如果它被证明是错误的，以后就不容易纠正了。

组建一个新的 SRE 组织的决策是特别难以逆转的。事实上，组建新 SRE 组织意味着要在产品交付组织中为 SRE 配备一个新的总监或副总裁（VP）角色，如表 12.18 所示。

表 12.18 新 SRE 组织的新总监或副总裁

	你构建，你运行	你构建，你和 SRE 运行	你构建，SRE 运行
开发组织的 SRE 报告线	-	-	-
运营组织的 SRE 报告线	-	-	-
SRE 组织的 SRE 报告线	-	新任总监或副总裁	新任总监或副总裁

在产品交付组织内为 SRE 设立了一个新的总监或副总裁角色后，问题是新创建的角色应该向谁报告。新角色应该向 CTO、CIO、产品交付组织主管还是产品领域的主管报告？如果选择其中一个，而不选择其他，那么会有什么影响？让我们考虑一下所有可能的选项。

12.8.3 报告选项

表 12.19 例示了 8 种可能的组织结构，它们都在现有组织结构中嵌入了一名 SRE 总监或 SRE 副总裁。这个表格只包含直接的实线报告结构。至于其他细微变化的形式，例如虚线报告、领导团队成员问题等等，则都没有考虑，因为它们高度取决于具体组织的上下文。

表 12.19 报告选项

选项 1	选项 2	选项 3	选项 4	选项 5	选项 6	选项 7	选项 8
受 CTO 约束的 SRE 组织		受 CIO 约束的 SRE 组织		受产品交付组织主管约束的 SRE 组织		受产品领域主管约束的 SRE 组织	
CEO	CEO	CEO	CEO	CEO	CEO	CEO	CEO
↑	↑	↑	↑	↑	↑	↑	↑
CTO ↑ ↑	CTO ↑ ↑	CIO ↑ ↑	CIO ↑ ↑	产品交付组织主管	产品交付组织主管	产品领域主管 ↑ ↑	产品领域主管 ↑ ↑
↑ ↑ ↑	↑ ↑ ↑	↑ ↑ ↑	↑ ↑ ↑	↑ ↑ ↑	↑ ↑ ↑	产品交付组织主管	产品交付组织主管
↑	↑	↑	↑	↑	↑	↑	↑
SRE VP	↑	SRE VP	↑	SRE VP	↑	SRE VP	↑
↑	↑	↑	↑	↑	↑	↑	↑
SRE 总监	SRE 总监	SRE 总监	SRE 总监	SRE 总监	SRE 总监	SRE 总监	SRE 总监
↑	↑	↑	↑	↑	↑	↑	↑
SRE 团队	SRE 团队	SRE 团队	SRE 团队	SRE 团队	SRE 团队	SRE 团队	SRE 团队

选项 1 和 2 描述了一个受 CTO（首席技术官）约束的 SRE 组织。在选项 1 中，一个 SRE

总监（SRE director）向 SRE VP（SRE 副总裁）报告，而 SRE VP 向 CTO 报告。选项 2 没有一个 SRE VP。相反，SRE 总监直接向 CTO 报告。

选项 3 和 4 描述了一个受 CIO（首席信息官）约束的 SRE 组织。在选项 3 中，一个 SRE 总监向 SRE VP 报告，而 SRE VP 向 CIO 报告。选项 4 没有 SRE VP；相反，SRE 总监直接向 CIO 报告。

在选项 5 和 6 描述的组织中，产品交付组织主管直接向 CEO 报告。在选项 5 中，SRE 总监向 SRE VP 报告，而 SRE VP 向产品交付组织主管报告。选项 6 没有 SRE VP；相反，SRE 总监直接向产品交付组织主管报告。

最后，选项 7 和 8 描述了一个按产品领域划分的组织。一个负责产品领域的主管同时监管几个产品交付组织。在选项 7 中，SRE 总监向 SRE VP 报告，而 SRE VP 向产品交付组织主管报告。选项 8 没有 SRE VP；相反，SRE 总监直接向产品交付组织主管报告。

给定这些选项，它们之间的区别是什么？在 *The Software Architect Elevator: Redefining the Architect' s Role in the Digital Enterprise*[19] 一书中，作者提出了一个逆向工程组织的模型，他试图解码一个企业的 IT 职能是如何被看待的，这具体要取决于 CIO 向谁报告。基于这个上下文，该模型定义了四种类型的组织：作为成本中心的 IT、作为资产的 IT、作为合作伙伴的 IT 以及作为推动者（enabler）的 IT。表 12.20 总结了每种组织类型的重点。

表 12.20　四种类型的 IT 组织

	作为成本中心的 IT	作为资产的 IT	作为合作伙伴的 IT	作为推动者的 IT
专注于	降低成本	投资回报	商业价值	速度和创新

这个模式也可以用来寻找 SRE 组织的位置，详情将在下一节讲述。

12.8.4　SRE 组织的定位

受四种类型的 IT 组织的启发，也可以用类似的方式定义四种类型的 SRE 组织：作为成本中心的 SRE、作为资产的 SRE、作为合作伙伴的 SRE 以及作为推动者的 SRE。表 12.21 对此进行了总结。

表 12.21　4 种类型的 SRE 组织

	作为成本中心的 SRE	作为资产的 SRE	作为合作伙伴的 SRE	作为推动者的 SRE
专注于	降低成本	可靠性资产	可靠性商业价值	通过可靠性来推动业务发展
战略	降低成本	优化资产	开发收入渠道	培育 SRE 能力

如果 SRE 被视为成本中心，那么重点会放在减少 SRE 组织所产生的成本上。这样可能会有一些压力，因为要求每年都通过组织内部的创新来削减成本。还可能采取其他一些措施，例如一旦有人离开 SRE 组织就削减人员。在这种情况下，几乎不可能获得最初拨款之外的额外预算。这对 SRE 总监或 VP 来说是一个困难的处境。他们应该尝试以不同的方式重新定位组织。其他任何一种选择——作为资产、合作伙伴或推动者 SRE——都更好。

如果 SRE 被视为一种资产，那么投资 SRE 就是为了追求规模经济。这意味着 SRE 基础设施和 SRE 教练（coaching）从一开始就被包装成产品。这些产品面向企业内不同的产品交付组织进行“销售”。产品的自助功能上升到最重要的地位，因为这些功能可以在不增加成本的情况下推动收入。SRE 基础设施的自助培训、自助使用基础设施功能、为团队逐步采用 SRE 而铺设自助道路等，所有这些都会被列入优先事项。在这种情况下，产品管理的目标是创建适合大部分运营用例的基础设施，用户可以采取自助的方式来进行运营。至于实现定制功能请求以满足受众较小的用例、提供定制的咨询服务等，则不会受到关注，因为它们对资产优化战略没有贡献。

如果 SRE 被视为拓展业务的合作伙伴，那么重点将是通过 SRE 开拓新的收入流。除了可以作为产品来销售的通用 SRE 基础设施外，定制的咨询服务也将被提上日程。例如，将提供 SRE 指导、SRE 咨询、服务共同设计、SRE 转型、共同值班服务和专职值班服务，从而使 SRE 收入流多样化。也就是说，SRE 组织将被塑造成一个全面的业务，提供 SRE 基础设施作为核心产品，并提供一些定制的咨询服务作为补充。这是一个有吸引力的价值主张，因为可以通过单一来源满足几乎所有对 SRE 的需求。所提供的各种服务可以通过各种方式进行有吸引力的包装和呈现，以适应和开拓市场。

可以肯定的是，这些服务将在内部和外部提供。例如，对所提供的 SRE 服务感兴趣的企业，最初可以购买共同设计的服务，将可靠性思维注入正在进行的架构讨论中。之后，可以购买 SRE 指导和一些 SRE 咨询，以确定组织的可靠性战略方向，并对一些最需要可靠性的服务进行示范性的评估。在成功评估后，可以购买 SRE 转型服务来启动组织的 SRE 转型。在本书写作的时候，这样的产品还是很少见的。在 21 世纪 20 年代的这 10 年里，完全有可能用这些服务构建一个成功的企业。

最后，如果 SRE 被视为业务的推动者，那么重点将是在内部培养能力。在这种情况下，可靠性是所提供产品的核心独特卖点之一，例子包括生命保障系统和交易系统等。对于这些系统，服务的不可用性可能直接导致威胁生命或威胁业务的情况。例如，在医疗领域，通过机器人进行远程手术时，服务需要高度可用，因为它的故障可能威胁到病人的生命。在金融领域，一个支持大规模证券交易的服务需要高度可用，因为它的故障可能导致金融交易所及其客户在几分钟内破产。

相比之下，社交网络或视频流领域的服务并不是特别影响人们的安全，或者对业务造成特别大的威胁。无疑还是需要可靠的服务来充分支持其业务，但服务故障的后果没有那么严重。

SRE 能力培养意味着要在适应能力、可运营性和事故响应方面进行大量投资，同时需要实现较低的事故恢复时间、较低的生产变更准备时间和较低的生产部署失败率。根据 DORA 的研究计划，这样做的公司在 DORA DevOps Quick Check[20] 中取得了最高的得分，并且都成了 DevOps 的行业领军企业。

12.8.5 将价值传达给管理层

SRE 总监或 VP 需要意识到上一节所描述的组织动态，这些动态是基于产品交付组织如何看待 SRE 而产生的。他们应该努力使 SRE 组织被看成是一个合作伙伴或业务推动者。为了实现这个目标，与高层的稳定接触是必不可少的。取决于具体的组织结构，可能需要与产品交付组织主管、产品领域主管、CTO 或者 CIO 接触。另外，还必须与 CEO 接触。

SRE 总监或 VP 需要为与高层的对话做好充分准备。他们需要有数据来证明通过 SRE 活动提供的价值。这种价值可以体现在当任何客户注意到服务降级之前，就检测到事故，并在内部完成修复。正如标题为 You Build It You Run It[21] 的文章所展示的那样，价值可以体现在预测持续的收入将得到保护。通过 SRE 活动对收入进行保护，这使 C 级管理人员能秒懂 SRE 的价值，因为这是他们能够理解的财务术语。受保护的收入可以按月或按年累积来表达，具体取决于对话的层级。

另外，防范商誉受到损害是另一个很好的方面，可以在与管理层谈论 SRE 的价值时使用。它很难用数量来表达，但可以用质量来表达。

在交互式仪表盘中准备好定量和定性的数据，对于说服管理层相信 SRE 所带来的价值有很大的帮助。仪表盘的互动性支持自由的对话。所讨论的场景也许能在仪表盘中立即看到或模拟。仪表盘的访问权应该提供给组织中的每一位管理层人员。这样一来，所有管理人员都可以通过自助服务的方式，一目了然地理解 SRE 提供的价值。

此外，SRE 的价值可以表示为解决确实被客户注意到的事故的时间。在标题为 You Build It You Run It 的文章中，恢复时间作为事故恢复期间预期的收入损失与财务相联系。

总的来说，受保护的持续收入金额和客户可见事故恢复期间损失的收入金额代表了一个合适的财务框架，可以用来证明 SRE 的价值。持续保护的收入金额越高，而且预计的收入损失越低，SRE 的价值就越高。SRE 投资决策也可以基于这个财务框架。

实战经验 向管理层传达 SRE 的价值时，最好用财务术语来表述，也就是说，使用持续保护的收入和从客户可见事故中恢复的收入损失。SRE 投资的合理性可以通过需要保护的不断增长的收入和减少事故恢复期间预计的收入损失来得以证明。

此外，SRE 的价值还可以表现为能了解当前生产中系统的可靠性水平，例如 SLA 遵守情况。使用累积 SLA 错误预算消耗仪表盘，可以让管理人员通过他们能理解的单位来体验可靠性水平。大多数管理人员都知道违反 SLA 的财务后果，因为这些后果是他们与合作伙伴在合同上协商的。因此，SLA 错误预算消耗趋势和错误预算是否会过早消耗至零的预测，使 SRE 的价值对管理层来说是有形的。

12.9 一个新的角色：SRE

取决于从“谁构建，谁运行？”谱系中选择的模式，很可能需要在产品交付组织中为从事 SRE 的人员引入一个新角色。创建新角色的需求必须是明确和透明的，以激励和促进新角色的引入。因此，要回答的第一个问题是为什么需要这个新角色。这就是下一节的主题。

12.9.1 为什么需要一个新角色

对于为什么需要一个新角色这个问题的回答，可以通过对“角色”概念的一般定义来进行探讨。根据大英百科全书，“角色是一种被社会认可的全面的行为模式，它提供了一种识别和定位个人在社会中的手段”[22]。

将这个定义投射到 SRE 空间，我们可以说，设想的 SRE 角色是一种全面的行为模式和可靠性实践，在产品交付组织中被社会认可，提供了一种手段来识别做运营的人。也就是说，之所以需要引入新的 SRE 角色，根源在于对按照 SRE 原则和实践做运营的人的识别和社会认可。

正如 12.2 节和 12.7 节所讨论的，在产品交付组织中，有许多不同的方法来遵循 SRE 原则和实践 SRE。表 12.22 总结了这些方法。

表 12.22 各种 SRE 实践方式

	你构建，你运行	你构建，你和 SRE 运行	你构建，SRE 运行
SRE 人员的开发组织报告线	A. 开发人员轮流实践 SRE B. 专人实践 SRE C. 开发人员轮流实践 SRE+ 专人实践 SRE	开发人员轮流实践 SRE + 专人实践 SRE	专人实践 SRE
SRE 人员的运营组织报告线	专人实践 SRE（SRE 基础设施）	开发人员轮流实践 SRE + 专人实践 SRE	专人实践 SRE
SRE 人员的组织报告线	-	开发人员轮流实践 SRE + 专人实践 SRE	专人实践 SRE

在“你构建，你运行”模式下，存在着几个实践 SRE 的选项。在选项 A 中，开发人员轮流实践 SRE。在选项 B 中，开发团队中由专人全职实践 SRE。在选项 C 中，开发人员轮流实践 SRE；另外，开发团队也有专人实践 SRE。

在表 12.22 的其他单元格中，都有专门的人在实践 SRE。为了在产品交付组织中识别并从社会上认可他们，我们需要引入 SRE 角色。

唯一没有专人长期实践 SRE 的方案是“你构建，你运行”模式的方案 A，即由开发人员轮流进行 SRE 活动。在这种情况下，可以没有 SRE 角色，SRE 活动只是一组由开发人员完成的运营责任。这些责任需要清楚地写下来，以调整每个人的心理预期，并建立问责制。

之所以决定不引入 SRE 角色，可能是为了避免给人留下“SRE 是一种货物崇拜”的印象。Aim for Operability, Not SRE as a Cult[23] 一文对这种崇拜进行了很好的描述。它鼓励关注可运营性，将 SRE 原则作为一种哲学，而不是寄希望于通过 SRE 团队和资格认证等作为解决运营问题的万能药。

这种讨论类似于 DevOps 角色的讨论。是应该引入 DevOps 角色，还是应该将 DevOps 视为一种总体的哲学来遵循？通过查看 Indeed.com 上的招聘广告，成千上万的公司正在积极寻找成千上万的 DevOps 工程师和更多的 DevOps 经理。在 Indeed 上的进一步研究显示，在本书写作的时候，SRE 工程师的招聘广告要多于 DevOps 工程师。然而，这些数字是相当的，差别在 25%的范围内。但是，对比 SRE 经理与 DevOps 经理的招聘广告，寻找 DevOps 经理的招聘广告比 SRE 经理多出一个数量级。

可以这样解释上述数据，在整个软件行业，SRE 角色被认定是一种工程角色，不太被认同是一种管理角色。另一方面，DevOps 的角色则被清楚地认为存在两个方面：工程和管理。从数据可以推断的是，在角色的定义上已经出现了混乱。许多在线出版物更是助长了这种混乱。有一篇题为 Isn’t SRE Just DevOps?的博文[24]，其中有一个观点：“SRE 是一个职位名称，DevOps 则不是。”

那么，为何这么多公司都在招聘 DevOps 工程师和 DevOps 经理？这也是货物崇拜的开始。如果有这么多公司招聘 SRE 工程师和 DevOps 经理，那么是否意味着自己的组织也应该这样做法？

答案是，每个组织都需要有意识地为自己的各个岗位定义好名称、意义、职责和管理责任。另外，一个领域的整个角色系列需要连贯和透明，有一个职业路径。这就是让 HR 专业人员参与进来的好处。他们可以帮助设计一系列符合健全组织发展实践的、涵盖软件运营的角色。

可以肯定，还需要考虑一般的行业趋势。但与此同时，要避免盲目追随货物崇拜。优秀的工程师可能仅凭招聘广告就能识别出一个组织是将 SRE 作为一种哲学还是作为一种货物崇拜来遵循。这在第一次面试时就会显现出来。优秀工程师寻求的是工作内容，而不是职位名称。他们会继续寻找工作，直到找到一家能严肃对待 SRE 角色的公司。

实战经验 在“谁构建，谁运行？”谱系的任何一种模式中引入 SRE 角色都是有益的。这样一来，SRE 活动在组织内就有了一个保护伞，可以和其他活动一样被认可，例如架构和开发。除此之外，从监管合规的角度来看，也可能需要定义专门的角色，并为这些角色分配专门的人员。

在给定的组织背景下，有意识地引入 SRE 角色并明确定义其职责、技能和管理责任有以下好处：

- 确定组织中哪些人员可以参与 SRE 实践
- 识别 SRE 的不同实践方式：
  - 由开发人员轮流进行
  - 由专人全职负责 SRE 实践
  - 由专人全职负责 SRE 基础设施的实现和运营
- 在运营中的角色和责任方面满足监管合规要求
- 开启一条全新的 SRE 职业发展路径

既然已经明确了对新的 SRE 角色的需求，那么下一步就是要详细说明这个角色。为此，我们需要考虑四个方面：角色定义、角色命名、角色分配和角色履行。这些将在接下来的小节进行探讨。

12.9.2 角色定义

在 SRE 角色的定义方面，《站点可靠性工作手册》[25] 一书提供了一张很好的图，显示了 Google SRE 团队参与服务生命周期的不同程度和阶段，如图 12.20 所示。

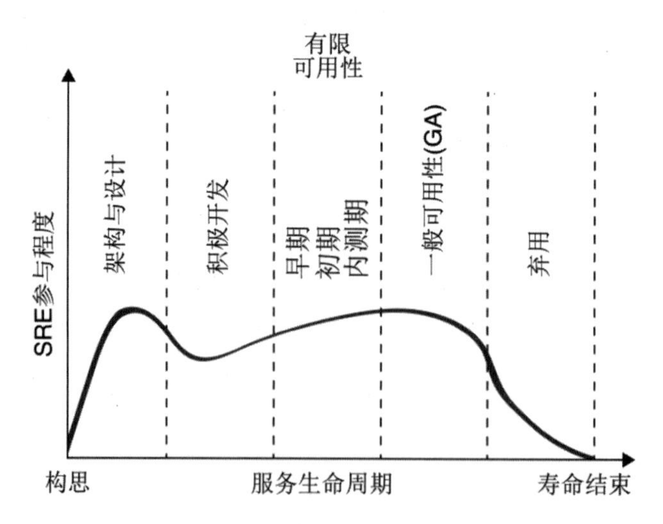

图 12.20 SRE 团队参与服务生命周期的各个阶段

图 12.20 很好地说明了 SRE 需要参与服务生命周期的所有技术阶段。甚至在技术阶段开始之前，SRE 的参与也是有益的。换言之，当产品负责人在构思和评估阶段构思一项服务时，SRE 的参与能先一步提供有价值的可靠性见解，帮助决定是否进一步投资于技术实现。

设计思维的 5 个阶段，即同理（Empathize）→定义（Define）→构思（Ideate）→原型制作（Prototype）→测试（Test），也可以受益于 SRE 的参与。具体地说，对原型制作和测试阶段的投入可以在后期迭代中用可靠性思维来增强。后期测试迭代的目标是强化之前的假设，即设想中的产品是可取的，能满足某种迫切的需求，并确认产品的使用条件、用户思维、行为和感觉。如果明确包括了可靠性方面的内容，那么可以更深入地强化这些假设。

可以肯定的是，在这个阶段不需要知道具体的系统架构。相反，此时可以讨论的可靠性方面的内容包括最关键的用户工作流、工作流中最关键的可靠性方面以及工作流的执行频率。事实上，在这个阶段让 SRE 参与进来，就是要比平常更早地开始讨论 SLI 和 SLO 的定义。

通常，团队在图 12.20 的“积极开发”阶段左右第一次进行 SLI/SLO 的讨论。一般而言，这样做也不是不行。但是，更好的做法是在“架构与设计”阶段开始之前就开始可靠性假设的讨论和测试。这是因为对假设的反馈来得更早，可以作为输入来创建适当的架构和软件设计。

图 12.21 展示了 SRE 的整体参与情况，从设计思维阶段开始，到技术实现阶段，一直到运营。

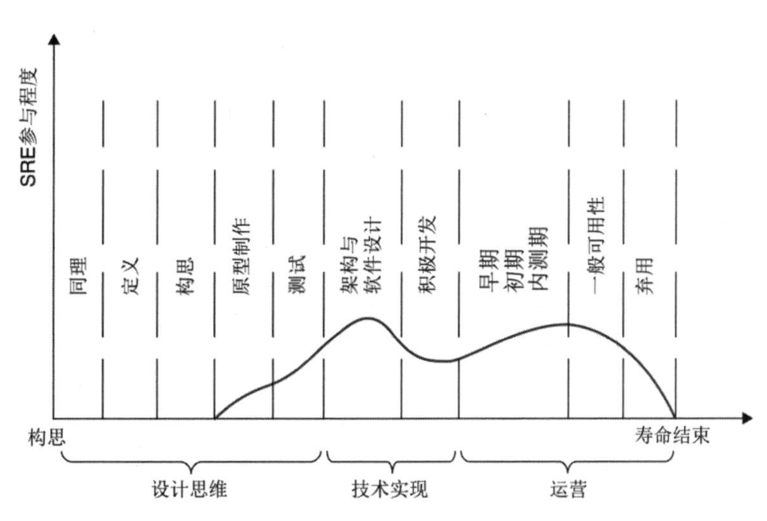

图 12.21　从设计思维到生命周期结束的 SRE 团队参与阶段

在同理、定义和构思这三个设计思维阶段，SRE 可以不参与。在原型和测试阶段，SRE 的参与程度越来越深。在架构和软件设计阶段，参与程度达到顶点。在积极开发阶段，它的参与程度开始下降，在 alpha 和 beta 发布阶段再次上升。在一般可用性（GA）阶段，参与度有所下降。然后，在服务弃用阶段逐渐退出。

图 12.21 的大多数阶段都不是线性运行的。虽然是在一个轴上描述这些阶段，但目的只是为了说明 SRE 的参与程度。在现实中，设计思维和技术实现阶段是以非线性的、迭代的、增量的和灵活的方式进行的。除此之外，并行开发的不同功能通常同时位于图中描述的服务生命周期的不同阶段。运营阶段最线性，但它的特点是新功能和现有功能更新的不断并行流入，使其非常动态。

在职责和技能方面，可以像表 12.23 那样对 SRE 角色进行常规定义。

表 12.23　SRE 角色的职责和技能

职责	技能
• 维护系统的可用性 • 维护系统的可扩展性 • 定义并商定 SLI 和 SLO • 支持 SLA 谈判 • 定义并商定错误预算策略 • 做出基于错误预算的决策 • 设置监控 • 设置警报 • 工作时间值班	• 软件工程 • 软件运营 • 调试和故障诊断 • 分布式系统 • 大规模、高流量系统 • 基础设施即代码 • 被驱动和自我激励 • 以无责备的方式进行持续改进 • 情商
• 非工作时间值班 • 维护运行手册 • 参加事后回顾 • 加强 SRE 基础设施 • 参与混沌工程 • 进行灾难恢复演习 • 审查服务的实现 • 审查架构和设计 • 改进发布规程 • 支持团队上手 SRE • 参与 SRE CoP（实践社区） • 为技术路线图做贡献 • 为一级支持提供支持 • 支持用户测试 • 支持需求工程	• 具有良好的值班能力 • 技术交流 • 利益相关者沟通 • 技术文档 • 能在短期组建的事故响应团队中很好地工作

在特定产品交付组织具体的 SRE 角色定义中，使用的技术栈应该发挥显著的作用。然而，在招聘内部和外部人员担任 SRE 角色时，掌握给定技术栈的技能虽然应该认为是一个加分项，但不是必须的。在就业市场上很难找到具有 SRE 一般技能组合、能力和动机的人。有鉴于此，只要找对了人，就能很快掌握新的技术栈。

为简单起见，表 12.23 的角色定义假定角色名称是 SRE。但是，角色的命名应该是产品交付组织中的一个有意识的决定。这是下一节的主题。

12.9.3 角色命名

行业内有几个角色名称用于描述在可接受的范围内实践SRE的人。表12.24总结了这些角色。

表 12.24 行业当前实践 SRE 的角色

角色名称	解释
站点可靠性工程师	由谷歌公司引入并使用的原始角色名称。实践 SRE 的人最常使用的角色名称
DevOps 工程师	一个常见的角色名称，描述了从事运营、实现部署基础设施以及执行部署的人。这个名称来源于 DevOps 运动
生产工程师	Facebook 使用的角色名称，由使用“你构建，你和 SRE 运行”模式的人专职运行服务
可靠性工程师	与站点可靠性工程师（SRE）相似
云站点可靠性工程师	与站点可靠性工程师（SRE）相同

现在，在一个给定的产品交付组织中，假定 SRE 转型已经在其纯粹的意义上执行，那么将新角色命名为“SRE”应该是很自然的。然而，如果运营中的转型没有被明确作为一次“SRE 转型”来推动，那么就有更多的自由来考虑角色的命名。表 12.24 的例子可以在这方面提供一些思路。

一般来说，正如 12.9.1 节所讨论的，在引入和命名新角色时，避免货物崇拜是很重要的。产品交付组织对一个角色的命名必须有正当的理由。深入研究 SRE 工作的专业性，考虑如表 12.25 所示的角色名称。

值得注意的是，在运营中还有其他既定的角色名称，例如生产支持工程师、生产系统工程师、技术支持工程师、IT 管理员、IT 支持管理员以及 IT 系统管理员。这些角色通常不实践 SRE。所以，在对潜在的 SRE 角色名称进行头脑风暴时，不要把他们考虑在内。

表 12.25　其他 SRE 角色名称

角色名称	解释
站点可靠性基础设施产品负责人	SRE 基础设施可以而且应该使用产品思维作为一个成熟的产品来开发。为此，需要一名专门的产品负责人
站点可靠性基础设施工程师	实现开发团队所用的 SRE 基础设施的软件工程师可以有一个专门的角色名称。这是有道理的，因为他们所做的工作有别于在开发团队中使用基础设施的 SRE（站点可靠性工程师）
站点可靠性平台工程师	在较大的产品交付组织中，可能会开发一个专门的领域平台。在领域平台上工作的人可能面临独特的运营挑战。因此，在平台开发团队工作的 SRE 也许值得拥有一个明确的角色名称
站点可靠性应用程序工程师	在较大的产品交付组织中，可能会为面向客户的应用程序准备一个专门的领域平台。由于应用程序面临独特的 SRE 挑战，所以在应用程序开发团队做 SRE 的人可以被赋予一个专门的角色名称

引入新角色时，角色的命名不是小事。这是因为人们会把意义与角色名称联系起来。这种关联基于人们的背景、文化、地理、本地就业市场、工作经验和公司。其中，尤其是文化会在这种关联中发挥重要作用。在今天多元文化的工作场所，情况尤其如此。

文化也可能决定了人们对一般意义上的角色，特别是角色名称的态度。有的文化高度重视角色，认为它是地位的体现。其他文化则不那么强调角色，更不用说角色名称了。但是，在任何情况下，角色名称都会出现在人们的简历中，并在职业社交网络（如领英）上公开展示。这使角色名称具有重要的意义，无论文化如何。

此外，特别是在 SRE 领域，拥有 SRE 职位的人在运营部门的报酬比其他职位高，这是众所周知的。这一点同样关系到每个人，无论文化如何。

基于上述原因，在特定产品交付组织的文化组合中，应该严肃对待各种 SRE 角色的命名。不要认为 SRE 角色的命名无关紧要，没有任何后果。

在本书剩余部分，为了简单起见，我们将使用 SRE 或者 SRE 人员这个角色名称。这不应该影响在特定的产品交付组织中以不同方式命名该角色的决定。

12.9.4　角色分配

众所周知，在业界，如果 SRE 被当作一种“崇拜”，偶尔 IT 管理员也可能得到一个不同的职位名称和小幅的加薪。但除此之外，什么都没有改变。

如 12.4.6 节所述，这一点在题为 Aim for Operability, not SRE as a Cult[26] 的文章中得到了很好的证明：“2020 年，我了解到一个系统管理员团队被改名为 SRE 团队，获得了小幅加薪……然后继续做同样的系统管理员工作。这一切都是因为决策者被告知 SRE 将解决他们的 IT 问题……”

为了应对这种情况，将 SRE 角色分配给一个人时，必须遵循一个经过了恰当定义的规程。产品交付组织的现有员工从其他学科（包括 IT 管理）过渡到 SRE 时，需要有一个过渡或转换路径。这些员工需要在被分配 SRE 角色之前开始实践 SRE。这样，就可以评估这个人是否真的能够遵循 SRE 的原则和实践。一旦为这个人分配了 SRE 角色，就表明承认他/她有能力恰当地实践 SRE。

当然，这并不意味着这个人需要完美地掌握 SRE 实践，并在被分配 SRE 角色前经受时间的考验。但它确实意味着，这个人需要通过在真实的产品上应用 SRE 原则和实践，在较短的时间内显示出能成为一名好的 SRE 的能力。

对产品交付组织以外的人，包括来自公司内部和外部的 SRE 角色分配，将根据工作面试来完成。一旦做出雇用决定，候选人就能够以 SRE 的角色加入产品交付组织。因此，工作面试需要有效和高效地评估面试候选人在产品交付组织中担任 SRE 角色的能力。

SRE 角色的多阶段面试在行业中已成规范。最初的面试通常在网上进行，候选人会介绍他们的背景、以前和现在的工作、加入产品交付组织的动机以及职业抱负。如果初面顺利，那么二次面试将评估候选人的技术能力、对于值班的态度以及在不同情况下的团队合作能力。

进行二面时，可能而且应该包含动手编码实作。一些技术面试平台，例如 HackerRank[27]，能很好地帮助雇主设置与不同技术栈相关的编码实作。该平台提供了各种各样的预定义实作供选择。另外，还可以对编码实作进行自定义。

至于候选人，则可以在自己的 Web 浏览器中参加平台本身提供的编码实作。这些实作可以自己限定时间。准备面试时，候选人可以使用 HackerRank 平台，按角色、技术栈、时间限制等分类进行预定义的实作。

对 HackerRank 平台上的编码实作的评价可以而且应该以代码审查（code review）的方式进行。候选人可以向面试官讲述自己写的代码，并解释软件设计的选择、遇到的困难和找到的解决方案。该平台允许候选人回到过去，看看候选人当时是如何编写代码的。通过这个讨论，可以加深对候选人思考过程的理解。

所有这些功能都对面试官从不同角度评估候选人的技术能力有很大的帮助。一旦二次面试成功通过，三次面试往往涉及与未来团队同事的对话。三次面试的目的是评估候选人是否适合在团队中工作。每个团队成员都有机会与候选人交谈，并就雇用该候选人是否能补足团队的能力做出决定。

只有在全部三次面试都成功通过后，候选人才会受邀请加入产品交付组织，成为一名 SRE。这种严格的评估过程是必须的，以确保雇的是合适的人，能为产品的可靠性做出巨大的贡献。

12.9.5 角色履行

12.2 节讲过，有多种不同的方式来履行 SRE 的角色。一般分为以下三类：

- 为服务配备专职 SRE——全职；
- 轮流提供服务的 SRE——值班时全职，不值班时轮休；
- 为 SRE 基础设施配备的专职 SRE。

表 12.26 总结了 SRE 角色履行的各个选项。

表 12.26 SRE 角色履行选项

	你构建，你运行	你构建，你和 SRE 运行	你构建，SRE 运行
SRE 人员的开发组织报告线	• SRE 角色轮换 • 专职 SRE 角色 • SRE 角色轮换+专职 SRE 角色	SRE 角色轮换+专职 SRE 角色	专职 SRE 角色
SRE 人员的运营组织报告线	专职 SRE 角色（SRE 基础设施）	SRE 角色轮换+专职 SRE 角色	专职 SRE 角色
SRE 人员的 SRE 组织报告线	-	SRE 角色轮换+专职 SRE 角色	专职 SRE 角色

所谓 SRE 角色轮换，是指开发人员在值班时全职执行 SRE 活动，而在不值班时轮休。总的来说，这种配置迎合了开发人员以兼职方式实践 SRE。有趣的是，当开发人员在不值班开发代码时应用 SRE 原则，他们仍在隐含地实践 SRE。

在非工作时间，SRE 角色的履行需要由人力资源部门合理安排。在非工作时间值班意味着在工作时间之外可能也要工作。即使非工作时间值班时没有发生任何事故，这种值班人员也要得到补偿。如果非工作时间值班时有事故发生，他们的工作需要得到更多的补偿。

补偿可以是金钱，也可以是额外的休息时间，或者两者的结合。可以考虑以下补偿方式：

- 为非工作时间值班人员提高底薪；
- 为非工作时间值班人员支付报酬；
- 为非工作时间处理事故的人员支付报酬；
- 为非工作时间值班人员延长一次轮班后的休息时间；
- 为非工作时间解决事故的人员延长一次轮班后的休息时间；
- 为将服务控制在错误预算内支付报酬。

为了保持从事这种工作的 SRE 人员的积极性，并确保 SLA 所要求的服务可靠性，有效的非工作时间值班补偿模式至关重要。另外，在某些国家，在设计非工作时间的值班补偿模式时，必须考虑当地的劳动法律和法规。

在如今IT行业常见的跨境团队中，经常会有来自不同国家的人组成的虚拟团队，在位于另一个国家的数据中心解决同一个事故。在这种情况下，需要考虑所有当地劳动法律和法规，使虚拟团队的每个人都能根据其居住国获得适当的报酬。虽然如此，由于这些人是为同一家公司工作，解决同一个事故，所以他们需要知道公司的非工作时间补偿模式对各人工作的尊重是平等的，无论SRE人员居住在哪个国家。

也就是说，无论SRE人员住在哪里，当地人对非工作时间补偿的感知价值都需要大致相同。这种价值可以通过不同的方式来实现。在一些国家，货币补偿可能比休息时间更有价值。在其他国家，货币和时间补偿的价值相同。在另一些国家，休息时间的价值则可能高于对非工作时间值班工作的额外报酬。人力资源部门的工作是找出当地的偏好，并制定相应的补偿政策。

为了在工作面试中以限定框架的方式讨论这个问题，需要有一个商定的、有文件记录的、已颁布的非工作时间值班补偿模式。对于向SRE过渡的内部员工来说，他们同样需要自己将如何得到补偿。

实战经验 当产品交付组织首次引入非工作时间的值班工作时，可能会有一个漫长的灰色时期，在此期间一方面需要在非工作时间值班，另一方面补偿又不是特别到位。在就补偿进行讨论的同时，为了维护SLA，非工作时间值班工作马上就要开始。

在这种情况下，在较大的产品交付组织中，常见的方案是找一些长期的SRE人员，他们同意在没有明确商定和颁布补偿模式的前提下，进行非工作时间的值班。SRE人员的经理可能存在法律和其他方面的困难，无法用货币支付来进行补偿。然而，如果用额外的休息时间代替额外的报酬，那么通常可以立即把补偿方案敲定下来。

一定要有补偿！让SRE在非工作时间解决事故，同时没有任何额外的补偿，倦怠和怨恨会越积越深，最后的结果是人家跑路走人。

12.10 SRE职业道路

随着SRE作为一种新的角色引入产品交付组织，一条全新的职业道路展现在我们面前。职业道路需要设计成一系列渐进的步骤，SRE人员可以通过这些步骤来取得以下几个方面的发展或好处：

- 工作范围；
- 职责；
- 影响；
- 管理责任；
- 值班补偿。

12.10.1 SRE 角色发展

通常，我们将职业道路设计成一条三步走的发展路线。这同样适用于 SRE 职业道路。引入初级、高级和首席 SRE 是一条合适的发展路线，适合大多数产品交付组织。例如，初级、高级和首席 SRE 可以采用如表 12.27 所示的职业道路。

表 12.27 示例 SRE 职业道路

	初级 SRE	高级 SRE	首席 SRE
工作范围	• 推动 SLI 和 SLO 的商定 • 推动错误预算策略的商定 • 设置监控 • 设置警报	• 推动 SLI 和 SLO 的商定 • 推动错误预算策略的商定 • 设置监控 • 设置警报	• 推动 SLI 和 SLO 的商定 • 推动错误预算策略的商定 • 进行 SLA 的谈判 • 值班 • 推动 SRE 招聘
工作范围	• 值班 • 实现可靠性改进	• 值班 • 实现可靠性改进 • 推动 SRE CoP • 审查架构 • 审查设计 • 形成技术路线图 • 支持用户测试 • 支持 SRE 招聘	• 推动技术路线图 • 推动新的实践 • 支持 SRE 预算编制 • 担任其他SRE人员的教练 • 担任其他SRE人员的导师 • 发展 SRE 学科体系 • 提供 SRE 咨询 • 提供 SRE 指导 • 执行 SRE 转型 • 表示业务线内部和跨业务线的可靠性
职责	负责开发团队所拥有的服务之可靠性	负责一个领域中所有服务的可靠性	负责一个业务线拥有的所有服务的可靠性。支持用 SRE 服务创造新的收入
影响	影响开发团队和为其提供支持的运营团队	影响一个领域的所有开发团队和为该领域提供支持的运营团队	影响一个业务线的所有开发和运营团队。为团队提供咨询和指导
管理责任	为团队的服务保持 SLO 和 SLA 错误预算	为领域的服务保持 SLO 和 SLA 错误预算	为业务线的服务保持 SLA 错误预算。参与 SRE 咨询和指导项目
相关工作经验	不到 1 年	3 年以上	5 年以上

初级 SRE 负责一个开发团队所拥有的服务的可靠性。他们与所有必要的利益相关者一起推动对 SLI、SLO 和团队错误预算策略的商定。此外，初级 SRE 要设置监控和警报，并为团

队所拥有的服务值班。他们在服务本身和使用的工具中实现可靠性改进。初级 SRE 的管理责任是在不同错误预算期，将服务保持在其 SLO 和 SLA 错误预算。他们的报酬是基本的 SRE 工资加商定的值班补偿。为了胜任初级 SRE 职位，候选者至少要有一年的相关工作经验。这些经验可能来自软件工程、自动化或者运营等方面。

高级 SRE 要承担更多的职责。他们负责整个领域中所有服务的可靠性。一个领域通常对应于产品交付组织中的一个组织单位。例如，在外卖公司中，实现送餐服务的所有应用程序代表一名高级 SRE 可以负责的送餐领域。高级 SRE 除了具有初级 SRE 的所有职责，还有额外的工作范围。额外的工作范围包括推动 SRE 实践社区（CoP）；审查领域内服务的架构、设计和实现；形成技术路线图；支持来自设计思维的用户测试活动；招聘初级 SRE。

高级 SRE 的管理责任是该领域的服务是否保持在其 SLO 和 SLA 错误预算内。为了胜任高级 SRE 职位，可能需要至少三年的相关工作经验。这些经验应该来自不同的领域，例如软件工程、运营和 SRE。

最后，首席 SRE 负责整个业务线中服务的可靠性。业务线是一个组织单位，有自己的损益（profit and loss，P&L）表。换言之，它是企业的自有业务之一，或者是一家较小公司的整个业务。和初级和高级 SRE 一样，首席 SRE 要推动 SLA、SLO 和错误预算策略的商定，并为业务线中的一些服务值班。除此之外，首席 SRE 还有一些新的、独特的职责。

这些职责包括与客户和合作伙伴谈判 SLA、推动 SRE 招聘以及推动一些新的实践。新的实践包括混沌工程、灾难恢复演习和人工智能运营等。另外，首席 SRE 要探索如何通过各种 SRE 服务获得新的潜在收入。这些服务包括 SRE 咨询、指导和转型等。在内部和外部都可以提供这些服务。

此外，首席 SRE 要担任公司内现有所有产品交付组织的其他 SRE 人员的教练和导师。担任 SRE 教练意味着和别人分享知识和经验，而担任 SRE 导师意味着指导别人实现既定的职业目标。

最后，首席 SRE 要强调业务线内和业务线之间可靠性的一致性，并把它发展成为一门学科。首席 SRE 要积极参加内部和外部的相关活动和会议，维护来自不同公司的同行组成的职业网络。利用同行职业网络，首席 SRE 将 SRE 发展成为一门学科，设计和孵化新的概念并付诸实现。

首席 SRE 的管理责任是保持业务线所拥有的全部服务的 SLA 错误预算。另外，还要参与探索旨在开拓新收入渠道的 SRE 咨询和指导项目。为了胜任首席 SRE 职位，候选人至少要有 5 年的相关工作经验。这些经验来自 SRE、软件工程、自动化、运营、团队管理、工程管理、技术咨询、咨询和创新管理等方面。

在所有 3 个 SRE 角色的值班补偿方面，需要考虑到一定程度的社会正义。例如，同意非工作时间值班的单亲父母可能得到不同于其他人不同的补偿。类似地，针对家里有几名学龄前儿童的人，可能有不同的补偿。

初级、高级和首席 SRE 角色的定义为人们建立了一条透明的职业道路，他们可以逐步发展个人 SRE 技能和能力。另外，还使招聘经理和人力资源部门能够创建适当的工作要求，并评估候选人的技能是否适合履行其中的某个角色。对现有 SRE 人员的绩效评估也可以使用 SRE 角色定义来完成。

通过定义 SRE 角色，我们还覆盖了另一个重要的方面：传统运营角色和新的 SRE 角色之间的对比。运营中的传统角色包括 IT 管理员、支持工程师、IT 系统支持工程师和技术支持工程师等。随着 SRE 和 SRE 角色的引入，在运营中担任传统角色的人会开始紧张。他们会探查 SRE 美丽新世界，比较并学会在这个世界中找到自己的位置。

而有了 SRE 角色的定义后，这个比较就非常容易了。传统运营角色中的每个人都可以将自己的技能、能力和当前工作职责与初级、高级或首席 SRE 的那些进行比较。报酬也可以比较。在 SRE 的角色描述中，要让人明白为什么 SRE 可以获得比传统运营角色（如 IT 管理员）更高的工资。

12.10.2 SRE 角色转换

除了角色定义，SRE 职业道路的定义还需要包括初级、高级和首席 SRE 这几个角色的晋升标准。也就是说，初级 SRE 需要明确怎样晋升为高级 SRE 角色。同样，高级 SRE 需要明确如何晋升为首席 SRE。

角色晋升应该使用一套设计好的标准。例如，为了从初级升为高级，以及从高级升为首席 SRE，需要满足以下条件：

- SRE 人员已经做了 6 个月以上通常由更高级 SRE 角色所执行的工作；
- SRE 人员已经能影响到他们当前直接责任范围以外的其他人；
- 在不同案例所提出的具体技术主题上，SRE 的沟通和人际关系技能使其能与广泛的人员和角色建立起联系；
- 过去 6 个月，SRE 人员在其部门经理和其他人的工作反馈中显示出承担更多职责和管理责任的潜力；
- SRE 人员积极寻求承担更多的职责和管理责任；
- 为了获得首席 SRE 的角色，SRE 人员至少担任过一名 SRE 的导师，后者对前者的工作提供了正面反馈。

人力资源部门要向所有 SRE 人员公布这些职位晋升标准，使其有一个明确的晋升准备计划。SRE 的角色定义及其晋升标准必须明确清晰。

除了 SRE 角色的晋升，还需要设计如何从其他专业学科转换到 SRE。在这种情况下，最好能设计出一些典型的路径，让潜在候选人的学科转向 SRE。具体地说，可以设计一个从传统运营到 SRE 及从开发到 SRE 的转换路径，为那些想要转换职业的人员铺设道路。

为了建立 SRE 职业发展路径，可以通过培训、发展、教练和导师计划来予以促进。例如，为了组织导师计划，人力资源部门可以成为桥梁，为寻求 SRE 导师的人和愿意成为导师的

SRE 人员牵线搭桥。

在人数和预算规划方面，招聘经理和人力资源部门需要先摸清 SRE 人员的数量和产品交付组织在特定时间内可能需要的角色。表 12.28 为此提供了一个参考。

表 12.28　按角色划分的 SRE 人数

	初级 SRE	高级 SRE	首席 SRE
人数	大致相当于开发团队的数量	大致相当于产品领域的数量	大致相当于产品线的数量

有了这些参考，人力资源部门就可以将继任计划落实到位，迅速填补内部的关键职位空缺。招聘经理也可以利用表 12.28 的参考数字来相应地申请预算。

综上所述，引入经过深思熟虑的 SRE 职业发展路线有很多好处。加入产品交付组织的人面前有一条清晰的晋升途径，他们可以利用这条路径来发展自己的 SRE 事业。这对来自产品交付组织外部的人和内部转岗过来的人有好处。

事实上，是否有 SRE 职业发展路线可能是一个人加入组织的决定性因素。这在只有少数公司提供了 SRE 职业发展路线的就业市场上更是如此。SRE 作为一门学科，总的来说还是非常年轻的。因此，SRE 职业发展路线有助于公司从其他公司中脱颖而出，吸引年轻的 SRE 人员，留住现有的关键 SRE 人员，并降低流失率。

12.10.3　文化的重要性

引入新的 SRE 职业发展路线和几个 SRE 角色，这对许多人来说是一个很大的机会，他们可以在产品交付组织中发展自己的事业。取决于不同的文化，承担新的角色可能会获得社会地位所带来的很多价值。在特定的国家引入新的 SRE 职业发展路线时，需要谨记这一点。

在某些文化中，被分配到一个角色，会给人带来一种自豪感。在讨论和决定与该角色相关的话题时，他们会对其他人造成一种压力，即“你是老大，你说了算。”换言之，在讨论的时候，有角色的人会获得“无罪推定”的特权。另外，讨论时在场的人有没有相应的角色，其话语权也是不同的，因为无此角色的人会对有此角色的人心生敬畏，前者不太容易在该主题的专业对话中自由表达自己。

像这样的等级文化很常见。当今软件交付团队的国际性，等级文化氛围浓厚的人极有可能成为团队的一员。反之亦然，等级文化氛围不浓厚的人极有可能成为团队的一员。

在等级氛围不严重的文化中，有角色的人不会因为自己承担了这个角色而受到更多的尊敬。他们也是团队的成员，和其他无此角色的人没什么两样。每个人都必须根据合理的决策、演绎推导和遵循 SRE 实践的恰当行为来证明自己精通 SRE。在讨论的时候，无论有此角色的人是否在场，人们都要充分表达自己的观点。

亚洲的等级文化比较浓厚，北欧则非常不浓厚。来自这两种文化的人在工作中是否能立即打成一片并容易理解彼此？并非如此。使用在线视频电话或视频聊天进行交流是否有助于跨文化理解？也并非如此。

由此可见，跨文化团队在能够充分合作之前，需要先发展跨文化理解能力。人力资源部门有责任向员工指出这方面的问题，并提供培训以了解团队成员的文化背景。值得一提的是，埃里克·梅耶的《文化地图》[28] 一书提供了很好的文化背景信息，从人们如何沟通、评估工作、相互说服、领导团队、决策、信任、意见不一和时间安排等方面对文化进行了细分。

人力资源部门、部门经理和 SRE 教练需要强调，“跨文化角色理解”这个主题对所有 SRE 人员都很重要。它是 SRE 人员和其他人之间培养信任关系的前提。信任对 SRE 工作非常关键，特别是在工作和非工作时间进行紧张的值班工作时。

12.11 就所选模式进行沟通

一旦从“谁构建，谁运行？”谱系中选择一种模式，且决定了 SRE 的报告线，就需要进行沟通。沟通需要以恰当的方式分阶段进行，如图 12.22 所示。首先，要在产品交付组织的领导团队中沟通 SRE 未来的组织配置。

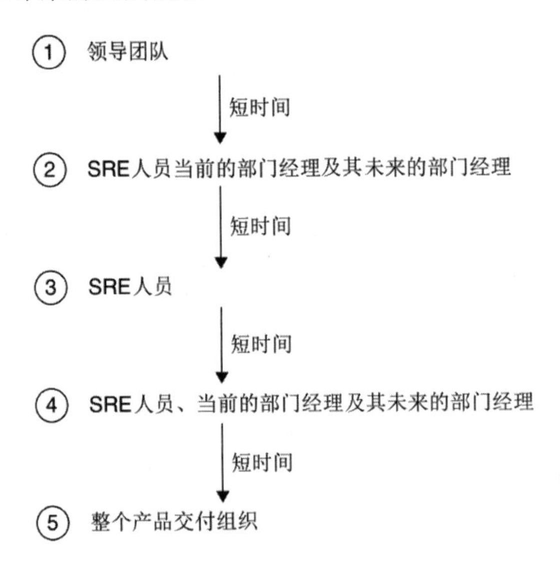

图 12.22 就所选的“谁构建，谁运行？”模式进行沟通

领导团队之前已就所选的模式进行了辩论。现在该重申最终的决定。以确保最后一次所有人达成共识。毕竟，领导团队作为一个整体，共同对这个决定负责。它决定了未来的 SRE

经费分配，这进而意味着需要从其他领域挪用一些资金。而资金挪用要让产品交付组织的领导团队知情并征得他们的同意。

SRE 教练要尝试领会领导团队内部达成共识的程度。如果共识度很低，就要建议团队暂停进一步沟通，把这个决定重新拿出来，做进一步的辩论直至最终达成高度共识。

一旦在领导团队中就所选的组织 SRE 配置达成高度共识，就要与 SRE 实践人员现任和未来的部门经理展开沟通。这可以在一次短会上完成。一旦部门经理知道这个变化，SRE 实践人员的现任部门经理应该通过简短的私人对话，让他们知道即将到来的组织变化。

接着，应该在一次专门的会议上，与 SRE 实践人员及其当前和未料的部门经理进行更大规模的沟通，以做演示的形式揭示 SRE 所支持的商业目标、在组织中选择这种 SRE 配置的原因、它对参会人员意味着什么以及如何落实这个配置。

演示应该由产品交付组织的负责人或 C 级管理人员进行。演示结束后，演示人、领导团队的其他成员、人力资源部门和 SRE 教练要解答观众提出的问题，如职业、过渡计划、补偿等问题。

会议结束后不久，请在产品交付组织的员工大会上以更简洁的形式重复之前的演示。这样，在向受到影响的人员和产品交付组织的其他人员宣布新的 SRE 模式之前，就只有一小段空档期。这样可以最大程度地减轻小道消息在员工中传播所带来的影响。

分阶段沟通的目标是在最短时间内使整个产品交付组织以有序的方式达成一致。无论如何，所选的 SRE 模式和产品交付组织当前的 SRE 实践是相似的。在组织上，SRE 人员的部门经理可能会变。这是预期变化最大的领域。

在任何情况下，导入所选择的模式和部门管理的变化都不要过于激烈。如何巧妙引入这些变化是下一节的主题。

12.12 导入所选的模式

至于具体如何导入，取决于必须对现状进行哪些改变才能进入产品交付组织的目标状态。具体表现在下面 4 个方面：

- “谁构建，谁运行？”谱系中不同模式的变化；
- 组织的变化；
- 报告结构的变化；
- 角色的变化。

12.8.1 节讨论了“谁构建，谁运行？”谱系中不同模式的变化。组织、报告结构和角色的变化将在下面几个小节详述。

12.12.1 组织变化

对于 SRE 人员在目标报告结构方面的变化，开发、运营和 SRE 组织的人员流动有几个过渡选项，如图 12.23 所示。

图 12.23 各种报告结构变化选项

如果 SRE 实践人员目前在开发组织内报告，那么他们的报告可以改为运营组织内（选项 1）或新组建的 SRE 组织（选项 2）内。如果 SRE 实践人员目前在运营组织内报告，那么他们的报告可以改为开发组织内（选项 3）或新组建的 SRE 组织（选项 4）内。

组建新的 SRE 组织时，方法要得当。为了启动这个过程，SRE 组织的主管需要召开一次员工大会，为组建过程打好基础。以下是一个示例议程。

- 员工自我介绍。
- 介绍 SRE 组织的愿景。
- 介绍 SRE 组织内不同的团队。
- 介绍与其他部门的工作模式。
- 介绍团队的自由和责任划分。
- 介绍 SRE 组织的 KPI。
- 介绍 SRE 组织中的各种角色。
- 介绍担任关键角色的人员。
- 介绍 SRE 职业发展路线。
- 介绍该组织的预期人员数量。
- 介绍各团队的空缺职位。
- 鼓励大家推荐他们认识的合适人选来出任空缺的职位。
- 向所有人告知关键人物的联系方式。
- 介绍站会：
  - 员工大会；
  - SRE CoP；
- 介绍 SRE 出版物：
  - 博客；

    - 可用性新闻简报。
- 介绍立即要上马的新举措：
    - 设定目的；
    - 任命倡议领导；
    - 定义成功假设（4.7 节）。
- 讲述设想的值班实践。
- 阐述 SRE 和监管合规如何对接。
- 介绍员工绩效评估过程。
- 介绍其他部门的关键支持人员：
    - 人力资源；
    - 采购；
    - 工会；
    - 法务。
- 列出公开议题。
- 欢迎提问，回答所有问题。

第一次员工大会应该在向产品交付组织的所有人宣布 SRE 组织转型之后举行。会议的目的是开始建立联系，而且最重要的是，SRE 组织的主管和员工之间建立信任。为了以有效的方式召开上述列表中的内容会议，SRE 组织的负责人需要提前做好准备。只有提前准备，才有足够的时间与各部门必要的利益相关者商定内容。

与所有团队合作紧密的 SRE 教练可以根据即将发生的变化来提前把脉，评估情绪，了解团队成员的关切。与 SRE 组织的主管紧密合作，教练们可以让他们知道团队目前的关切，并讨论如何解决这些关切。另外，SRE 教练可以帮助 SRE 组织的主管调整相应的战略和战术。

当然，一旦 SRE 组织的主管接手，他们和员工之间的联系自然就不会那么紧密了。通过与员工进行公开对话、对员工的反馈做出诚实的响应以及对战略和战术进行持续调整，这种联系可以得到加强并最终演变成一种信任关系。这是 SRE 组织的主管最初就要设定的首要目标。

有了信任之后，在组织中决策、执行、遵守政策等就容易得多。在高度信任的组织中，没必要再对员工进行微观管理从而事无巨细地核查商定的程序执行如何。这样可以避免时间的浪费。事实上，在《信任的速度》[29] 一书中，作者史蒂芬·柯维甚至说：“信任——以及与客户、员工和所有利益相关者建立信任的速度——是成功的领导人和组织最关键的组成部分，没有之一。”

最后，在某些国家，组织的变化需要遵守劳动法，规定必须有工会的参与。工会代表企业中员工的利益。在向员工引入组织变化之前，必须先征得工会的同意。工会将从技能、责任、工资和职业道路匹配等方面检查变革提议是否合适。另外，工会还会考虑其他方面，例如少数族裔待遇、女性担任更高职位以及对创新的投资。

一旦工会同意向员工引入组织变化，就可以向员工发出加入该组织的邀请。员工过渡并进入新的组织只需要三步：（1）产品交付组织的管理层同意发出邀请；（2）工会同意管理层的邀请；（3）员工接受经过工会同意的管理层发出的邀请。

根据这个过程描述，似乎需要很长时间才能将所有 SRE 人员转到指定的组织。虽然有的时候确实如此，但如果没有特别困难的情况，管理层和工会应该能够快速同意这样的内部转换。

12.12.2 报告结构的变化

至于部门管理，为了实现 SRE 人员管理的移交（或过渡），推荐举行三次会议：

- SRE 及其现任部门经理的会议；
- SRE 及其现任部门经理和新任部门经理的会议；
- SRE 及其新任部门经理的会议。

在向即将成为新建 SRE 组织成员的所有人宣布组建该组织（12.11 节）之前，召集 SRE 人员与其现任部门经理开会。会议上，现任部门经理概述领导团队新建 SRE 组织的计划。需要向大家解释新建组织的原因，介绍为员工设想的职位，介绍新组织新任部门的主管。会议结束后，SRE 人员应该对自己要加入的新建 SRE 组织及其在组织中的位置有一个清晰的认识。

向即将成为新建 SRE 组织成员的所有人宣布成立 SRE 组织之后，立即召集 SRE 人员及其现任和未来部门经理开会。第二次会议的目的是讨论现任部门经理如何过渡为未来部门经理。在这次会议上，需要讨论一些具体的话题，例如过渡的时间框架、角色、薪酬和职业发展路线的变化。在会议结束时，SRE 人员应清楚地了解不久的将来会怎样，从而认真落实部门管理的变化。

SRE 人员与其新任部门经理之间的会议需要在部门管理发生变化后立即进行。这次会议的目的是欢迎 SRE 人员来到新的组织并讨论 SRE 的目标、角色分配、职业发展路线以及与部门经理一对一面谈的频率。

部门管理过渡过程中穿插的三次会议中，SRE 人员有足够多的机会提出问题，澄清疑惑，并在整个过程中得到倾听。与现任部门经理的第一次会议尤其重要，因为它使 SRE 人员有机会向未来的部门经理提出自己的关切。

不是每个人都那么容易合作，如果 SRE 人员过去和未来部门经理有过不愉快的工作经历，现任部门经理就应该认真对待。他们应该与目标组织（可以是开发、运营或 SRE 组织）合作，为 SRE 人员寻找另一个部门经理，以确保大家有一个新的开始。

12.12.3 角色变化

另一个需要注意的地方是角色及其变化。引入新的 SRE 职业发展路线，同时提供专门的角色（例如初级、高级和首席 SRE），这可以和 SRE 的组织变化同步发生。在这种情况下，组织变革要解决的一个大问题是，应该为正在实践 SRE 的特定人员分配哪个角色才能使其不至于影响到最后正式确定的角色？

为某人分配一个特定 SRE 角色的标准是什么？角色分配如何影响员工的责任领域、影响力和报酬？12.10.1 节在讨论 SRE 角色定义时提供了这些问题的答案。每个 SRE 人员都需要参考角色定义来进行评估。根据评估结果，许多人都可以明显地归入初级、高级或首席角色等级。在这些情况下，角色分配可以顺利进行。同时，也可以进行工资的调整。

个别情况下，一个人的技能组合和责任可能没有被纳入现有职位描述中。为此，部门经理需要讨论可能的选择。与 SRE 人员讨论的内容应该包括个人的职业抱负、当前的技能和责任以及为实现抱负需要具备哪些技能和责任。在明确职业抱负之后，部门经理需要与他们的经理和人力资源部门讨论各种选择。最后做出决定，与个人目前的工作相比，是为其分配一个略高还是略低的角色。

同时，还需要协商薪酬。一种有点麻烦的情况是，为 SRE 人员新指定的角色比当前角色的工资低。这种情况要尽量避免。人力资源部门应该有合理的手段来匹配 SRE 人员的当前工资。不要指望人们会接受减薪。

相反的情况也可能出现。个别情况下，我们决定为 SRE 人员分配新的角色，但要求的责任水平高于该人员之前所做的工作。同时，SRE 人员的技能水平也需要提升以适应新的角色。新角色的工资一般比现在的工资高。在这种情况下，人力资源部门可以做出规定，不是一次性提高 SRE 人员的工资，而是分为一系列步骤，按 SRE 人员之前与新任部门经理商定的计划执行。

12.13 小结

通过本章的讨论，我们知道为了从组织结构上履行 SRE 职责，需要采取系统而审慎的办法。不能想着将运营团队直接重命名为 SRE 就了事，有许多选择和多方面的考虑。使用本章介绍的“谁构建，谁运行？”，我们可以探索运营责任的不同维度。这个谱系包含多种模式，包括“你构建，运营运行”“你构建，SRE 运行”“你构建，你和 SRE 运行”和“你构建，你运行”，它们代表开发团队在提升可靠性方面有不同程度的动力。这些动力推动着开发团队在产品实现过程中在可靠性上的持续投入。

对开发团队来说，在“你构建，运营运行”模式下，他们提升可靠性的动力最小。在这种模式下，开发人员永远不需要值班。因此，服务在生产中是否能够可靠运行完全与开发无关。在“你构建，SRE 运行”模式下，他们的动力有所上升。在这种模式下，开发人员和 SRE 人员共同商定错误预算策略，规定服务需要满足什么服务水平才交由 SRE 人员运行。否则，就转由开发人员运行。

在“你构建，你和 SRE 运行”模式下，开发团队提升可靠性的动力继续上升。在这种模式下，一名 SRE 人员和一个开发人员共同值班。服务由他们共同运行。对开发团队来说，“你构建，你运行”模式下，他们的动力最大，在这种模式下，开发人员总是在生产中值班。他们希望尽可能少被服务故障打断，所以会在实现功能的同时，尽最大努力将可靠性落实到服务中。

“谁构建，谁运行？”的各种模式可以配合不同的报告线来实现。SRE 人员可以在开发、运营或者专门的 SRE 组织中报告。这种选择影响了 SRE 人员的身份。身份可以用产品、事故和可靠性用户体验这个铁三角来表示。在开发组织内报告的 SRE 人员可能有倾向于以产品为中心的身份。在运营组织内报告的 SRE 可能倾向于以事故为中心的身份。而在专门 SRE 组织内报告的 SRE 人员可能倾向于以可靠性用户体验为中心的身份。

从“谁构建，谁运行？”的各种模式中选一个并为 SRE 人员选择相应的报告线，这些变化需要在产品交付组织中正式引入和推出。定义一条 SRE 职业发展路线，为 SRE 确定正式的角色。SRE 职业发展路线可以为 SRE 角色建立几个等级，例如初级、高级和首席 SRE。基于个人当前的技能、当前和未来的责任以及职业抱负，我们需要为 SRE 实践人员分配等级合适的 SRE 角色。

随着 SRE 组织结构的实现，SRE 便在产品交付组织中真正落地生根。SRE 现在既是一种实践，也是一种正式的组织结构！

注释

扫码可查看全书各章及附录的注释详情。

第Ⅲ部分

度量和维持转型

现在，我们已经为 SRE 打好了基础。设定了 SLI、SLO 和错误预算，商定了错误预算策略和基于错误预算的决策。我们为 SRE 创建了合适的组织结构，以及 SRE 组织中人员的职业发展路线，使其有了坚实的组织基础。在本书的这个部分，我们将对转型成功进行度量、促进 SRE 运动在组织中的可持续性并对未来的道路进行展望，以期对整个转型过程下一个定论。

第 13 章

度量 SRE 转型

本章将对 SRE 转型是否成功进行度量。以定量和定性的方式对成果进行度量，以体现转型复杂的本质。这个过程涉及很多个维度，转型必须在许多方面进行度量。本章展示了具体做法。

13.1 测试转型假设

度量 SRE 转型是否成功，其出发点是检验启动转型前定义的假设。所有假设都是在 4.7 节建立的，分别按角色定义：管理层、经理、产品负责人、开发人员和运营工程师。为了定义一个假设，我们使用了<能力>/<成果>/<可度量的信号>三段式描述。

就<能力>而言，所有角色都希望在组织中建立 SLI、SLO、错误预算和错误预算策略，而且他们希望取得不同的成果。每个成果都被设想为允许使用不同的信号来进行度量。表 13.1 对此进行总结并同时说明了这些测试信号的方法。

表 13.1　测试 SRE 转型假设

#	可度量的信号	测试信号的方法
1	SRE 转型的 12 个月中，由于可靠性问题导致的年度客户流失率比前 12 个月内减少了 50%	客户流失的原因储存在企业使用的客户关系管理（CRM）工具中。客户流失率也存储在该工具中，用 CRM 工具中的数据计算即可
2	对客诉升级进行明确的、无歧义的定义	客诉升级是在值班管理工具中发起的事故，会提及具体的客户或客户群体
3	和前 6 个月相比，SRE 转型的 6 个月后，客诉升级的数量减少了 50%	可以根据值班管理工具中的事故数据和引入 SRE 前的客诉升级记录来计算
4	在团队待办事项中，可以明确识别与可靠性相关的工作	在工作项管理工具中，根据事后回顾行动项创建工作项。它们或者加上相应的标签，或者链接到事后回顾。其他类型的可靠性工作在团队待办事项中可能没那么容易识别

续表

#	可度量的信号	测试信号的方法
5	在 SRE 转型的第 4 季度，可靠性工作优先级排定的平均准备时间比 SRE 转型的第 2 季度至少缩短 25%	对于工作项管理工具中根据事后回顾行动项创建的工作项，优先级排定的准备时间应该是直接能获取的。基于这一数据，我们可以轻松比较准备时间
6	SRE 转型的 8 个月，开发人员在规定的时间和规定的情况下值班	值班管理工具包含所有团队的轮值数据。轮值人员的角色可以在角色管理库中查询。开发和运营之间的值班责任划分协议可以在错误预算策略中找到
7	SRE 转型的 6 个月，任何开发团队都能在请求的两小时内参与解决当前发生的生产事故	这可以通过在事后回顾中分析事故时间线来度量。围绕时间线的讨论应该能揭示出必要的数据
8	SRE 转型的 12 个月，过去 3 个月的生产部署失败率和生产部署恢复时间的中位数比转型开始前的三个月减少 50%	这可以使用《度量持续交付》[1]一书定义的持续交付（CD）指标来度量。用于构建指标的数据可在所用的部署框架和值班管理工具中找到。为了从数据中构建和可视化指标，可能需要做一些定制开发
9	在 SRE 转型的第 4 季度，提请经理注意的有关生产推出的问题比 SRE 转型的第 2 季度至少减少 40%	这可以通过采访管理人员并比较两个时间段的数据来度量
10	SRE 转型的 24 个月，团队可以自行维持 SRE 活动，不需要持续进行教练	SRE 教练在团队中的部署可以按月追踪。类似地，SRE 教练在团队中扩展的工作也可以按月追踪
11	SRE 转型的 24 个月，客户针对同一个问题的重复投诉在一周以下	这可以用一级支持所处理的客户支持工单来度量。在值班管理工具中，链接到同一个事故的客户支持工单代表重复发生的同一个问题的客户投诉
12	SRE 转型的 18 个月，团队定期根据需要调整其 SLO 和错误预算策略	可以在 SRE 基础设施中追踪 SLO 的变化。SRE 基础设施使用源代码控制机制来实现，是一个支持历史记录的系统

以数据驱动的方式对假设进行测试，这是客观评估 SRE 转型成功的妙方。表 13.1 中的第 3 号可度量信号涉及客诉升级数字，这是一个非常重要的度量指标，详情将在下一节中讨论。

13.2 内部未检测到的故障

最开始之所以要引入 SRE，主要原因是频繁出现大量客诉升级。之所以发生这种情况，是因为在产品交付组织中，可能没有任何一方负责并且有能力以严谨的态度运营产品。运营团队在内部知识不充分的情况下运营产品，采用的往往是一些黑盒手段，即基于资源的警报。

开发团队不参与运营，他们完全专注于功能开发。产品负责人盲目地依赖运营在生产中提供服务。

显然，在这种情况下，许多故障都逃脱了内部的监测，最终只能表现为客诉升级。现在，我们的 SRE 转型已经基本完成，在产品交付组织建立了健壮的 SRE 基础。那么，情况有什么变化？和之前相比，逃脱内部监测的故障是否有明显下降？

根据值班管理工具中的数据，这个问题很容易回答。每个事故都被永久记录在案。一级支持（first level support）手动发起的事故可以被视为客诉升级，因为它们是由客户支持工单发起的。导入 SRE 之前的事故数据应该可以在其他系统或记录中找到（试试工作项管理工具）。这样一来，就能有理有据地完成比较。

对于一个规模较大的系统，如果内部没有检测到的故障数量几乎和导入 SRE 之前一样多，那么 SRE 转型就不会被认为是成功的。注意，这个指标非常重要。在它的面前，上一节描述的其他所有可度量信号都黯然失色。只有在观察到内部未检测到的故障数量显著下降时，SRE 转型才会对产品交付组织产生明显积极的影响，这个影响在转型过程之外是可以感知到的。

可以有把握地说，下降幅度需要大于 50%，否则 SRE 转型中所有的努力将没有价值。为了导入 SRE 而付出相当大的努力，而且几乎涉及产品交付组织的每一个人，自然对投资回报的期望也会相应地提高，这是完全合理的。

可以使用一个原生的 SRE 手段——错误预算消耗率——对 SRE 转型的成功进行度量。这是下一节的主题。

13.3 过早耗尽错误预算的服务

我们使用“SLO 错误预算过早耗尽”指标（11.2.5 节）对过早耗尽错误预算的服务进行跟踪。使用该指标数据，可以生成一个汇总表格，如表 13.2 所示。

表 13.2 按错误预算期划分的已履行和已违反的 SLO 汇总表

	错误预算期 1	错误预算期 2	错误预算期 3
服务 1	5 个 SLO 在错误预算内 3 个 SLO 违反错误预算	6 个 SLO 在错误预算内 2 个 SLO 违反错误预算	7 个 SLO 在错误预算内 1 个 SLO 违反错误预算
服务 2	2 个 SLO 在错误预算内 2 个 SLO 违反错误预算	3 个 SLO 在错误预算内 2 个 SLO 违反错误预算	5 个 SLO 在错误预算内 零个 SLO 违反错误预算

表 13.2 显示的三个错误预算期内，服务 1 将保持在错误预算内的 SLO 数量从 5 个增加到 6 个和 7 个。然而，在每个错误预算期，都有 SLO 违反错误预算。

在错误预算期 1 和 2，服务 2 有 SLO 违反错误预算。在错误预算期 3，服务 2 成功地保有其全部 5 个 SLO，因此保持在授予的错误预算之内。

在这种情况下，服务 1 必须优先考虑提高可靠性，并没有完全满足其 SLO 陈述的可靠性要求。

如果产品交付组织运营有大量服务过早耗尽其错误预算，则说明它的 SRE 转型不成功。SRE 转型的目标不只限于建立一个基础设施来监控错误预算的履行以及标记那些违反错误预算的服务。这些虽然是必要条件，但并非充分条件。我们的目标是在更深的层次上渗透到产品交付组织中。这涉及组织、技术和人员的变化，促使团队采取行动来提升可靠性，最终使大多数服务始终保持在其错误预算内。

作为一个经验法则，超过 50%的产品交付组织所拥有的服务需要持续保持在其错误预算内，才表明 SRE 转型取得了成功。这个数字肯定不是终点。需要更多转型举措来使这个数字攀升到 90%以上。

一般来说，为了度量 SRE 转型成功，应该在可能的情况下进行定量评估，在不可能的情况下进行定性评估。下一个要检查的维度是管理层对 SRE 转型成果的看法。这方面的度量将在下一节中以定性的方式进行。

13.4 管理层的看法

管理层对 SRE 转型成果的看法是一个重要的度量标准。尽管是主观的，但这些看法决定着不参与日常服务运营的人如何看待 SRE。更重要的是，管理层的观点决定了分配给未来 SRE 活动的资金。而资金的多寡，又决定着为 SRE 分配的人力以及工具、实验、培训和参会等方面的经费。

管理层的看法基于两个输入来源：管理层经历的客诉升级以及管理层的直接下属[2]。

如果管理人员觉得最近参与的大量客诉升级事故数量下降了，就会使 SRE 处于正面的地位。管理层的直接下属可能会谈到 SRE 精简了运营相关责任，因而能更快从事故中恢复。还可能谈到，现在运营、开发和产品管理之间的协作得到大幅改善。这也有利于在管理层的心目中建立 SRE 的正面地位。

这是一种定性评估，但其价值不亚于对转型其他方面进行度量的数据驱动方法。可以肯定的是，根据 13.1 节对各种假设的评估，我们知道一个现实，但管理层的看法可能偏离这个现实。这种偏离可能是双向的。也就是说，管理层可能认为 SRE 并没有取得成功，但那些假设的可度量信号却表明已经取得了成功。反之亦然，管理层可能认为 SRE 取得了成功，但那些假设的可度量信号却表明没有。

这充分说明应该对转型混合进行定性评估和定量评估。理想情况下，SRE 教练的假设是数据在汇报给管理层及其直接下属后，他们会试图深入挖掘和发现基本事实。虽然管理层可能没有时间来做这个事情，但 SRE 教练仍然值得一试，至少可以和管理层的直接下属安排一次这样的会议。

在下一节，我们将探讨如何用另一种定性方法来度量人们对转型成败的看法。

13.5 用户和合作伙伴对可靠性的看法

以可靠的方式运营生产中的服务，我们为之付出相当大的努力，都是为了让客户和合作伙伴实际使用这些服务，并让他们在使用时感受到服务的可靠性。对可靠性的感知也是对信任的感知。

按照《SRE：Google 运维解密》[3] 的说法：

1. “如果一个系统不可靠，用户是不会信任它的。”
2. “如果用户不信任一个系统，在有选择的情况下，他们是不会用它的。”
3. “……如果一个系统没有用户，它就没有价值。”

如今，随着越来越多的数据并过程实现和存储在软件系统中，用户的选择越来越多，这一点显得更重要。

在这种情况下，我们可以用净推荐值（Net Promoter Score，NPS）来度量用户和合作伙伴对产品可靠性的看法。NPS 是指可能向他人推荐该系统的用户百分比。它的计算基于一个评分问题，例如“从 0 到 10 分，你有多大可能向朋友或同事推荐这个系统？”

在提出评分问题之后，通常有更开放的问题，大致像下面这样：

- “为什么打这个分数？”
- “在你使用该系统的经历中，有什么令人失望的地方？”
- “你最看重哪些功能？”

这里有机会注入一个与可靠性有关的问题，可以封闭式或开放式的方式提出，例如：

- “从 0 分到 10 分，你认为该系统的可靠性如何？”（封闭式）
- “你认为该系统可靠吗？”（封闭式）
- “你对系统的可靠性有什么体验？”（开放式）

SRE 教练可以和市场部联系，了解是否能创建一个包含可靠性问题的 NPS 调查问卷。可以的话，市场部可以设置调查并将其发送给客户。这样一来，便可以对 SRE 转型的成败做另一个定性评估。

13.6 小结

SRE 基础设施已经在组织中建立起来。对这些基础设施进行度量是 SRE 转型的重要组成部分。到目前为止，转型有哪些可度量的成果？

首先是检验转型初期定义的各种假设。这可以利用可度量的信号以及值班管理工具中的事故数据来完成。内部未检出的故障数量是用于度量成败的关键指标。只有这个数字降到50%以下，我们才可以说转型取得了成功，值得为 SRE 基础设施付出努力。

另一个可量化的指标是多少服务持续过早耗尽了自己的错误预算。如果这个数字很可观，则说明转型只是在建立指标上取得了成功。但到目前，团队并不能根据指标数据来加大对可靠性的投入。SRE 教练和团队需要付出更多努力才能达到目的。

然后，应该对 SRE 转型的成功进行定性的度量。管理层对转型的看法非常重要，至少会影响后续对 SRE 的投资。最后，用户和合作伙伴对产品可靠性的看法也很重要。事实上，他们才是可靠性的最终评判者。通过与市场部合作，SRE 教练可以在 NPS 调查中加入和可靠性有关的问题。这样一来，就能同时了解他们对可靠性的看法及其推广产品的意愿。

度量 SRE 转型成败之后，下一章将探讨如何持续推进 SRE。

注释

扫码可查看全书各章及附录的注释详情。

第 14 章

持续推进 SRE 运动

本书前面讨论了启动 SRE 转型的动机以及如何建立 SRE 基础设施并度量其成败。本章要讨论如何持续推进 SRE 运动。

14.1 建立成熟的 SRE CoP

SRE CoP（实践社区）旨在强化 SRE 意识、交流最佳实践并实现跨团队的知识共享。最重要的是，一旦 SRE 教练开始脱离团队（5.9.3 节），该社区就成为 SRE 跨团队运营唯一的动力。

因此，在 SRE 教练参与活动的时候，应该尽一切努力支持并巩固 SRE CoP。至于具体做法，我们已经在 7.7.6 节进行了讨论。我们需要选举 SRE CoP 的领导，并设定其愿景、目标和范围。此外，还需要以合适的方式来度量 SRE 的成败，让现有的员工和新的员工了解 CoP，并将其与产品交付组织中正在进行的其他活动联系起来。

例如，在 SRE 领域中取得的成就不仅应该在 CoP 内部分享，还应该在外部分享，例如通过精益咖啡和午餐研讨会等活动。另外，SRE CoP 可以发布 SRE 材料，供其他对运营感兴趣的人使用。一些定期出版物，例如 SRE 新闻简报和博客文章，也可以由 SRE CoP 推动。具体细节是接下来几个小节的主题。

14.2 SRE 时间

在 SREcon Americas 2020 上，扎克・托马斯发表了一个演讲，题为 The Smallest Possible SRE Team[1]。他在演讲中提出的思路，在参会者中引起了很大的关注。该思路讲的是在产品交付组织内如何有效地传播 SRE 相关知识，同时又不至于耗费信息生产者和消费者大量的时间。该思路的核心是创建“SRE 微内容”（micro-content）。

这种内容称为“SRE 时间”。表 14.1 展示了一些示例主题。

表 14.1　“SRE 时间”的示例主题

主题	解释
可用性	数 9（多少个 9）是什么意思？
时间序列	如何使用日志查询绘制一幅时间序列图？
SLO	如何使用 SRE 基础设施设置一个 SLO？

每个“SRE 时间”的长度大约都只有一段文本。几分钟就能写好，几秒钟就能读完。相比开会来解释 SRE 的相关概念，这种分发 SRE 知识的方式更有效。它还能很好地扩展，即使当前在组织中只有少数几个人在推动 SRE。事实上，正如扎克・托马斯在其演讲中说的：“与其开这么多会，还不如动动笔。”

每个“SRE 时间”都存储在 SRE 维基页面的一个页面上。它通过电子邮件分发给产品交付组织的邮件列表，或者发布到组织聊天管理服务中合适的频道。最好将分发频率设为每周一次。“SRE 时间”的制作可由 SRE CoP 成员轮流完成。

“SRE 时间”有助于持续推进 SRE 运动，因为它以一种持续而轻量的方式让感兴趣的人跟进 SRE 话题。

14.3 可用性新闻简报

我们知道，在所有 SLI 中，最要紧的是“可用性 SLI”。为了加强大家对可用性 SLI 的意识，另一个办法是建立一个可用性新闻简报，其中包含一个列表，表中列有选定时期生产中可用性最高和最小的端点及服务。每期简报都可以存储在 SRE 维基页面的一个页面上。然后，和“SRE 时间”相似，可以通过电子邮件来分发，也可以发布到组织聊天管理服务的相关频道中。

和“SRE 时间”相比，这个简报的分发范围可以更广一些。“SRE 时间”的目标是让产品交付组织了解 SRE 的概念，而“可用性新闻简报”的目标是让人们了解当前生产中产品的实际可用性。和那些想学习 SRE 概念的人相比，对这个话题感兴趣的人应该更多。

事实上，产品可用性可能和收入直接挂钩。因此，商业利益相关者也可能对简报感兴趣。简报的制作和分发可由 SRE CoP 成员来推动。发布频率最好定为每周或每两周一次。

14.4 工程博客中的 SRE 专栏

许多软件工程组织都建有工程博客。可以通过这个渠道在产品开发社区发布重要的相关信息。在更大的工程博客中，还有针对特定主题的专栏，例如，可能有关于持续交付、数据库和产品管理等的专栏。

SRE 可以作为工程博客新建的专栏。它可以涵盖许多主题，例如，不同团队采用 SRE 的情况、SRE 基础设施的重要变化以及对最近影响较大的故障进行复盘。该专栏将运营的话题带到工程新闻报道和传播的最前沿。这会带来一种新的气象，因为工程博客往往更注重于开发方面的主题。

和“SRE 时间”和“可用性新闻简报”相似，SRE 专栏可由 SRE CoP 社区成员推动。他们可以轮流贡献相关文章。在工程博客上开辟一个有用的 SRE 专栏，比撰写“SRE 时间”或“可用性新闻简报”更耗时。在行动开始之前，需要留意这一点。

在博客上开辟专栏意味着要定期提供有干货的内容。文章大约 200~400 字。不常动笔的人可能不太容易做到有干货。但轮流发布 SRE 专栏，对人们来说很新鲜。如果没有太大的时间压力，不妨一试，培养一下自己的技术写作能力。

14.5 推广 SRE 维基页面长文

推广 SRE 知识的妙招是为 SRE 维基页面撰写长文。这种文章应该有一到三页的篇幅。至于具体讲什么主题，可以从 SRE 教练和团队的对话中获得。另外， SRE CoP 会议上的讨论也能为这种文章提供一个很好的思路。这种文章可以根据需要来写，不一定严格按照时间表来写。无论如何，这种文章一定要通俗易懂，让读者一眼就能看明白。

关于主题，可以考虑下面的思路：

- 如何以迭代的方式完善 SLO？
- 开发团队如何将开发活动和值班活动分开？
- 如何使用日志查询语言中的 join 操作符？
- 分析数据管道中的问题时，通常会用日志查询语言的什么查询？
- 如何对网络基础设施中的高延时进行调试？

为了推广这些文章，可以在工程博客的 SRE 专栏中加入每篇文章的摘要。新的文章可以在 SRE CoP 会议期间发布，组织聊天管理服务中的 SRE 频道可以用来发布新文章的链接。一些“SRE 时间”也可以用来推广长文。

一旦发表了新的文章，就要专门花一些精力来宣传。换言之，我们的目标不是大量生成内容，而是偶尔生成高质量的内容，然后想方设法广而告之，随着时间的推移而形成一个专门的读者群。有了大家的关注和评论，SRE 社区有望得到加强和发展。

14.6 SRE 的宣发

有了“SRE 时间”“可用性新闻简报”和工程博客上的 SRE 专栏以及 SRE 维基页面上的文章，就相当于建立了一个完整的宣发系统，其目的是使产品交付组织持续关注可靠性。

宣发系统需要进行校准，使人们不至于被 SRE 相关信息淹没而产生 SRE 疲劳。尝试错开信息传递的方式，使其以适当的方式出现在人们可能最需要的时候，如表 14.2 所示。

表 14.2　SRE 宣发时间表

内容	频率	在周几发布	分发渠道
SRE 时间	每周一次	周五	电子邮件，聊天
可用性新闻简报	每周一次/每两周一次	周一	电子邮件，聊天
工程博客上的 SRE 专栏	每两周一次/每月一次	周三	博客订阅，聊天
SRE 维基页面文章	偶尔	周四	wiki 订阅，工程博客上的 SRE 专栏，聊天

“SRE 时间”每周宣发一次，最好是周五，因为周末来临，人们可以快速、随意的阅读。

“可用性新闻简报”应该每周或每两周宣发一次。频率可以根据生产部署的准备时间来选择。如果一个服务部署到生产需要很长的时间，就说明它的可用性自然不会很快得到改善。如此说来，广播频率高不一定有助于改善服务的可用性。

可用性新闻简报的目标并不是向服务的责任人（所有者）“开炮”，而是在组织内部对可用性瓶颈达成共同理解，因而在时间上要与组织在生产中做出改变的速度保持一致。至于发布时间，周一似乎比较合适，因为可以给团队整整一周的时间来提升服务的可用性。

工程博客上的 SRE 专栏大约每两周或每月发布一次。这样的宣发，往往不会与博客上其他相关话题混在一起。阅读工程博客的人往往希望掌握更多的信息，而不是仅限于 SRE 话题。

周三发布工程博客文章，为人们提供足够的时间来消化这些信息，直到周末。另外，在周三，人们完全处于工作状态，讨论各种与工作有关的问题，与那些涉及产品交付组织不同领域的工程博客相呼应。

最后，偶尔在 SRE 维基页面上发表文章。可以在周四发布，让那些对主题感兴趣的人有足够的时间在周末来临之前看完文章。对于其他人来说，周末是一个很好的机会，可以在没有日常工作压力的情况下阅读文章。

这些宣发可以很好地持续推进 SRE 运动。此外，结合使用 SRE 数据与其他数据源也可以确保 SRE 运动的持续推进。这是下一节的主题。

14.7 结合 SRE 和 CD 指标

另一个保持 SRE 运动的方法是将 SRE 指标与产品交付组织中可能已有的持续交付（CD）指标相结合。持续交付指标是在《度量持续交付》[2]一书中定义的。总共使用 5 个指标来度量产品交付组织的技术价值流的稳定性和吞吐量：

1. 部署稳定性指标；
2. 部署吞吐量指标；
3. 构建稳定性指标；
4. 构建吞吐量指标；
5. 主线吞吐量指标。

稳定性指标由故障率和故障恢复时间组成。吞吐量指标由准备时间和间隔时间组成。运用上述 5 个指标，可以得到如表 14.3 所示的指标。

表 14.3 稳定性和吞吐量指标

稳定性指标	指标成分 1	指标成分 2
部署稳定性指标	在（生产）环境中的部署故障率	在（生产）环境中的部署故障恢复时间
部署吞吐量指标	在（生产）环境中的部署准备时间	在（生产）环境中的部署间隔时间
构建稳定性指标	主线构建故障率	主线构建故障恢复时间
构建吞吐量指标	主线构建准备时间	主线构建间隔时间
主线吞吐量指标	主线提交准备时间	主线提交间隔时间

使用这些指标，可以自动分析产品交付组织中的部署管道，发现技术价值流中的瓶颈，从开发人员的工作站开始，一直到任何生产环境。

这些瓶颈可能是主线吞吐量（例如，主线提交准备时间长或者主线提交间隔长）；构建吞吐量（例如，构建准备时间长或构建间隔长）；或者部署吞吐量（例如，部署准备时间长或部署间隔长）。

此外，瓶颈可能在部署稳定性中被检测到（例如，在生产环境中部署故障率高或者部署故障恢复时间长），也可能在构建稳定性中被检测到（例如，主线构建故障率高或主线构建故障恢复时间长）。

对于检测到的瓶颈，也可以自动进行优先排序，这具体由产品交付组织来判定其严重程度。然后，团队将优先考虑的瓶颈纳入优先待办事项。例如，对于故障率和恢复时间最不稳定的管道，可以优先改进。类似地，从管道环境的准备时间和部署、构建或提交之间的间隔来看，最慢的管道可以优先改进。这个过程在题为 Data-Driven Decision Making – Product Development with Continuous Delivery Indicators[3] 的文章中有更详细的描述。

持续交付指标为产品负责人提供数据支持，以便从开发效率角度做出优先级决策。然而，它们并没有延伸到运营领域。这就是第 11 章讲述的 SRE 指标生效的地方！

14.7.1 对比 CD 与 SRE 指标

持续交付（CD）和 SRE 指标分别用于度量开发和运营过程。表 14.4 对这些指标进行了对比。

表 14.4 对比持续交付与 SRE 指标

过程→	开发过程	运营过程
指标	持续交付指标	SRE 指标
度量	开发过程的效率	生产中的可靠性
主要问题	如何有效构建产品？	如何在生产中可靠运营产品？
投资时参考的数据	开发效率	产品可靠性

现在的问题是，如何以一种有意义的方式将持续交付和 SRE 指标结合起来，使其相互促进，帮助团队决定用来投资开发效率还是产品可靠性。

持续交付指标可以用来发现开发过程中的效率瓶颈。SRE 指标可以用来发现产品可靠性方面的瓶颈。哪个更重要？什么时候在哪里应该多投资？如何比较这两类瓶颈？它们是否相关？如果是，又怎样相关？

这些问题在软件交付社区尚未获得完美的回答。题为 Data-Driven Decision Making – Optimizing the Product Delivery Organization[4] 的文章对此做了初步的尝试。然而，这篇文章只是说，将持续交付指标与 SRE 指标结合使用，可以使产品交付组织同时优化效率和可靠性。另外还指出，如果加上假设驱动开发[5] 中的产品假设，组织可以同时优化有效性。

综合来看，如果利用“假设”的可度量信号、持续交付指标和 SRE 指标，产品负责人能以数据驱动的方式做出优先级的权衡，即：

- 投资功能以增强产品的有效性
- 投资开发效率
- 投资服务的可靠性

14.7.2 瓶颈分析

针对各个类别（产品有效性、开发效率和服务可靠性），可以使用各自的指标来确定优先级。然而，如果是跨类别，其作用就不那么明显。让我们考虑一个例子，假定持续交付指标和 SRE 指标分别显示两个不同的瓶颈，如表 14.5 所示。

表 14.5 持续交付和 SRE 指标揭示的瓶颈

	持续交付指标	SRE 指标
瓶颈	瓶颈 1：生产部署故障平均恢复时间为 2 小时 瓶颈 2：功能的生产部署平均准备时间为 2 天	瓶颈 3：认证服务连续三个错误预算期违反延迟错误预算 瓶颈 4：通知服务在最后两个错误预算期违反可用性错误预算

瓶颈 1 和瓶颈 2 的优先级集中于开发过程的效率提升。什么更重要？是缩短生产故障恢复时间，还是缩短功能的生产部署准备时间？产品负责人可以根据客户的反馈来决定优先级。

此外，瓶颈 3 和瓶颈 4 的优先级集中于产品的可靠性改进。什么更重要？是降低认证服务延迟，还是提高通知服务的可用性？同样，产品负责人可以根据客户的反馈来决定优先级。

客户反馈可以使用 Web 分析服务从自动客户行为分析结果中收集得到。此外，客户体验可以通过分析客户支持工单来了解。如果 Web 分析显示，客户因为登录过程耗时过长而放弃，那就表明应该优先处理瓶颈 3。

此外，如果 Web 分析表明通知并没有导致客户参与度显著提高，就意味着通知服务的可用性不那么重要，因而暂时不需要优先处理瓶颈 4。

接着再分析，如果客户支持工单显示很多投诉与服务停机相关，而平均故障恢复时间为两小时，那就要提升瓶颈 1 的优先级。在产品需求方面，产品负责人可能认为功能平均两天的生产部署准备时间不会导致重大的经济损失或者意味着重大的机会成本，那就不会优先考虑瓶颈 2。

可以根据表 14.6 汇总的数据来做出优先级决定。

表 14.6　瓶颈分析

	持续交付指标	SRE 指标
瓶颈分析	瓶颈 1：很多客户支持工单显示投诉与服务停机相关（优先处理！） 瓶颈 2：没有明显的收入损失，也没有明显的机会成本	瓶颈 3：客户频繁放弃登录过程（优先处理！） 瓶颈 4：通知并没有导致客户参与度大幅提高

根据表 14.6 中的瓶颈分析，瓶颈 1 和瓶颈 3 将得到优先处理。值得注意的是，这种对瓶颈的系统化分析很少在软件行业中进行。这有几方面的原因。首先，持续交付指标没有在产品交付组织中普遍建立起来。第二，SRE 相当新以至于 SRE 指标不常见。第三，即使建立持续交付指标和 SRE 指标，瓶颈检测可能也不会自动完成。如果基于指标的原始数据手动寻找瓶颈，肯定需要时间。最后，即便自动检测到瓶颈，瓶颈分析可能也无法自动进行。同样，需要花一些时间手动进行瓶颈分析，最终以数据驱动的方式做出优先级决策。

这表明，要使产品负责人简单做出数据驱动的优先级决策并使其便于其他人理解，软件行业还有很长的路要走。至于持续交付指标和 SRE 指标之间的联系，查看错误预算的消耗会有一定的帮助。在上例中，瓶颈 1 可能与一些重要的错误预算消耗有关。因此，它有两种可能，要么通过 SRE 指标来体现，要么调整现有的 SLO 或设置新的 SLO。

另一个问题是，是否可能根据持续交付指标来预测一些 SRE 指标。生产部署故障率高，功能的生产部署准备时间长，是否可以用来预测某些 SRE 指标恶化？完全可能。至少，围绕这些问题，绝对值得提出结构化的假设并进行严格的测试。或许 DevOps Research and Assessment（DORA）研究项目[6]能够承担这项任务，对这样的问题做出一些解释，这有助于推动整个软件行业的发展。

一般来说，将持续交付和 SRE 指标结合起来，有助于在产品交付组织中持续开展 SRE 实践，使 SRE 逐渐成为组织进行优先级决策的焦点。

14.8　SRE 反馈回路

按照前面的描述建立 SRE 并在此基础上建立大量的反馈回路，它们是使 SRE 转型各个阶段得以顺利进行的关键。

SRE 转型意味着产品交付组织中软件运营的相关技术、社会和文化结构要随之而变。在这种情况下，要想成功，离不开软硬结合，让大多数受此影响的人接受其积极性和必要性。这只能通过小步行动和频繁反馈来实现，通过这样的回路从多个维度来度量转型过程。

表 14.7 总结了我们使用的反馈回路。

表 14.7　SRE 反馈回路

工件	由谁定义	由谁反馈
SLI/SLO	运营工程师、开发人员、产品负责人	由 SRE 基础设施报告 SLO 违反并由值班人员分析
利益相关者分组（8.3 节）	开发人员、产品负责人、运营工程师	利益相关者
利益相关者环（8.5 节）	运营工程师	利益相关者
通用事故优先级（9.2.3 节）	运营团队	开发团队
通用事故严重性（9.3.4 节）	运营团队	值班人员
按团队划分的事故优先级	运营工程师、开发人员、产品负责人	利益相关者
事故响应过程	运营团队	值班人员
运行手册	值班人员	值班人员
状态页面	运营团队	利益相关者
事后回顾过程	运营团队	事后回顾参与者
SLA	运营工程师、开发人员、产品负责人、法务、管理层	客户

SRE 过程不断在发展。这些过程需要利用反馈回路持续发展。这是成功引入和接受过程改变（变革）最快和最可靠的途径。

14.9　新的假设

在 SRE 转型之初，我们提出一系列假设（4.7 节）并一直用这些假设来度量转型的影响。一旦最初的大多数假设获得正面的检验结果（13.1 节），就要定义一些新的假设。以数据驱动方式对进展进行度量提供动力和框架，可以进一步优化 SRE 过程。例如，可以提出表 14.8 所示的新假设来推动 SRE 过程的优化。

表 14.8　提出新的假设来推动 SRE 过程优化

利益相关者	示例假设 能力	成果	可度量的信号
管理层	服务目录	可用的服务以层次化的方式与法务、销售和营销等方面的信息共同呈现	法务、销售和营销人员每月至少一次以自助方式使用服务目录
产品负责人	基于错误预算的决策	快速优先级决策获得了运营数据的支持	提供并使用以下 SRE 指标： • “按服务划分的 SLO”指标（11.2.2 节） • “SLO 错误预算消耗”指标（11.2.4 节） • “SLO 错误预算过早耗尽”指标（11.2.5 节） • “SLO 遵守情况”指标（11.2.3 节） • “按服务划分的 SLA”指标（11.2.6 节） • “SLA 错误预算消耗”指标（11.2.7 节） • “最不可用服务端点”指标（11.2.12 节） • “最慢服务端点”指标（11.12.13 节）
开发人员	基于错误预算的决策	错误预算的消耗可引发事先已达成共识的行动	针对错误预算的消耗，在团队的错误预算策略中描述行动并取得共识。团队的错误预算策略按照约定实行
运营工程师	SLA	向客户明确承诺的可靠性	定义并和客户签署 SLA。SLA 的错误预算消耗可以通过仪表盘和警报来跟踪
经理	SRE 职业道路	人们可以笃定地走上 SRE 职业道路	SRE 职业道路是确定的。每年至少有一个人在 SRE 职业道路上得到晋升
SRE 教练	SRE 支持监管合规	SRE 支持运营方面的监管合规	SRE 过程得到正式描述。有证据表明 SRE 过程的遵守情况。SRE 过程用在所有关于运营的审计中

一般来说，使用假设来推动更大的转变，是行之有效的，可以在正确的时间实现调整并以数据驱动的方式度量进展情况。一旦现有的假设都得到证实，我们便可以定义新的假设来支持持续改进。坚持定义 SRE 的相关假设，可以更好地保持和推动 SRE 运动。

14.10　提供学习机会

SRE 是软件工程领域最年轻的学科。随着越来越多的组织开始推行 SRE 实践并将他们的经验贡献给现有的知识体系、理论和实践，SRE 有望得到快速演进。在这种情况下，雇主必须为其组织中实践 SRE 的人员提供学习机会。学习最新的最佳实践并与全球领先的实践者取得联系，有助于组织在现代运营方式上取得优势地位。

通过提供学习机会，为整个软件行业的从业人员注入新的动力。他们早已习惯于快速变化的工作实践。事实上，他们也希望这些实践能不断变化。与此同时，他们也希望能分配一些工作时间来学习和采用这些新的实践。SRE 自然也不例外。

推荐以下 SRE 在线课程和会议：

- 在线课程：
  - Site Reliability Engineering: Measuring and Managing Reliability[7]，由 Coursera 或 Pluralsight 提供
  - Site Reliability Engineering (SRE) Foundation[8]，由 Cloud Academy 提供
- 会议：
  - Usenix 举办的 SREcon[9]
  - IT Revolution 举办的 DevOps Enterprise Summit[10]
  - InfoQ 举办的 QCon[11]

SREcon 完全专注于 SRE。它要求参会者有一些基本的 SRE 知识以便能够理解会议上各个分论坛的议题。会议聚焦于初创企业和大型企业的最新以及最出色的 SRE 实践。

DevOps Enterprise Summit 这样的企业峰会特别关注 DevOps 转型。SRE 只是峰会的一部分，不一定有专门独立的分论坛。据说，DevOps Enterprise Summit 的参会者多为“马”，“独角兽”则更多出现在 QCon 上。

QCon 是一个常规的软件工程会议，专注于软件工程的最新趋势。QCon 有些会议有专门的 SRE 分论坛，有些则在整个议程中随机安排 SRE 演讲。

从任何一次大会上带回最新情报并在组织内部展示，这是宣传 SRE 最新知识、实践和工具的好方法。要想获得预算去参加这些会议，这应该是一个最起码的要求，除了提高会议预算的投资回报率，还可以使不怎么参会的人借此了解 SRE。

14.11 为 SRE 教练提供支持

保持 SRE 运动持续进行的最后一个方法是为 SRE 教练提供支持。教练与大量团队和人员打交道，以推动 SRE 转型。自然，不同的人有不同的背景、意见和观点。让人们向共同的 SRE 目标看齐，会消耗 SRE 教练的精力。

更重要的是，SRE 教练偶尔会卷入严重的分歧中。人们可能会公开反对 SRE 并公开发表自己的意见。这可能影响到其他的人进而可能阻碍整个 SRE 转型。

为了能够驾驭牵涉很多人的复杂的情绪迷宫和其他困境，SRE 教练必须多做练习，提升自己的情商。有的时候，他们自己也需要情感上的支持。在这种情况下，重要的是为 SRE 教

练提供某种支持系统，帮助他们度过如此不多见的艰难时刻。

不要低估类似支持系统的重要性。没有它，SRE 教练甚至可能走向崩溃，或者辞去教练工作。所以，组织要不惜一切代价避免这种情况。一方面，它对 SRE 教练的健康有严重的影响。另一方面，它可能对 SRE 转型本身有严重的影响。

如果还没有建好最基本的 SRE 基础就打算更换 SRE 教练，那么将很难找到候选人。如 5.3 节所述，内部 SRE 教练需要非常全面的知识、技能和经验。这样的“千里马”相当稀缺，而且很难找到。外部 SRE 教练不仅非常难找，而且费用还非常高，有时甚至几乎不可行。

如果委任两名 SRE 教练推动 SRE 转型而其中一名辞职后转型的重任全部落在一个人的身上，则非常危险。其一，这个人可能根本无法担负此重任。即使有这样的可能，转型步伐也会被放缓。这反过来会影响团队转型的积极性。如果团队不能很快看到转型成功的曙光，就不会有强烈的动机继续行动。

因此，为 SRE 教练建立一个支持系统是保持 SRE 运动持续进行的重要组成部分。这种支持系统由以下几个部分组成。

1. 知己小组，SRE 教练可以私下随意求助于他们。
2. 除了正常假期，提供额外的休假政策。毕竟，电池也是需要充电的，不是吗？
3. 专项预算，用于参与偶尔的外部支持、接受培训以及试用新的工具。

支持系统最重要的部分是建立一个知己小组，让他们和 SRE 教练私下讨论正在进行的人事问题。在一些国家，知己小组是通过投票建立的，作为工会的一部分。工会代表员工与企业管理层进行谈判。

如果没有工会，产品交付组织的领导可以发布知己征集公告。组织中的任何人都可以申请成为知己。然后，候选人由组织中的每个人投票决定。这样一来，就可以不引入正式的工会下，以某种低调的方式选出一批知己。

SRE 教练必须确定这些知己讨论的问题绝对不会公开。SRE 教练将知己作为自己的参谋，而不是向他们寻找解决方案。进行对话时，他们要放下 SRE 转型的情感负担。对话的目的是缓解 SRE 教练面临的情绪压力。通过对话来释放新的正能量，这对 SRE 教练全力推动 SRE 转型至关重要。

支持系统的另一个关键是建立一个额外的休假政策，让 SRE 教练在搞定令其肾上腺素飙升的情况后，借用这个政策给自己充电。这个政策应该有别于平常的休假政策。例如，可以让 SRE 教练的年休假增加 10%。换言之，如果原来的政策是 SRE 教练每年有 20 天假期，那么现在的他们每年多出两天假期，可以根据情况申请。

申请额外的休假应该很容易。例如，SRE 教练与其经理就最近和团队以非正式的方式聊一聊工作，之后要求休息一天就可以了。

为 SRE 教练提供支持系统的第三个重点，也是最后一点，专用预算用于偶尔参与外部支持、获得培训以及试用新的工具。该领域的自由职业者可以举办为期一天的工作坊，SRE 教练可以为此申请这笔预算。例如，在大型企业中，可能由外部顾问举办一次研讨会，探讨设置值班管理工具的最佳方式。

在培训方面，SRE 教练需要立足于 SRE 实践的最前沿。他们需要多看 SRE 相关资料，要和其他公司的 SRE 转型教练建立联系。换言之，他们需要融入整个 SRE 社区。为此，SRE 教练需要参加会议并发表演讲；阅读、评论和撰写博客文章；活跃于 SRE 在线社区；接触其他公司的 SRE 教练。所有这些都要有一定的预算。如果这些预算事前就可以得到澄清和批准，就是对 SRE 教练一个很大的支持。除此之外，还能减少多次预算审批过程的开销。

还需要预算来试用新的工具。建立 SRE 的基础时，需要从很多工具中选择，从而形成最适合产品交付组织的工具环境。许多工具提供免费试用，以评估其功能。但有的时候，为了进行更深入的评估，需要比试用期更长的时间或需要不在试用范围内的功能。在这些情况下，短期的工具评估需要支付费用。为此，可能需要从 SRE 教练专项预算中支取一部分。

总之，由知己小组、休假政策和预算组成的 SRE 教练支持系统可以在很大程度上保持 SRE 运动的顺利开展。毕竟，目前由 SRE 教练带领进行 SRE 转型运动。为教练提供支持，直接有助于 SRE 在产品交付组织中的持续传播。

14.12 小结

本书一直在强调，SRE 并不是一蹴而就的。相反，组织要实现 SRE，必须经历一个独特的旅程。本章展示了如何在 SRE 基础设施落定之后继续这个旅程。

维持 SRE 运动的第一个支柱是建立宣发系统，使产品交付组织中的可靠性主题成为“焦点”。这可以通过撰写简短的“SRE 时间”、可用性新闻简报、转件工程博客上的 SRE 专栏以及不定期的 SRE 维基页面长文来实现。

第二个支柱是将持续交付指标与 SRE 指标结合起来，同时优化开发过程的效率和产品（服务）的可靠性。具体地说，可以考虑将生产部署失败率和恢复时间的持续交付指标与 SRE 错误预算指标联系起来。

维持 SRE 运动的第三个支柱是为每个参与者提供学习机会，特别指为 SRE 教练创建一个支持系统，使其成为主要的转型推动者。

第四个支柱是继续使用反馈回路和假设来推动转型。本着这种精神，下一章将概述 SRE 转型的未来之路。

注释

扫码可查看全书各章及附录的注释详情。

第 15 章

未来之路

这是本书的最后一章。本章的标题借用了比尔·盖茨 1995 年出版的同名书籍，[1] 在这本书中，他对当时尚未发现的信息高速公路提出了一系列看法。类似地，本章旨在为 SRE 转型之旅中有待发现的领域提出一些看法。

在所有开发团队和运营团队中，SRE 基础设施已经通过本书描述的方法和实践建立起来了。它由运营团队提供和维护，供开发团队使用。开发团队和运营团队根据团队商定的安排轮流值班。针对复杂事故定义了事故响应过程，并以可靠和可重复的方式解决故障。团队根据错误预算消耗数据，以数据驱动的方式做出可靠性投资决策。融入 SRE 之后，组织结构确保了 SRE 实践的长期可持续性，并为 SRE 实践人员提供了职业发展道路。软件交付组织的领导层对运营的改善感到满意。大规模的客户（投诉）升级已经变得非常罕见。这一切都归功于 SRE。

现在，SRE 的基础设施已经稳固，我们可以对它进行加强，以促进 SRE 组织的效率（efficiency）和有效性（effectiveness）。这就是 SRE 转型之旅的未来之路，如图 15.1 所示。

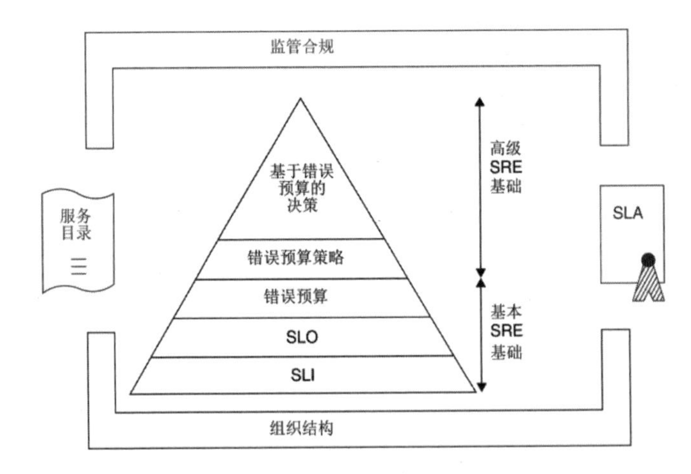

图 15.1 强化 SRE 基础设施

如图 15.1 所示，中间是 SRE 概念金字塔。在本书中，它是和 SRE 组织结构一起建立的。图中有三个新元素。SRE 概念金字塔的左边是服务目录，用于增加服务的透明度和所有权。

右边是合同性质的服务水平协议（SLA），为客户和合作伙伴保证可靠性水平。最后，金字塔的顶端是许多行业必须遵从的监管合规，它们通过 SRE 概念、过程和实践来确保得以履行。

在后续小节中，我们将逐一探讨服务目录、SLA 和监管合规，解释它们如何持续推动 SRE 转型之旅。

15.1 服务目录

为了进一步推动 SRE 转型，需要关注的第一个领域是状态页面上服务的层次结构。当前的层次结构是否从业务角度充分代表了所有服务？利益相关者能够轻松理解它们吗？

是否有一个相应的服务目录？是否能从目的、所有权、轮值、SLO 集合、SLA 集合等方便地查找每一个层级的服务？

是否有一个基于服务目录的总体服务运营模型？如果没有，就引进一个经过深思熟虑的服务目录。

服务目录应反映在所有生产环境中部署这样的基本事实。这意味着它的一部分必须能自动创建，以确保其内容与所有生产环境中的所有服务部署完全同步。除了来自生产的基本事实，服务目录还应包含一个准备中的服务列表，并指出计划将服务部署到什么生产环境。

使用这个目录，人们能以自助方式了解计划部署到生产环境的服务以及所有生产环境中已部署的服务。服务目录中的每个服务至少需要有以下属性：

- 唯一 ID；
- 描述；
- 层级；
- 所有者团队；
- 服务已经可用的部署环境集；
- 服务计划可用的部署环境集；
- 服务托管环境；
- 数据的使用和生产规范；
- 轮流值班；
- 包括历史遵守情况数据的 SLO；
- 包括历史遵守情况数据的 SLA。

这些属性的有用程度取决于服务所处的层级。对于层级最低的服务，上述列表的所有属性都可以详细指定。在较高的层级，一些属性只以概览的形式指定。

例如，对客户可见且用于存储数据的服务可能是多种技术服务在逻辑上的汇总。这种汇总是出现在服务目录的最高层级。在这一级，服务托管环境和轮流值班等属性没有意义。相反，这种汇总服务的 SLO 和 SLA 在服务目录中非常有价值。法务、业务发展、销售、市场、战略和领导层都需要这些信息，以便能在自己理解的抽象层次上理解当前的服务水平。

事实上，这些人只能从服务目录获得这种信息！换言之，服务目录以一种独特的方式将业务利益相关者、生产中的服务及其可靠性联系在一起。

至于谁来维护服务目录中的运行手册，则需要由服务所有者团队明确同意和接受。如果服务目录运行的信息非常陈旧，说明其价值非常有限。只有最新服务目录才能用于信息和决策目的。SRE 教练应该像当年导入 SRE 基础设施那样推动服务目录的创建、自动化、确定责任和维护。

15.2 SLA

SLA（服务等级协议）是对 SRE 基础进行增强的另一个重要领域。SLA 需要基于之前迭代得到的 SLO（服务等级目标）进行定义。提供的 SLA 需要比现有的 SLO 更宽松。这样一来，一旦 SLO 得到满足，SLA 就会自动得到满足。反之，一旦发生 SLO 违反，却并不意味着 SLA 也会发生违反。

SLO 和 SLA 之间的差异提供了一个错误预算窗口。只有错误预算窗口被耗尽时，才会违反 SLA。因此，基于 SLO 来定义 SLA 是个好主意，可以确保不违反 SLA。

随着 SLA 的引入，SRE 实践的成熟度得到了提高，因为现在不实现服务可靠性目标的话，就得承担违约后果。此外，法律合同中规定的 SLA 几乎总是在服务目录的最高等级定义，而这里汇集了大量服务。按照 SLI 将 SLA 错误预算分配给各个服务，进而分配给各个团队，这要求各个团队事先进行充分协商。

SRE 基础设施需要扩展，以便向不同的利益相关者提供关于“违反 SLA”的警报。和“违反 SLO”警报不同，对“违反 SLA”更感兴趣的是业务利益相关者。值得注意的是，法务部门可能对及时获得有关“违反 SLA”的通知感兴趣，以便准备迎接可能的任何违约处罚谈判。

拟定合同时，SLA 可以按客户群体来定义。例如，可以定义几个高级客户等级，并与按等级设定的 SLA 关联。这可能是个创收的好办法，因为从技术上对 SRE 基础设施稍微做一下扩展，即可实现。

15.3 监管合规

许多行业都在监管制度下运作，投放到市场中的产品会受到一定的监管。一些监管制度更甚，对产品开发过程也有监管。和硬件产品一样，受监管的行业中，软件产品也要接受同样的监管。这些法规还可能超越产品开发过程，延伸到产品运营。

一般来说，不同国家有不同的法规。例如，医疗产品在美国受食品与药品监督管理局（FDA）的监管。航电产品在欧盟受欧州航空安全局（EASA）的监管。

除了法规，公司还可以获得一些行业认证。大型 IT 项目的公开招标，往往都要求企业有这些认证的资质。也就是说，只有拥有这些认证的公司才能参加投标。例如，ISO/IEC 27001 信息安全管理标准是一个自愿性认证，公司可以去申请。然而，参加公开招标通常需要该认证。

获得这样的认证类似于遵守一个监管制度。组织、产品开发和产品运营过程需要满足大量的管控规定。认证通过后，还要由认证机构的审计师进行审计，每年对认证进行更新。

在传统意义上，确保监管合规是通过工具支持的、基于文件的过程来完成的。随着 SRE 的建立，我们在产品交付组织中引入了新的过程、实践、责任和基础设施。利用建成的 SRE 过程和组织，我们能找到比基于文件的过程更有效的方式来确保监管合规。

一般来说，导入 SRE 之后，产品运营的主题变成了由数据驱动的实践，使决策变得透明。这会受到审计师的欢迎。为此，需要探讨下面这些问题：

- 哪些运营法规适用于特定的产品交付组织？
- 这些法规要求什么？为什么？
- 以前是如何满足这些法规的？
- 如何使用 SRE 来满足这些法规？
- 使用 SRE 后，是否可以精简监管合规过程？

所有这些问题都需要回答，借此了解如何在产品交付组织中精简监管合规过程。

15.4 SRE 基础设施

本书讨论的 SRE 基础设施支持适用于绝大多数服务的两个基本 SLI（服务等级指标）：可用性和延时。为此，作为对 SRE 基础的加强，还要支持除可用性和延迟外的其他 SLI。对其他 SLI 的支持应该以一种通用的方式实现，使所有开发团队都能受益于同一个基础设施。这是 SRE 基础设施投资之规模经济的先决条件。

此外，到目前为止，SRE 基础设施的开发是为了尽快向尽可能多的团队提供必要的功能。这是在组织中迅速开展 SRE 实践的正确方法。SRE 基础设施的下一步是成为真正的内部产品，因而其产品思维的应用和外部产品一样。

到目前为止，以用户为中心是基础设施功能的首要考虑因素。未来也需要如此。也就是说，功能的优先级和实现要领先于请求和使用它们的团队。这可以在功能实现和使用之间建立非常快的反馈回路。根据功能使用情况的反馈回路来决定如何搭建基础设施。

从这一点出发，需要对 SRE 基础设施的用户进行正确的定义。是开发人员吗？是运营工程师吗？是产品负责人吗？是利益相关者吗？每个用户的用户旅程需要通过用户故事地图来建模。针对每个用户旅程的需求，要给出清楚和完整的定义。为了测试对基础设施的需求，我们需要使用针对合适的测试框架。

重要的是，对 SRE 基础设施的服务进行监控时，监控组件应该独立于 SRE 基础设施服务。SRE 基础设施服务自我监控是非常危险的，因为 SRE 基础设施一旦出现服务瘫痪，自然也会导致监控瘫痪。

在功能的实现上，SRE 基础设施有许多优化向量。警报算法除了保证基本的及时性和有效性，还可以在其他许多方面进行完善，可视化可以在用户体验方面进行优化，以提高生产力、实现异常检测等。软件工具行业正在极力探索这个领域。如果能有效利用现有免费和商业工具和基础设施组件，我们将有望缩短为 SRE 基础设施准备新功能的时间。

15.5 游戏日

我们在第 9 章建立了事故响应过程。为了使组织准备好有效使用该过程，我们需要在模拟环境中进行演练。定义好的过程角色、事故类别、轮流值班、利益相关者通知、事故状态、沟通方式、运行手册、事后回顾程序等，都需要在整个组织内部定期演练。否则，真正发生紧急状况的时候，人们对响应规定过程的遵守可能参差不齐，究其原因，仅仅是他们不记得细节。

这种情况类似于火灾应急程序。这些程序一旦确定下来，我们就要把它们张贴在建筑物的墙壁上让大家看。然而，除非定期进行消防演习，否则人们不会按照程序进行疏散。人们可能会惊慌失措，跑去使用电梯，忽视出口处的火警按钮，等等。通过定期举行消防演习，我们可以在模拟环境中指导人们如何疏散。

在软件世界，这样的消防演习通常称为“游戏日”。“游戏日”这个名称表明，某一天将对现实世界的灾害事故进行模拟。游戏日的目的是测试产品、服务、监控系统、过程以及团队在事故过程中如何应对及其效果。最终，游戏日有助于提升用户感知到的可靠性。

游戏日有助于建立组织的“肌肉记忆”，学会如何熟练地应对事故。它们通常与混沌工程有关。事实上，混沌工程的实验也可以在游戏日进行。

引入定期游戏日，是产品交付组织中加强 SRE 实践的另一种方式。游戏日可由 SRE 实践社区（CoP）来孵化、发起和维持。

好了，到此为止，本书的 SRE 转型之旅就算是结束了。但考虑还有相当多的可能性可以使 SRE 实践变得更高效和有效，所以我们此前取得的成就并不意味着整个旅程的结束。需要更多的技术和非技术书籍为 SRE 在组织中的落地进一步铺平道路。

SRE 的具体导入方案本身可能因组织的文化与韦斯特罗姆模型（4.4 节）[2] 的不同而不同。虽然本书着重于在规则导向和效能导向的组织文化中引入 SRE，但它同样有助于研究如何在权力导向的组织文化中导入 SRE。

至于如何在一个没有老板和官僚机构的合弄制组织（12.7.3 节）中引入 SRE，则是一片蓝海，没有人探索过。

最后，要将 SRE 作为一门学科推向新的高度，我们还需要做大量的基础研究。尼沃 • 墨菲（Niall Murphy）在题为 What SRE Could Be. How Do We Get To SRE 2.0?[3] 的文章中很好地概述了这个主题。

总之，SRE 仍然是一个值得探索的领域，它能推动软件产业的进一步发展。请大家尽情探索吧！

注释

扫码可查看全书各章及附录的注释详情。

附录

主题快速参考

本附录以参考的形式列出一系列主题，供大家在阅读本书期间或者之后快速查询，具体包括下面几个主题：

1. SRE 维基页面包含的内容；
2. 运行手册模板包含的内容；
3. 事故响应过程包含的内容；
4. 事后回顾的生命周期；
5. 运营团队的责任；
6. SRE 在线社区；
7. SRE 新闻简报；
8. SRE 会议；
9. SRE 指标；
10. 决策工作流。

1. SRE 维基页面包含的内容

- 为什么要选择 SRE？
- 建立 SRE 基础设施，允许 SRE 新人以自助方式完成上手培训
- 如何将任何类型的服务对接到 SRE 基础设施上？
- 如何使用日志记录设施？
- 如何使用应用程序性能管理设施？
- 如何使用值班管理工具？
- 运行手册：
    - 对运行手册模板的引用
    - 对实际运行手册的引用
    - 举例说明好的运行手册是怎样的

- 事故响应过程：
    - 利益相关者分组的定义
    - 利益相关者环的定义
    - 通用事故优先级的定义
    - 事故严重性的定义
    - 事故响应中涉及到的角色的定义
    - 如何进入某个角色？
- 对服务状态页面的引用
- 对 SLO 事故优先级定义的引用，包括原因
- 基于资源的警报的事故优先级定义，包括原因
- 事后回顾：
    - 对事后回顾模板的引用
    - 对实际事后回顾书面报告、视频和音频的引用
    - 好的事后回顾的例子
- 在值班管理工具中，对各个团队的轮值安排的引用
- 如何报告在 SRE 基础设施中发现的 bug？
- 如何对 SRE 基础设施提出新的功能请求？
- SRE 转型宣发（嵌入影音资料）
- 组织 SRE 教练名单
- “SRE 时间”
- 各期可用性新闻通讯

2. 运行手册模板包含的内容

- 运行手册上次更新时间
- 最后一次更新运行手册的人（姓名）
- 运行手册所针对的服务（如果有，请附上服务目录的链接）
- 针对运行手册所涵盖的每个 SLO：
    - 简短描述（提供一个到 SLO 定义的链接）
    - 当 SLO 被违反时对客户的影响
    - SLO 事故优先级
    - 补救步骤
- 针对运行手册所涵盖的每个基于资源的警报：
    - 简要描述
    - 对客户的影响
    - 补救步骤

- 服务健康仪表盘（如果有的话）
- 获取进一步支持的联系细节，包括带时区的可用时间：
    - 可在值班管理工具中使用合适的轮值来指定
- 警报重复标记
- 到 SRE 维基页面中的通用事故优先级定义的链接
- 到 SRE 维基页面中的事故严重性定义（如果有的话）的链接
- 服务的最新生产部署以及每个生产部署的代码更改（链接）

3. 事故响应过程内容

- 为什么要建立事故响应过程？
- 事故响应角色：
    - 按角色划分的职责
    - 按角色划分的技能
- 事故类别：
    - 事故优先级
    - 事故严重性
- 如何开展对复杂事故的响应？
- 事后回顾过程：
    - 责任
    - 事后回顾前的活动
    - 事后回顾期间的活动
    - 事后回顾之后的活动
    - 事后回顾模板
    - 成果反馈
- 服务状态页面：
    - 将事故类别映射到状态页面上的服务状态变化

4. 事后回顾生命周期

有效的事后回顾需要在实际事后回顾会议之前、期间和之后采取一系列步骤。这些步骤在下表中进行了简单描述。

事后回顾之前	事后回顾期间	事后回顾之后
邀请参会人员 明确责任 构建时间线 自动化的事故对话分析 初步的事后回顾书面报告 澄清人的问题	最高指导原则（9.5.4 节） 明确责任 完善时间线 审查时间线 制定即时行动项 为更广泛的过程和实践的改善制定行动项 确定行动项的优先次序 分配行动项 商定行动项的审查日期 商定需要演示事后回顾的讨论会以及由谁做演示 对事后回顾的有效性进行快速反应	在工作项管理工具中为行动项创建或完成工作项 按照商定的审查日期对行动项进行跟进 为事后回顾做演示 完成事后回顾书面报告的撰写 上传事后回顾录像（如果有的话） 上传事后回顾录音（如果有的话） 分发事后回顾内容 事后回顾所取得的成果须进行定期反映

5. 运营团队的责任

运营团队在 SRE 框架下的责任如下：

- 开发 SRE 基础设施
- 维护 SRE 基础设施
- 运营 SRE 基础设施
- 制作 SRE 基础设施的文档
- 推广 SRE 基础设施
- 日志记录设施的管理、许可证和采购
- 应用程序性能管理设施的管理、许可证和采购
- 值班管理工具的管理、许可证和采购
- 管理对企业外部利益相关者的通知
- 支持 SRE CoP（SRE 实践社区）
- 拥有事故响应过程的所有权
- 作为 SRE 组织结构设置的一部分，根据与开发团队达成的协议，可能要为生产中的服务值班

6. SRE 在线社区

有许多与 SRE 相关的在线社区。随着 SRE 实践在整个行业的发展，有必要通过积极参与这些社区来保持领先地位。下表汇总了可以加入的一些社区。

#	社区	媒介	如何加入
1	SREcon	Slack	参加一次 SREcon 会议即可加入 [1]
2	DevOps Enterprise Summit	Slack	参加一次峰会即可加入 [2]
3	SRE From Home	Slack	通过 SRE From Home 主页上的 Slack 工作区的链接加入 [3]
4	Learning from Incidents in Software（LFI）	Slack	通过 LFI GitHub 页面底部的链接 [4] 找到如何加入的说明
5	LinkedIn 上的#sre 标签	LinkedIn	关注#sre 标签即可 [5]
6	DevOps at Scale	LinkedIn	申请加入 [6]
7	Site Reliability Engineers（SRE）	LinkedIn	申请加入 [7]

7. SRE 新闻简报

我知道有两个与 SRE 相关的在线新闻通讯，如下表所示。

#	发行频率	如何加入
1	SRE Weekly	在 https://sreweekly.com 上注册
2	DevOps Weekly	在 https://www.devopsweekly.com 上注册

8. SRE 会议

专业会议从广度和深度上覆盖各种 SRE 主题，下表列出了一些会议。

#	会议	区域	举办方式	如何参加
1	SREcon	全球	线上和线下	在主页上报名 [8]
2	DevOps Enterprise Summit	全球	线上和线下	在主页上报名 [9]
3	QCon	全球	线上和线下	在主页上报名 [10]

9. SRE 指标

下表总结了本书定义的各种 SRE 指标。

#	SRE 指标	可视化方式	解释
1	“按服务划分的 SLO”指标（11.2.2 节）	表格	显示已定义的 SLO
2	SLO 错误预算消耗指标（11.2.4 节）	图和表格	显示 SLO 错误预算随时间推移的消耗情况
3	SLO 错误预算过早耗尽指标（11.2.5 节）	图和表格	显示错误预算在特定错误预算期结束前过早耗尽的 SLO
4	SLO 遵守情况指标（11.2.3 节）	表格	显示 SLO 随时间推移的遵守情况
5	“按服务划分的 SLA”指标（11.2.6 节）	表格	显示已定义的 SLA
6	SLA 错误预算消耗指标（ 11.2.7 节）	图和表格	显示 SLA 错误预算随时间推移的消耗情况
7	SLA 遵守情况指标（11.2.8 节）	表格	显示 SLA 随时间推移的遵守情况
8	客户支持工单趋势指标（11.2.9 节）	图和表格	显示客户支持工单随时间推移的趋势
9	团队轮流值班指标（11.2.10 节）	表格	显示团队的轮流值班情况
10	事故恢复时间趋势指标(11.2.11 节)	表格	显示事故恢复时间随时间推移的趋势
11	最不可用服务端点指标（11.2.12 节）	表格	显示特定周期内最不可用的端点
12	最慢服务端点指标（11.2.13 节）	表格	显示特定周期内最慢的端点

10. 决策工作流

下表总结了本书中使用 SRE 指标来探讨的决策工作流。

#	决策工作流	目的
1	“使用 API”决策工作流（11.5.1 节）	在决定整合一个 API 之前使用，提前对整合后的可靠性有一个清醒的认识
2	“收紧依赖项的 SLO”决策工作流（11.5.2 节）	当需要收紧依赖服务的 SLO 时，可以用这个决策工作流促进团队之间的对话
3	“功能与可靠性优先级排序”工作流（11.5.3 节）	以数据驱动的方式对功能开发与可靠性改进做出优先级排序
4	“设置 SLO”决策工作流（11.5.4 节）	用于支持为服务设置 SLO，同时考虑到依赖服务的可靠性

续表

#	决策工作流	目的
5	“设置 SLA”决策工作流（11.5.5 节）	用于在技术上和合同上支持服务的 SLA 设置
6	“为团队分配 SRE 能力”决策工作流（11.5.6 节）	用于支持向团队和部门分配 SRE 能力的决策
7	“选择混沌工程假设”工作流（11.5.7 节）	用于寻找系统中可靠的部分，通过混沌实验测试其强度

注释

扫码可查看全书各章及附录的注释详情。